动手做计算机网络仿真实验

基于Packet Tracer

高　军　吴亮红　卢　明　席在芳　唐秀明 / 编著

微课视频版

清華大学出版社
北　京

内 容 简 介

本书是与《深入浅出计算机网络（微课视频版）》配套的实验教材，实验内容与教材内容相辅相成，可以帮助学习者更好地理解和掌握教材中的理论知识，每一个实验基本上都包括实验目的、预备知识、实验设备、实验拓扑、实验配置和实验步骤，读者不仅可以掌握使用Cisco Packet Tracer中的相关设备完成网络设计、实现方法和步骤，并进行验证，而且可以进一步理解实验所涉及的原理和技术，加深对教学内容的理解，培养分析问题、解决问题的能力。

本书实验内容紧扣计算机网络的理论教学知识点，每个知识点都配有相应实验，针对性强，条理清晰，图文并茂，内容详细，叙述和分析透彻。全书配套了教学课件PPT、微课视频、各实验的实验工程文件。

本书可作为《深入浅出计算机网络（微课视频版）》的配套实验用书，也适合作为其他高校和大中专院校计算机网络课程的实验实训指导书，对从事计算机网络工作的工程技术人员和研究人员也有参考价值。

图书在版编目（CIP）数据

动手做计算机网络仿真实验：基于 Packet Tracer : 微课视频版 / 高军等编著 . —北京：清华大学出版社，2023.7（2025.2重印）

ISBN 978-7-302-63912-1

Ⅰ . ①动…　Ⅱ . ①高…　Ⅲ . ①计算机网络－计算机仿真－应用软件　Ⅳ . ① TP393.01

中国国家版本馆 CIP 数据核字 (2023) 第 114663 号

责任编辑：王中英
封面设计：郭　鹏
版式设计：方加青
责任校对：胡伟民
责任印制：宋　林

出版发行：清华大学出版社
网　　址：https://www.tup.com.cn，https://www.wqxuetang.com
地　　址：北京清华大学学研大厦 A 座　　**邮　　编：**100084
社 总 机：010-83470000　　**邮　　购：**010-62786544
投稿与读者服务：010-62776969，c-service@tup.tsinghua.edu.cn
质 量 反 馈：010-62772015，zhiliang@tup.tsinghua.edu.cn
印 装 者：大厂回族自治县彩虹印刷有限公司
经　　销：全国新华书店
开　　本：185mm×260mm　　**印　　张：**18.75　　**字　　数：**458 千字
版　　次：2023 年 9 月第 1 版　　**印　　次：**2025 年 2 月第 2 次印刷
定　　价：59.00 元

产品编号：097350-01

前言

“计算机网络”课程具有概念多、知识点琐碎、抽象、难理解的特点。本书作者在所编写的《深入浅出计算机网络（微课视频版）》一书中，通过生动的图片和配套动画视频、精美的 PPT 课件，试图提升学习者的主动性和学习兴趣。但毕竟其中讲述的是理论知识，而理论知识通过实验验证，才能让学习者更深刻地理解各种网络设备和网络协议的实现原理和运行过程，才能更好地学习并掌握计算机网络、网络设备的配置，并将其应用到实际中。

作者之前制作过“计算机网络——思科 Cisco Packet Tracer 仿真实验”系列视频，并上传到了 B 站，得到广大学习者的喜欢。本来在编写《深入浅出计算机网络（微课视频版）》一书的时候，是准备将理论和实验放在同一本教材上，但因为篇幅巨大，学习者使用起来会不方便，最后决定单独编写一本实验教材。

本书包含 8 章，共 38 个实验。各章简要内容如下：

第 1 章：认识 Packet Tracer 仿真软件。介绍 Packet Tracer 软件的获取、安装及运行，该软件的基本使用方法和其他常用操作，以及 IOS 命令行模式和命令辅助。让学习者熟悉 Packet Tracer 软件中的相关操作，为后续实验做好准备。

第 2 章：物理层相关实验。熟悉常用网络设备及其互连，让学习者熟悉计算机、集线器、以太网交换机以及路由器等常用网络设备，掌握常用网络设备之间的互连，并了解后续各个实验中可能会用到的网络设备。

第 3 章：数据链路层相关实验。设计了 7 个实验，对数据链路层中的点对点协议（PPP）、共享式以太网的特点、交换式以太网的特点、以太网交换机的自学习算法和转发帧的过程、集线器和交换机的对比、以太网交换机的生成树协议进行验证，掌握在以太网交换机上划分 VLAN 的方法以及对 VLAN 的特点进行验证。

第 4 章：网络层相关实验。一共设计了 19 个实验，包括对地址解析协议（ARP）的基本工作原理进行验证，熟悉和掌握 IPv4 地址的分类编址方法、划分子网编址方法、无分类编址方法，默认路由和特定主机路由的特点和配置，路由环路问题，对路由器既隔离碰撞域也隔离广播域进行验证，验证路由信息协议 RIPv1 和 RIPv2，并给出 RIPv2 与 RIPv1 的对比、开放最短路径优先（OSPF）、边界网关协议（BGP）、网际控制报文协议（IGMP）的应用、网络地址与端口转换（NAPT）、从 IPv4 向 IPv6 过渡所使用的隧道技术，以及 VLAN 间单播通信的 3 种实现方法（多臂路由、单臂路由和使用三层交换机）。

第 5 章：运输层相关实验。熟悉 TCP 的运输连接管理（三报文握手和四报文挥手）和用户数据报协议。

第 6 章：应用层相关实验。熟悉动态主机配置协议（DHCP）及 DHCP 中继代理的配置，熟悉域名系统（DNS）的递归查询方法、文件传送协议（FTP）、电子邮件相关协议（SMTP 和 POP3）、万维网和超文本传输协议（HTTP）。

第 7 章：网络安全相关实验。通过 2 个实验掌握在路由器上配置访问控制列表（ACL）的方法，以及配置 IPSec 并实现虚拟专用网（VPN）的方法。

第 8 章：综合实验。通过构建采用三层网络架构的小型园区网实验，将之前各章中的重点实验进行融合。

本书设计的所有实验均在 Cisco Packet Tracer 网络仿真系统上进行，该软件是由 Cisco 公司发布的一个免费的网络辅助学习工具，其最大的优点是能采用动画方式表现网络协议过程和数据封装，这对学习者进一步理解网络的工作原理和体系结构有很大帮助。

本书具有以下特点：

（1）实验内容紧扣计算机网络的理论教学知识点，每个知识点都配有相应实验，针对性强。

（2）通过熟练使用 Cisco Packet Tracer 软件完成相关实验，可使学习者快速验证学过的理论知识，并把理论知识灵活地应用于实际活动中，能够培养学生的动手操作能力。

（3）每个实验基本上都包括实验目的、预备知识、实验设备、实验拓扑、实验配置和实验步骤。条理清晰，图文并茂，内容详细，叙述和分析透彻。所以本书既可作为计算机网络课程的配套实验用书，也可作为独立的实验教材使用。

（4）每个实验都由编者亲自动手完成，反复验证，并在书中给出了详细的实验操作步骤，确保实验内容的正确性以及实验的可操作性。

（5）配套资源丰富。全书配套了教学课件 PPT、微课视频、各实验的实验工程文件，扫描封底的“本书资源”二维码即可下载。

（6）本书配套课程与理论课一起在学银在线、中国大学 MOOC 等平台定时开课，方便学习者观看学习视频、下载资料、学习提问交流，也方便教师将课程引用到自己的教学实践中。

（7）编者对 Cisco Packet Tracer 软件进行了汉化，汉化包可通过封底的“本书资源”二维码、学银在线、中国大学 MOOC 的开课课程下载。

本书由高军、吴亮红、卢明、席在芳和唐秀明编写。其中高军编写了第 1、4 和 8 章，吴亮红编写了第 2 章和第 5 章，卢明编写了第 3 章，席在芳编写了第 6 章，唐秀明编写了第 7 章。全书由高军负责统稿和审阅工作。

在本书的编写过程中，唐志军教授、张剑教授和陈君博士对于本书的内容给予了热心指点，责任编辑王中英对本书的编辑负责细心，编者在此一并致以诚挚的谢意！

由于编者水平有限，书中难免存在一些缺点和错误，殷切希望广大读者批评指正。读者可加 QQ 群 461403606 交流学习。同时，为了方便读者及时了解勘误信息，可随时扫描下方二维码查看。

编 者

于湖南科技大学

2023 年 8 月

目录

第 1 章 认识 Packet Tracer 仿真软件 ······ 1

1.1 Packet Tracer 软件的获取、安装及运行 ······ 1
1.1.1 Packet Tracer 软件的获取 ······ 1
1.1.2 Packet Tracer 软件的安装 ······ 2
1.1.3 Packet Tracer 软件的运行 ······ 2
1.2 Packet Tracer 软件的基本使用方法 ··· 2
1.2.1 Packet Tracer 软件的用户界面 ······ 2
1.2.2 构建网络拓扑 ······ 4
1.2.3 配置网络设备 ······ 12
1.2.4 进行网络测试 ······ 16
1.2.5 查看网络设备的相关网络信息 ······ 21
1.2.6 单步模拟和协议分析 ······ 25
1.3 IOS 命令行模式 ······ 29
1.3.1 用户执行模式 ······ 30
1.3.2 特权执行模式 ······ 30
1.3.3 全局配置模式 ······ 31
1.3.4 接口配置模式 ······ 31
1.4 IOS 命令辅助 ······ 32
1.4.1 帮助命令 ······ 33
1.4.2 自动补全命令 ······ 33
1.4.3 简写命令 ······ 33
1.4.4 历史命令缓存 ······ 34
1.4.5 取消命令 ······ 34

第 2 章 物理层相关实验 ······ 35

实验 2-1 熟悉常用网络设备及其互连 ··· 35

第 3 章 数据链路层相关实验 ······ 38

3.1 实验 3-1 验证点对点协议 ······ 38
3.2 实验 3-2 使用集线器构建共享式以太网 ······ 43
3.3 实验 3-3 使用交换机构建交换式以太网 ······ 46
3.4 实验 3-4 以太网交换机自学习和转发帧的过程 ······ 50
3.5 实验 3-5 以太网的扩展（集线器和交换机的对比） ······ 55
3.6 实验 3-6 验证以太网交换机的生成树协议 ······ 61
3.7 实验 3-7 划分虚拟局域网 ······ 66

第 4 章 网络层相关实验 ······ 75

4.1 实验 4-1 验证地址解析协议的基本工作原理 ······ 75

4.2 实验 4-2 地址解析协议不能跨网络直接使用…………81
4.3 实验 4-3 IPv4 地址的分类编址方法…………86
4.4 实验 4-4 IPv4 地址的划分子网编址方法…………90
4.5 实验 4-5 IPv4 地址的无分类编址方法…………96
4.6 实验 4-6 默认路由和特定主机路由的配置…………103
4.7 实验 4-7 路由环路问题…………108
4.8 实验 4-8 验证路由器既隔离碰撞域也隔离广播域…………115
4.9 实验 4-9 验证路由信息协议 RIPv1…………120
4.10 实验 4-10 路由信息协议 RIPv2 与 RIPv1 的对比…………131
4.11 实验 4-11 验证开放最短路径优先协议…………138
4.12 实验 4-12 验证 OSPF 可以划分区域…………149
4.13 实验 4-13 验证边界网关协议…155
4.14 实验 4-14 网际控制报文协议的应用…………160
4.15 实验 4-15 网络地址与端口号转换…………167
4.16 实验 4-16 从 IPv4 向 IPv6 过渡所使用的隧道技术…………175
4.17 实验 4-17 VLAN 间单播通信的实现方法——“多臂路由”……182
4.18 实验 4-18 VLAN 间单播通信的实现方法——“单臂路由”……187
4.19 实验 4-19 VLAN 间单播通信的实现方法——使用三层交换机……193

第 5 章 运输层相关实验 …………198

5.1 实验 5-1 TCP 的运输连接管理…198
5.2 实验 5-2 熟悉用户数据报协议…202

第 6 章 应用层相关实验 …………204

6.1 实验 6-1 熟悉动态主机配置协议…204
6.2 实验 6-2 配置 DHCP 中继代理…210
6.3 实验 6-3 熟悉域名系统的递归查询方法…………216
6.4 实验 6-4 熟悉文件传送协议……228
6.5 实验 6-5 熟悉电子邮件相关协议…237
6.6 实验 6-6 熟悉万维网文档的作用和超文本传输协议…………250

第 7 章 网络安全相关实验 …………258

7.1 实验 7-1 配置访问控制列表……258
7.2 实验 7-2 配置基于 IPSec 的虚拟专用网 VPN…………267

第 8 章 综合实验 …………276

实验 8-1 构建采用三层网络架构的小型园区网…………276

第 1 章　认识 Packet Tracer 仿真软件

计算机网络课程中的抽象概念繁多，很多理论知识需要通过实验验证的方式才能使学习者更深刻地理解和掌握。由思科（Cisco）公司开发的 Packet Tracer 软件，是一个简单易用且功能强大的计算机网络仿真实验平台，它为计算机网络课程的初学者提供了网络设计、网络配置和网络故障排除的仿真环境，主要功能如下：

- 在该软件的图形用户界面上通过简单的拖曳操作来构建网络拓扑。
- 通过图形界面或命令行界面对网络设备进行配置和测试。
- 在仿真模式下查看数据包按网络体系结构逐层封装和解封的详细处理过程。

对于网络初学者而言，在 Packet Tracer 软件中进行计算机网络的相关配置与实际配置真实的思科网络设备是一样的。

在本章中，我们首先介绍 Packet Tracer 软件的获取、安装及运行，然后介绍该软件的基本使用方法和其他常用操作，之后简要介绍 IOS 命令行模式以及命令辅助。

1.1　Packet Tracer 软件的获取、安装及运行

1.1.1　Packet Tracer软件的获取

Packet Tracer 软件是思科网络技术学院的辅助教学工具。用户只需**免费注册**思科网络技术学院的“Cisco Packet Tracer 入门”课程，然后使用注册信息（即电子邮箱和密码）进行登录，即可下载和使用最新版本的 Packet Tracer 软件。思科网络技术学院的 Packet Tracer 相关课程的官方网站为 https://www.netacad.com/zh-hans/courses/packet-tracer，如图 1-1 所示。

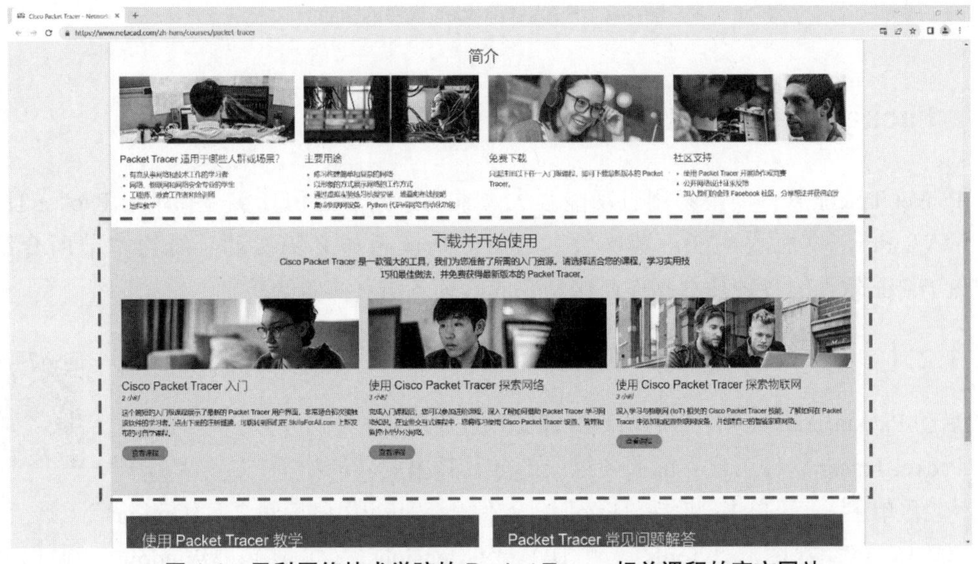

图 1-1　思科网络技术学院的 Packet Tracer 相关课程的官方网站

需要说明的是，尽管该网站的页面内容会经常更新，但只要用户根据页面提示信息耐心进行操作，就可以顺利下载 Packet Tracer 软件。在编写本书时，笔者下载的 Packet Tracer 软件为 Windows 桌面版（版本 8.2.0，英文版）。

1.1.2　Packet Tracer软件的安装

Packet Tracer 软件的安装比较简单，直接运行下载的软件安装包，并按提示信息逐步进行即可，**建议用户采用软件默认的安装路径**。

1.1.3　Packet Tracer软件的运行

首次运行 Packet Tracer 软件时，用户需要使用下载该软件时所注册的信息（即电子邮箱和密码）进行身份验证。为了避免每次运行该软件时都要进行身份验证，可勾选“Keep me logged in (for 3 months)”选项，如图 1-2 所示。

图 1-2　Packet Tracer 软件的运行

1.2　Packet Tracer 软件的基本使用方法

Packet Tracer 软件简单易用且功能强大，本书中的全部仿真实验都基于 Packet Tracer 软件（Windows 桌面版 8.2.0，英文版）进行。**请读者务必依次动手练习本节所介绍的 Packet Tracer 软件的各种基本操作，这是完成后续各仿真实验的基础。**

1.2.1　Packet Tracer软件的用户界面

启动 Packet Tracer 软件后的用户界面如图 1-3 所示。

Packet Tracer 软件用户界面的各组成部分及其主要功能如下：

- **菜单栏**。菜单栏包括“File”（文件）、“Edit”（编辑）、“Options”（选项）、“View”（视图）、“Tools”（工具）、“Extensions”（扩展）、“Window”（窗口）以

及“Help”（帮助）菜单。使用菜单栏中的菜单，可以新建、打开、保存文件，可以进行复制、粘贴等编辑功能，还可以获取软件帮助信息。

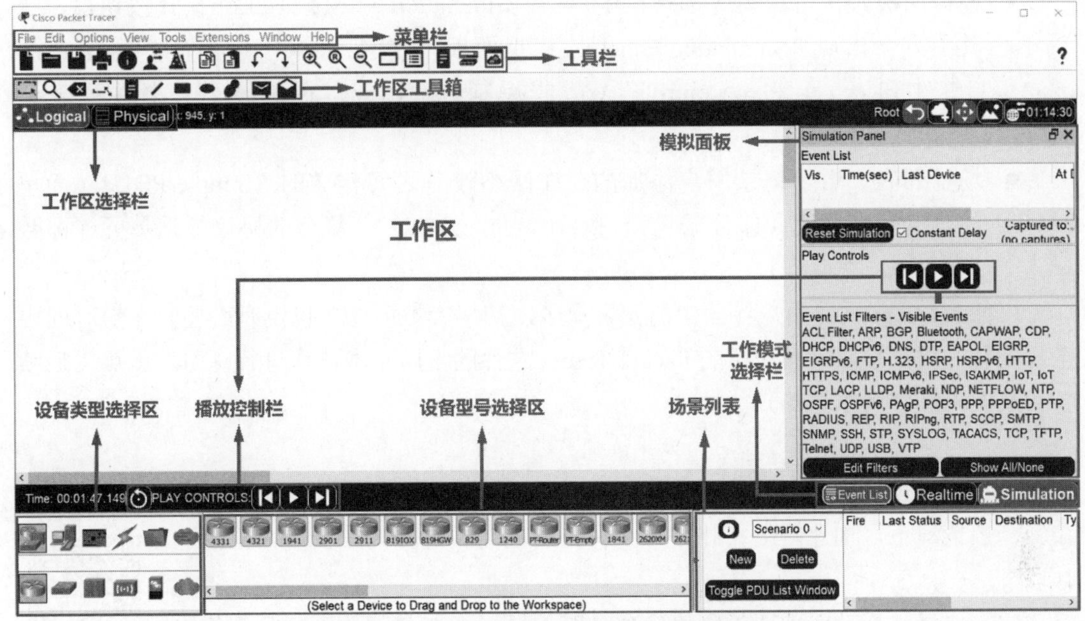

图 1-3　Packet Tracer 软件的用户界面

- **工具栏**。工具栏提供了菜单栏中常用菜单项的快捷方式，例如“New”（新建）、“Open”（打开）、“Save”（保存）、“Print”（打印）、“Copy”（复制）、“Paste”（粘贴）、“Undo”（撤销）、“Redo”（重做）、“Zoom In”（放大）以及“Zoom Out”（缩小）等。
- **工作区工具箱**。工作区工具箱提供了常用的工作区工具，例如“Select(Esc)”（选择（取消））、“Inspect”（查看）、“Delete”（删除）、“Place Note”（放置注释）、“Add Simple PDU”（添加简单的协议数据单元（即数据包））以及“Add Complex PDU”（添加复杂的协议数据单元（即数据包））等。
- **工作区选择栏**。通过工作区选择栏中的按钮可以在“Logical”（逻辑）工作区和“Physical”（物理）工作区之间进行切换。
- **工作区**。工作区位于用户界面中间，在该区域中可以创建网络拓扑、查看数据包在网络中的传递过程。
- **设备类型选择区**。在设备类型选择区可以选择不同的设备类型，例如“Network Devices”（网络设备）下可选择的类型有“Routers”（路由器）、“Switches”（交换机）、“Hubs”（集线器）、“Wireless Devices”（无线设备）等。
- **设备型号选择区**。在设备类型选择区选择了某个设备类型后，在其右侧的设备型号选择区中会出现该设备类型中不同型号的设备供用户选择。
- **工作模式选择栏**。通过工作模式选择栏中的按钮可以在“Realtime”（实时）工作模式和“Simulation”（模拟）工作模式之间进行切换。
- **播放控制栏**。在“Simulation”（模拟）工作模式下，播放控制栏用于控制模拟过程，例如“Play”（播放）、“Go Back to Previous Event”（返回上一个事件）、“Capture then Forward”（捕获并前进）。

- **模拟面板**。在工作模式选择栏中点击“Simulation”（模拟）工作模式按钮后，在其上方会出现“Simulation Panel”（模拟面板）。模拟面板中包含有“Event List”（事件列表）、“Play Controls”（播放控制）、“Event List Filters”（事件列表过滤器）。
- **场景列表**。用于记录用户添加的、在网络设备之间传送的“Simple PDU”（简单的协议数据单元（即数据包））和“Complex PDU”（复杂的协议数据单元（即数据包））。

Packet Tracer 软件用户界面中的元素众多，初学者不可能（也没有必要）在短时间内全部记住，只要按照下面介绍的 Packet Tracer 软件的常用基本操作进行练习，就可为后续各仿真实验打好操作基础。

1.2.2 构建网络拓扑

一般情况下，构建网络拓扑是每个仿真实验需要进行的第一步，主要包含以下三部分工作：

（1）选择并拖动所需要的网络设备到工作区（本书全部仿真实验都使用 Logical（逻辑）工作区）。

（2）给网络设备添加所需要的接口模块（这是可选工作，大部分仿真实验无须进行该工作）。

（3）使用传输介质互连各网络设备。

1. 选择并拖动所需要的网络设备到工作区

仿真实验中经常会使用到的网络设备有 PC（个人计算机）、Server（服务器）、Hub（集线器）、Switch（交换机）、Router（路由器）。下面，以选择并拖动一台 Router 到逻辑工作区为例进行介绍，请按图 1-4 所示的步骤进行以下操作：

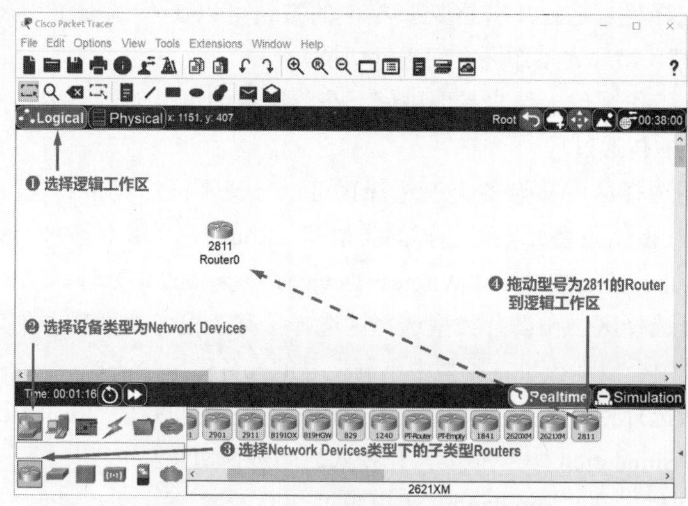

图 1-4 选择并拖动一台 Router 到 Logical（逻辑）工作区

❶ 在工作区选择栏中选择“Logical”（逻辑）工作区。

❷ 在设备类型选择区中选择设备类型为“Network Devices”（网络设备）。

❸ 在设备类型选择区中选择“Network Devices”设备类型下的子类型“Routers”（路由器），此时在设备类型选择区右侧的设备型号选择区中，会相应显示出 Packet Tracer 软件所支持的所有路由器型号。

❹ 在设备型号选择区中，用鼠标左键点中型号为 2811 的路由器，并将其拖动到逻辑工作区中的合适位置后释放鼠标左键即可。

需要说明的是，将所需要的网络设备拖动到逻辑工作区后：

- 如果需要再次移动设备，可用鼠标左键点中设备并拖动到合适的位置，然后释放鼠标左键即可。
- 如果需要删除设备，可用鼠标左键圈选设备，然后按键盘的 Delete 键进行删除，在弹出的确认删除窗口中确认即可。此时，鼠标指针的图标显示为⌧符号，表明鼠标仍然处于删除状态，可继续删除逻辑工作区中的其他设备。要退出删除状态，可按键盘的 Esc 键。

请按上述方法，再分别拖动一台 Router（路由器，型号为 2811）、一台 Switch（交换机，型号为 2960-24TT）、一台 Hub（集线器，型号为 Hub-PT）、一台 PC（个人计算机，型号为 PC-PT）以及一台 Server（服务器，型号为 Server-PT）到逻辑工作区，如图 1-5 所示。

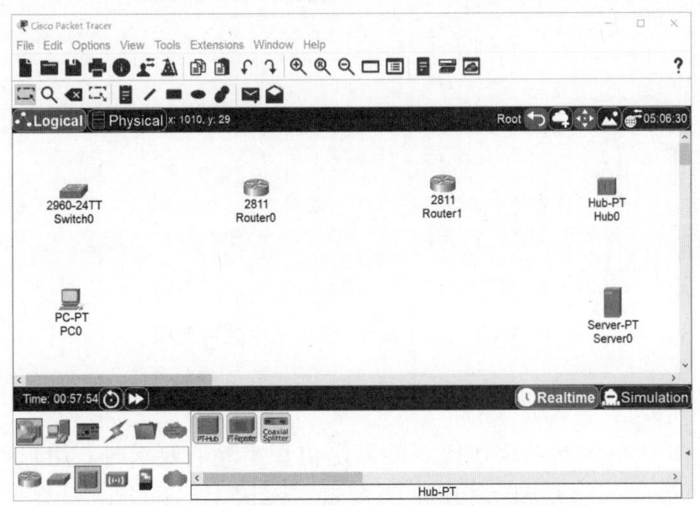

图 1-5　向逻辑工作区添加所需的网络设备

当把所需要的网络设备拖动到逻辑工作区后，Packet Tracer 会自动为设备命名，并将设备型号和设备名称显示在设备旁边，例如在图 1-5 所示的逻辑工作区中，包含两台型号为 2811、名称分别为 Router0 和 Router1 的路由器。

用户可根据自己的需要，设置 Packet Tracer 软件是否在设备旁边显示设备型号和设备名称。依次选择菜单栏中的“Options”→“Preferences ...”选项，如图 1-6 所示。在弹出的“Preferences”对话框中，选择“Interface”选项卡，可以看到该选项卡中包含多个选项，如图 1-7 所示。勾选“Show Device Model Labels”选项，会在设备旁边显示设备型号标签；勾选“Show Device Name Labels”选项，会在设备旁边显示设备名称标签。

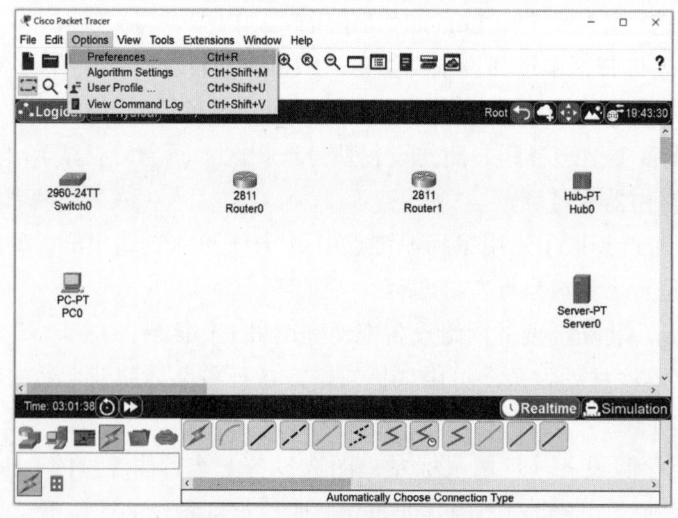

图 1-6 “Preferences...”选项

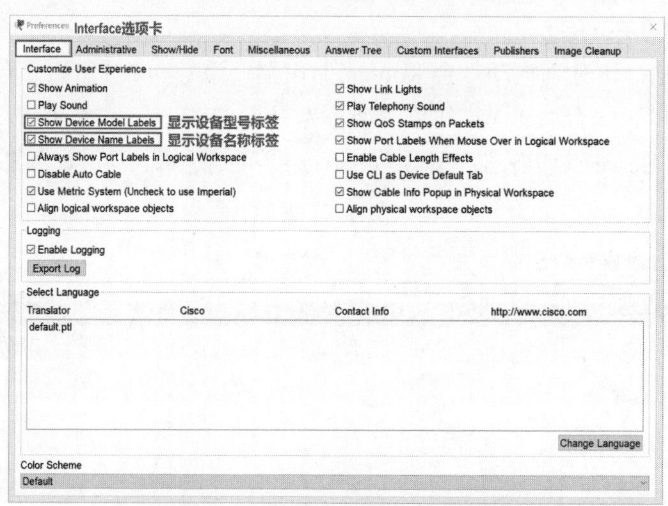

图 1-7 “Interface”选项卡中的可选项

2. 给网络设备添加所需要的接口模块

当网络设备默认提供的网络接口不能满足仿真实验的要求时，用户可为网络设备添加所需的接口模块。例如在图 1-5 所示的逻辑工作区中，包含两台型号为 2811 的路由器 Router0 和 Router1，实验要求将它们通过串行链路进行互连，然而这两台路由器并没有串行接口，因此需要给这两台路由器分别添加一个串行接口模块。下面，以给路由器 Router0 添加一个串行接口模块为例进行介绍。

单击路由器 Router0，在弹出的窗口中选择“Physical”选项卡，在“Physical Device View”（物理设备视图）中可以看到该路由器背部的接口插槽，请按图 1-8 所示的步骤进行以下操作：

❶ 关闭路由器 Router0 的电源。

❷ 将 MODULES（模块）列表中的“NM-4A/S”串行接口模块拖入路由器 Router0 的相应插槽中。

❸ 打开路由器 Router0 的电源。

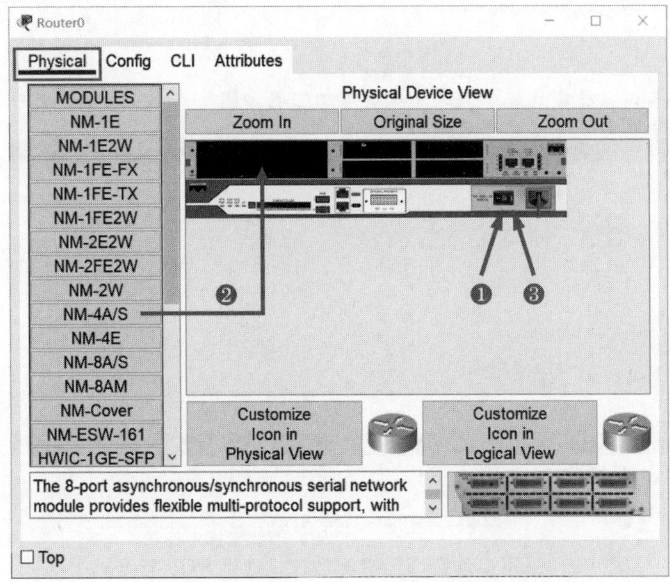

图 1-8　给路由器 Router0 添加串行接口模块

3. 互连各网络设备

将仿真实验所需的全部网络设备都添加到逻辑工作区后，需要使用传输介质将各网络设备连接起来。一般有以下两种方式：

- **自动选择连接类型**。该方式由 Packet Tracer 软件自动为待连接的网络设备选择用于连接的接口以及相应的传输介质。这种方式简单、方便，非常适用于初学者。然而，这种方式不太灵活，用户不能自行选择用于连接的接口以及相应的传输介质，有时不能满足某些仿真实验的要求。
- **手动选择连接类型**。该方式需要用户为待连接的网络设备选择用于连接的接口以及相应的传输介质。与自动选择连接类型相比，该方式稍显麻烦，需要用户熟悉各种接口类型（例如以太网接口、串行接口、光纤接口）以及进行连接时所需的相应传输介质。然而，这种方式非常灵活，可以满足各种仿真实验的要求。

（1）自动选择连接类型举例。

在图 1-5 所示的逻辑工作区中，采用自动选择连接类型方式，连接以下设备：PC0 与 Switch0、Switch0 与 Router0、Server0 与 Hub0、Hub0 与 Router1。请按图 1-9 所示的步骤进行以下操作。

❶ 在设备类型选择区中选择设备类型为“Connections”（连接）。

❷ 在设备类型选择区中选择“Connections”设备类型下的子类型“Connections”，此时在设备类型选择区右侧的设备型号选择区中会相应显示出 Packet Tracer 软件所支持的所有传输介质。

❸ 在设备型号选择区中，选中自动选择连接类型，然后将鼠标移至 PC0 上，单击并移动鼠标，这将从 PC0 上引出传输介质，将鼠标移至 Switch0 上并单击以完成 PC0 与 Switch0 的连接。

❹ 参照❸的操作，完成 Switch0 与 Router0 的连接、Server0 与 Hub0 的连接、Hub0 与 Router1 的连接，如图 1-10 所示。

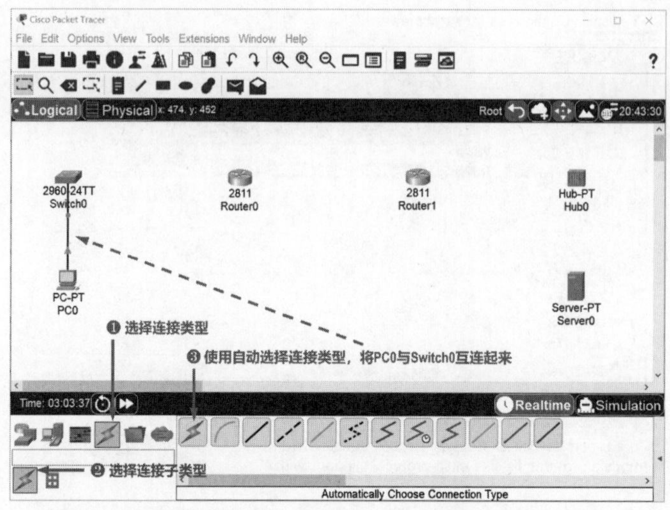

图 1-9 采用自动选择连接类型方式连接 PC0 与 Switch0

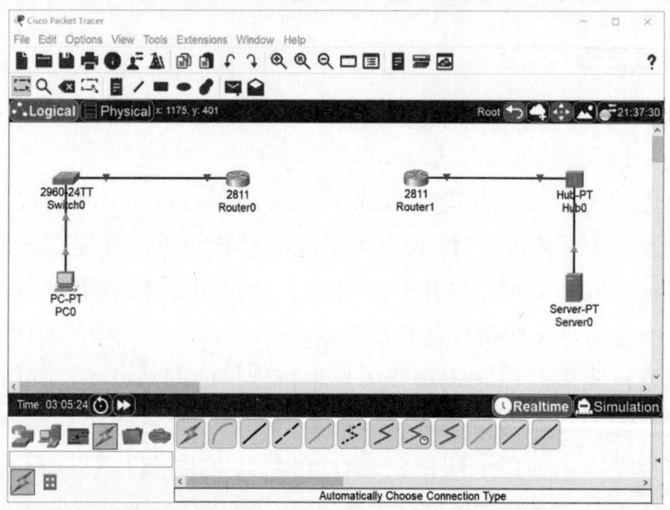

图 1-10 采用自动选择连接类型方式连接 Switch0 与 Router0、Server0 与 Hub0、Hub0 与 Router1

（2）手动选择连接类型举例。

在图 1-5 所示的逻辑工作区中，采用手动选择连接类型方式，连接 Router0 与 Router1。请按图 1-11 所示的步骤进行以下操作：

❶ 在设备类型选择区中选择设备类型为“Connections”（连接）。

❷ 在设备类型选择区中选择“Connections”设备类型下的子类型“Connections”，此时在设备类型选择区右侧的设备型号选择区中，会相应显示出 Packet Tracer 软件所支持的所有传输介质。

❸ 在设备型号选择区中，选中“Serial DTE”作为传输介质，然后将鼠标移至 Router0 上，单击，在出现的弹出式菜单中选择要连接的接口（假设为 Serial1/0），之后将鼠标移至 Router1 上并单击，在出现的弹出式菜单中选择要连接的接口（假设与 Router0 使用相同

名称的接口 Serial1/0)。这样，就完成了 Router0 与 Router1 之间的串行连接，如图 1-12 所示。

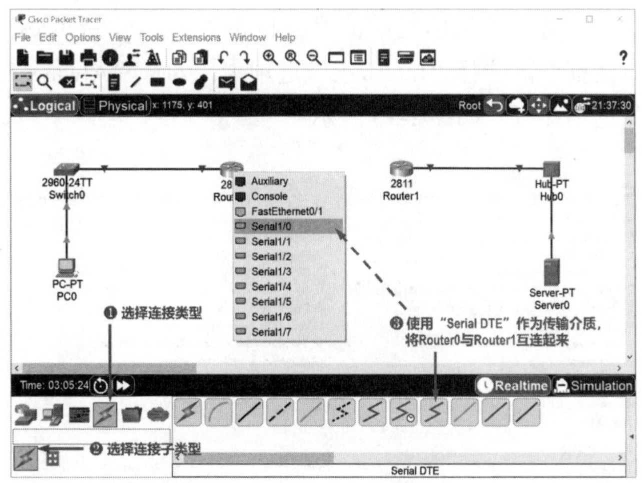

图 1-11 采用手动选择连接类型方式连接 Router0 与 Router1

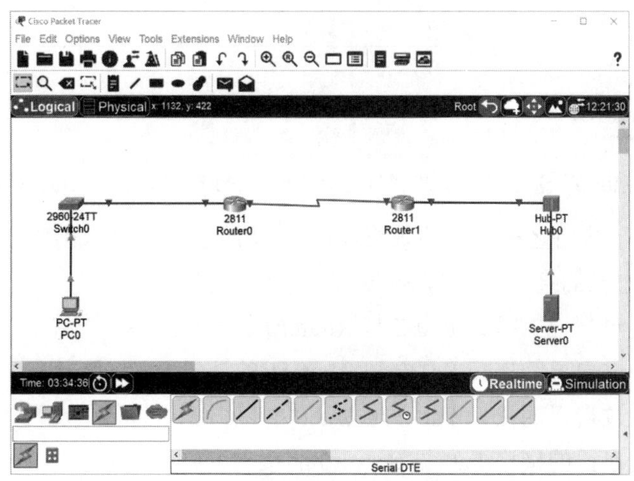

图 1-12 Router0 与 Router1 之间完成串行连接

4. 接口状态指示灯

完成网络设备之间的连接后，可以看到各网络设备相关接口的状态指示灯。例如在图 1-9 中，Switch0 自身与 PC0 进行连接的接口的状态指示灯为橙色小圆圈；而在图 1-10 中，该接口状态指示灯变为了绿色正三角。又例如在图 1-12 中，Router0 与 Router1 进行了连接，它们各自的接口状态指示灯为红色倒三角。

表 1-1 给出了各种接口状态指示灯的含义。

表 1-1 各种接口状态指示灯的含义

各种接口状态指示灯	含 义
橙色小圆圈	接口处于阻塞状态
绿色正三角	接口处于开启状态
红色倒三角	接口处于关闭状态

5. 显示接口名称

为了方便用户看出两个网络设备分别通过自己的哪个接口进行连接，可将接口名称显示在接口旁边。依次选择菜单栏中的“Options”→“Preferences ...”选项，在弹出的“Preferences”对话框中，选择“Interface”选项卡，勾选“Always Show Port Labels in Logical Workspace”选项即可，如图 1-13 所示。

图 1-13　在“Interface”选项卡中勾选“Always Show Port Labels in Logical Workspace”选项

在接口旁边显示接口名称标签的效果如图 1-14 所示，可以看出以下接口连接关系：

（1）PC0 通过自己的接口 Fa0 与 Switch0 的接口 Fa0/1 连接。

（2）Switch0 通过自己的接口 Fa0/2 与 Router0 的接口 Fa0/0 连接。

（3）Router0 通过自己的接口 Se1/0 与 Router1 的接口 Se1/0 连接。

（4）Router1 通过自己的接口 Fa0/0 与 Hub0 的接口 Fa1 连接。

（5）Hub0 通过自己的接口 Fa0 与 Server0 的接口 Fa0 连接。

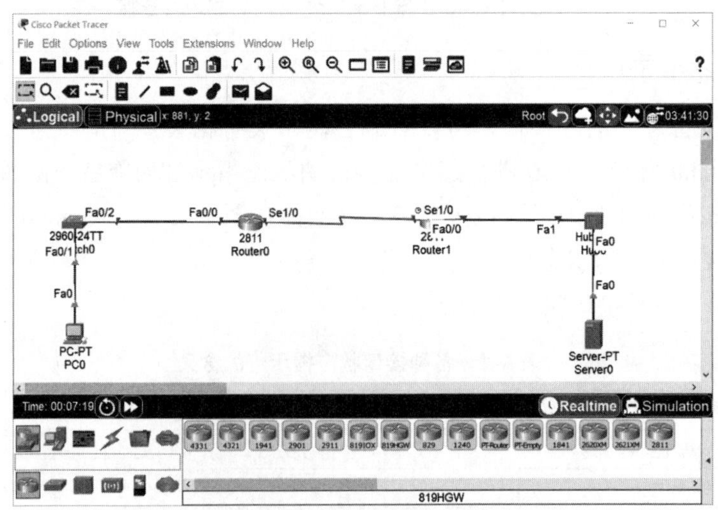

图 1-14　在接口旁显示接口名称标签

6. 放置注释信息

从图 1-14 可以看出，各网络设备旁边显示了设备的型号标签和名称标签，网络设备的各接口旁边显示了接口的名称标签。然而，某些标签之间出现了重叠、有些标签遮挡了接口状态指示灯、有些标签被传输介质遮挡。为了让所构建的网络拓扑看起来更加清晰明了，建议用户参看图 1-7 和图 1-13，设置 Packet Tracer 软件不显示设备型号标签、设备名称标签以及接口名称标签。

用户可在设备和接口旁边的合适位置放置相应的注释信息（设备型号、设备名称以及接口名称）。选择工作区工具箱里的“Place Note (N)”（放置注释）图标，然后在逻辑工作区中的合适位置单击，即可添加文本框，在文本框中输入信息即可，如图 1-15 所示。

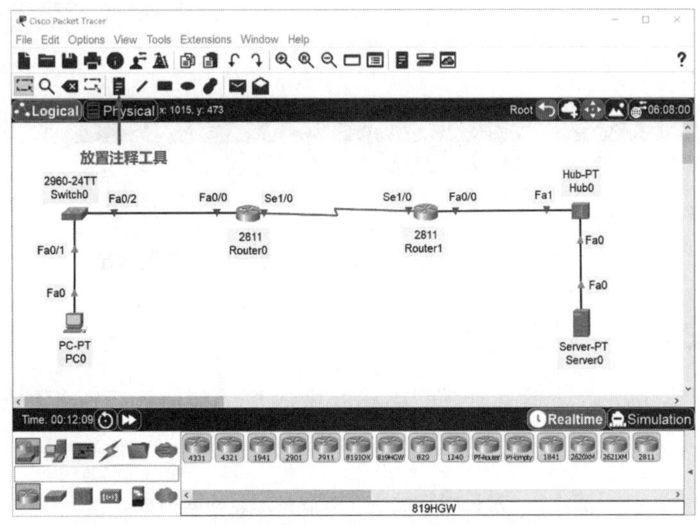

图 1-15　在逻辑工作区中的合适位置放置注释信息

在文本框中输入完信息后，可移动鼠标指针到逻辑工作区中另一个需要添加注释信息的位置，单击添加文本框，之后在文本框中输入所需的信息。以此类推，可在逻辑工作区中**连续添加多条注释信息**。如果不再需要添加注释信息，则按键盘上的 Esc 键退出添加注释状态。

除了网络设备的型号、名称、接口名称，**建议读者在相关网络设备旁边放置相应的网络参数**（例如 IP 地址、子网掩码、默认网关的 IP 地址、静态路由条目等），如图 1-16 所示。

在相关网络设备旁边放置相应网络参数的主要目的有：

- 方便对网络设备进行参数配置。
- 方便进行网络测试。
- 方便进行网络协议分析。

在工作区工具箱中还有等绘图工具，分别用于画线、画矩形、画椭圆以及画任意形状，用户可根据需要，使用这些绘图工具给网络拓扑图添加丰富多彩的注释信息。

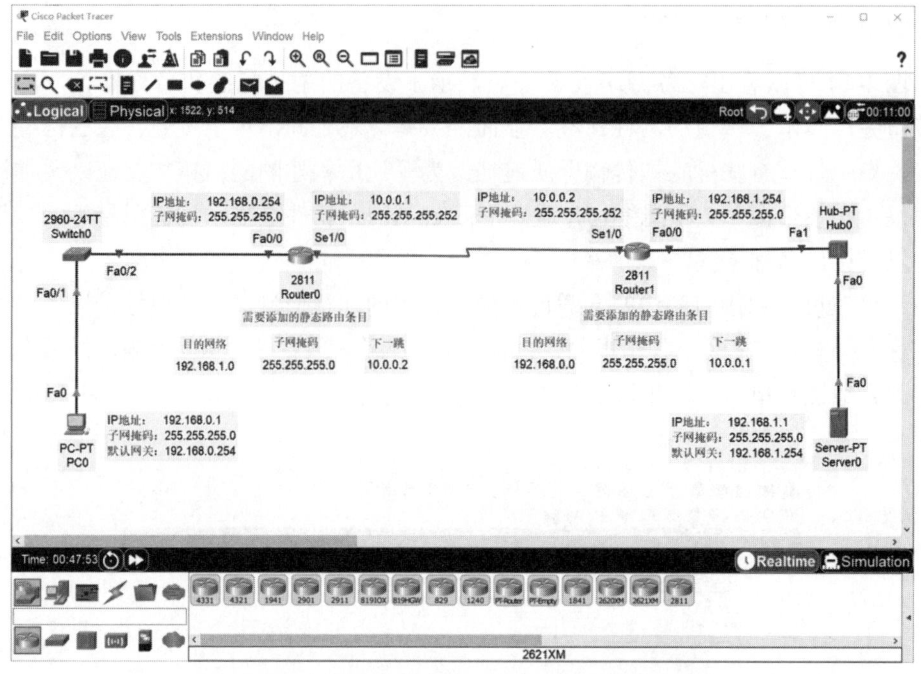

图 1-16　在相关设备或接口旁边放置网络参数信息

1.2.3　配置网络设备

在构建好网络拓扑后，还需要对网络拓扑中的相关网络设备进行配置，表 1-2 给出了常见网络设备一般需要配置的网络参数。

表 1-2　常见网络设备一般需要配置的网络参数

常见网络设备	一般需要配置的网络参数
PC（个人计算机）	IP 地址、子网掩码、默认网关的 IP 地址、DNS 服务器的 IP 地址
Server（服务器）	IP 地址、子网掩码、默认网关的 IP 地址、DNS 服务器的 IP 地址 应用层服务（DHCP、DNS、HTTP、FTP 等）相关参数
Hub（集线器）	无须配置网络参数
Switch（交换机）	一般应用无须配置网络参数，除非有划分 VLAN、链路聚合等应用
Router（路由器）	相关接口的 IP 地址、子网掩码 需要添加的静态路由条目或配置并启动路由选择协议

1. 配置计算机

在图 1-16 所示的网络拓扑中，单击 PC0，在弹出的对话框中选择“Desktop”选项卡，然后单击“IP Configuration”图标打开“IP Configuration”对话框，在该对话框中配置 PC0 的 IPv4 Address（IPv4 地址）为 192.168.0.1，Subnet Mask（子网掩码）为 255.255.255.0，Default Gateway（默认网关）的 IP 地址为 192.168.0.254，DNS Server（DNS 服务器）的 IP 地址保持默认的 0.0.0.0，如图 1-17 所示。

请读者注意，上述网络参数需要由人工进行配置，属于静态配置，而不是通过动态主机配置协议（DHCP）从 DHCP 服务器动态获取。因此，需要首先勾选“Static”（静态）选项，然后才能进行配置。

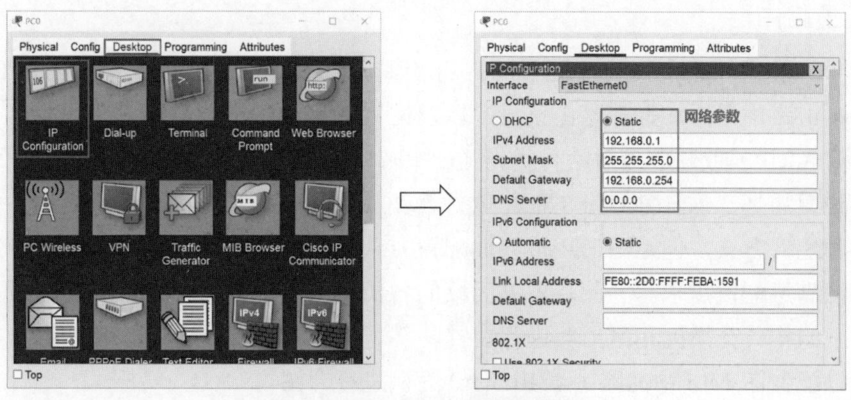

图 1-17　给计算机配置网络参数

2. 配置服务器

（1）给服务器配置 IP 地址、子网掩码、默认网关的 IP 地址等网络参数。

给服务器配置 IP 地址、子网掩码、默认网关的 IP 地址等网络参数的操作，与给计算机配置这些网络参数的操作是相同的，就不再赘述了。请参照图 1-16 中标注在 Server0 旁边的网络参数对 Server0 进行配置，Server0 的 IPv4 Address（IPv4 地址）为 192.168.1.1、Subnet Mask（子网掩码）为 255.255.255.0、Default Gateway（默认网关）的 IP 地址为 192.168.1.254、DNS Server（DNS 服务器）的 IP 地址保持默认的 0.0.0.0 即可。

（2）对服务器提供的应用层服务（例如 DHCP、DNS、HTTP、FTP）进行配置。

下面以配置图 1-16 中 Server0 提供的 HTTP 服务为例进行介绍。

单击 Server0，在弹出的对话框中选择“Services”选项卡，在该选项卡左侧的“SERVICES”列表中选择“HTTP”服务，在“SERVICES”列表右侧会出现“HTTP”服务的相关配置内容。默认情况下，“HTTP”服务和“HTTPS”服务处于 On（开启）状态。如果有需要，可以在“File Manager”中 edit（编辑）或 delete（删除）Packet Tracer 软件默认提供的相关 HTML 文件，也可以 New File（新建文件）或 Import（导入）用户自己的 HTML 文件，如图 1-18 所示。

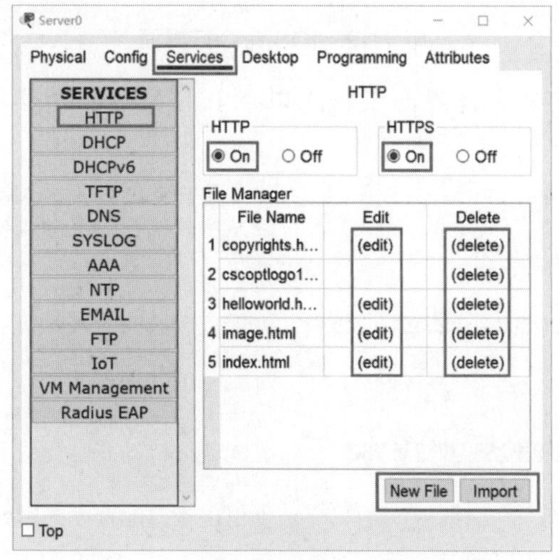

图 1-18　给服务器配置 HTTP 服务

3. 配置路由器

相较于计算机，路由器需要配置的内容较多，例如给路由器相关接口配置 IP 地址和子网掩码、给路由器添加静态路由条目，以及配置并启动路由器的路由选择协议（例如路由信息协议（RIP）或开放最短路径优先（OSPF）协议）等。

需要说明的是，尽管 Packet Tracer 软件为交换机和路由器提供了图形用户界面和命令行界面两种配置方式，但是**图形用户界面配置方式的功能有限，对于稍微复杂一点的仿真实验就无法满足配置需求**。因此，**本书后续的各仿真实验都采用命令行界面配置方式**，对仿真实验中的相关交换机和路由器进行配置。

下面以配置图 1-16 中的路由器 Router0 为例进行介绍。

（1）给路由器相关接口配置 IP 地址和子网掩码。

单击 Router0，在弹出的对话框中选择“CLI”选项卡进入命令行界面选项卡。在命令行界面选项卡中，包含有**思科互联网操作系统**（Internetwork Operation System，IOS）命令行界面，提供了与真实思科网络设备完全相同的配置界面和配置过程，通过输入 IOS 配置命令来完成配置，如图 1-19 所示。

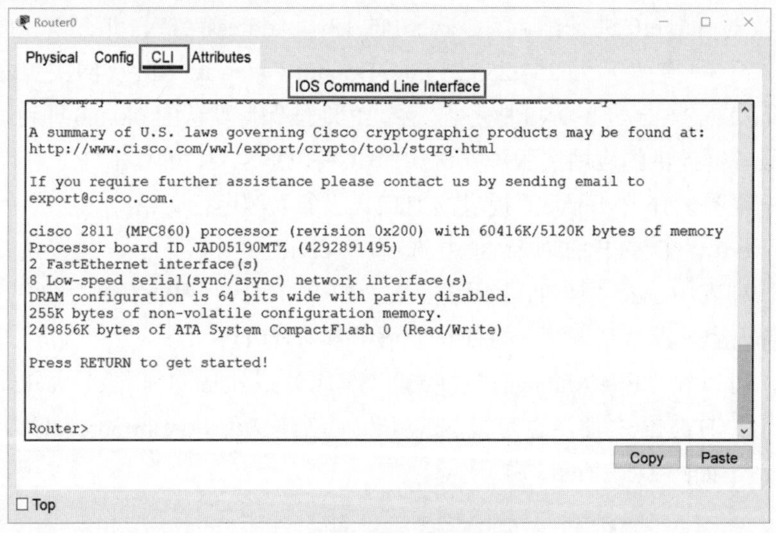

图 1-19　IOS 命令行界面

在路由器 Router0 的命令行界面中输入以下 IOS 命令，为其相关接口配置 IPv4 地址和子网掩码。

```
Router>enable                                    // 从用户执行模式进入特权执行模式
Router#configure terminal                        // 从特权执行模式进入全局配置模式
Router(config)#interface FastEthernet0/0         // 从全局配置模式进入接口 FastEthernet0/0 的
                                                 // 配置模式
Router(config-if)#ip address 192.168.0.254 255.255.255.0  // 配置接口的 IPv4 地址和子网掩码
Router(config-if)#no shutdown                    // 开启接口，路由器接口默认是关闭状态，
                                                 // 需要手动开启
Router(config-if)#interface Serial1/0            // 进入接口 Serial1/0 的配置模式
Router(config-if)#ip address 10.0.0.1 255.255.255.252    // 配置接口的 IPv4 地址和子网掩码
Router(config-if)#no shutdown                    // 开启接口
Router(config-if)#exit                           // 退出接口配置模式回到全局配置模式
```

上述配置过程如图 1-20 所示。

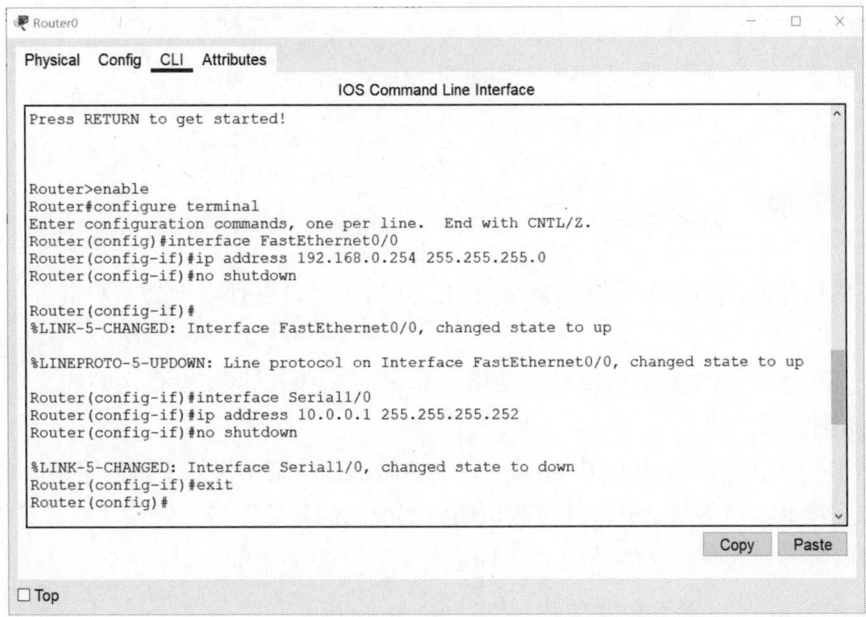

图 1-20　通过 IOS 命令行给路由器 Router0 相关接口配置 IPv4 地址和子网掩码

请参照上述方法，给图 1-16 中路由器 Router1 的相关接口配置 IPv4 地址和子网掩码。Router1 的接口 Serial1/0（图 1-16 中相关注释为简写形式 Se1/0）的 IPv4 地址为 10.0.0.2，子网掩码为 255.255.255.252；Router1 的接口 FastEthernet0/0（图 1-16 中相关注释为简写形式 Fa0/0）的 IPv4 地址为 192.168.1.254，子网掩码为 255.255.255.0。

（2）给路由器添加静态路由条目。

当给路由器的相关接口配置了 IPv4 地址和子网掩码后，路由器就可自行得出各相关接口的直连网络地址，并且将每个直连网络地址作为一条路由条目添加到路由表中。然而，路由器并不知道有哪些非直连网络存在。因此，需要人工为路由器添加到达非直连网络的静态路由条目，也可以人工配置并启动路由器的路由选择协议（例如路由信息协议（RIP）或开放最短路径优先（OSPF）协议），由路由器通过路由选择协议自动获取到达非直连网络的路由。

下面以给图 1-16 中的路由器 Router0 和 Router1 各添加一条静态路由条目为例进行介绍。

在路由器 Router0 的命令行界面中输入以下 IOS 命令，为其添加一条到达服务器 Server0 的静态路由条目，其中目的网络地址为 192.168.1.0、子网掩码为 255.255.25.0、下一跳地址为 10.0.0.2。

```
Router>enable                                          // 从用户执行模式进入特权执行模式
Router#configure terminal                              // 从特权执行模式进入全局配置模式
Router(config)#ip route 192.168.1.0 255.255.255.0 10.0.0.2   // 添加一条静态路由条目：
                                                       // 目的网络地址为 192.168.1.0
                                                       // 子网掩码为 255.255.255.0
                                                       // 下一跳地址为 10.0.0.2
```

在路由器 Router1 的命令行界面中输入以下 IOS 命令，为其添加一条到达计算机 PC0 的静态路由条目，其中目的网络地址为 192.168.0.0、子网掩码为 255.255.25.0、下一跳地址为 10.0.0.1。

```
Router>enable                                       //从用户执行模式进入特权执行模式
Router#configure terminal                           //从特权执行模式进入全局配置模式
Router(config)#ip route 192.168.0.0 255.255.255.0   //添加一条静态路由条目：
10.0.0.1                                            //目的网络地址为 192.168.0.0
                                                    //子网掩码为 255.255.255.0
                                                    //下一跳地址为 10.0.0.1
```

1.2.4 进行网络测试

在完成构建网络拓扑和配置网络设备的工作后，可以进行以下基本网络测试：

- 在计算机或路由器的命令行中**使用“ping”命令测试网络设备之间的连通性**。
- 在计算机的命令行中**使用“tracert”命令跟踪到达某个目的主机的路由**。

除上述基本的网络测试外，**还可测试服务器提供的相关服务**。例如，在计算机中使用浏览器访问服务器默认提供的 Web 页，即进行 HTTP 服务测试。

1. 使用“ping”命令测试网络设备之间的连通性

一般情况下，网络设备之间的连通性测试应该在**“实时”工作模式**下进行。在进行测试之前，首先要确保各相关网络设备的相关接口处于开启状态。有些情况下，在给设备配置好网络参数之后，设备并不能立刻正常工作，设备接口可能需要经过一段时间才能处于开启状态。为了减少用户的等待时间，可在**“实时”工作模式**下单击几次播放控制栏中的“Fast Forward Time (Alt + D)”（快速前进）按钮，直到相关设备接口的状态指示灯变成绿色正三角（表明接口处于开启状态）。上述网络设备之间连通性测试前的准备工作，如图 1-21 所示。

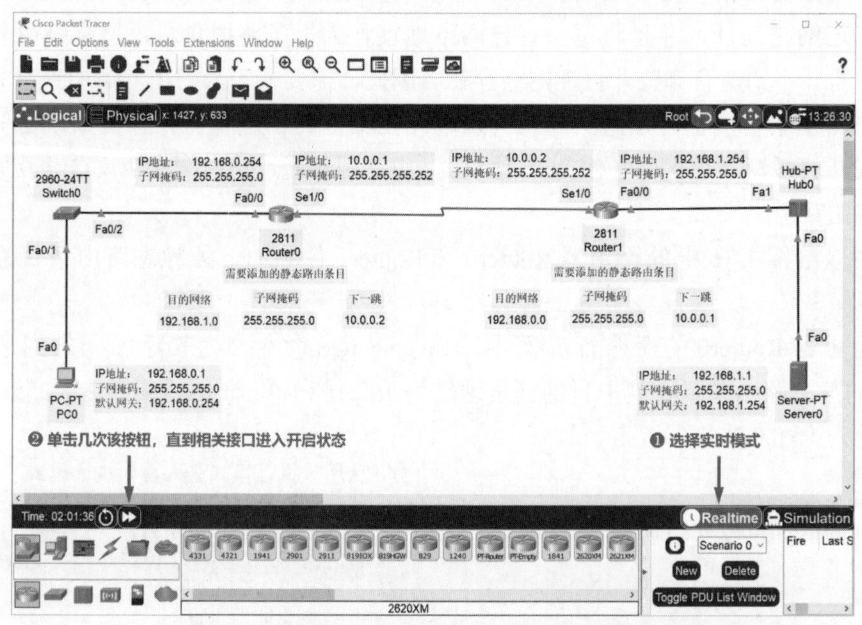

图 1-21 网络设备之间连通性测试前的准备工作

下面以测试图 1-21 中计算机 PC0 与服务器 Server0 之间的连通性为例进行介绍。

在图 1-21 所示的网络拓扑中，单击 PC0，在弹出的对话框中选择“Desktop”选项卡，然后单击“Command Prompt”图标，打开 PC0 的命令行界面，如图 1-22 所示。

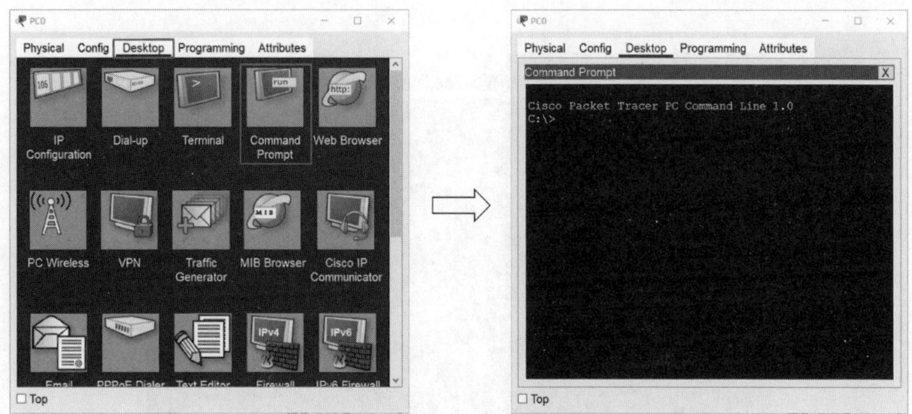

图 1-22　打开计算机的命令行界面

在 PC0 的命令行中输入“ping 192.168.1.1”，测试 PC0 与 Server0 的连通性。其中，“ping”是命令，“192.168.1.1”是命令参数（即 Server0 的 IPv4 地址），**命令与参数之间需要有一个空格**，如图 1-23 所示。

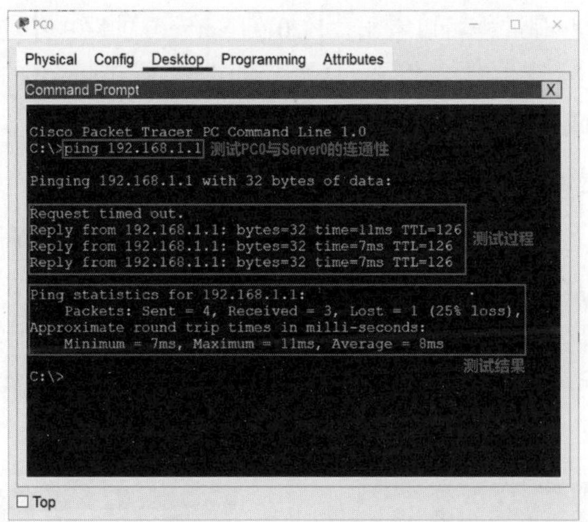

图 1-23　测试计算机 PC0 与服务器 Server0 的连通性

从图 1-23 所示的测试过程可以看出，PC0 向 Server0 发送请求，Server0 收到后给 PC0 发回响应。共进行了 4 次测试，第 1 次出现了超时，之后 3 次都是成功的，这表明 PC0 与 Server0 之间可以正常通信。至于第 1 次为什么会出现超时，将在后续相关仿真实验中进行介绍，本节不再深入介绍。

2. 使用“tracert”命令跟踪路由

除测试网络设备之间的连通性，还可测试某网络设备与另一个网络设备之间的路由包含哪些路由器，即跟踪路由。

下面以跟踪图 1-21 中计算机 PC0 到服务器 Server0 的路由为例进行介绍。

在 PC0 的命令行中输入“tracert 192.168.1.1”来跟踪 PC0 到 Server0 的路由。其中，“tracert”是命令，“192.168.1.1”是命令参数（即 Server0 的 IPv4 地址），**命令与参数之间**

需要有一个空格，如图 1-24 所示。

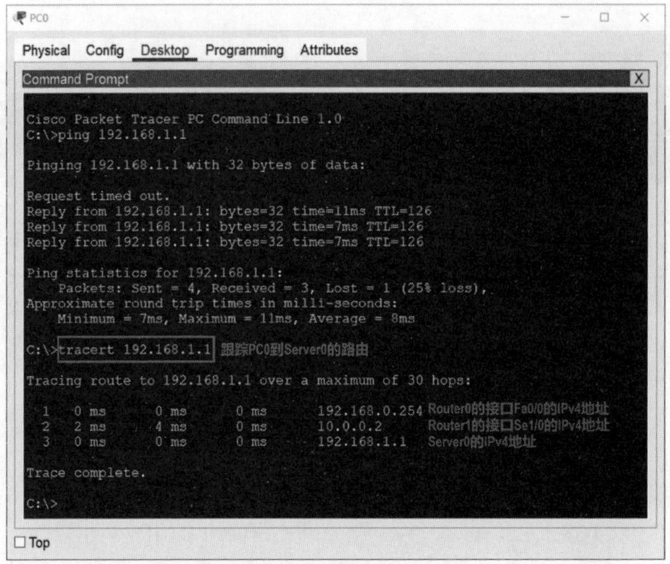

图 1-24　跟踪计算机 PC0 到服务器 Server0 的路由

从图 1-24 所示的跟踪过程可以看出，PC0 到 Server0 的路由中包含 2“跳”（2 hops），即经过两个路由器。从图 1-21 中可知，192.168.0.254 是 Router0 的接口 Fa0/0 的 IPv4 地址，10.0.0.2 是 Router1 的接口 Se1/0 的 IPv4 地址。

3. 测试服务器提供的相关服务

除测试网络设备之间的连通性和跟踪路由，还可测试服务器提供的各种应用层服务。下面以测试图 1-21 中服务器 Server0 提供的 HTTP 服务为例进行介绍。

在图 1-21 所示的网络拓扑中，单击 PC0，在弹出的对话框中选择“Desktop”选项卡，然后单击“Web Browser”图标打开 PC0 的 Web 浏览器界面，如图 1-25 所示。

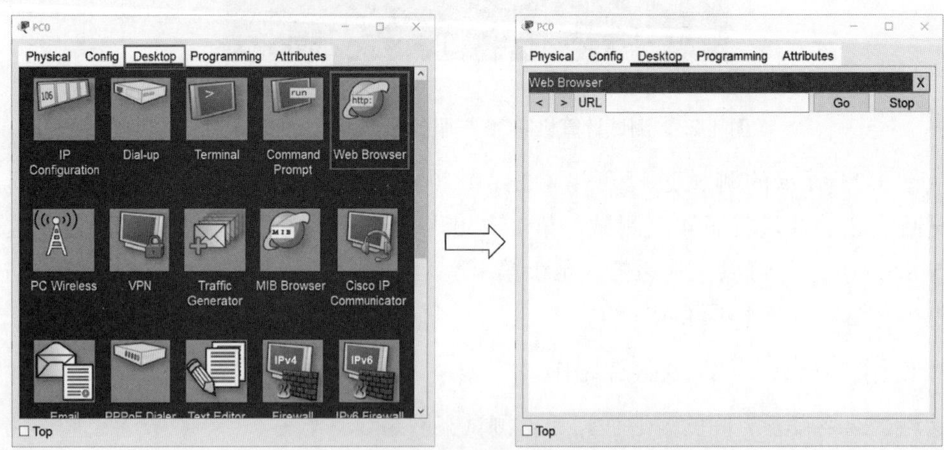

图 1-25　打开计算机的 Web 浏览器界面

在图 1-25 所示的 Web 浏览器的 URL 地址栏中，输入服务器 Server0 的 IPv4 地址 192.168.1.1，然后单击“Go”按钮，若在 Web 浏览器中显示出 Packet Tracer 软件默认提供的 Web 页面，则表明 Server0 能够正常提供 HTTP 服务，如图 1-26 所示。

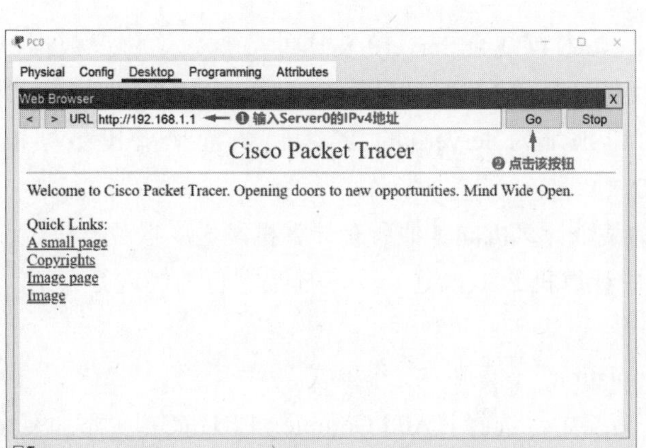

图 1-26　计算机 PC0 访问服务器 Server0 提供的 HTTP 服务

4. 让计算机发送数据包

在进行网络测试时，有时需要让网络中的某个计算机向另一个计算机发送单播数据包或向其他所有计算机发送广播数据包。

（1）让网络中的某个计算机向另一个计算机发送单播数据包。

下面以图 1-21 中计算机 PC0 给服务器 Server0 发送一个单播数据包为例进行介绍。请按图 1-27 的步骤进行以下操作：

❶ 切换到“Simulation”（模拟）工作模式。

❷ 在工作区工具箱中，选择“Add Simple PDU (P)”（添加简单 PDU）的图标，此时鼠标指针也将变为该图标。

❸ 单击发送该 PDU 的源计算机 PC0。

❹ 单击接收该 PDU 的目的服务器 Server0。

❺ 使用播放控制栏中的“Capture then Forward”（捕获并前进）按钮进行单步模拟，观察数据包的传送过程。

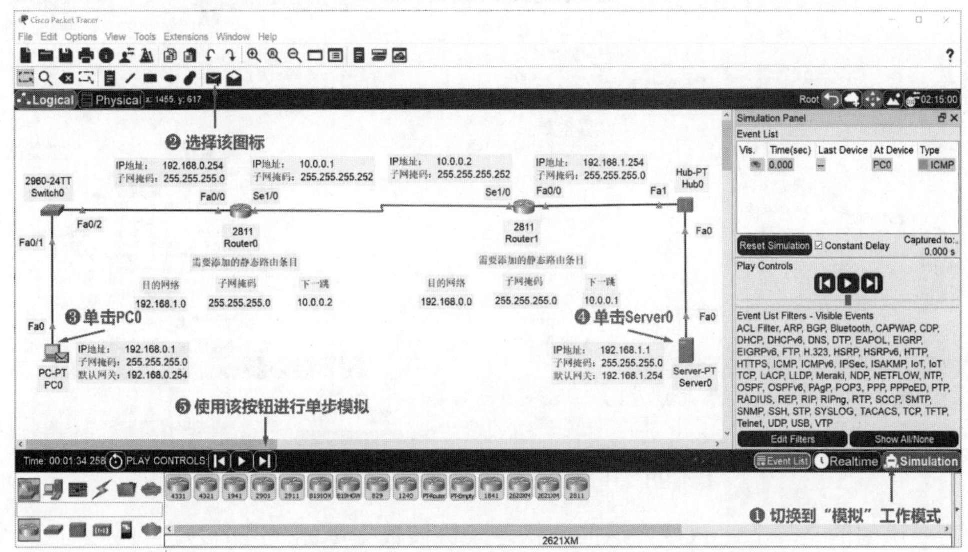

图 1-27　让计算机 PC0 给服务器 Server0 发送一个单播数据包

需要说明的是，上述 PC0 给 Server0 发送的数据包（协议数据单元（PDU）），实际上是一个以太网单播帧（目的 MAC 地址为 Server0 的 MAC 地址），其数据载荷封装有单播 IP 数据报（目的 IP 地址为 Server0 的 IP 地址），而单播 IP 数据报的数据载荷封装有 ICMP 回送请求报文。

（2）让网络中的某个计算机向其他所有计算机发送广播数据包。

下面以图 1-21 中计算机 PC0 发送一个广播数据包为例进行介绍。请按图 1-28 的步骤进行以下操作：

❶ 切换到“Simulation”（模拟）工作模式。

❷ 在工作区工具箱中，选择“Add Complex PDU (C)”（添加复杂 PDU）的图标，此时鼠标指针也会发生相应变化。

❸ 单击发送该 PDU 的源计算机 PC0，将会出现“Create Complex PDU”（创建复杂 PDU）对话框。

❹ 选择“PING”应用。

❺ 输入“Destination IP Address”（目的 IP 地址），为 255.255.255.255，即广播 IP 地址。

❻ 输入“Source IP Address”（源 IP 地址），为 192.168.0.1，即计算机 PC0 的 IP 地址。

❼ 输入“Sequence Number”（序号），为 1。

❽ 输入“One Shot Time”（单次时间），为 1（秒）。

❾ 单击“Create PDU”（创建 PDU）按钮，然后再次单击发送该 PDU 的源主机，即计算机 PC0。

❿ 使用播放控制栏中的“Capture then Forward”（捕获并前进）按钮进行单步模拟，观察数据包的传送过程。

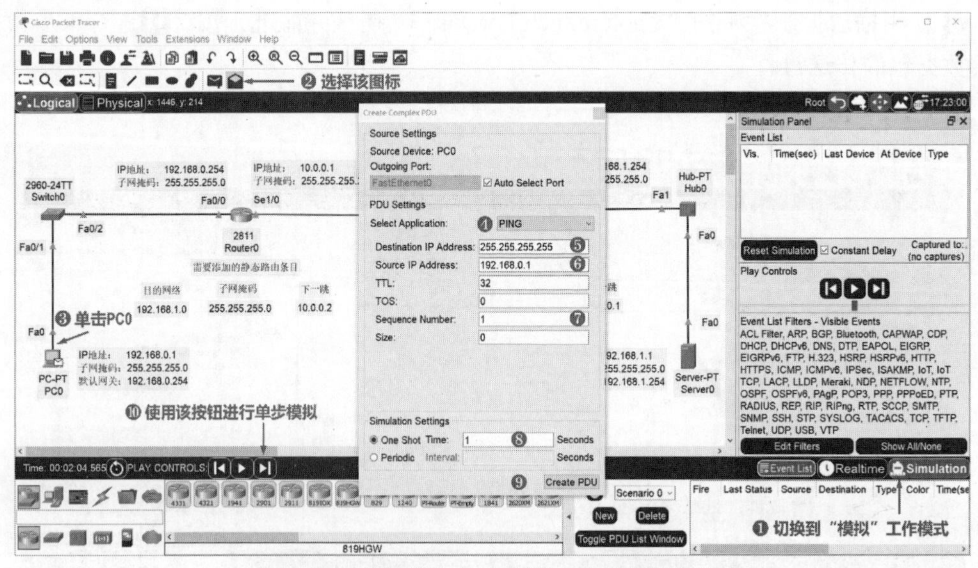

图 1-28　让计算机 PC0 发送一个广播数据包

需要说明的是，上述 PC0 发送的数据包（协议数据单元（PDU）），实际上是一个以太网广播帧（目的 MAC 地址为广播地址，即 FF-FF-FF-FF-FF-FF），其数据载荷封装有广播 IP 数据报（目的 IP 地址为广播地址，即 255.255.255.255），而广播 IP 数据报的数据载荷封装有 ICMP 回送请求报文。

1.2.5　查看网络设备的相关网络信息

在进行仿真实验的过程中，用户可能需要查看相关网络设备的某些网络信息。例如，计算机和路由器相关接口的 IP 地址和子网掩码、计算机和路由器的 ARP 缓存表、路由器的路由表、以太网交换机的帧转发表等。

1. 查看计算机的相关网络信息

（1）查看计算机的端口状态汇总表。

下面以查看图 1-21 所示网络拓扑中计算机 PC0 的端口状态汇总表为例进行介绍，请按图 1-29 所示的步骤进行以下操作：

❶ 在工作区工具箱中选择“Inspect (I)”（查看）图标。

❷ 在工作区中单击 PC0。

❸ 在弹出菜单中选择“Port Status Summary Table”（端口状态汇总表）。

❹ 弹出的对话框就是 PC0 的端口状态汇总表。在 PC0 的端口状态汇总表中，显示了 PC0 的各个端口（例如 FastEthernet0 和 Bluetooth）的状态（Up 或 Down）、IPv4 地址、IPv6 地址、MAC 地址、默认网关（Gateway）的 IPv4 地址、DNS 服务器（DNS Server）的 IPv4 地址等信息。

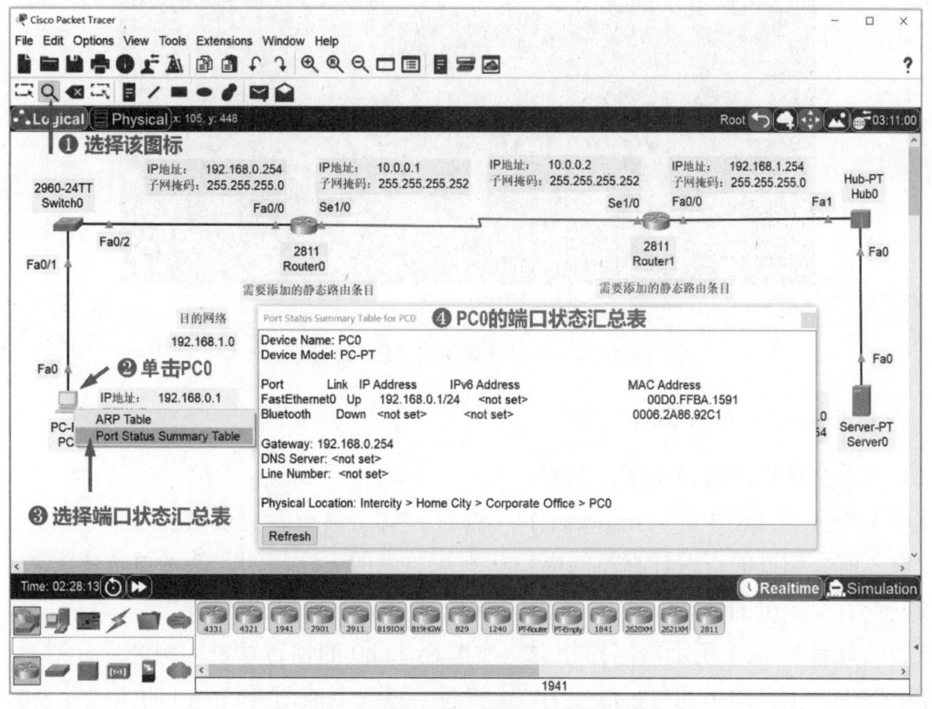

图 1-29　查看计算机的端口状态汇总表

（2）查看计算机的 ARP 缓存表。

下面以查看图 1-21 所示网络拓扑中计算机 PC0 的 ARP 缓存表为例进行介绍。

使用工作区工具箱中的“Inspect (I)”（查看）工具查看 PC0 的 ARP 缓存表的操作，与之前介绍过的使用该工具查看 PC0 的端口状态汇总表的操作类似，就不再赘述了。另外，还可在 PC0 的命令行中输入“arp -a”来查看 PC0 的 ARP 缓存表。其中，“arp”是命令，“-a”是命令参数，**命令与参数之间需要有一个空格**。请按图 1-30 所示的步骤进行以下操作：

❶ 首先在 PC0 的命令行使用“ping 192.168.1.1”测试 PC0 与 Server0 的连通性，这是为了使 PC0 通过 ARP 获取到路由器 Router0 的接口 Fa0/0 的 MAC 地址。

❷ 使用“arp -a”查看 PC0 的 ARP 缓存表，可以看到 ARP 缓存表中已经保存有 Router0 的接口 Fa0/0 的 MAC 地址（0060.4771.2801）与 IPv4 地址（192.168.0.254）的对应关系条目，该条目的类型为“dynamic”（动态），这是因为该条目是通过 ARP 动态获取到的，而不是人工静态配置的。动态类型的 ARP 条目在一段时间后会被自动删除。

❸ 使用“arp -d”清空 PC0 的 ARP 缓存表。

❹ 再次使用“arp -a”查看 PC0 的 ARP 缓存表，可以看到 ARP 缓存表中已经没有 ARP 条目了。

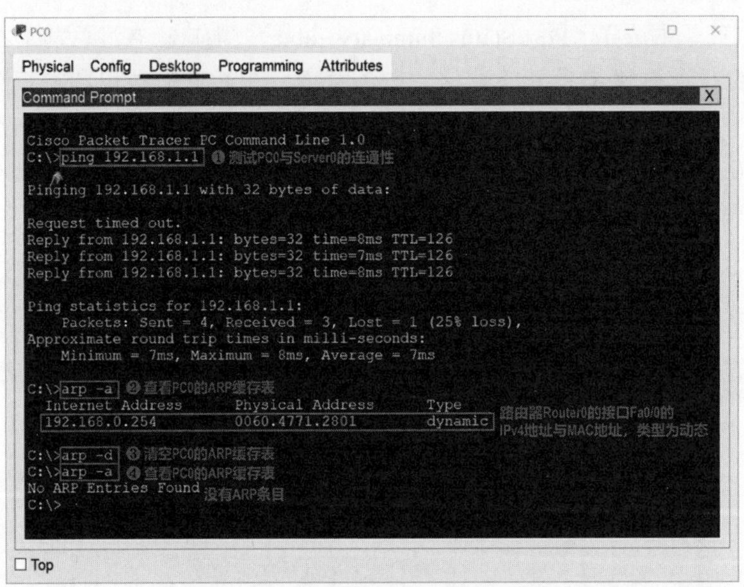

图 1-30　查看计算机的 ARP 缓存表

2. 查看交换机的相关网络信息

（1）查看交换机的端口状态汇总表。

使用工作区工具箱中的“Inspect (I)”（查看）工具查看交换机的端口状态汇总表的方法，与之前介绍过的查看计算机的端口状态汇总表的方法相同，就不再赘述了。

（2）查看交换机的帧转发表（Packet Tracer 中称为“MAC Table”）。

下面以查看图 1-21 所示网络拓扑中交换机 Switch0 的帧转发表为例进行介绍。

使用工作区工具箱中的“Inspect (I)”（查看）工具查看 Switch0 的帧转发表的操作，与之前介绍过的使用该工具查看计算机的端口状态汇总表的操作类似，就不再赘述了。另外，还可在 Switch0 的 IOS 命令行中使用相关命令查看或清空 Switch0 的帧转发表，具体命令如下所示。

```
Switch>enable                              // 从用户执行模式进入特权执行模式
Switch#show mac-address-table              // 显示帧转发表（MAC 地址表）
Switch#clear mac-address-table             // 清空帧转发表
```

首先在计算机 PC0 的命令行使用“ping 192.168.1.1”测试 PC0 与服务器 Server0 的连通性。在此过程中，交换机 Switch0 会学习到 PC0 的 MAC 地址与 Switch0 自身的接口 Fa0/1 对应，且路由器 Router0 的接口 Fa0/0 与 Switch0 自身的接口 Fa0/2 对应。之后在 Switch0 的 IOS 命令行使用“show mac-address-table”查看 Switch0 的帧转发表或使用“clear mac-address-table”清空 Swithc0 的帧转发表，如图 1-31 所示。

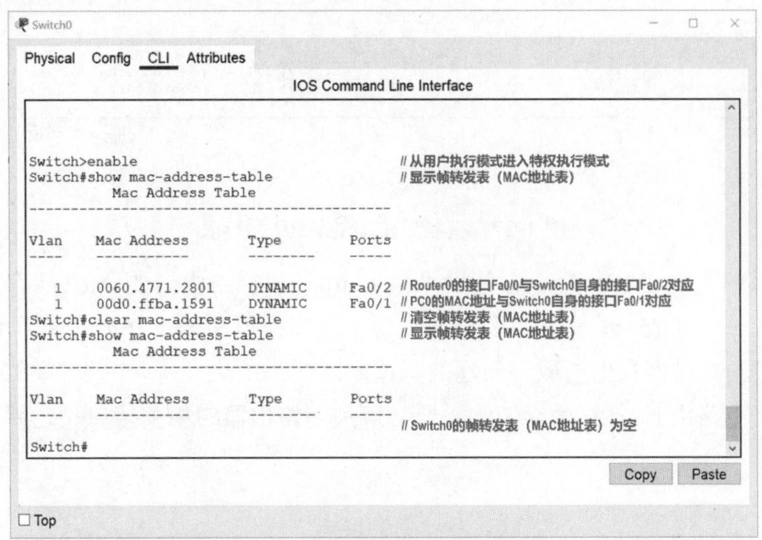

图 1-31　查看交换机的帧转发表

3. 查看路由器的相关网络信息

（1）查看路由器的端口状态汇总表。

使用工作区工具箱中的“Inspect (I)”（查看）工具查看路由器的端口状态汇总表的方法，与之前介绍过的查看计算机的端口状态汇总表的方法相同，就不再赘述了。

（2）查看路由器的 ARP 缓存表。

下面以查看图 1-21 所示网络拓扑中路由器 Router0 的 ARP 缓存表为例进行介绍。

使用工作区工具箱中的“Inspect (I)”（查看）工具查看 Router0 的 ARP 缓存表的操作，与之前介绍过的使用该工具查看计算机的端口状态汇总表的操作类似，就不再赘述了。另外，还可在 Router0 的 IOS 命令行中使用相关命令查看 Router0 的 ARP 缓存表，具体命令如下所示。

```
Router>enable                              // 从用户执行模式进入特权执行模式
Router#show arp                            // 显示 ARP 缓存表
```

首先在计算机 PC0 的命令行使用“ping 192.168.1.1”测试 PC0 与服务器 Server0 的连通性。目的在于使 PC0 通过 ARP 获取到路由器 Router0 的接口 Fa0/0 的 MAC 地址，与此同时，Router0 也就知道了 PC0 的 IPv4 地址（192.168.0.1）与 MAC 地址（00D0.FFBA.1591）的对应关系。之后在 Router0 的 IOS 命令行使用“show arp”查看 Router0 的 ARP 缓存表，如图 1-32 所示。

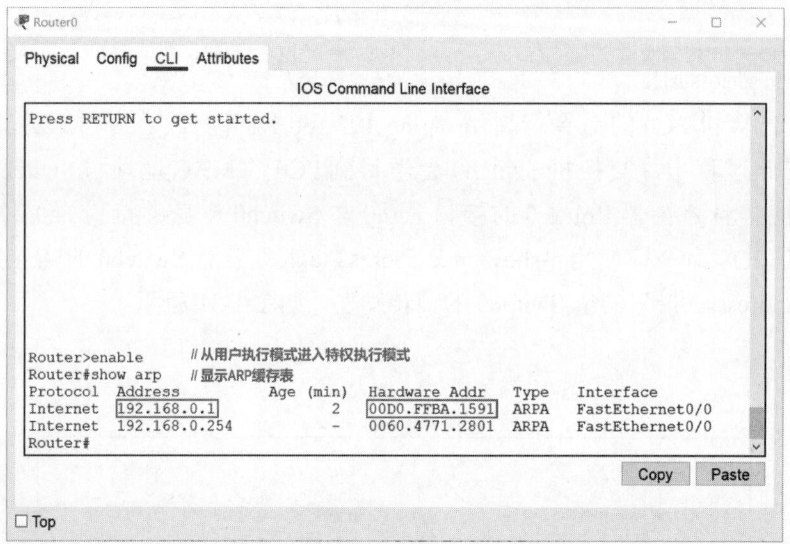

图 1-32　查看路由器的 ARP 缓存表

需要说明的是，在 IOS 命令行使用“clear arp”清空路由器的 ARP 缓存表是无效的。有兴趣的读者可先完成一些仿真实验，在具备了单步模拟和协议分析的能力后，针对该问题进行仿真实验，进而找出造成该问题的具体原因。

如果有清空路由器 ARP 缓存表的需要，可关闭路由器的相关接口（之后再开启），如图 1-33 所示。

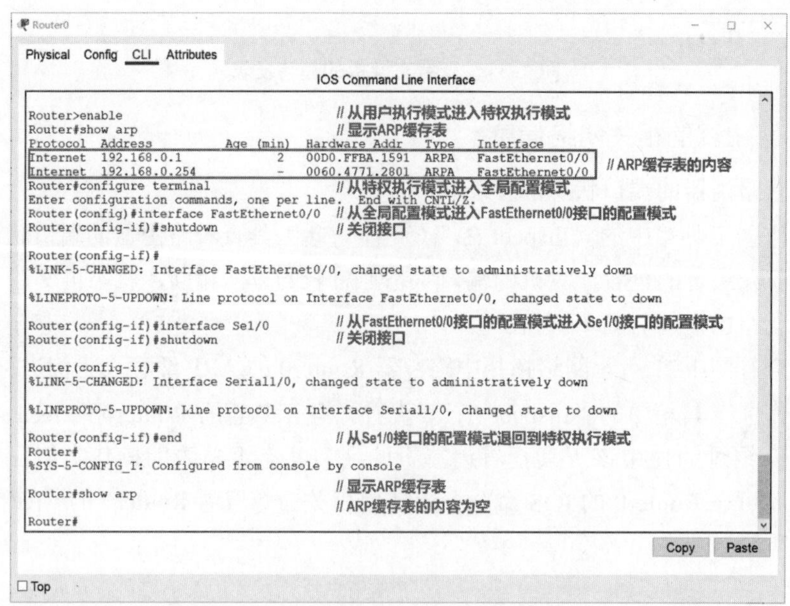

图 1-33　清空路由器的 ARP 缓存表

（3）查看路由器的路由表。

下面以查看图 1-21 所示网络拓扑中路由器 Router0 的路由表为例进行介绍。

使用工作区工具箱中的“Inspect (I)”（查看）工具查看 Router0 的路由表的操作，与之前介绍过的使用该工具查看计算机的端口状态汇总表的操作类似，就不再赘述了。另外，还可在 Router0 的 IOS 命令行中使用相关命令查看 Router0 的路由表，具体命令如下所示。

```
Router>enable                    //从用户执行模式进入特权执行模式
Router#show ip route             //显示路由表
```

在 Router0 的 IOS 命令行使用“show ip route”查看 Router0 的路由表，如图 1-34 所示。

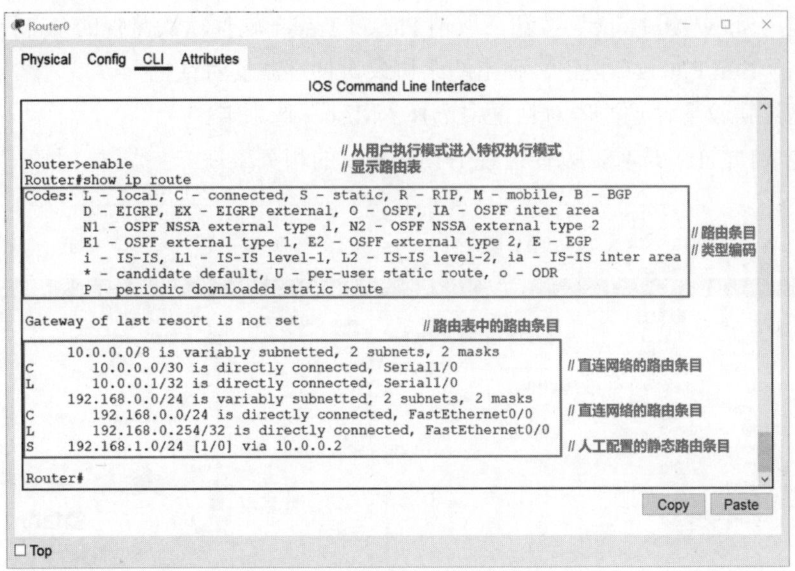

图 1-34　查看路由器的路由表

在图 1-34 所示的 Router0 的路由表中，路由条目类型编码为 C 的路由条目是直连路由（例如 Router0 的接口 Serial1/0 的直连网络是 10.0.0.0/30、接口 FastEthernet0/0 的直连网络是 192.168.0.0/24）；路由条目类型编码为 S 的路由条目是人工配置的静态路由（例如目的网络地址为 192.168.1.0/24，下一跳路由器接口的地址为 10.0.0.2）。

如果需要删除某个静态路由条目，可以使用以下命令。

```
Router>enable                                   //从用户执行模式进入特权执行模式
Router#configure terminal                       //从特权执行模式进入全局配置模式
Router(config)#no ip route 目的网络 子网掩码 下一跳   //删除一条静态路由条目
```

1.2.6　单步模拟和协议分析

单步模拟和协议分析是每个仿真实验的重要环节，在网络故障排除、对网络协议工作过程的观察以及了解数据包的封装和解封等方面，发挥着重要作用。

1. 选择要监视的网络协议

默认情况下，Packet Tracer 软件会监视各种网络协议的相关事件，例如地址解析协议（ARP）、网际控制报文协议（ICMP）、开放最短路径优先（OSPF）协议、用户数据报协议（UDP）、传输控制协议（TCP）、路由信息协议（RIP）、边界网关协议（BGP）、动态主机配置协议（DHCP）、域名系统（DNS）、超文本传输协议（HTTP）以及文件传送协议（FTP）等。

一般情况下，每个仿真实验都不需要监视全部网络协议，根据仿真实验的需求，选择监视相关的网络协议即可。例如在图 1-29 所示的仿真实验中，若实验目的仅在于观察 HTTP 协议相关数据包的封装、传输、解封等情况，则仅选择观察 HTTP 协议的相关事件即可。请按图 1-35 所示的步骤进行以下操作：

❶ 选择“Simulation”（模拟）工作模式。

❷ 可以看到 Packet Tracer 软件默认监视各种网络协议的相关事件。

❸ 单击“Show All/None”按钮，取消 Packet Tracer 软件默认监视的全部网络协议。

❹ 单击“Edit Filters”按钮，弹出网络协议事件过滤器对话框。

❺ 在网络协议事件过滤器对话框中选择“Misc”选项卡。

❻ 勾选“HTTP”选项，以便监视 HTTP 协议的相关事件。

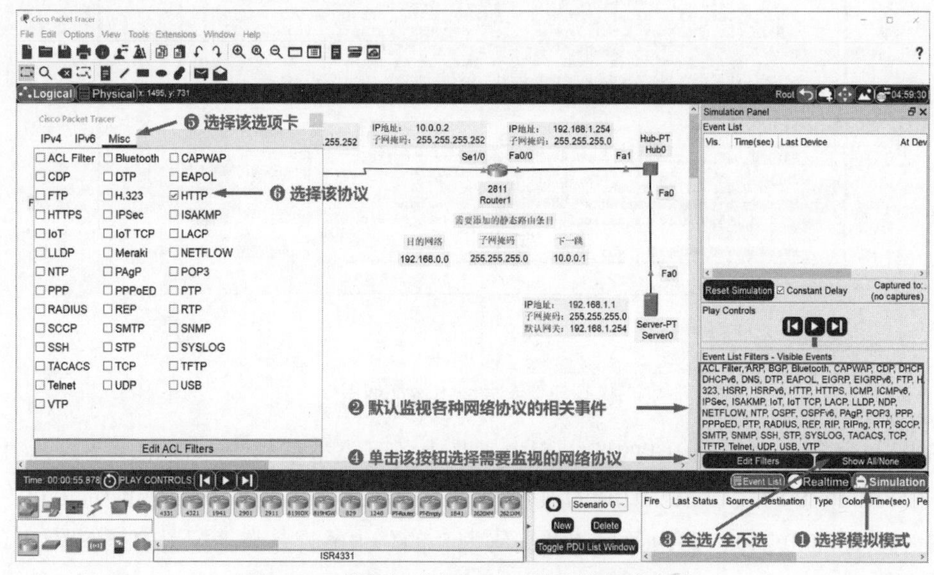

图 1-35 选择仅监视 HTTP 协议的相关事件

2. 单步模拟

选择好要监视的网络协议后，就可以进行单步模拟了。下面以图 1-29 所示的仿真实验为例进行介绍。请按图 1-36 所示的步骤进行以下操作：

❶ 选择“Simulation”（模拟）工作模式。

❷ 打开计算机 PC0 的网页浏览器。

❸ 在 PC0 的网页浏览器底部勾选“Top”选项，使网页浏览器始终显示在顶层，以方便后续观察。

❹ 在浏览器的 URL 地址栏中输入服务器 Server0 的 IP 地址 192.168.1.1。

❺ 单击“Go”按钮，此时网页浏览器并不会显示任何网页信息，这是因为此时 Packet Tracer 软件处于模拟工作模式，需要由用户控制执行模拟过程。

❻ 用户可使用单击控制栏中的“上一步”“下一步”以及“自动播放”按钮来控制模拟过程。

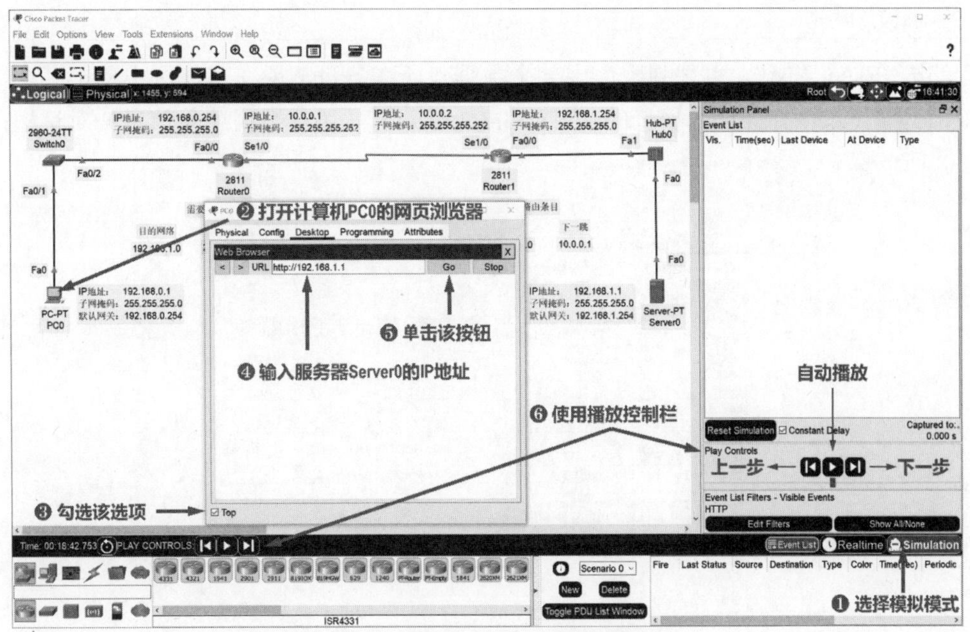

图 1-36　使用播放控制工具控制模拟过程

在图 1-36 中，单击“下一步”按钮可以进行单步模拟，也可以单击“自动播放”按钮自动播放数据包在网络中传输的全部过程。此时，在 Packet Tracer 软件的工作区中可以观察到数据包在网络中的传输动画，并且在“Event List”（事件列表）中将显示出 Packet Tracer 软件捕获到的、用户所选择监视协议（对于本仿真实验，仅监视 HTTP 协议）的相关数据包，如图 1-37 所示。

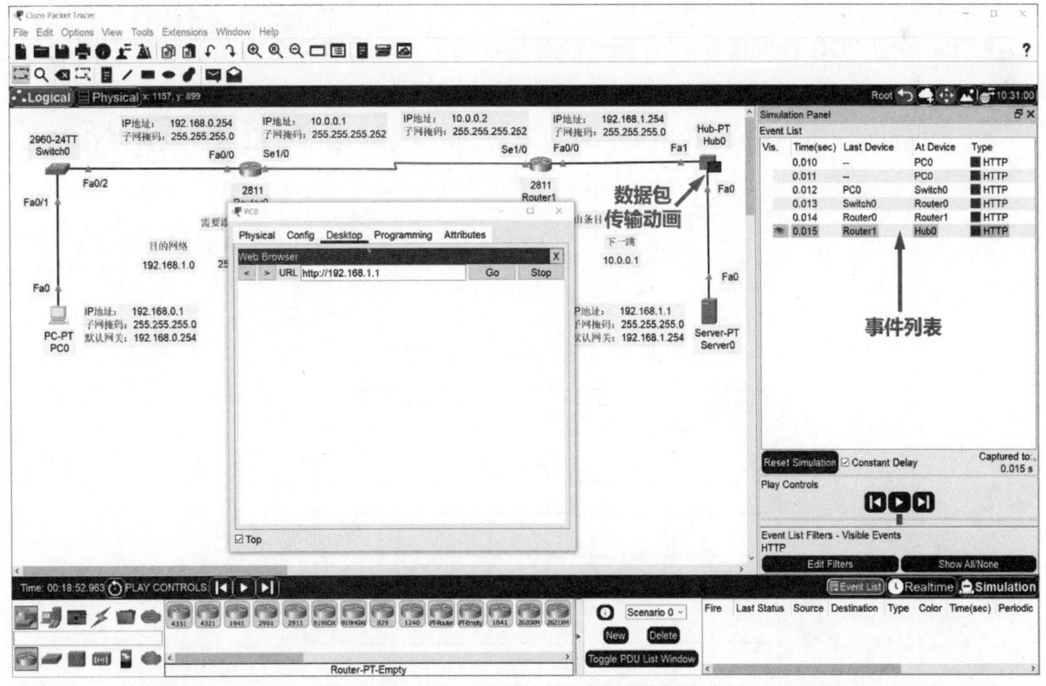

图 1-37　在模拟工作模式下观察数据包的传输过程以及软件捕获到的所选择监视协议的相关数据包

3. 协议分析

单击“Event List”（事件列表）中某个数据包所在条目，或在工作区中单击某个数据包的图标，即可打开该数据包的“PDU Information”（协议数据单元信息）对话框，如图 1-38 所示。

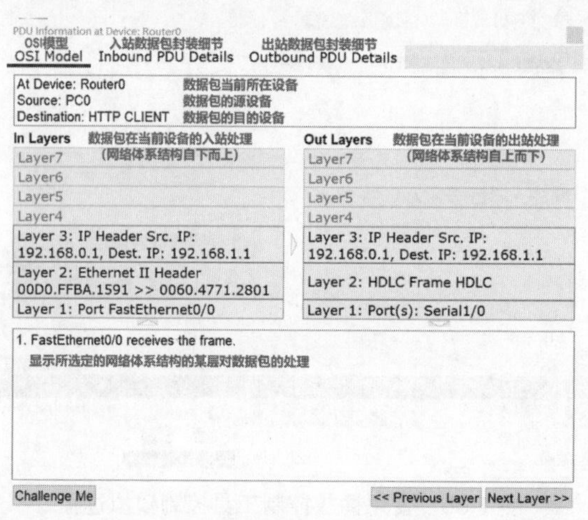

图 1-38　某个数据包的“PDU Information”对话框

在图 1-38 所示的数据包的“PDU Information”（协议数据单元信息）对话框中，包含以下三个选项卡：

- OSI Model（OSI 模型）：该选项卡给出了数据包在当前设备的入站处理过程（网络体系结构自下而上）和出站处理过程（网络体系结构自上而下）。单击 OSI 体系结构的某一层，会显示出该层所完成的主要工作。
- Inbound PDU Details（入站数据包封装细节）：该选项卡给出了设备对收到的数据包逐层解封的详细信息，如图 1-39 所示。
- Outbound PDU Details（出站数据包封装细节）：该选项卡给出了设备对待发送的数据包逐层封装的详细信息，如图 1-40 所示。

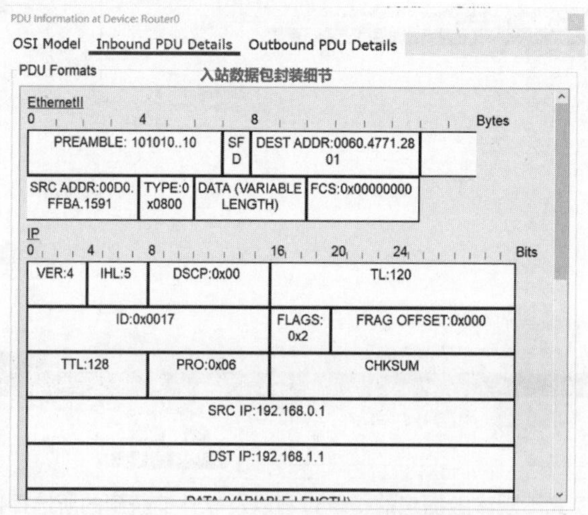

图 1-39　入站数据包封装细节

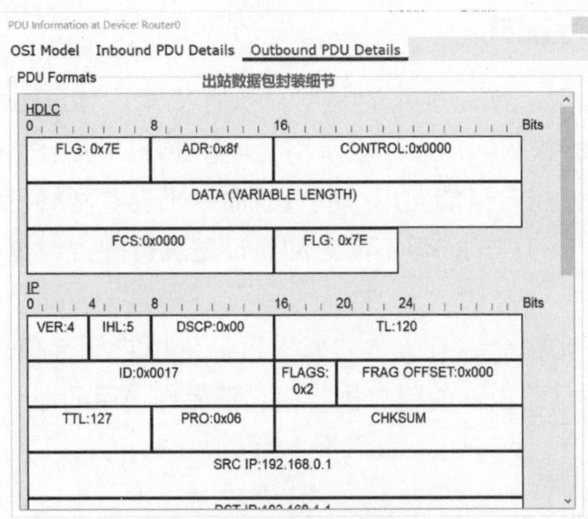

图 1-40　出站数据包封装细节

1.3　IOS 命令行模式

之前曾介绍过，初学者利用 Packet Tracer 软件的图形用户界面所提供的基本配置功能，可以完成网络设备的简单配置。然而，随着网络设计复杂性的不断增加，图形用户界面所提供的基本配置功能就无法满足要求了。这就需要用户能够通过命令行方式对网络设备进行配置。

思科网络设备可被看作专用计算机系统，由硬件系统和软件系统两部分组成，其核心软件系统是**思科互联网操作系统**（IOS）。用户通过在 IOS 命令行输入命令和参数来实现对网络设备的配置和管理。IOS 提供了以下 4 种常用命令行模式：

- 用户执行模式。
- 特权执行模式。
- 全局配置模式。
- 接口配置模式。

在不同 IOS 命令行模式下，用户具有不同的管理和配置网络设备的权限，各 IOS 命令行模式之间的切换如图 1-41 所示。

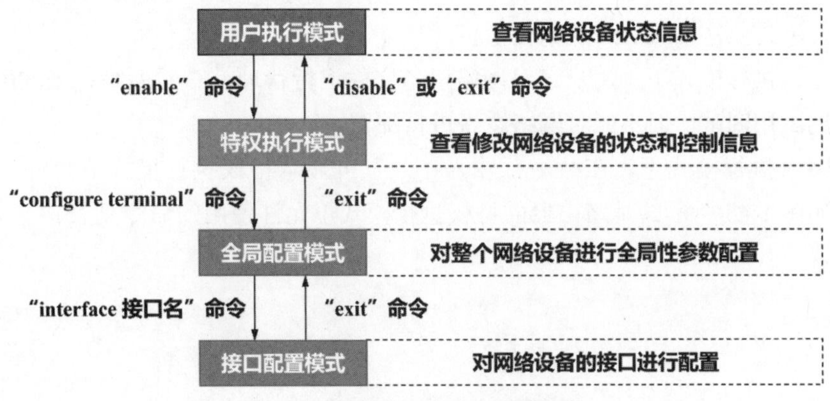

图 1-41　IOS 各命令行模式之间的切换

1.3.1 用户执行模式

用户登录网络设备后，首先进入的是用户执行模式。“Router>”或“Switch>”命令提示符表示处于用户执行模式，Router 表示路由器，Switch 表示交换机。

在用户执行模式下，用户**只能使用一些查看命令**来查看网络设备的软件、硬件、版本等信息，还可以进行简单的测试，但**不能对网络设备进行配置**，也不能修改网络设备的状态和控制信息。

在用户执行模式下，在命令行输入“？”可显示用户执行模式下允许使用的命令列表，例如图 1-42 所示的是路由器的用户执行模式下允许使用的命令列表。

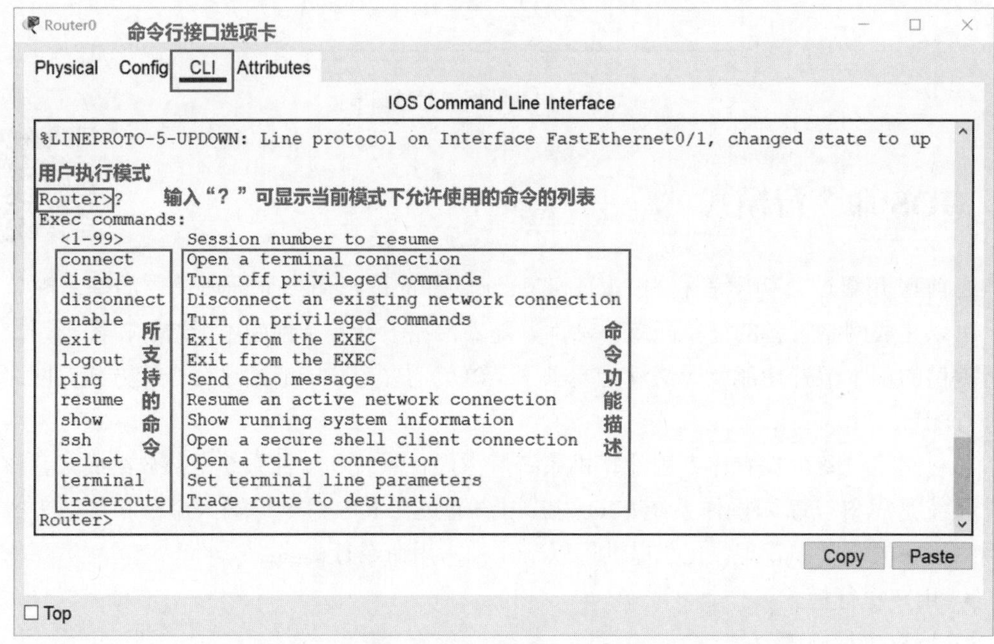

图 1-42 路由器的用户执行模式下允许使用的命令列表

1.3.2 特权执行模式

在用户执行模式的命令提示符（“Router>”或“Switch>”）后输入“enable”命令，即可进入特权执行模式。“Route#”或“Switch#”命令提示符表示处于特权执行模式，Router 表示路由器，Switch 表示交换机。

在特权执行模式下，用户可**对网络设备文件进行管理、查看网络设备的配置信息、进行网络测试和调试**，但**不能对网络设备进行配置**。

在特权执行模式下，在命令行输入“？”可显示特权执行模式下允许使用的命令列表，例如图 1-43 所示的是路由器的特权执行模式下允许使用的命令列表。

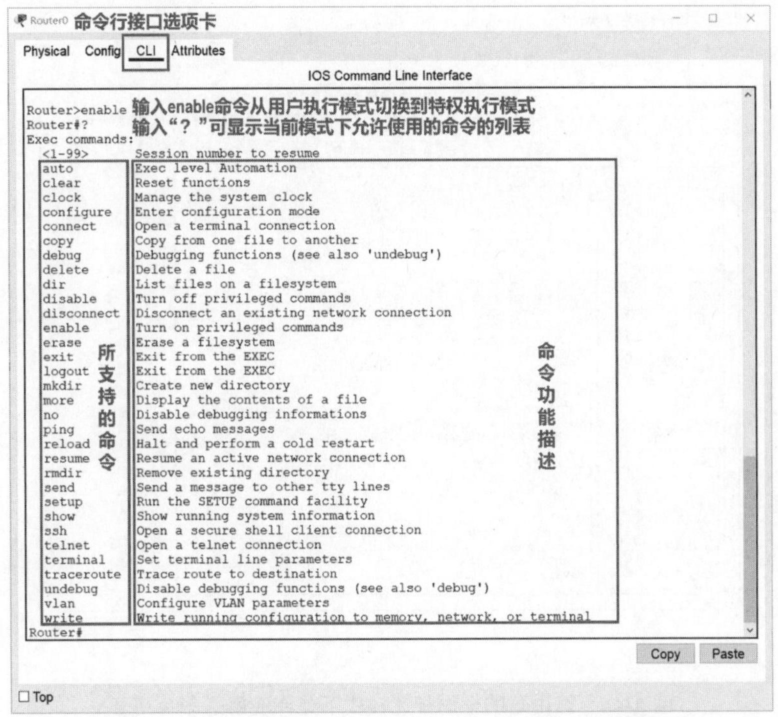

图 1-43　路由器的特权执行模式下允许使用的命令列表

1.3.3　全局配置模式

在特权执行模式的命令提示符（“Route#”或“Switch#”）后输入“configure terminal”命令，即可进入全局配置模式。“Route(config)#”或“Switch(config)#”命令提示符表示处于全局配置模式，Router 表示路由器，Switch 表示交换机。

在全局配置模式下，用户**可对整个网络设备进行全局性参数配置**，例如设备名称、登录信息、路由协议和参数等。

在全局配置模式下，在命令行输入“？”可显示全局配置模式下允许使用的命令列表，例如图 1-44 所示的是路由器的全局配置模式下允许使用的命令列表。

1.3.4　接口配置模式

如果要对某个网络设备的某个接口进行配置，则需要从该网络设备的全局配置模式进入该接口的配置模式。在全局配置模式的命令提示符（“Route(config)#”或“Switch(config)#”）后输入“interface 接口名称”，即可进入该接口的配置模式。“Route(config-if)#”或“Switch(config-if)#”命令提示符表示处于接口配置模式，Router 表示路由器，Switch 表示交换机。

在接口配置模式下，用户**可对接口进行参数配置，例如 IP 地址、子网掩码、开启/关闭接口等**。

在接口配置模式下，在命令行输入“？”可显示接口配置模式下允许使用的命令列表，例如图 1-45 所示的是路由器的接口配置模式下允许使用的命令列表。

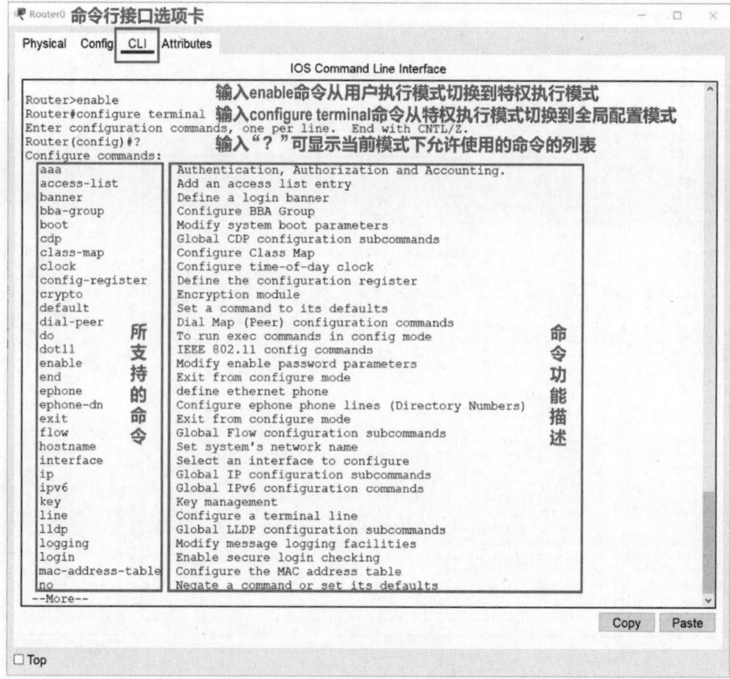

图 1-44 路由器的全局配置模式下允许使用的命令列表

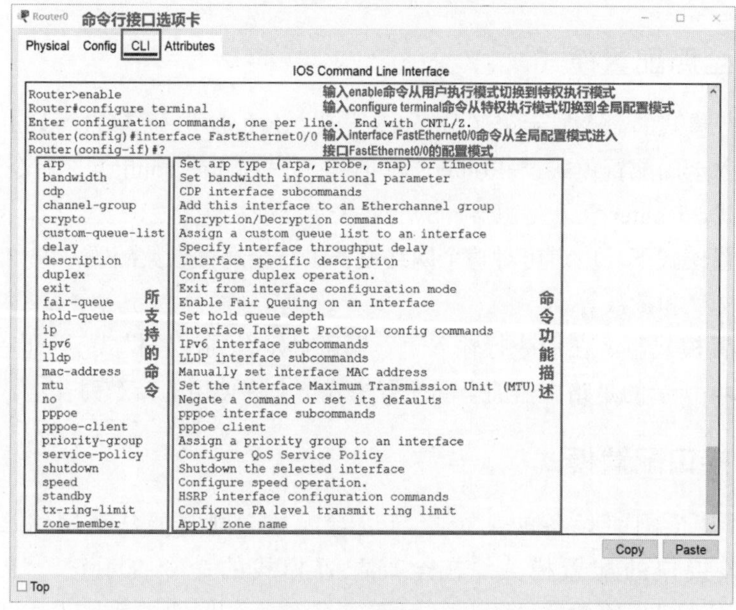

图 1-45 路由器的接口配置模式下允许使用的命令列表

1.4 IOS 命令辅助

思科 IOS 为了用户能够方便和高效地使用 IOS 命令，向用户提供了帮助命令、命令自动补全、命令简写、历史命令缓存、命令取消等辅助功能。

1.4.1　帮助命令

当用户忘记某个命令或命令中的某个参数时，可以通过输入“？”来查询命令或参数：

- 在某种 IOS 命令行模式（用户执行模式、特权执行模式、全局配置模式、接口配置模式）的命令提示符后输入“？”，将会显示该模式下所支持的命令和命令功能说明，如图 1-42~ 图 1-45 所示。
- 如果需要查询某个命令的参数，则在该命令后输入空格，然后输入“？”，将会显示该命令所支持的所有参数。如图 1-46 所示，在“Router#”命令提示符后输入“ping”命令，其后输入空格，然后输入“？”，即可列出“ping”命令所支持的所有参数和相应的功能说明。

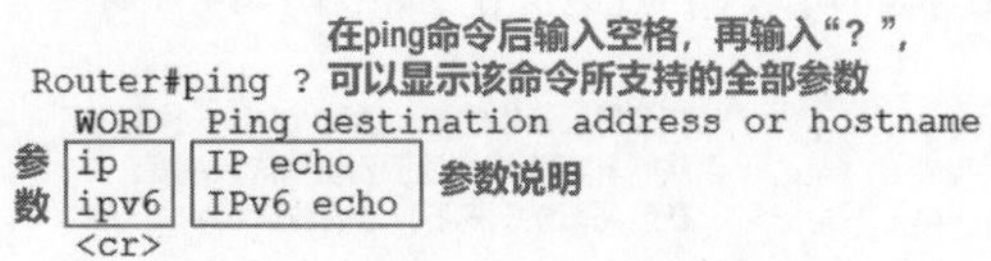

图 1-46　使用“？”查询命令参数

1.4.2　自动补全命令

输入命令的一部分后，按键盘的“Tab”键可以自动补全命令，如图 1-47 所示。

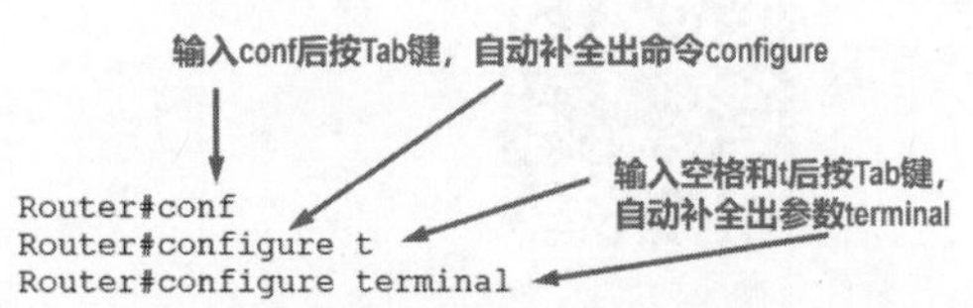

图 1-47　使用“Tab”键自动补全命令

1.4.3　简写命令

IOS 允许用户输入简写的命令和参数，只要用户输入的简写命令字符能够在命令列表中唯一表示某个命令或参数即可。例如在用户执行模式下输入“enable”命令的简写“en”，可以进入特权执行模式；在特权执行模式下输入“configure terminal”命令的简写“conf t”，可以进入全局配置模式，如图 1-48 所示。

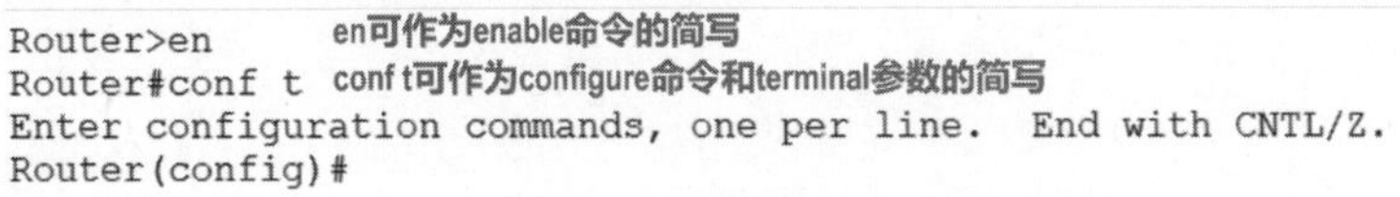

```
Router>en        en可作为enable命令的简写
Router#conf t    conf t可作为configure命令和terminal参数的简写
Enter configuration commands, one per line.  End with CNTL/Z.
Router(config)#
```

图 1-48　简写命令

这是因为在用户执行模式的命令列表中，只有一个命令的前两个字符是“en”，输入“en”已经能够使得 IOS 唯一确定命令为“enable”。同理，在特权执行模式的命令列表中，只有一个命令是以“conf”开头的，输入“conf”已经能够使得 IOS 唯一确定命令为“configure”，其后面的参数“t”也能使 IOS 唯一确定参数为“terminal”。

1.4.4 历史命令缓存

IOS 会缓存用户输入过的命令。

- 当需要多次输入某个命令时，可使用键盘上的“↑”键显示上次输入的命令。
- 如果需要输入的多条相同命令中只是个别参数不同，则可以使用键盘上的“↑”键显示上次输入的命令，然后通过“←”键移动光标到需要修改的位置，对需要修改的部分进行修改，修改完再通过“→”键回到命令末尾。

1.4.5 取消命令

如果需要取消之前输入并执行的命令，则可在与原命令相同的模式下输入以下命令：

```
no 需要取消的命令
```

例如创建了 VLAN 6 后，再取消 VLAN 6，如图 1-49 所示。

```
Switch(config)#vlan 6          在全局配置模式下，创建VLAN 6，并进入该VLAN的配置模式
Switch(config-vlan)#exit       从VLAN配置模式退回到全局配置模式
Switch(config)#no vlan 6       在全局配置模式下，取消创建VLAN 6
```

图 1-49　取消命令

本章知识点思维导图请扫码获取：

第 2 章　物理层相关实验

实验 2-1　熟悉常用网络设备及其互连

实验目的

- 熟悉计算机、集线器、以太网交换机以及路由器等常用网络设备。
- 掌握常用网络设备之间的互连。

预备知识

1. 物理层的主要作用

当今的计算机网络，可使用的硬件设备和传输媒体的种类众多。物理层要实现的功能是**在各种传输媒体上传输比特 0 和比特 1**，进而给其上面的数据链路层提供透明传输比特流的服务。详见《深入浅出计算机网络（微课视频版）》教材 2.1 节。

2. 物理层下面的传输媒体

物理层下面的**传输媒体**是计算机网络设备之间的物理通路，也称为**传输介质或传输媒介**。传输媒体可分为**导向型传输媒体**和**非导向型传输媒体**两大类。常见的导向型传输媒体有同轴电缆、双绞线以及光纤等固体媒体，而非导向型传输媒体就是指自由空间。电磁波在导向型传输媒体中被导向沿着固体媒体传播，而电磁波在非导向型传输媒体中的传输常称为无线传输，包括无线电波传输、微波传输、红外线传输、激光传输以及可见光传输等。详见《深入浅出计算机网络（微课视频版）》教材 2.2 节。

双绞线、光纤以及自由空间（使用微波），是目前计算机网络中比较常用的传输媒体。因此，在本实验中选择使用这三种传输媒体。

1）双绞线

双绞线分为直通双绞线和交叉双绞线两种类型。**直通双绞线用于不同类型网络设备之间的连接**，而**交叉双绞线用于同种类型网络设备之间的连接**。表 2-1 给出了各种网络设备进行互连时使用双绞线的情况。

表 2-1　各种网络设备进行互连时使用双绞线的情况

	计算机（包括服务器和工作站）	集线器	交换机	路由器
计算机（包括服务器和工作站）	交叉线	直连线	直连线	交叉线
集线器	直连线	交叉线	交叉线	直连线
交换机	直连线	交叉线	交叉线	直连线
路由器	交叉线	直连线	直连线	交叉线

2）**光纤**

光纤通信是利用光脉冲在光纤中的传递来进行通信的。有光脉冲相当于比特 1，而没有光脉冲相当于比特 0。由于可见光的频率非常高（约为 10^8MHz 量级），因此一个光纤通信系统的**传输带宽远远大于目前其他各种传输媒体的带宽**。

光在**多模光纤**中传输时，会出现脉冲展宽，造成信号失真。因此，**多模光纤一般只适合于建筑物内的近距离传输**。

光在**单模光纤**中传输时，没有模式色散，在 1.3μm 波长附近，材料色散和波导色散大小相等且符号相反，两者正好抵消，不会出现脉冲展宽。因此，**单模光纤适合长距离传输并且衰减更小**。

3）**自由空间（使用微波）**

微波的频率范围是 300MHz（对应波长 1m）~300GHz（对应波长 1mm），目前主要使用 2~40GHz 的频率范围。无线局域网（主要是 Wi-Fi）使用的就是微波。

微波在空间主要是**沿直线传播**。微波波段的频率很高，其频率范围也很宽，因此其**信道容量很大**。因为工业干扰和天电干扰的主要频率成分比微波频率低很多，对微波通信的干扰较小，因此微波传输质量较高。与相同通信距离和容量的有线通信比较，地面微波接力通信建设成本低、见效快，易于跨越山区和江河。

地面微波接力通信的相邻站之间必须直视，**不能有障碍物**。一个天线发射出的信号，可能会分成几条略有差别的路径到达接收天线，因而造成失真。微波传输有时会**受到恶劣气候的影响**。与有线通信比较，微波通信的**隐蔽性和保密性较差**。

3. Packet Tracer软件中的相关操作

本实验所涉及的 Packet Tracer 软件中的相关操作，请参看 1.2 节的相关内容。

实验设备

表 2-2 给出了本实验所需的网络设备。

表 2-2　实验 2-1 所需的网络设备

网络设备	型　号	数　量	备　注
计算机	PC-PT	5	无
集线器	Hub-PT	5	
交换机	2960-24TT	5	
无线路由器	HomeRouter-PT-AC	1	
平板电脑	TabletPC-PT	1	
路由器	1941	5	
	Router-PT-Empty	2	需要安装“PT-ROUTER-NM-1FGE”光纤接口模块

实验拓扑

本实验的网络拓扑如图 2-1 所示。

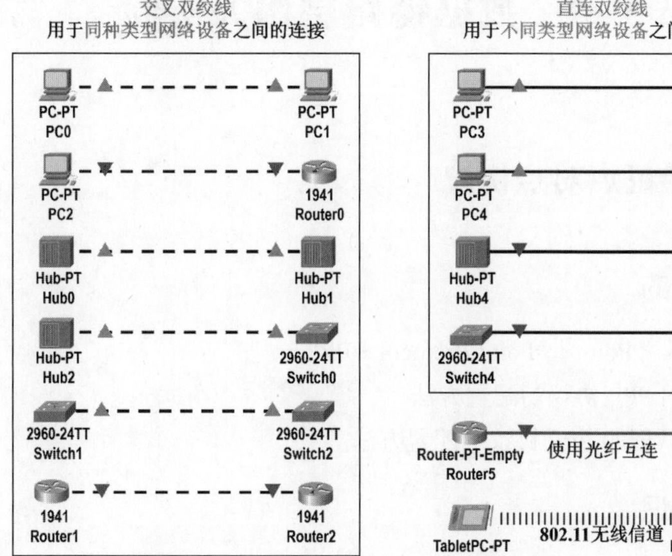

图 2-1　实验 2-1 的网络拓扑

实验配置

本实验比较简单，无须给各网络设备配置网络参数。

实验步骤

本实验比较简单，按图 2-2 所示的流程图进行操作即可。

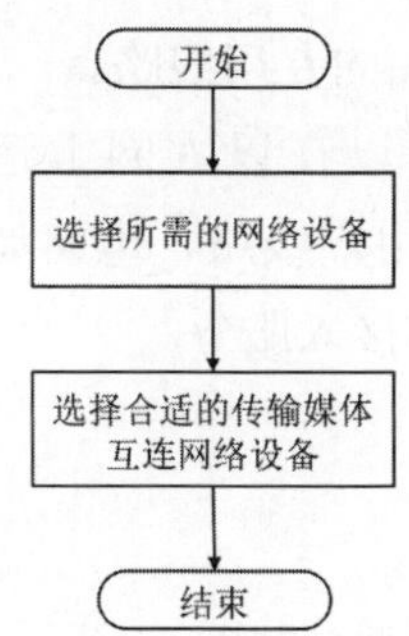

图 2-2　实验 2-1 的实验流程图

需要说明的是，对于平板电脑与无线路由器，Packet Tracer 软件会自动进行无线连接。

本章知识点思维导图请扫码获取：

第 3 章　数据链路层相关实验

3.1　实验 3-1　验证点对点协议

3.1.1　实验目的

- 认识点对点协议（Point-to-Point Protocol，PPP）。
- 掌握不带认证的 PPP 协议的配置方法。
- 掌握带 CHAP 认证的 PPP 协议的配置方法。

3.1.2　预备知识

1. PPP协议的作用

PPP 协议是目前使用最广泛的点对点数据链路层协议。该协议是因特网工程任务组（IETF）于 1992 年制定的。经过多次修订，目前 PPP 协议已成为因特网的正式标准[RFC1661，RFC1662]。

PPP 协议主要有两种应用：

- 因特网用户的计算机**通过点对点链路连接到某个因特网服务提供者**（Internet Service Provider，ISP）**进而接入因特网**，用户计算机与 ISP 通信时所采用的数据链路层协议一般就是 PPP 协议。
- 广泛应用于**广域网路由器之间的专用线路**。

请读者注意，1999 年公布了可以在以太网上运行的 PPP 协议（PPP over Ethernet，PPPoE），它使得 ISP 可以通过数字用户线路、电路调制解调器以及以太网等宽带接入技术，以以太网接口的形式为用户提供接入服务。

2. PPP协议的组成

PPP 协议由以下三部分组成：

- **链路控制协议**（Link Control Protocol，LCP），用来建立、配置、测试数据链路的连接以及协商一些选项。
- **网络层 PDU 封装到串行链路的方法：**网络层 PDU 作为 PPP 帧的数据载荷被封装在 PPP 帧中传输。网络层 PDU 的长度受 PPP 协议的最大传送单元（MTU）的限制。PPP 协议既支持面向字节的异步链路，也支持面向比特的同步链路。
- **网络控制协议**（Network Control Protocol，NCP）：包含多个协议，其中的每一个协议分别用来支持不同的网络层协议。例如，TCP/IP 中的 IP、Novell NetWare 网络操作系统中的 IPX 以及 Apple 公司的 AppleTalk 等。

3. PPP协议的帧格式

PPP 协议的帧格式如图 3-1 所示。

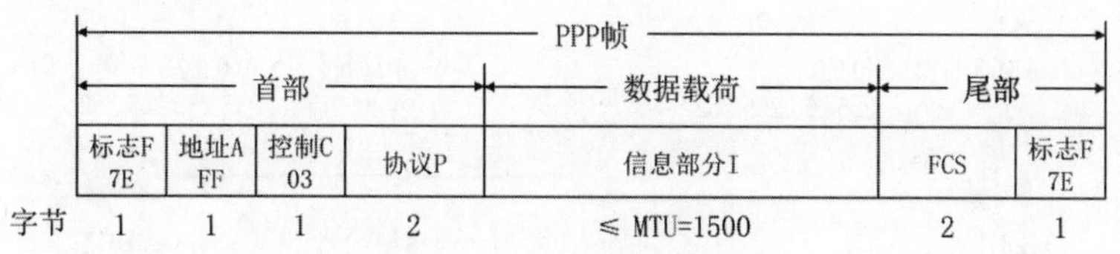

图 3-1 PPP 协议的帧格式

4. PPP协议的工作状态

PPP 协议的工作状态可用图 3-2 所示的有限状态机来表示。

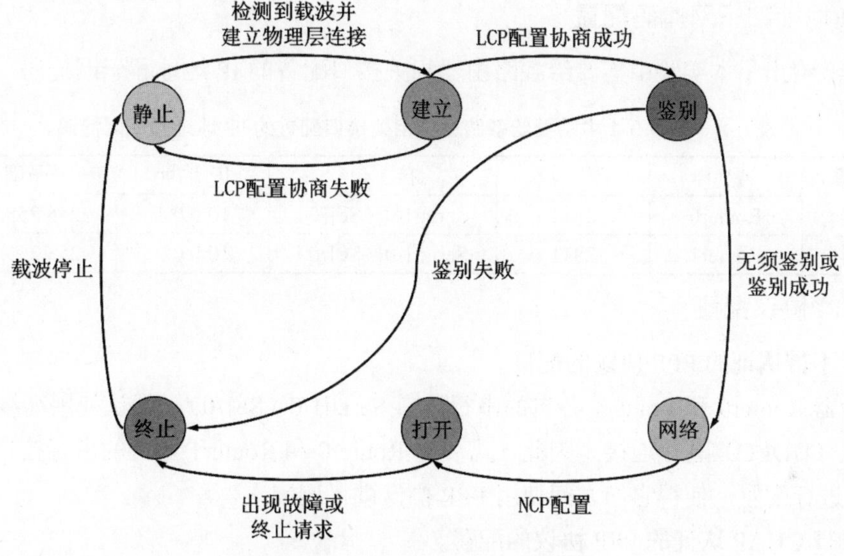

图 3-2 PPP 协议的有限状态机

有关 PPP 协议的详细介绍，请参看《深入浅出计算机网络（微课视频版）》教材 3.3 节。

5. Packet Tracer软件中的相关操作

本实验所涉及的 Packet Tracer 软件中的相关操作，请参看 1.2 节的相关内容。

3.1.3 实验设备

表 3-1 给出了本实验所需的网络设备。

表 3-1 实验 3-1 所需的网络设备

网络设备	型 号	数 量	备 注
路由器	2811	2	需要安装“NM-8A/S”串行接口模块

3.1.4 实验拓扑

本实验的网络拓扑和网络参数如图 3-3 所示。

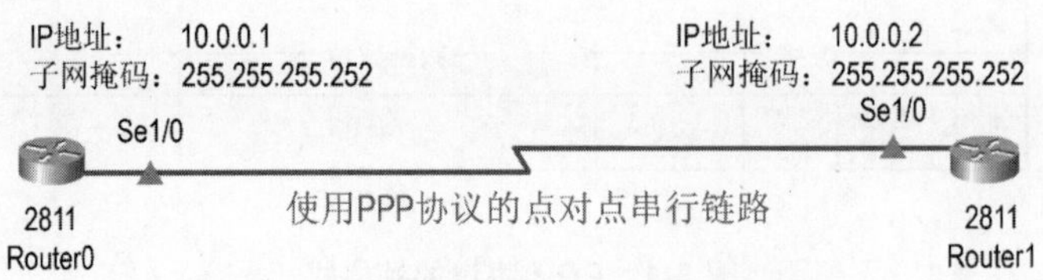

图 3-3 实验 3-1 的网络拓扑和网络参数

3.1.5 实验配置

1. IP地址和子网掩码配置

表 3-2 给出了本实验中需要给各路由器相关接口配置的 IP 地址和子网掩码。

表 3-2 实验 3-1 中需要给各路由器相关接口配置的 IP 地址和子网掩码

网络设备	名 称	型 号	接 口	IP 地址	子网掩码
路由器	Router0	2811	Serial1/0（Se1/0）	10.0.0.1	255.255.255.252
路由器	Router1	2811	Serial1/0（Se1/0）	10.0.0.2	255.255.255.252

2. PPP协议配置

（1）**不带认证的 PPP 协议的配置**。

路由器 Router0 和 Router1 各自的串行接口 Serial1/0（Se1/0），默认使用高级数据链路控制协议（HDLC）进行连接。因此，需要对 Router0 和 Router1 各自的串行接口 Serial1/0（Se1/0）进行配置，使得它们之间使用 PPP 协议进行连接。

（2）**带 CHAP 认证的 PPP 协议的配置**。

PPP 协议提供以下两种认证方式：

- **口令鉴别协议**（Password Authentication Protocol，PAP）。
- **挑战握手鉴别协议**（Challenge-Handshake Authentication Protocol，CHAP）。

CHAP 比 PAP 具有更高的安全性。本实验配置路由器 Router0 和 Router1 之间的点对点链路使用带 CHAP 认证的 PPP 协议。

3.1.6 实验步骤

本实验的流程图如图 3-4 所示。

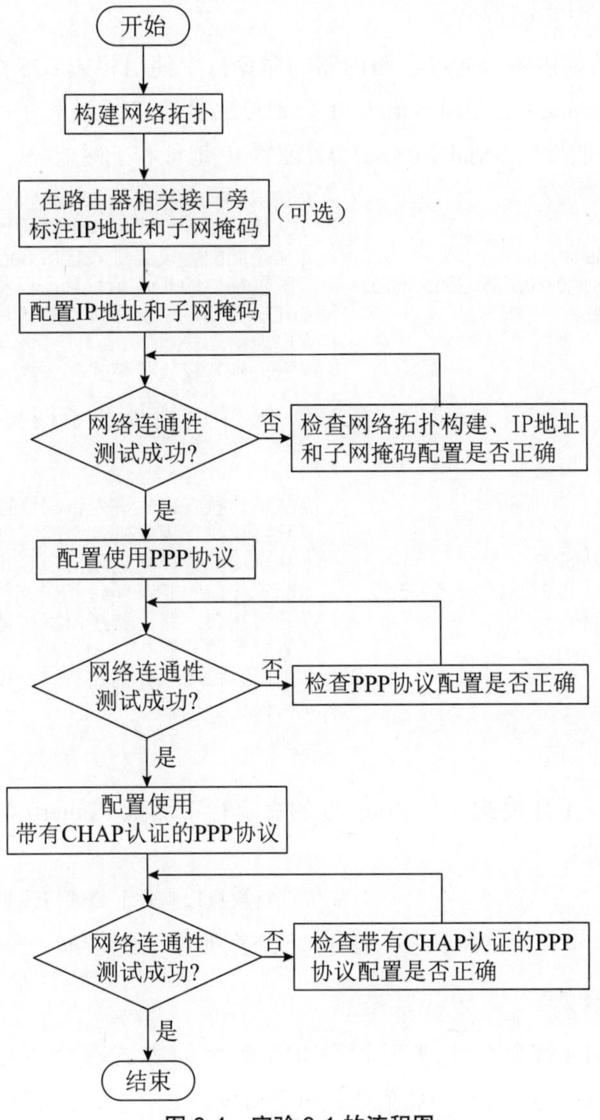

图 3-4　实验 3-1 的流程图

1. 构建网络拓扑

请按以下步骤构建图 3-3 所示的网络拓扑：

❶ 选择并拖动表 3-1 给出的本实验所需的网络设备到逻辑工作区。

❷ 给两台型号为 2811 的路由器各安装一个型号为“NM-8A/S”的串行接口模块。

❸ 选择串行线（Serial DTE）将两台路由器（Router0 和 Router1）的接口 Serial1/0（Se1/0）连接起来。

2. 标注IP地址和子网掩码

建议将表 3-2 给出的需要给各路由器相关接口配置的 IP 地址和子网掩码标注在各接口的旁边，这样做的目的在于方便给各网络设备配置网络参数、方便进行网络测试以及方便观察实验现象。

3. 配置IP地址和子网掩码

请按表 3-2 所给的内容，通过在**路由器的命令行**中使用相关 IOS 命令的方式，分别给路由器 Router0 和 Router1 的接口 Serial1/0（Se1/0）配置 IP 地址和子网掩码。

（1）给 Router0 的接口 Serial1/0（Se1/0）配置 IP 地址和子网掩码，相关 IOS 命令如下：

```
Router>enable                                   // 从用户执行模式进入特权执行模式
Router#configure terminal                       // 从特权执行模式进入全局配置模式
Router(config)#interface Serial1/0              // 从全局配置模式进入接口 Serial1/0 的配置模式
Router(config-if)#ip address 10.0.0.1 255.255.255.252   // 配置接口的 IPv4 地址和子网掩码
Router(config-if)#no shutdown                   // 开启接口，路由器接口默认是关闭状态，
                                                // 需要手动开启
Router(config-if)#end                           // 退出到特权执行模式
```

（2）给 Router1 的接口 Serial1/0（Se1/0）配置 IP 地址和子网掩码，相关 IOS 命令如下：

```
Router>enable                                   // 从用户执行模式进入特权执行模式
Router#configure terminal                       // 从特权执行模式进入全局配置模式
Router(config)#interface Serial1/0              // 从全局配置模式进入接口 Serial1/0 的配置模式
Router(config-if)#ip address 10.0.0.2 255.255.255.252   // 配置接口的 IPv4 地址和子网掩码
Router(config-if)#no shutdown                   // 开启接口，路由器接口默认是关闭状态，
Router(config-if)#end                           // 需要手动开启
                                                // 退出到特权执行模式
Router#                                         // 特权执行模式
```

4. 网络连通性测试

切换到 **“实时” 工作模式**，在 Router0 的命令行中测试 Router0 与 Router1 的连通性，具体 IOS 命令如下：

```
Router#ping 10.0.0.2                            // 在特权执行模式下测试与该 IP 地址的连通性
```

如果测试失败，请检查网络拓扑、IP 地址和子网掩码配置是否正确。

5. 配置使用PPP协议

通过在**路由器的命令行**中使用相关 IOS 命令的方式，分别给路由器 Router0 和 Router1 的接口 Serial1/0（Se1/0）配置使用 PPP 协议。

（1）配置 Router0 的接口 Serial1/0（Sel1/0）使用 PPP 协议，相关 IOS 命令如下：

```
Router#configure terminal                       // 从特权执行模式进入全局配置模式
Router(config)#interface Serial1/0              // 从全局配置模式进入接口 Serial1/0 的配置模式
Router(config-if)# encapsulation ppp            // 配置接口使用点对点协议
Router(config-if)#no shutdown                   // 开启接口
Router(config-if)#end                           // 退出到特权执行模式
Router#                                         // 特权执行模式
```

（2）配置 Router1 的接口 Serial1/0（Sel1/0）使用 PPP 协议，相关 IOS 命令如下：

```
Router#configure terminal                       // 从特权执行模式进入全局配置模式
Router(config)#interface Serial1/0              // 从全局配置模式进入接口 Serial1/0 的配置模式
Router(config-if)# encapsulation ppp            // 配置接口使用点对点协议
Router(config-if)#no shutdown                   // 开启接口
Router(config-if)#end                           // 退出到特权执行模式
Router#                                         // 特权执行模式
```

6. 网络连通性测试

请在 **“实时” 工作模式**下再次测试 Router0 与 Router1 的连通性。如果测试失败，请

分别在 Router0 和 Router1 的命令行查看它们各自的接口 Serial1/0 是否已经正确启用 PPP 协议，具体命令如下。

```
Router#show interfaces Serial1/0                    //在特权执行模式下查看接口 Serial1/0 的配置信息
```

7. 配置使用带有CHAP认证的PPP协议

（1）配置 Router0 的接口 Serial1/0（Se1l/0）使用带有 CHAP 认证的 PPP 协议，相关 IOS 命令如下：

```
Router#configure terminal                           //从特权执行模式进入全局配置模式
Router(config)#hostname Router0                     //在全局配置模式下配置路由器的名称为 Router0
Router0(config)#interface Serial1/0                 //从全局配置模式进入接口 Serial1/0 的配置模式
Router0(config-if)#ppp authentication chap          //配置接口的 PPP 协议使用 CHAP 认证
Router0(config-if)#username Router1 password 123456 //在本路由器上记录对方路由器的名称和密码
Router0(config)#end                                 //退出到特权执行模式
Router0#                                            //特权执行模式
```

（2）配置 Router1 的接口 Serial1/0（Se1l/0）使用带有 CHAP 认证的 PPP 协议，相关 IOS 命令如下：

```
Router#configure terminal                           //从特权执行模式进入全局配置模式
Router(config)#hostname Router1                     //在全局配置模式下配置路由器的名称为 Router0
Router1(config)#interface Serial1/0                 //从全局配置模式进入接口 Serial1/0 的配置模式
Router1(config-if)#ppp authentication chap          //配置接口的 PPP 协议使用 CHAP 认证
Router1(config-if)#username Router0 password 123456 //在本路由器上记录对方路由器的名称和密码
Router1(config)#end                                 //退出到特权执行模式
Router1#                                            //特权执行模式
```

8. 网络连通性测试

请在**“实时”工作模式**下再次测试 Router0 与 Router1 的连通性。如果测试失败，请分别在 Router0 和 Router1 的命令行查看它们各自的接口 Serial1/0 是否已经正确启用使用 CHAP 认证的 PPP 协议。

3.2 实验 3-2　使用集线器构建共享式以太网

3.2.1 实验目的

- 验证使用集线器构建的共享式以太网的广播特性。
- 验证在共享式以太网中可能出现碰撞（冲突）。

3.2.2 预备知识

1. 集线器的出现背景

早期的传统以太网是使用粗同轴电缆的共享总线以太网，后来发展到使用价格相对便宜的细同轴电缆。当初认为这种连接方法既简单又可靠，因为在那个时代普遍认为有源器件不可靠，而无源的电缆线才是最可靠的。然而，实践证明这种使用无源电缆线和大量机械接口的总线型以太网并不像人们想象的那么可靠。

后来，**以太网发展出来了一种使用大规模集成电路来替代总线并且可靠性非常高的设备，称为集线器**（Hub）。主机连接到集线器的传输媒体也转而使用更便宜、更灵活的双绞线电缆。每台主机需要使用两对无屏蔽双绞线（封装在一根电缆内），分别用于发送和接收。

实践证明，**使用集线器和双绞线比使用具有大量机械接头的无源电缆线要可靠得多**，并且价格便宜、使用方便。因此，使用粗同轴电缆和细同轴电缆的共享总线以太网早已成为了历史，从市场上消失了。

2. 集线器的主要特点

- 使用集线器的以太网虽然**物理拓扑是星型的**，但在**逻辑上仍然是一个总线网**。总线上的各站点共享总线资源，**使用的还是 CSMA/CD 协议**。
- **集线器只工作在物理层**，它的每个接口仅简单地转发比特，并**不进行碰撞检测**。碰撞检测的任务由各站点中的网卡负责。
- **集线器一般都有少量的容错能力和网络管理功能**。例如，如果网络中某个站点的网卡出现了故障而不停地发送帧，集线器可以检测到这个问题，在内部断开与出故障网卡的连线，使整个以太网仍然能正常工作。

有关使用集线器的共享式以太网的详细介绍，请参看《深入浅出计算机网络（微课视频版）》教材 3.4.3 节。

3. Packet Tracer软件中的相关操作

本实验所涉及的 Packet Tracer 软件中的相关操作，请参看 1.2 节的相关内容。

3.2.3 实验设备

表 3-3 给出了本实验所需的网络设备。

表 3-3　实验 3-2 所需的网络设备

网络设备	型　号	数　量
计算机	PC-PT	3
集线器	Hub-PT	1

3.2.4 实验拓扑

本实验的网络拓扑和网络参数如图 3-5 所示。

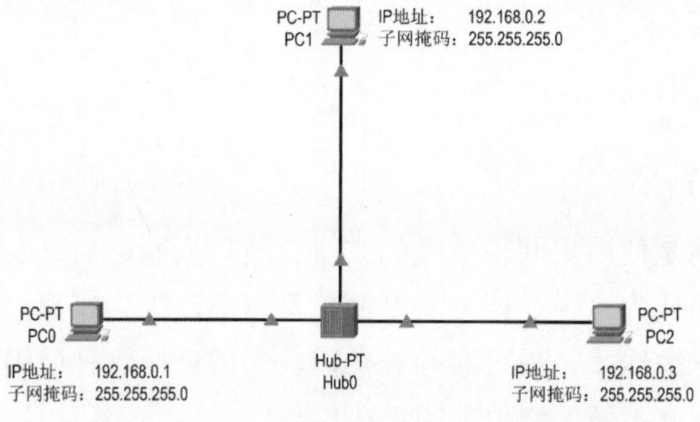

图 3-5　实验 3-2 的网络拓扑和网络参数

3.2.5　实验配置

表 3-4 给出了本实验中需要给各计算机配置的 IP 地址和子网掩码。

表 3-4　实验 3-2 中需要给各计算机配置的 IP 地址和子网掩码

网络设备	名　称	型　号	IP 地址	子网掩码
计算机	PC0	PC-PT	192.168.0.1	255.255.255.0
计算机	PC1	PC-PT	192.168.0.2	255.255.255.0
计算机	PC2	PC-PT	192.168.0.3	255.255.255.0

3.2.6　实验步骤

本实验的流程图如图 3-6 所示。

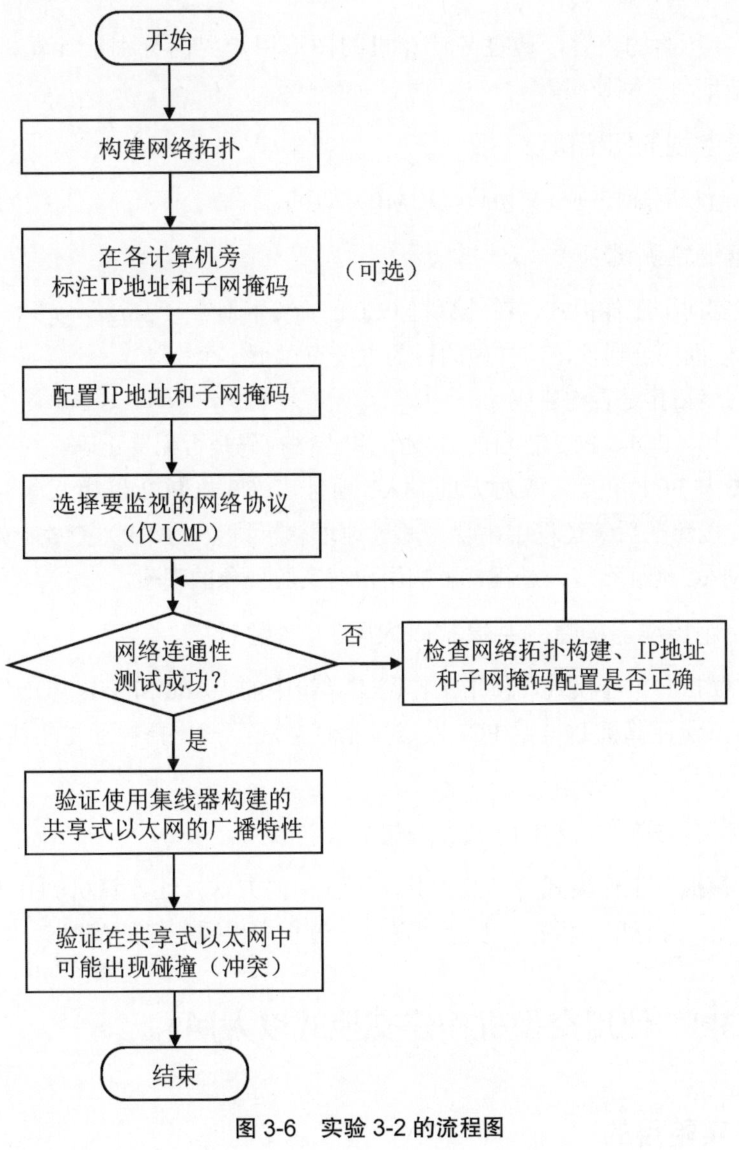

图 3-6　实验 3-2 的流程图

1. 构建网络拓扑

请按以下步骤构建图 3-5 所示的网络拓扑：

❶ 选择并拖动表 3-3 给出的本实验所需的网络设备到逻辑工作区。

❷ 选择“自动选择连接类型”，由 Packet Tracer 软件自动为待连接的网络设备选择用于连接的接口以及相应的传输介质，然后将三台计算机分别连接到集线器即可。

2. 标注IP地址和子网掩码

建议将表 3-4 给出的需要给各计算机配置的 IP 地址和子网掩码标注在它们各自的旁边，这样做的目的在于方便给各网络设备配置网络参数、方便进行网络测试以及方便观察实验现象。

3. 配置IP地址和子网掩码

请按表 3-4 所给的内容，通过各计算机的图形用户界面分别给计算机 PC0、PC1 和 PC2 配置 IP 地址和子网掩码。

4. 选择要监视的网络协议

本实验仅监视网际控制报文协议（ICMP）即可。

5. 网络连通性测试

切换到**“实时”工作模式**，在计算机 PC0 的命令行使用“ping”命令，分别测试 PC0 与 PC1、PC2 之间的连通性，这样做的目的主要有以下三个：

- 测试网络拓扑是否构建成功。
- 测试 PC0、PC1、PC2 各自的 IP 地址和子网掩码是否配置正确。
- 让 PC0 与 PC1 相互获取对方的 MAC 地址，PC0 与 PC2 也相互获取对方的 MAC 地址，以免在后续过程中出现“通过地址解析协议（ARP）查找已知 IP 地址所对应的 MAC 地址”这一过程，影响用户对实验现象的观察。

6. 验证使用集线器构建的共享式以太网的广播特性

切换到**“模拟”工作模式**，使用工作区工具箱中的“Add Simple PDU”（添加简单的 PDU）工具✉，让计算机 PC0 给 PC1 发送单播帧，观察该单播帧通过集线器被广播转发的现象。

7. 验证在共享式以太网中可能出现碰撞（冲突）

切换到**“模拟”工作模式**，参照实验步骤 6 中的方法，让计算机 PC1 和 PC2 同时给 PC0 发送单播帧，进行**单步模拟**，观察帧在传输过程中出现碰撞的情况。

3.3 实验 3-3 使用交换机构建交换式以太网

3.3.1 实验目的

- 验证经过自学习的交换机可以明确地转发单播帧。

- 验证在交换式以太网中不会出现碰撞（冲突）。

3.3.2　预备知识

1. 以太网交换机的相关知识

1990 年面世的**交换式集线器**（Switching Hub），常称为**以太网交换机**（Switch）或**二层交换机**。“二层”是指以太网交换机**工作在数据链路层**。**仅使用交换机（而不使用集线器）的以太网就是交换式以太网**。

以太网交换机（以下简称交换机）的每个接口可以直接连接计算机，也可以连接集线器或另一个交换机：

- 当交换机的接口直接与计算机或交换机连接时，可以工作在全双工方式，并能**在自身内部同时连通多对接口**，使每一对相互通信的计算机都能像独占传输媒体那样，**无碰撞地传输数据**，这样就**不需要使用 CSMA/CD 协议**了。
- 当交换机的接口连接共享媒体的集线器时，就只能使用 CSMA/CD 协议，并只能工作在半双工方式下。

当前的交换机和计算机中的网卡都能自动识别上述两种情况，并自动切换到相应的工作方式。以太网交换机一般都具有多种速率的接口，例如 10Mb/s、100Mb/s、1Gb/s 甚至 10Gb/s 的接口，以及多速率自适应接口。

交换机是一种即插即用设备，其内部的帧转发表是通过自学习算法，基于网络中各计算机之间的通信，自动地逐步建立起来的。

有关交换式以太网的相关介绍，请参看《深入浅出计算机网络（微课视频版）》教材 3.5 节。

2. Packet Tracer软件中的相关操作

本实验所涉及的 Packet Tracer 软件中的相关操作，请参看 1.2 节的相关内容。

3.3.3　实验设备

表 3-5 给出了本实验所需的网络设备。

表 3-5　实验 3-3 所需的网络设备

网络设备	型　号	数　量
计算机	PC-PT	3
交换机	2960-24TT	1

3.3.4　实验拓扑

本实验的网络拓扑和网络参数如图 3-7 所示。

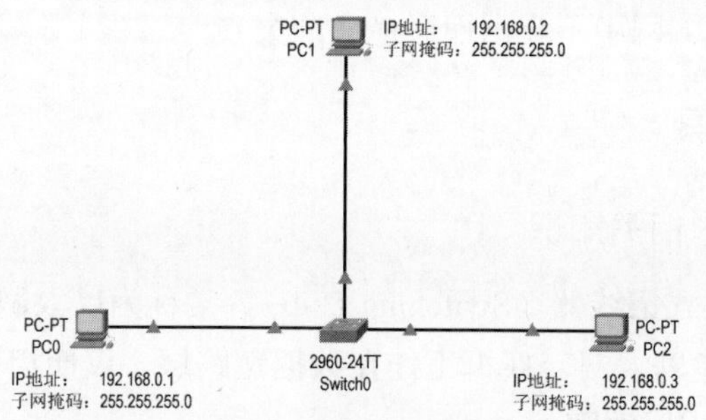

图 3-7　实验 3-3 的网络拓扑和网络参数

3.3.5　实验配置

表 3-6 给出了本实验中需要给各计算机配置的 IP 地址和子网掩码。

表 3-6　实验 3-3 中需要给各计算机配置的 IP 地址和子网掩码

网络设备	名　称	型　号	IP 地址	子网掩码
计算机	PC0	PC-PT	192.168.0.1	255.255.255.0
计算机	PC1	PC-PT	192.168.0.2	255.255.255.0
计算机	PC2	PC-PT	192.168.0.3	255.255.255.0

3.3.6　实验步骤

本实验的流程图如图 3-8 所示。

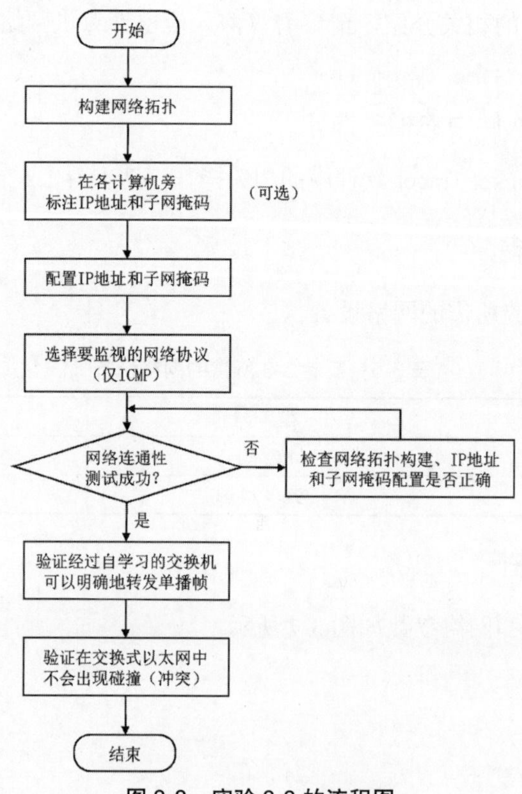

图 3-8　实验 3-3 的流程图

1. 构建网络拓扑

请按以下步骤构建图 3-7 所示的网络拓扑：

❶ 选择并拖动表 3-5 给出的本实验所需的网络设备到逻辑工作区。

❷ 选择“自动选择连接类型”，由 Packet Tracer 软件自动为待连接的网络设备选择用于连接的接口以及相应的传输介质，然后将三台计算机分别连接到交换机即可。

2. 标注IP地址和子网掩码

建议将表 3-6 给出的需要给各计算机配置的 IP 地址和子网掩码标注在它们各自的旁边，这样做的目的在于方便给各网络设备配置网络参数、方便进行网络测试以及方便观察实验现象。

3. 配置IP地址和子网掩码

请按表 3-6 所给的内容，通过各计算机的图形用户界面分别给计算机 PC0、PC1 和 PC2 配置 IP 地址和子网掩码。

4. 选择要监视的网络协议

本实验仅监视网际控制报文协议（ICMP）即可。

5. 网络连通性测试

切换到**“实时”工作模式**，在计算机 PC0 的命令行使用“ping”命令，分别测试 PC0 与 PC1、PC2 之间的连通性，这样做的目的主要有以下四个：

- 测试网络拓扑是否构建成功。
- 测试 PC0、PC1、PC2 各自的 IP 地址和子网掩码是否配置正确。
- 让 PC0 与 PC1 相互获取对方的 MAC 地址，PC0 与 PC2 也相互获取对方的 MAC 地址，以免在后续过程中出现“通过 ARP 查找已知 IP 地址所对应的 MAC 地址”这一过程，影响用户对实验现象的观察。
- 使交换机完成自学习，即记录下 PC0、PC1、PC2 各自的 MAC 地址与交换机自身各接口的对应关系。

6. 验证经过自学习的交换机可以明确地转发单播帧

切换到**“模拟”工作模式**，使用工作区工具箱中的“Add Simple PDU”（添加简单的 PDU）工具✉，让计算机 PC0 给 PC1 发送单播帧，观察该单播帧通过交换机被明确地转发这一现象。

明确地转发是指，交换机收到某个单播帧后，从帧首部中提取出帧的目的 MAC 地址，然后在自己的帧转发表中查找该地址所在的转发条目，按照转发条目中的接口号，将该帧从相应接口转发出去。

未彻底完成自学习的交换机可能会出现**盲目转发**帧的情况，也称为**泛洪**。例如，交换机收到某个单播帧后，从帧首部中提取出帧的目的 MAC 地址，然后在自己的帧转发表中查找该地址所在的转发条目，但没有找到，则将该帧从除进入交换机的那个接口的其他所有接口转发出去。

综上所述，完成自学习的交换机，可以明确地转发单播帧。这是因为交换机具有数据链路层的功能，可以根据帧的目的 MAC 地址，对帧进行明确地转发。而仅工作在物理层的集线器，可被简单看作一根总线，具有天然的广播特性。因此，即便是单播帧，也会被集线器广播转发（参看实验 3-2）。

7. 验证在交换式以太网中不会出现碰撞（冲突）

切换到**"模拟"工作模式**，参照实验步骤 6 中的方法，让计算机 PC1 和 PC2 同时给 PC0 发送单播帧，进行**单步模拟**，可以观察到的现象是，帧在传输过程中并不会出现碰撞（注意与实验 3-2 进行对比）。这是因为，当交换机的接口直接与计算机或交换机连接时，可以工作在全双工方式下，并能**在自身内部同时连通多对接口**，使每一对相互通信的计算机都能像独占传输媒体那样，**无碰撞地传输数据**。

3.4 实验 3-4 以太网交换机自学习和转发帧的过程

3.4.1 实验目的

- 验证以太网交换机的自学习算法。
- 验证以太网交换机转发帧的过程。

3.4.2 预备知识

1. 以太网交换机自学习和转发帧的过程

以太网交换机（以下简称为交换机）工作在**数据链路层**（也包括物理层）。交换机收到帧后，在帧转发表中查找帧的目的 MAC 地址所对应的接口号，然后通过该接口转发帧。

交换机是一种即插即用设备，刚上电启动后其内部的帧转发表是空的。**随着网络中各计算机之间的通信，交换机通过自学习算法自动逐渐建立起帧转发表**。

交换机自学习和转发帧的过程如下：

❶ 收到帧后进行**登记**。登记的内容为帧的**源 MAC 地址**和进入交换机的**接口号**。

❷ 根据帧的**目的 MAC 地址**和交换机的帧**转发表**对帧进行**转发**，包含以下 3 种情况。

- **明确转发**，交换机知道应当从哪个（或哪些）接口转发该帧（单播、多播、广播）。
- **盲目转发**，交换机不知道应当从哪个接口转发帧，只能将其从除进入交换机的接口的其他所有接口转发（也称为泛洪）。
- **明确丢弃**，交换机知道不应该转发该帧，将其丢弃。

交换机的帧转发表中的每条转发条目都有自己的**老化时间**，到期后转发条目被自动删除，这是因为计算机的 MAC 地址与交换机接口的对应关系并不是永久不变的。例如，交换机的接口改接了另一台主机（造成 MAC 改变）或计算机更换了网卡（造成 MAC 地址改变）。

有关以太网交换机的相关介绍，请参看《深入浅出计算机网络（微课视频版）》教材3.4.5 节和 3.5 节。

2. Packet Tracer软件中的相关操作

本实验所涉及的 Packet Tracer 软件中的相关操作，请参看 1.2 节的相关内容。

3.4.3　实验设备

表 3-7 给出了本实验所需的网络设备。

表 3-7　实验 3-4 所需的网络设备

网络设备	型　号	数　量
计算机	PC-PT	4
交换机	2960-24TT	1
集线器	Hub-PT	1

3.4.4　实验拓扑

本实验的网络拓扑和网络参数如图 3-9 所示。

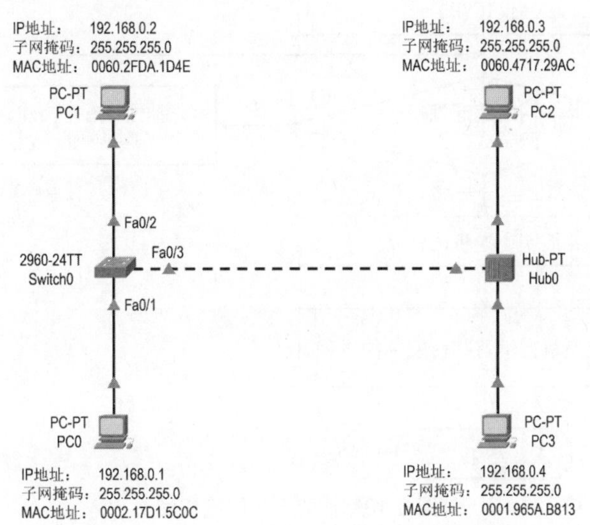

图 3-9　实验 3-4 的网络拓扑和网络参数

3.4.5　实验配置

表 3-8 给出了本实验中需要给各计算机配置的 IP 地址和子网掩码。

表 3-8　实验 3-4 中需要给各计算机配置的 IP 地址和子网掩码

网络设备	名　称	型　号	IP 地址	子网掩码
计算机	PC0	PC-PT	192.168.0.1	255.255.255.0
计算机	PC1	PC-PT	192.168.0.2	255.255.255.0
计算机	PC2	PC-PT	192.168.0.3	255.255.255.0
计算机	PC3	PC-PT	192.168.0.4	255.255.255.0

3.4.6 实验步骤

本实验的流程图如图 3-10 所示。

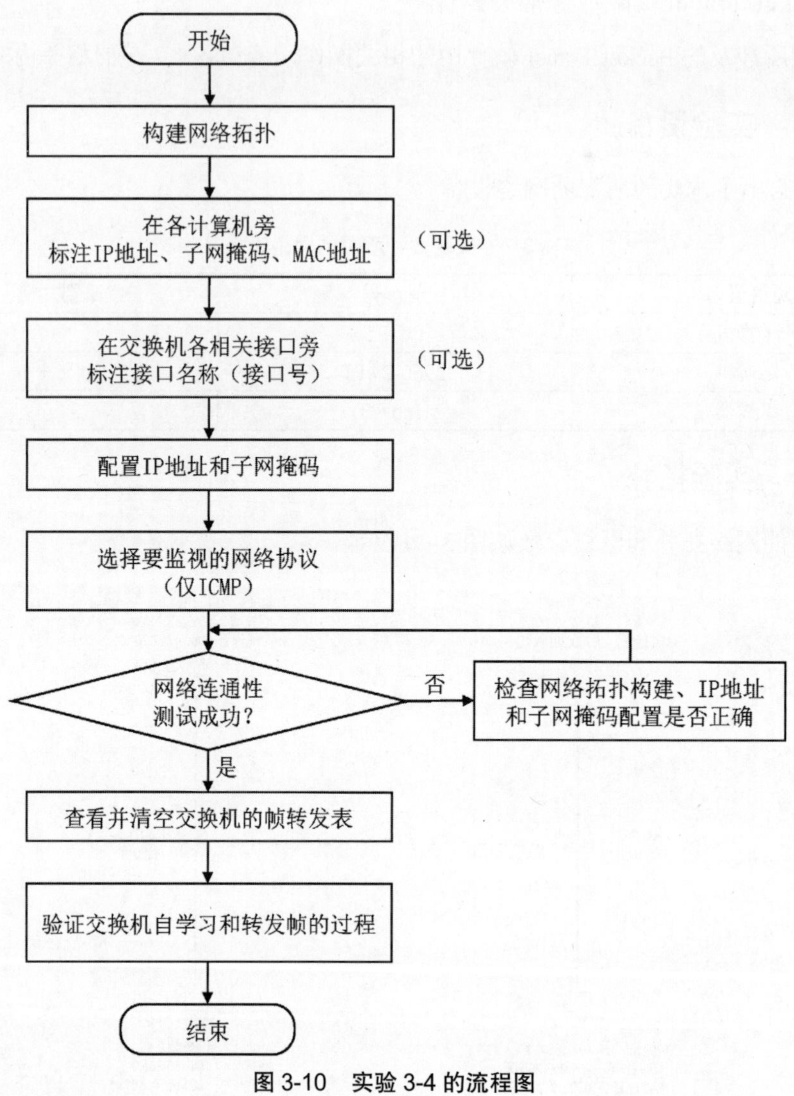

图 3-10　实验 3-4 的流程图

1. 构建网络拓扑

请按以下步骤构建图 3-9 所示的网络拓扑：

❶ 选择并拖动表 3-7 给出的本实验所需的网络设备到逻辑工作区。

❷ 选择“自动选择连接类型”，由 Packet Tracer 软件自动为待连接的网络设备选择用于连接的接口以及相应的传输介质，然后将相关网络设备互连即可。

2. 标注IP地址、子网掩码以及MAC地址

建议将表 3-8 给出的需要给各计算机配置的 IP 地址和子网掩码标注在它们各自的旁边，这样做的目的在于方便给各网络设备配置网络参数、方便进行网络测试以及方便观察

实验现象。

对于本实验，除标注 IP 地址和子网掩码外，还应将各计算机的 MAC 地址也标注在它们各自的旁边，因为交换机自学习的内容就是网络中各计算机的 MAC 地址与交换机自身各接口的对应关系。

3. 查看并标注交换机相关接口名称（接口号）

由于交换机自学习的内容是网络中各计算机的 MAC 地址与交换机自身各接口的对应关系，建议将交换机相关接口的接口名称（接口号）标注在它们各自的旁边。

具体操作见实验 4-2 的相关说明。

4. 配置IP地址和子网掩码

请按表 3-8 所给的内容，通过各计算机的图形用户界面分别给计算机 PC0、PC1、PC2 和 PC3 配置 IP 地址和子网掩码。

5. 选择要监视的网络协议

本实验仅监视网际控制报文协议（ICMP）即可。

6. 网络连通性测试

切换到**“实时”工作模式**，在相关计算机的命令行使用“ping”命令，进行以下连通性测试。

- PC0 与 PC2、PC3 的连通性测试。
- PC3 与 PC2 的连通性测试。

这样做的目的主要有以下四个：

- 测试网络拓扑是否构建成功。
- 测试 PC0、PC2、PC3 各自的 IP 地址和子网掩码是否配置正确。
- 让 PC0 与 PC2 相互获取对方的 MAC 地址，PC0 与 PC3 相互获取对方的 MAC 地址，PC3 与 PC2 也相互获取对方的 MAC 地址，以免在后续过程中出现“通过 ARP 查找已知 IP 地址所对应的 MAC 地址”这一过程，影响用户对实验现象的观察。
- 使交换机完成自学习，即记录下 PC0、PC2、PC3 各自的 MAC 地址与交换机自身相关接口的对应关系。

7. 查看并清空交换机的帧转发表

经过实验步骤 6 的网络连通性测试，交换机通过网络中相关计算机之间的通信，被动学习到了这些计算机的 MAC 地址与交换机自身相关接口的对应关系，每一条对应关系作为一条转发条目，被保存在交换机的帧转发表中。

在交换机 Switch0 的 IOS 命令行中使用相关命令查看并清空 Switch0 的帧转发表，如图 3-11 所示。这样做的目的是方便后续观察交换机的自学习和转发帧的过程。

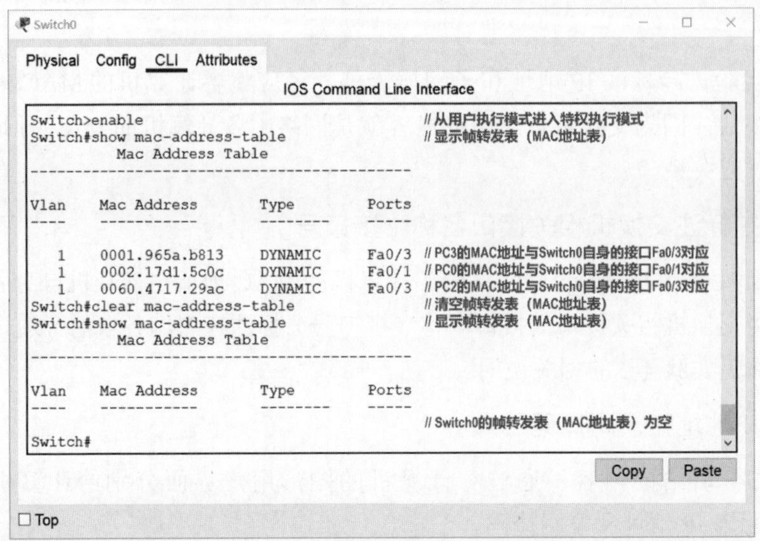

图 3-11 在交换机 Switch0 的 IOS 命令行查看并清空 Switch0 的帧转发表

8. 验证交换机自学习和转发帧的过程

（1）**交换机“盲目转发”单播帧和“明确转发”单播帧的情况。**

切换到**“模拟”工作模式**，使用工作区工具箱中的“Add Simple PDU”（添加简单的PDU）工具，让计算机 PC0 给计算机 PC2 发送一个单播帧（记为 F1），PC2 收到 F1 后会给 PC0 发送相应的单播帧（记为 F2）。

进行**单步模拟**，观察上述过程中的以下细节：

❶ PC0 给 PC2 发送 F1。交换机 Switch0 收到 F1 后进行自学习，将 F1 首部中的源 MAC 地址（即 PC0 的 MAC 地址）与 F1 进入 Switch0 的接口号，作为一条转发条目添加到 Switch0 自己的帧转发表中。至此，Switch0 的帧转发表中已学习到一条转发条目。

❷ Switch0 在自己的帧转发表中查找 F1 首部中的目的 MAC 地址（即 PC2 的 MAC 地址）所在的转发条目，但找不到。Switch0 只能对 F1 进行**“盲目转发”**（即泛洪），也就是从除收到 F1 的接口的其他所有接口转发 F1。因此，PC1、PC2、PC3 都会收到 F1。

❸ 根据 F1 的目的 MAC 地址（即 PC2 的 MAC 地址），PC1 和 PC3 丢弃 F1，而 PC2 接受 F1。

❹ PC2 给 PC0 发送 F2。F2 通过集线器 Hub0 分别传播到 Switch0 和 PC3。PC3 收到 F2 后，根据 F2 的目的 MAC 地址（即 PC0 的 MAC 地址），将其丢弃；Switch0 收到 F2 后，进行自学习和转发。

❺ Switch0 将 F2 首部中的源 MAC 地址（即 PC2 的 MAC 地址）与 F2 进入 Switch0 的接口号，作为一条转发条目添加到 Switch0 自己的帧转发表中。至此，Switch0 的帧转发表中已学习到两条转发条目。

❻ Switch0 在自己的帧转发表中查找 F2 首部中的目的 MAC 地址（即 PC0 的 MAC 地址）所在的转发条目，可以找到（这是因为 Switch0 之前收到 F1 时已经学习到了 PC0 的 MAC 地址）。Switch0 按该转发条目中接口号的指示，对 F2 进行**“明确转发”**。这样，只有 PC0 能收到 F2。

❼ PC0 收到 F2 后，根据 F2 的目的 MAC 地址（即 PC0 的 MAC 地址），PC0 接受 F2。

（2）**交换机“明确丢弃”单播帧的情况。**

切换到**“模拟”工作模式**，使用工作区工具箱中的“Add Simple PDU”（添加简单的 PDU）工具，让计算机 PC3 给计算机 PC2 发送一个单播帧（记为 F3），PC2 收到 F3 后会给 PC3 发送相应的单播帧（记为 F4）。

进行单步模拟，观察上述过程中的以下细节：

❶ PC3 给 PC2 发送 F3。F3 通过集线器 Hub0 分别传播到 Switch0 和 PC2。

❷ 交换机 Switch0 收到 F3 后进行自学习，将 F3 首部中的源 MAC 地址（即 PC3 的 MAC 地址）与 F3 进入 Switch0 的接口号，作为一条转发条目添加到 Switch0 自己的帧转发表中。至此，Switch0 的帧转发表中已学习到三条转发条目。

❸ Switch0 在自己的帧转发表中查找 F3 首部中的目的 MAC 地址（即 PC2 的 MAC 地址）所在的转发条目，可以找到（这是因为 Switch0 之前收到 F2 时已经学习到了 PC2 的 MAC 地址）。该转发条目中的接口号与 F3 进入 Switch0 的接口号相同，于是 Switch0 对 F3 进行**“明确丢弃”**，这是因为如果再从 F3 进入 Switch0 的接口将 F3 转发出去是没有意义的。

❹ PC2 收到 F3 后，根据 F3 的目的 MAC 地址（即 PC2 的 MAC 地址），PC2 接受 F3 并给 PC3 发送 F4。F4 通过集线器 Hub0 分别传播到 Switch0 和 PC3。

❺ 交换机 Switch0 收到 F4 后进行自学习，将 F4 首部中的源 MAC 地址（即 PC2 的 MAC 地址）与 F4 进入 Switch0 的接口号作为一条转发条目，由于该转发条目在 Switch0 之前收到并转发 F2 时已经学习到了，因此只要在帧转发表中更新该转发条目的老化时间即可。至此，Switch0 的帧转发表中已学习到的转发条目仍为三条。

❻ Switch0 在自己的帧转发表中查找 F4 首部中的目的 MAC 地址（即 PC3 的 MAC 地址）所在的转发条目，可以找到（这是因为 Switch0 之前收到 F3 时已经学习到了 PC3 的 MAC 地址）。该转发条目中的接口号与 F4 进入 Switch0 的接口号相同，于是 Switch0 对 F4 进行**“明确丢弃”**，这是因为如果再从 F4 进入 Switch0 的接口将 F4 转发出去是没有意义的。

❼ PC3 收到 F4 后，根据 F4 的目的 MAC 地址（即 PC3 的 MAC 地址），PC3 接受 F4。

3.5　实验 3-5　以太网的扩展（集线器和交换机的对比）

3.5.1　实验目的

- 掌握使用集线器在物理层扩展以太网的方法。
- 掌握使用交换机在数据链路层扩展以太网的方法。
- 验证集线器既不隔离碰撞域（冲突域），也不隔离广播域。
- 验证交换机隔离碰撞域（冲突域），但不隔离广播域。

3.5.2 预备知识

1. 使用集线器在物理层扩展以太网

集线器一般具有 8~32 个接口，如果要连接的站点数量超过了单个集线器能够提供的接口数量，就需要使用多个集线器，这样就可以连接成覆盖更大范围、连接更多站点的多级星型以太网。

如图 3-12（a）所示，某公司的两个部门各有一个使用 100BASE-T 集线器互连而成的共享式以太网。为了让这两个共享式以太网之间可以通信，可使用一个主干集线器将它们连接起来，形成一个更大的共享式以太网，如图 3-12（b）所示。

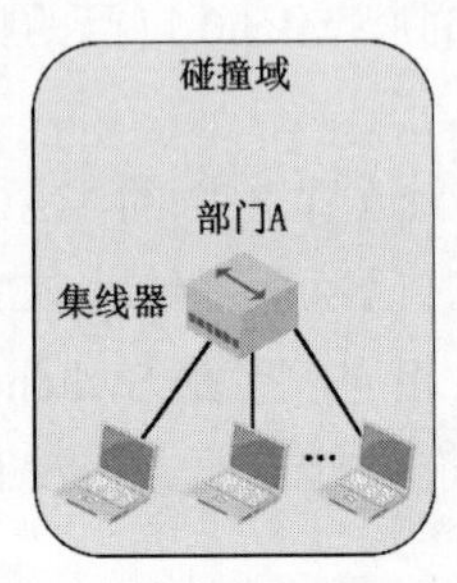

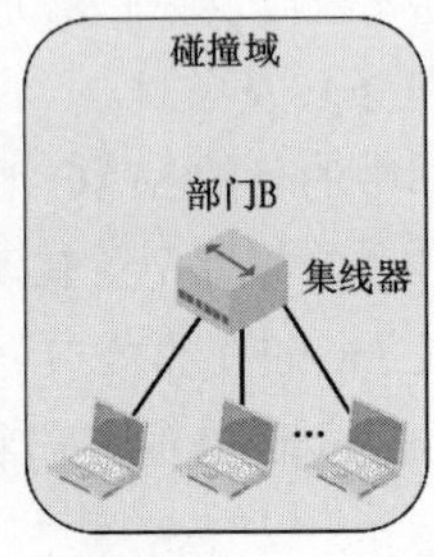

（a）两个独立的共享式以太网

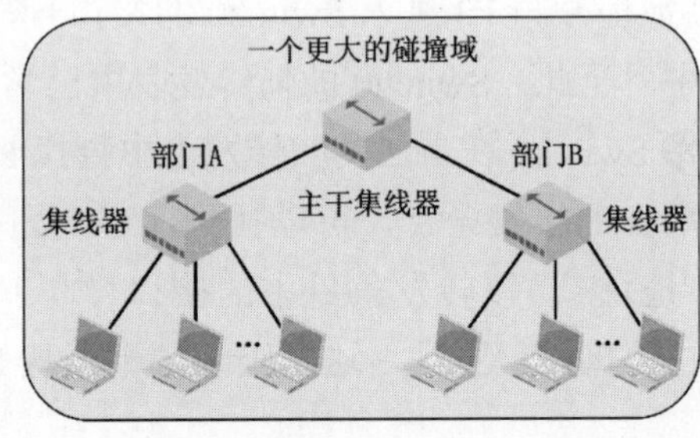

（b）使用集线器在物理层扩展共享式以太网

图 3-12 用多个集线器连接成多级星型以太网

然而，上述这种在物理层扩展以太网的方法，在扩展了网络覆盖范围和站点数量的同时，也带来了一些负面因素。

在图 3-12（a）所示的例子中，在部门 A 和 B 各自的 100BASE-T 共享式以太网互连起来之前，每个部门的 100BASE-T 共享式以太网是一个**独立的碰撞域（冲突域）**。在任何时刻，每个碰撞域中只能有一个站点发送帧。每个部门的 100BASE-T 共享式以太网的最大吞吐量为 100Mb/s，因此两个部门总的最大吞吐量共 200Mb/s。当把两个部门各自的 100BASE-T 共享式以太网通过一台主干集线器连接起来后，就把原来两个独立的碰撞域合并成了一个更大的碰撞域，即形成了一个覆盖范围更大、站点数量更多的共享式以太网，如图 3-12（b）所示。这个更大碰撞域的最大吞吐量仍然是 100Mb/s，其中的每个站点相较于它们原先所在的独立碰撞域所遭遇碰撞的可能性会明显增加。

2. 使用交换机在数据链路层扩展以太网

使用集线器在物理层扩展共享式以太网会形成更大的碰撞域。在扩展共享式以太网时，为了避免形成更大的碰撞域，可以使用交换机在数据链路层扩展共享式以太网。

如图 3-13（a）所示，某公司的两个部门各有一个使用 100BASE-T 集线器互连而成的共享式以太网。为了让这两个共享式以太网之间可以通信，可使用一个交换机将它们连接起来，形成一个更大的以太网，如图 3-13（b）所示。

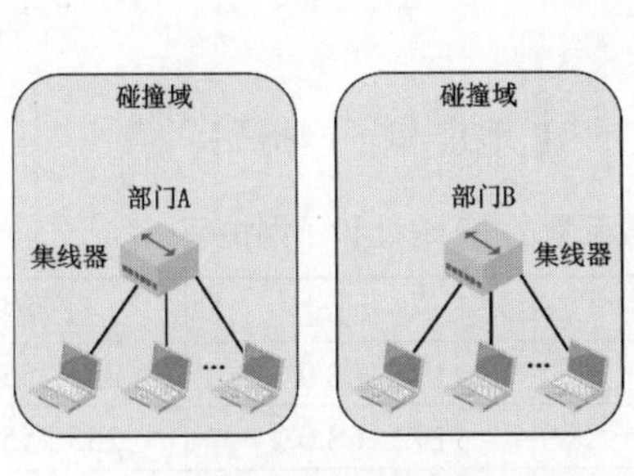

(a) 两个独立的共享式以太网

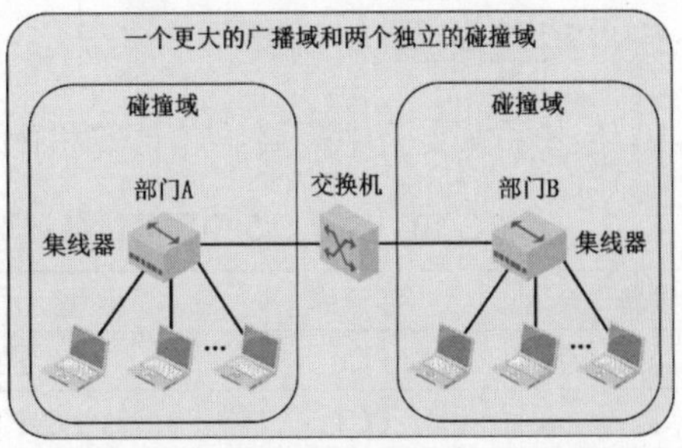

(b) 使用交换机在数据链路层扩展共享式以太网

图 3-13 使用交换机在数据链路层扩展共享式以太网

上述这种在数据链路层扩展以太网的方法，将多个独立的共享式以太网连接起来，形成一个具有更大广播域、但原本独立的多个碰撞域仍被交换机隔离的以太网。

有关以太网扩展方法的相关介绍，请参看《深入浅出计算机网络（微课视频版）》教材 3.4.3 节、3.4.4 节和 3.5 节。

3. Packet Tracer软件中的相关操作

本实验所涉及的 Packet Tracer 软件中的相关操作，请参看 1.2 节的相关内容。

3.5.3 实验设备

表 3-9 给出了本实验所需的网络设备。

表 3-9 实验 3-5 所需的网络设备

网络设备	型 号	数 量
计算机	PC-PT	6
集线器	Hub-PT	3
交换机	2960-24TT	1

3.5.4 实验拓扑

本实验的网络拓扑和网络参数如图 3-14 所示。

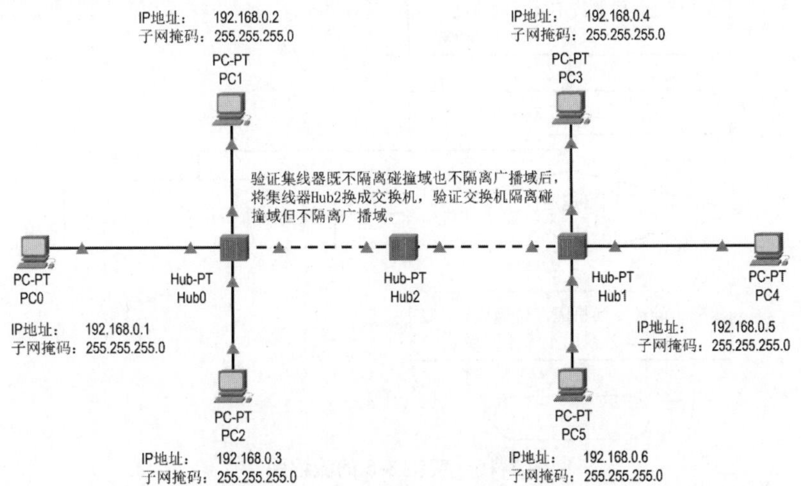

图 3-14 实验 3-5 的网络拓扑和网络参数

3.5.5 实验配置

表 3-10 给出了本实验中需要给各计算机配置的 IP 地址和子网掩码。

表 3-10 实验 3-5 中需要给各计算机配置的 IP 地址和子网掩码

网络设备	名　称	型　号	IP 地址	子网掩码
计算机	PC0	PC-PT	192.168.0.1	255.255.255.0
计算机	PC1	PC-PT	192.168.0.2	255.255.255.0
计算机	PC2	PC-PT	192.168.0.3	255.255.255.0
计算机	PC3	PC-PT	192.168.0.4	255.255.255.0
计算机	PC4	PC-PT	192.168.0.5	255.255.255.0
计算机	PC5	PC-PT	192.168.0.6	255.255.255.0

3.5.6 实验步骤

本实验的流程图如图 3-15 所示。

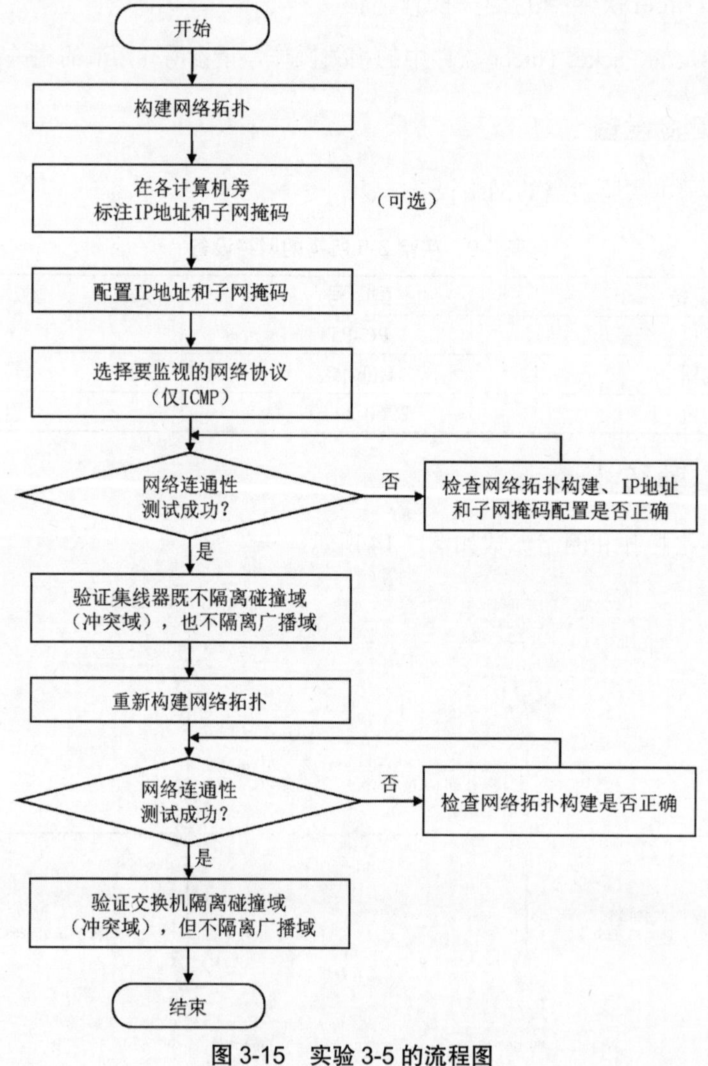

图 3-15 实验 3-5 的流程图

1. 构建网络拓扑

请按以下步骤构建图 3-14 所示的网络拓扑：

❶ 选择并拖动表 3-9 中除交换机的本实验所需的网络设备到逻辑工作区。

❷ 选择“自动选择连接类型”，由 Packet Tracer 软件自动为待连接的网络设备选择用于连接的接口以及相应的传输介质，然后将相关网络设备互连即可。

2. 标注IP地址和子网掩码

建议将表 3-10 给出的需要给各计算机配置的 IP 地址和子网掩码标注在它们各自的旁边，这样做的目的在于方便给各网络设备配置网络参数、方便进行网络测试以及方便观察实验现象。

3. 配置IP地址和子网掩码

请按表 3-10 所给的内容，通过各计算机的图形用户界面分别给计算机 PC0、PC1、PC2、PC3、PC4 以及 PC5 配置 IP 地址和子网掩码。

4. 选择要监视的网络协议

本实验仅监视网际控制报文协议（ICMP）即可。

5. 网络连通性测试

切换到**“实时”工作模式**，在计算机 PC0 的命令行使用“ping”命令，分别测试 PC0 与 PC1、PC2、PC3、PC4、PC5 之间的连通性，这样做的目的主要有以下三个：

- 测试网络拓扑是否构建成功。
- 测试 PC0、PC1、PC2、PC3、PC4、PC5 各自的 IP 地址和子网掩码是否配置正确。
- 让 PC0 与 PC1、PC0 与 PC2、PC0 与 PC3、PC0 与 PC4、PC0 与 PC5 都获取到对方的 MAC 地址，以免在后续过程中出现“通过 ARP 查找已知 IP 地址所对应的 MAC 地址”这一过程，影响用户对实验现象的观察。

6. 验证集线器既不隔离碰撞域（冲突域），也不隔离广播域

在图 3-14 所示的网络拓扑中，若不存在集线器 Hub2，则由集线器 Hub0 互连计算机 PC0~PC2 形成一个共享式以太网，它是一个独立的碰撞域（冲突域）和广播域；由集线器 Hub1 互连计算机 PC3~PC5 形成另一个共享式以太网，它也是一个独立的碰撞域（冲突域）和广播域。当使用集线器 Hub2 将 Hub0 和 Hub1 互连起来时，就形成了一个覆盖范围更大、包含计算机数量更多的共享式以太网，即一个更大的碰撞域（冲突域）和广播域。换句话说，使用集线器扩展以太网时，集线器既不隔离碰撞域（冲突域），也不隔离广播域。

（1）验证集线器不隔离碰撞域（冲突域）。

切换到**“模拟”工作模式**，使用工作区工具箱中的“Add Simple PDU”（添加简单的 PDU）工具✉，让计算机 PC1 和 PC2 同时给 PC0 发送单播帧，进行**单步模拟**，观察帧在传输过程中出现碰撞以及遭遇碰撞的帧通过集线器传播到整个网络的情况。

（2）验证集线器不隔离广播域。

切换到**“模拟”工作模式**，使用工作区工具箱中的“Add Complex PDU”（添加复杂的 PDU）工具，让计算机 PC0 发送广播帧，进行单步模拟，观察帧在整个共享式以太网中的传输过程。

7. 重新构建网络拓扑

请按以下步骤重新构建网络拓扑：

❶ 删除图 3-14 所示网络拓扑中的集线器 Hub2。

❷ 选择并拖动表 3-9 中所示的本实验所需的交换机到逻辑工作区。

❸ 选择“自动选择连接类型”，由 Packet Tracer 软件自动为待连接的网络设备选择用于连接的接口以及相应的传输介质，然后将集线器 Hub0 和 Hub1 通过交换机 Switch0 互连起来。

❹ 交换机上电启动后，需要经过一段时间才能正常工作。为了减少用户的等待时间，可在**“实时”工作模式**下单击几次播放控制栏中的“Fast Forward Time (Alt + D)”（快速前进）按钮，直到交换机的相关接口的状态指示灯变成绿色正三角（表明接口处于开启状态）。

8. 重新进行网络连通性测试

切换到**“实时”工作模式**，在计算机 PC0 的命令行使用“ping”命令，分别测试 PC0 与 PC1、PC2、PC3、PC4、PC5 之间的连通性，这样做的目的主要有以下三个：

- 测试网络拓扑是否构建成功。
- 让 PC0 与 PC1、PC0 与 PC2、PC0 与 PC3、PC0 与 PC4、PC0 与 PC5 都获取到对方的 MAC 地址，以免在后续过程中出现“通过 ARP 查找已知 IP 地址所对应的 MAC 地址”这一过程，影响用户对实验现象的观察。
- 使交换机完成自学习，即记录下 PC0、PC1、PC2、PC3、PC4、PC5 各自的 MAC 地址与交换机自身各接口的对应关系。

9. 验证交换机隔离碰撞域（冲突域），但不隔离广播域

在图 3-14 所示的网络拓扑中，若不存在集线器 Hub2，则由集线器 Hub0 互连计算机 PC0~PC2 形成一个共享式以太网，它是一个独立的碰撞域（冲突域）和广播域；由集线器 Hub1 互连计算机 PC3~PC5 形成另一个共享式以太网，它也是一个独立的碰撞域（冲突域）和广播域。当使用交换机 Switch0 将 Hub0 和 Hub1 互连起来时，就形成了一个覆盖范围更大、包含计算机数量更多的以太网，即一个具有更大广播域、但原本独立的两个碰撞域仍被交换机隔离的以太网。换句话说，使用交换机扩展以太网时，交换机隔离碰撞域（冲突域），但不隔离广播域。

（1）验证交换机隔离碰撞域（冲突域）。

切换到**“模拟”工作模式**，使用工作区工具箱中的“Add Simple PDU”（添加简单的 PDU）工具，让计算机 PC1 和 PC2 同时给 PC0 发送单播帧，进行**单步模拟**，观察以下现象：

- 帧在传输过程中出现碰撞。
- 遭遇碰撞的帧不会通过交换机传播到另一个碰撞域（冲突域）。

（2）验证交换机不隔离广播域。

切换到**“模拟”工作模式**，使用工作区工具箱中的“Add Complex PDU”（添加复杂的 PDU）工具，让计算机 PC1 发送广播帧，进行单步模拟，观察帧在整个以太网中的传输过程。

3.6　实验 3-6　验证以太网交换机的生成树协议

3.6.1　实验目的

- 验证冗余链路与以太网交换机的生成树协议（Spanning Tree Protocol，STP）配合使用，可在提高以太网可靠性的同时消除网络环路。
- 验证广播帧会在网络环路中永久兜圈并充斥整个网络，严重浪费网络资源。

3.6.2　预备知识

1. 以太网交换机的STP的作用

为了提高以太网的**可靠性**，可为以太网添加**冗余链路**。然而，冗余链路也会带来负面效应，即形成**网络环路**。网络环路会带来以下问题：

- **广播风暴**，大量消耗网络资源，使得网络无法正常转发其他数据帧。
- **主机收到重复的广播帧**，大量消耗主机资源。
- **交换机的帧转发表震荡（漂移）**。

以太网交换机使用 STP，可以在增加冗余链路来提高网络可靠性的同时，又**避免网络环路带来的各种问题**。换句话说，无论交换机之间采用怎样的物理连接，各交换机之间通过 STP 能够**自动计算并构建一个逻辑上没有环路的网络**，其逻辑拓扑是树状的（无逻辑环路），最终生成的树状逻辑拓扑会确保连通整个网络。

当首次连接交换机或网络**物理拓扑发生变化**时（有可能是人为改变或出现故障），交换机都会**重新计算**并生成连通整个网络且没有逻辑环路的树状逻辑拓扑。

有关以太网交换机 STP 的相关介绍，请参看《深入浅出计算机网络（微课视频版）》教材 3.4.5 节中的相关内容。需要说明的是，该参考教材中介绍的是透明网桥的 STP，网桥的接口比较少（一般只有 2~4 个），而以太网交换机可被看作具有多个接口的网桥。

2. Packet Tracer软件中的相关操作

本实验所涉及的 Packet Tracer 软件中的相关操作，请参看 1.2 节的相关内容。

3.6.3　实验设备

表 3-11 给出了本实验所需的网络设备。

表 3-11 实验 3-6 所需的网络设备

网络设备	型 号	数 量
计算机	PC-PT	3
交换机	2960-24TT	3

3.6.4 实验拓扑

本实验的网络拓扑和网络参数如图 3-16 所示。

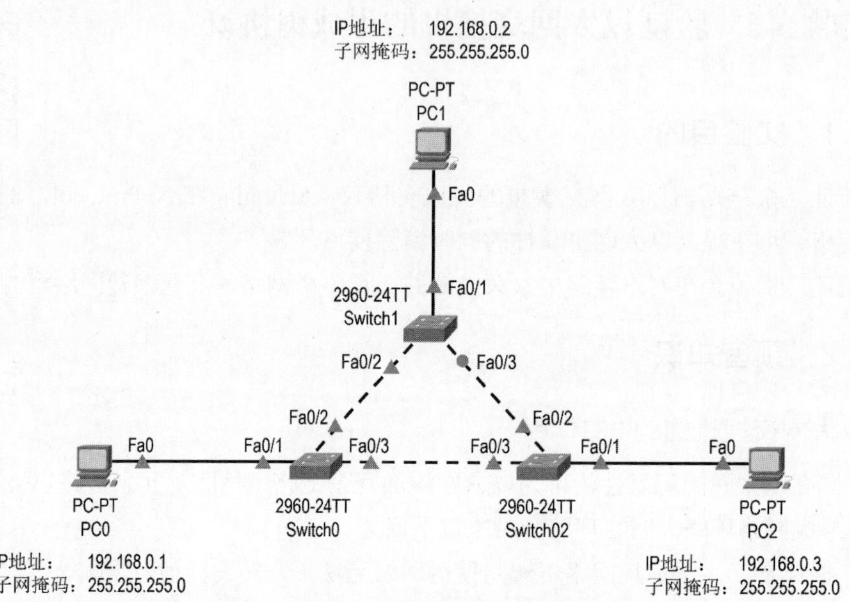

图 3-16 实验 3-6 的网络拓扑和网络参数

3.6.5 实验配置

表 3-12 给出了本实验中需要给各计算机配置的 IP 地址和子网掩码。

表 3-12 实验 3-6 中需要给各计算机配置的 IP 地址和子网掩码

网络设备	名 称	型 号	IP 地址	子网掩码
计算机	PC0	PC-PT	192.168.0.1	255.255.255.0
计算机	PC1	PC-PT	192.168.0.2	255.255.255.0
计算机	PC2	PC-PT	192.168.0.3	255.255.255.0

3.6.6 实验步骤

本实验的流程图如图 3-17 所示。

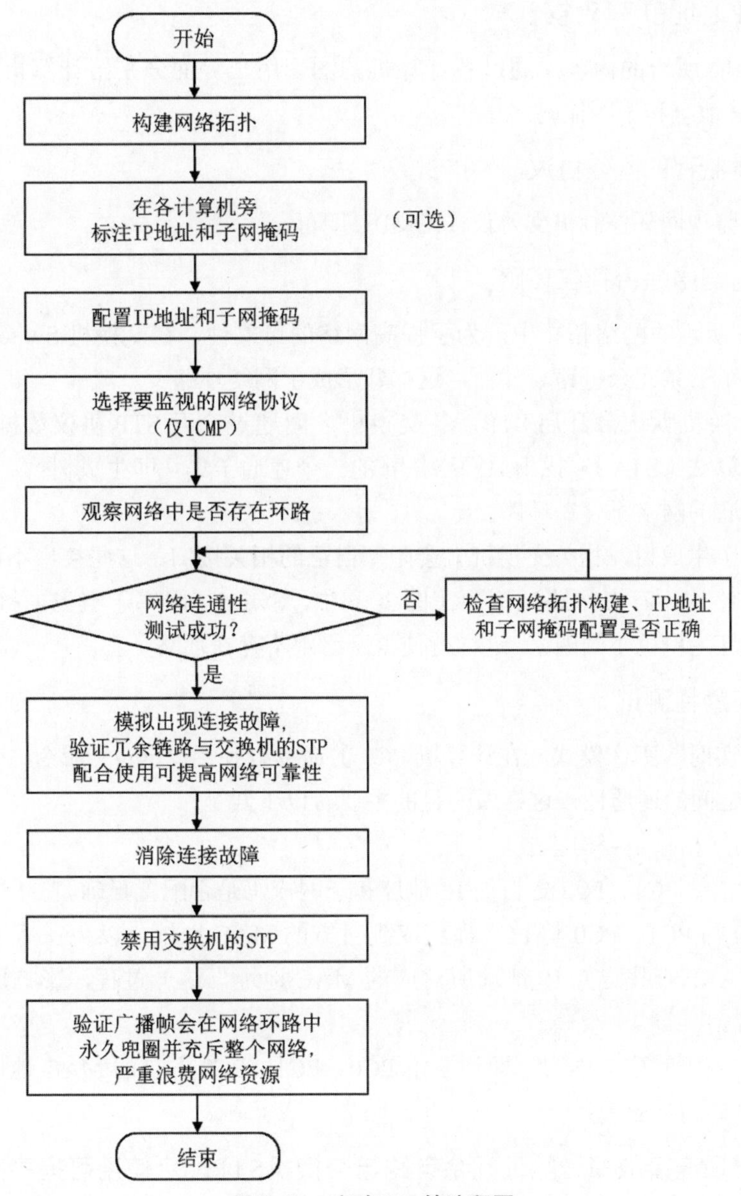

图 3-17　实验 3-6 的流程图

1. 构建网络拓扑

请按以下步骤构建图 3-16 所示的网络拓扑：

❶ 选择并拖动表 3-11 给出的本实验所需的网络设备到逻辑工作区。

❷ 选择“自动选择连接类型”，由 Packet Tracer 软件自动为待连接的网络设备选择用于连接的接口以及相应的传输介质，然后将相关网络设备互连即可。

2. 标注IP地址和子网掩码

建议将表 3-12 给出的需要给各计算机配置的 IP 地址和子网掩码标注在它们各自的旁边，这样做的目的在于方便给各网络设备配置网络参数、方便进行网络测试以及方便观察实验现象。

3. 配置IP地址和子网掩码

请按表 3-12 所给的内容，通过各计算机的图形用户界面分别给计算机 PC0、PC1 以及 PC2 配置 IP 地址和子网掩码。

4. 选择要监视的网络协议

本实验仅监视网际控制报文协议（ICMP）即可。

5. 观察网络中是否存在环路

在图 3-16 所示的网络拓扑中，为了提高网络的可靠性，在交换机 Switch0 和 Switch2 之间额外增加了一条冗余链路。然而，这样却形成了网络环路。

以太网交换机**默认会开启** STP，各交换机之间通过交互 STP **协议数据单元**（PDU）并通过**生成树算法**（STA），找出原网络拓扑的一个连通子集（即生成树）。在这个连通子集中，整个连通的网络不存在环路。

一旦找出了生成树，相关交换机就会**阻塞自己的相关接口**，这些接口**不再接收和转发帧**，以确保网络中不存在环路。例如在图 3-16 中，Switch1 阻塞了自己的接口 Fa0/3（其接口状态指示灯为橙色小圆圈），这样就使得网络中不存在环路。

6. 网络连通性测试

切换到**“实时”工作模式**，在计算机 PC0 的命令行使用“ping”命令，分别测试 PC0 与 PC1、PC2 之间的连通性，这样做的目的主要有以下四个：

- 测试网络拓扑是否构建成功。
- 测试 PC0、PC1、PC2 各自的 IP 地址和子网掩码是否配置正确。
- 让 PC0 与 PC1、PC0 与 PC2 都获取到对方的 MAC 地址，以免在后续过程中出现“通过 ARP 查找已知 IP 地址所对应的 MAC 地址”这一过程，影响用户对实验现象的观察。
- 使各交换机完成自学习，即记录下 PC0、PC1、PC2 各自的 MAC 地址与交换机自身各接口的对应关系。

7. 模拟出现连接故障，验证冗余链路与交换机STP配合使用可提高网络可靠性

为了验证冗余链路与交换机的 STP 配合使用可以提高网络的可靠性，需要模拟出现连接故障。在图 3-16 所示的网络拓扑中，删除原本连通整个网络的所有链路中的某一条链路（例如交换机 Switch0 与 Switch1 之间的链路或 Switch0 与 Switch2 之间的链路），就可模拟出现连接故障的情况。

在本实验中，假设要模拟 Switch0 与 Switch1 之间出现连接故障，可以使用工作区工具栏中的“Delete (Del)”（删除）工具，删除连接 Switch0 与 Switch1 的传输介质即可。需要注意的是，删除完成后要退出删除状态，可按键盘的 Esc 键。

当网络中的各交换机检测到网络的物理拓扑发生变化时，会通过 STP 重新产生一个连通整个网络且不存在环路的生成树。对于本实验，交换机 Switch1 会将自己原本处于阻塞状态的接口 Fa0/3 开启，这样各交换机就可以连通整个网络。需要说明的是，上述过程需要耗费一段时间，为了减少用户的等待时间，可在**“实时”工作模式**下单击几次播放控

制栏中的“Fast Forward Time (Alt + D)”（快速前进）按钮⏩。

切换到**“实时”工作模式**，在计算机 PC0 的命令行使用“ping”命令，再次分别测试 PC0 与 PC1、PC2 之间的连通性。

8. 消除连接故障

重新连接交换机 Switch0 与 Switch1，这样相当于消除连接故障，也使得网络的物理拓扑再次发生变化。

当网络中的各交换机检测到网络的物理拓扑发生变化时，会通过 STP 重新产生一个连通整个网络且不存在环路的生成树。对于本实验，交换机 Switch1 会将自己的接口 Fa0/3 阻塞，这样各交换机可以连通整个网络且不存在环路。需要说明的是，上述过程需要耗费一段时间，为了减少用户的等待时间，可在**“实时”工作模式**下单击几次播放控制栏中的“Fast Forward Time (Alt + D)”（快速前进）按钮⏩。

切换到**“实时”工作模式**，在计算机 PC0 的命令行使用“ping”命令，再次分别测试 PC0 与 PC1、PC2 之间的连通性。

9. 禁用交换机的STP

为了验证网络环路带来的危害，需要网络中的各交换机都禁用默认启用的 STP。这样，交换机 Switch0、Switch1 以及 Switch2 就会形成网络环路，如图 3-18 所示。

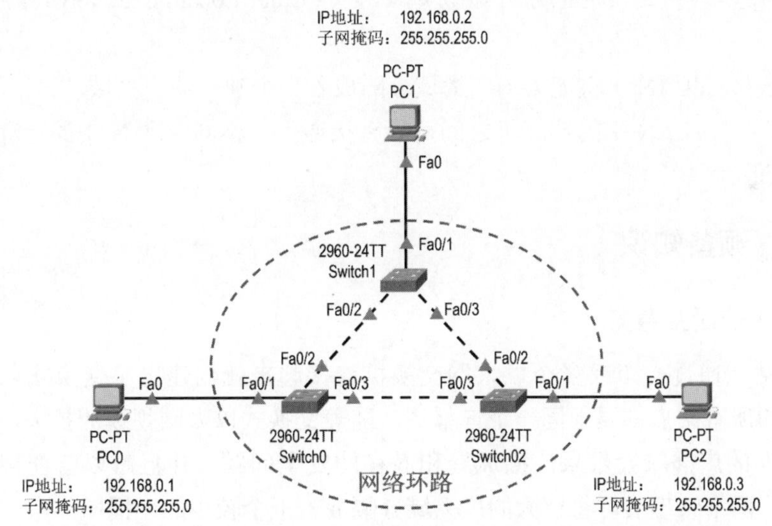

图 3-18　交换机 Switch0、Switch1 以及 Switch2 形成网络环路

请分别在交换机 Switch0、Switch1 以及 Switch2 的命令行中使用以下 IOS 命令，禁用其各自的 STP。

```
Switch>enable                              //从用户执行模式进入特权执行模式
Switch#configure terminal                  //从特权执行模式进入全局配置模式
Switch(config)#no spanning-tree vlan 1     //禁用 VLAN1 上的 STP
```

10. 验证广播帧会在网络环路中永久兜圈并充斥整个网络，严重浪费网络资源

（1）验证广播帧会在网络环路中永久兜圈并充斥整个网络。

切换到**“模拟”工作模式**，使用工作区工具箱中的“Add Complex PDU”（添加复杂

的 PDU）工具，让计算机 PC0 发送广播帧，进行**单步模拟**，观察广播帧在网络环路中永久兜圈并充斥整个网络的现象。

（2）验证广播帧在网络环路中永久兜圈并充斥整个网络会严重浪费网络资源。

当出现广播帧在网络环路中永久兜圈并充斥整个网络这种情况时，会严重浪费网络资源，进而造成网络中的各计算机之间无法正常通信。为了验证上述现象，需要切换到**"实时"工作模式**。

在"实时"工作模式下，可以观察到各计算机（PC0~PC2）的接口状态指示灯、各交换机（Switch0~Switch2）相关接口的状态指示灯都会快速闪烁，表明接口正在接收或发送帧（例如之前 PC0 发送的那个广播帧）。

在"实时"工作模式下，在计算机 PC0 的命令行使用"ping"命令，分别测试 PC0 与 PC1、PC2 之间的连通性，可以观察到的现象是计算机之间无法正常通信。这是因为网络资源被在网络环路中兜圈的广播帧大量消耗了。

3.7 实验 3-7 划分虚拟局域网

3.7.1 实验目的

- 掌握在以太网交换机上划分虚拟局域网（Virtual Local Area Network，VLAN）的方法。
- 验证划分 VLAN 可将庞大的广播域分隔成若干个独立的广播域。
- 验证同一 VLAN 中的计算机之间可以直接通信，不同 VLAN 中的计算机之间不能直接通信。

3.7.2 预备知识

1. VLAN的诞生背景

将多个站点通过一个或多个以太网交换机连接起来就构建出了交换式以太网。交换式以太网中的所有站点都属于同一个广播域。随着交换式以太网规模的扩大，广播域也相应扩大。**巨大的广播域会带来广播风暴和潜在的安全问题，并且难以管理和维护**。使用 **VLAN 技术**，网络管理员可**将巨大的广播域分隔成若干个较小的广播域**。

2. VLAN概述

VLAN 是一种将局域网内的站点划分成**与物理位置无关的逻辑组的技术**，一个逻辑组就是一个 VLAN，VLAN 中的各站点具有某些共同的应用需求。**属于同一 VLAN 的站点之间可以直接进行通信，而不属于同一 VLAN 的站点之间不能直接通信（需要通过三层交换机或路由器实现间接通信）**。

网络管理员可对局域网中的各交换机进行配置来建立多个逻辑上独立的 VLAN。**连接在同一交换机上的多个站点可以属于不同的 VLAN，而属于同一 VLAN 的多个站点可以连接在不同的交换机上。**

3. VLAN的实现机制

虚拟局域网有多种实现技术，最常见的就是**基于以太网交换机的接口来实现**。这就需要以太网交换机能够实现以下两个功能：

- 能够处理带有 VLAN 标记的帧，也就是 IEEE 802.1Q 帧，如图 3-19 所示。
- 交换机的各接口可以支持不同的接口类型，**不同接口类型**的接口对帧的处理方式有所不同。

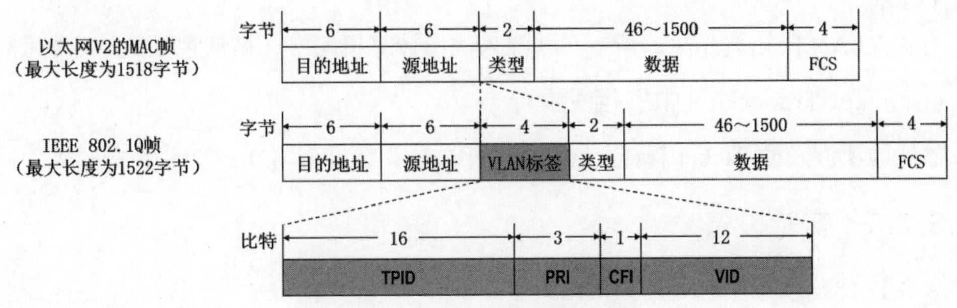

图 3-19　IEEE 802.1Q 帧的格式

根据接口在接收帧和发送帧时对帧的处理方式的不同，以及接口连接对象的不同，以太网交换机的接口类型一般分为 Access 和 Trunk 两种。

当以太网交换机上电启动后，若以前从未对其各接口进行过 VLAN 的相关设置，则各接口的接口类型默认为 Access，并且各接口的缺省 VLAN ID 为 1，即各接口默认属于 VLAN1。对于思科交换机，接口的缺省 VLAN ID 称为本征 VLAN（Native VLAN）。对于华为交换机，接口的缺省 VLAN ID 称为端口 VLAN ID（Port VLAN ID），简记为 PVID。为了简单起见，在下面的介绍中采用 PVID 而不采用本征 VLAN。需要注意的是，交换机的每个接口有且仅有一个 PVID。

Access 接口一般用于连接用户计算机，由于其只能属于一个 VLAN，因此 Access 接口的 PVID 值与其所属 VLAN 的 ID 相同，其默认值为 1。Access 接口对帧的处理方法如下：

- **接收帧**：Access 接口一般只接受"未打标签"的普通以太网 MAC 帧，根据接收帧的接口的 PVID 给帧"打标签"，即插入 4 字节的 VLAN 标签字段，VLAN 标签中的 VID 取值就是接口的 PVID 值。
- **转发帧**：若帧中的 VID 值与接口的 PVID 值相等，则给帧"去标签"后再进行转发，否则不转发帧。

综上所述，**从 Access 接口转发出的帧，是不带 VLAN 标签的普通以太网 MAC 帧**。

Trunk 接口一般用于交换机之间或交换机与路由器之间的互连。Trunk 接口可以属于多个 VLAN，即 Trunk 接口可以通过不同 VLAN 的帧。默认情况下，Trunk 接口的 PVID 值为 1，一般不建议用户修改，若互连的 Trunk 接口的 PVID 值不相等，则可能出现转发错误。Trunk 接口对帧的处理方法如下：

- **接收帧**：Trunk 接口既可以接收"未打标签"的普通以太网 MAC 帧，也可以接收"已打标签"的 IEEE 802.1Q 帧。当 Trunk 接口接收到"未打标签"的普通以太网

MAC 帧时，根据接收帧的接口的 PVID 给帧“打标签”，即插入 4 字节的 VLAN 标签字段，VLAN 标签中的 VID 取值就是接口的 PVID 值。

- **转发帧**：对于帧的 VID 值等于交换机接口的 PVID 值的 IEEE 802.1Q 帧，将其“去标签”转换成普通以太网 MAC 帧后再转发；对于帧的 VID 值不等于交换机接口的 PVID 值的 IEEE 802.1Q 帧，将其直接转发。

综上所述，**从 Trunk 接口转发出的帧可能是普通以太网 MAC 帧，也可能是 IEEE 802.1Q 帧**。

有关 VLAN 的相关介绍，请参看《深入浅出计算机网络（微课视频版）》教材 3.7 节。

4. Packet Tracer软件中的相关操作

本实验所涉及的 Packet Tracer 软件中的相关操作，请参看 1.2 节的相关内容。

3.7.3 实验设备

表 3-13 给出了本实验所需的网络设备。

表 3-13 实验 3-7 所需的网络设备

网络设备	型 号	数 量
计算机	PC-PT	8
交换机	2960-24TT	2

3.7.4 实验拓扑

本实验的网络拓扑和网络参数如图 3-20 所示。

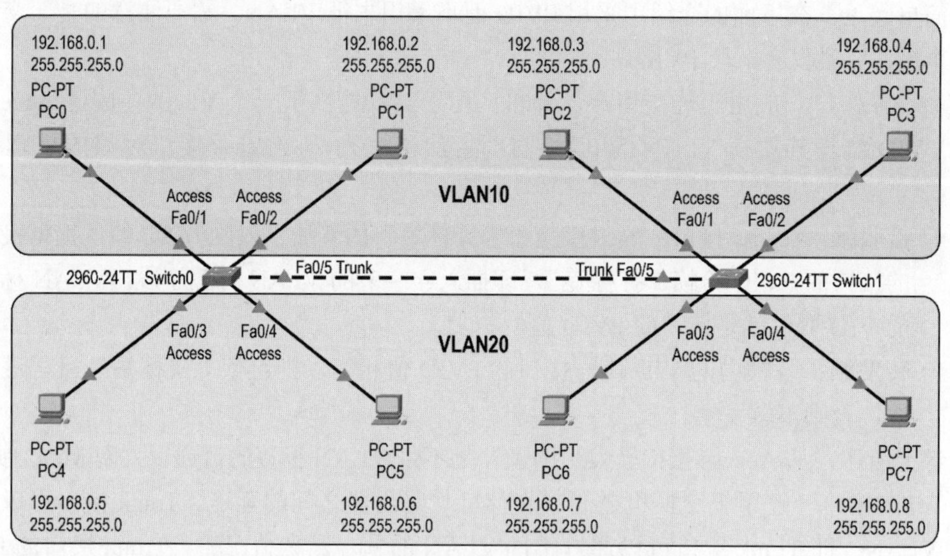

图 3-20 实验 3-7 的网络拓扑和网络参数

3.7.5 实验配置

表 3-14 给出了本实验中需要给各计算机配置的 IP 地址和子网掩码。

表 3-14　实验 3-7 中需要给各计算机配置的 IP 地址和子网掩码

网络设备	名　称	型　号	IP 地址	子网掩码
计算机	PC0	PC-PT	192.168.0.1	255.255.255.0
计算机	PC1	PC-PT	192.168.0.2	255.255.255.0
计算机	PC2	PC-PT	192.168.0.3	255.255.255.0
计算机	PC3	PC-PT	192.168.0.4	255.255.255.0
计算机	PC4	PC-PT	192.168.0.5	255.255.255.0
计算机	PC5	PC-PT	192.168.0.6	255.255.255.0
计算机	PC6	PC-PT	192.168.0.7	255.255.255.0
计算机	PC7	PC-PT	192.168.0.8	255.255.255.0

表 3-15 给出了本实验中的 VLAN 划分细节。

表 3-15　实验 3-7 中的 VLAN 划分细节

网络设备	名　称	接口名称	接口类型	VLAN 号	VLAN 名称
交换机	Switch0	Fa0/1	Access	10	VLAN10
		Fa0/2	Access	10	VLAN10
		Fa0/3	Access	20	VLAN20
		Fa0/4	Access	20	VLAN20
		Fa0/5	Trunk	保持默认	保持默认
交换机	Switch1	Fa0/1	Access	10	VLAN10
		Fa0/2	Access	10	VLAN10
		Fa0/3	Access	20	VLAN20
		Fa0/4	Access	20	VLAN20
		Fa0/5	Trunk	保持默认	保持默认

3.7.6　实验步骤

本实验的流程图如图 3-21 所示。

1. 构建网络拓扑

请按以下步骤构建图 3-20 所示的网络拓扑：

❶ 选择并拖动表 3-13 给出的本实验所需的网络设备到逻辑工作区。

❷ 选择“自动选择连接类型”，由 Packet Tracer 软件自动为待连接的网络设备选择用于连接的接口以及相应的传输介质，然后将相关网络设备互连即可。

2. 标注IP地址和子网掩码

建议将表 3-14 给出的需要给各计算机配置的 IP 地址和子网掩码标注在它们各自的旁边，这样做的目的在于方便给各网络设备配置网络参数、方便进行网络测试以及方便观察实验现象。

3. 查看并标注交换机接口名称（接口号）

为了方便进行 VLAN 划分，建议将各交换机相关接口的接口名称（接口号）标注在它们各自的旁边。

具体操作见实验 4-2 的相关说明。

4. 配置IP地址和子网掩码

请按表 3-14 所给的内容，通过各计算机的图形用户界面分别给计算机 PC0、PC1、PC2、PC3、PC4、PC5、PC6 以及 PC7 配置 IP 地址和子网掩码。

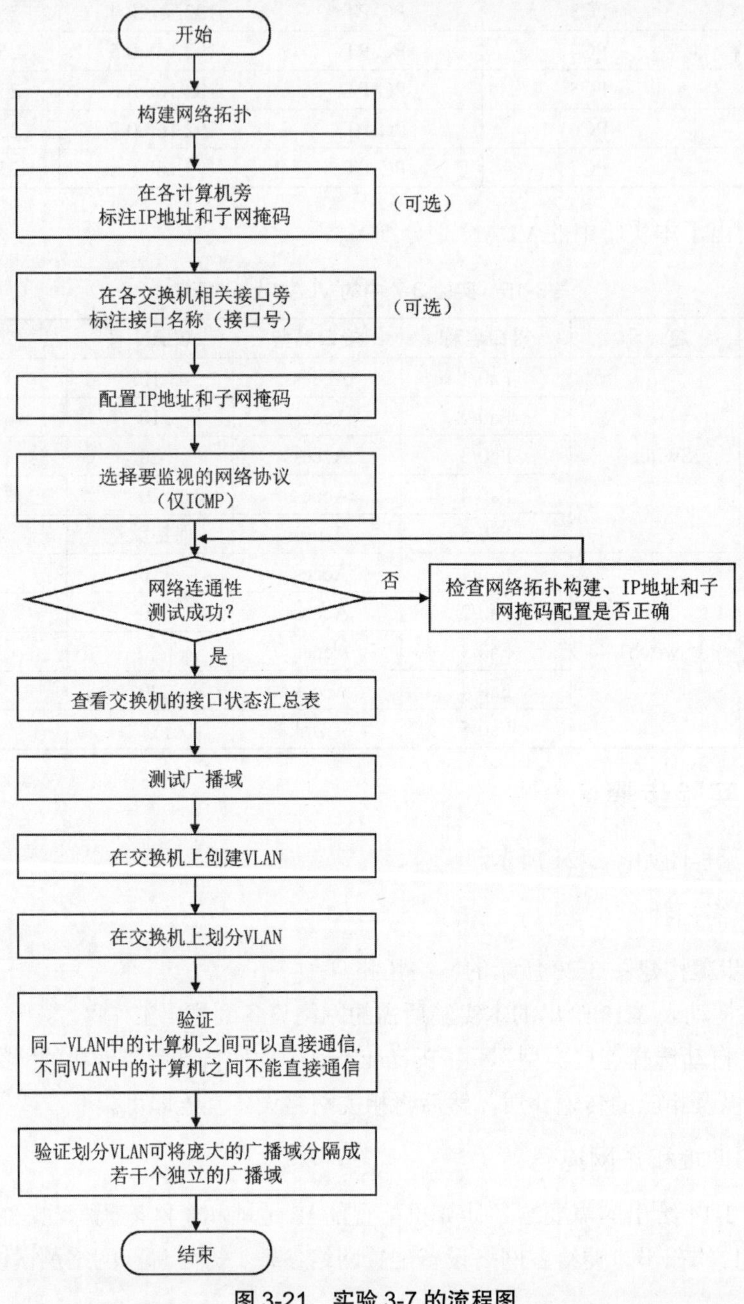

图 3-21 实验 3-7 的流程图

5. 选择要监视的网络协议

本实验仅监视网际控制报文协议（ICMP）即可。

6. 网络连通性测试

切换到**“实时”工作模式**，在计算机 PC0 的命令行使用“ping”命令，分别测试 PC0 与 PC1、PC2、PC3、PC4、PC5、PC6、PC7 之间的连通性，这样做的目的主要有以下四个：

- 测试网络拓扑是否构建成功。
- 测试 PC0、PC1、PC2、PC3、PC4、PC5、PC6、PC7 各自的 IP 地址和子网掩码是否配置正确。
- 让 PC0 与 PC1、PC0 与 PC2、PC0 与 PC3、PC0 与 PC4、PC0 与 PC5、PC0 与 PC6、PC0 与 PC7 都获取到对方的 MAC 地址，以免在后续过程中出现“通过 ARP 查找已知 IP 地址所对应的 MAC 地址”这一过程，影响用户对实验现象的观察。
- 使各交换机完成自学习，即记录下 PC0、PC1、PC2、PC3、PC4、PC5、PC6、PC7 各自的 MAC 地址与交换机自身相关接口的对应关系。

7. 查看交换机的接口（端口）状态汇总表

以太网交换机上电启动后，其所有接口的类型默认为 Access，并且所有接口都属于 VLAN1。用户可以通过查看交换机的接口（端口）状态汇总表，来查看其各接口的状态信息。

在交换机的命令行界面中输入以下 IOS 命令，查看其接口（端口）状态汇总表。

```
Switch>enable                          //从用户执行模式进入特权执行模式
Switch#show interfaces status          //显示接口（端口）状态汇总表
```

在本实验中，通过命令行界面查看交换机 Switch0 的接口（端口）状态汇总表，如图 3-22 所示。

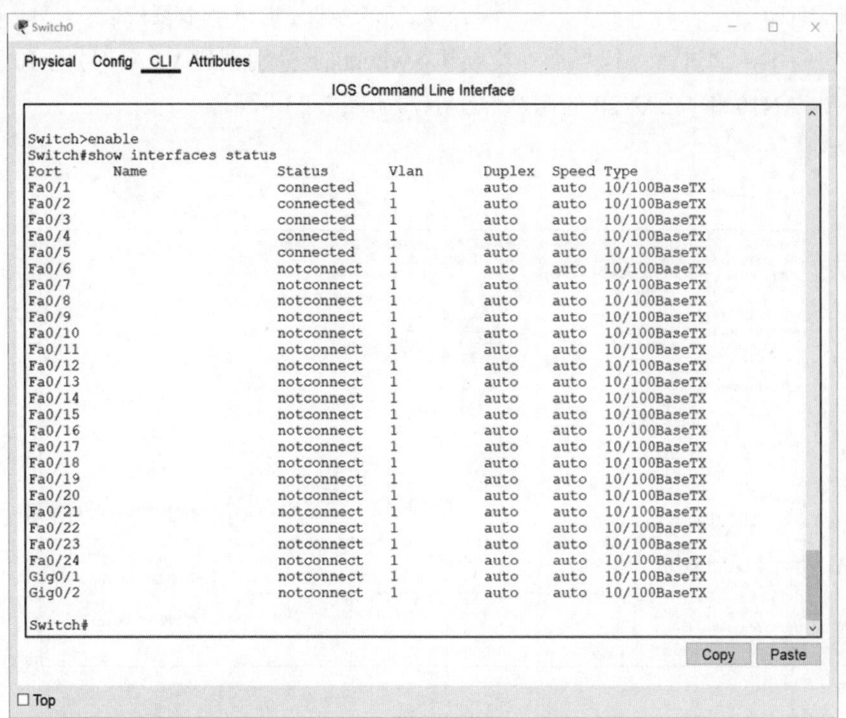

图 3-22　在交换机 Switch0 的 IOS 命令行查看其接口（端口）状态汇总表

从图 3-22 可以看出，Switch0 上电启动后，其所有接口（端口）默认属于 VLAN1，并且接口（端口）Fa0/1、Fa0/2、Fa0/3、Fa0/4 以及 Fa0/5 都已进行了连接。

请按上述方法，查看交换机 Switch1 的接口（端口）状态汇总表。

8. 测试广播域

以太网交换机上电启动后，其所有接口默认属于 VLAN1。因此，在图 3-20 所示的网络拓扑中，如果交换机 Switch0 和 Switch1 采用默认配置，则它们各自的所有接口都属于 VLAN1，这相当于连接在这些接口上的计算机 PC0~PC7 也都属于 VLAN1，它们属于同一个广播域。

切换到**“模拟”工作模式**，使用工作区工具箱中的“Add Complex PDU”（添加复杂的 PDU）工具，让某台计算机（例如 PC0）发送广播帧，进行**单步模拟**，观察广播帧在 VLAN1 这个广播域中的传输过程。

9. 在交换机上创建VLAN

划分 VLAN 可将庞大的广播域分隔成若干个独立的广播域。在本实验中，需要在交换式以太网中划分出两个 VLAN：VLAN10 和 VLAN20。要划分 VLAN，首先要在以太网交换机上创建 VLAN。

在以太网交换机的命令行界面中输入以下 IOS 命令，创建 VLAN。

```
Switch>enable                          //从用户执行模式进入特权执行模式
Switch#configure terminal              //从特权执行模式进入全局配置模式
Switch(config)#vlan VLAN 号 X           //创建 VLAN 号为 X 的 VLAN
Switch(config-vlan)#name VLAN 名称 Y    //将 VLAN 号为 X 的 VLAN 命名为 Y
Switch(config-vlan)#end                //退出到特权执行模式
Switch#show vlan brief                 //显示交换机上的 VLAN 摘要信息
```

在本实验中，通过命令行界面在交换机 Switch0 上分别创建 VLAN 号为 10 和 20、相应名称为 VLAN10 和 VLAN20 的两个 VLAN，如图 3-23 所示。

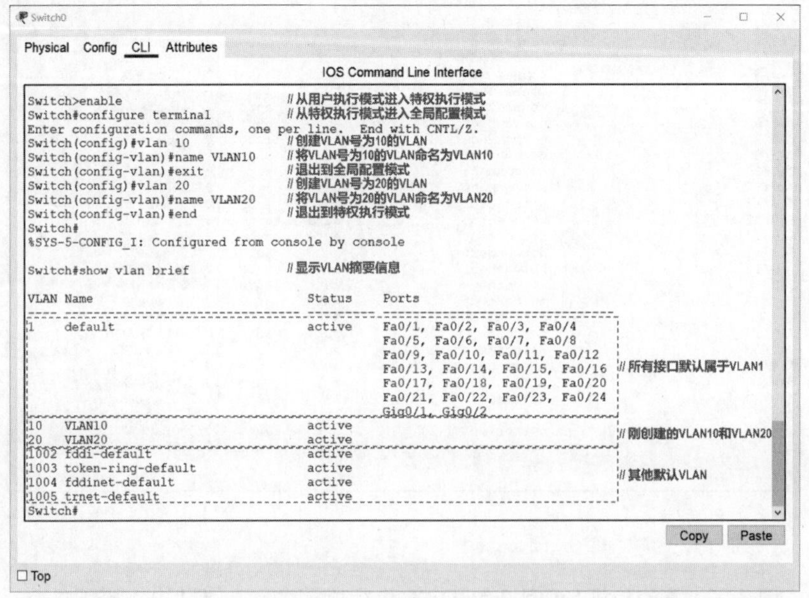

图 3-23　通过交换机 Switch0 的 IOS 命令行创建 VLAN10 和 VLAN20

请按上述方法，在交换机 Switch1 上也分别创建 VLAN 号为 10 和 20、相应名称为 VLAN10 和 VLAN20 的两个 VLAN。

10. 在交换机上划分VLAN

在以太网交换机上创建好所需要的 VLAN 后，就可根据应用需求，将交换机的某些接口划归到所创建好的 VLAN。对于本实验，请按照表 3-15 给出的 VLAN 划分细节进行划分。

在以太网交换机的命令行界面中输入以下 IOS 命令，将交换机的某个接口划归到所创建好的 VLAN。

```
Switch>enable                                          // 从用户执行模式进入特权执行模式
Switch#configure terminal                              // 从特权执行模式进入全局配置模式
Switch(config)#interface 接口名称 X                     // 进入接口 X 的配置模式
Switch(config-if)#switchport mode access（或 trunk）    // 设置接口的类型为 access（或 trunk）
Switch(config-if)#switchport access（或 trunk）vlan VLAN 号 Y   // 将接口划归到 VLAN 号为 Y 的 VLAN
Switch(config-vlan)#end                                // 退出到特权执行模式
Switch#show vlan brief                                 // 显示 VLAN 摘要信息
```

在本实验中，通过命令行界面在交换机 Switch0 上进行 VLAN 划分的过程如图 3-24 所示。

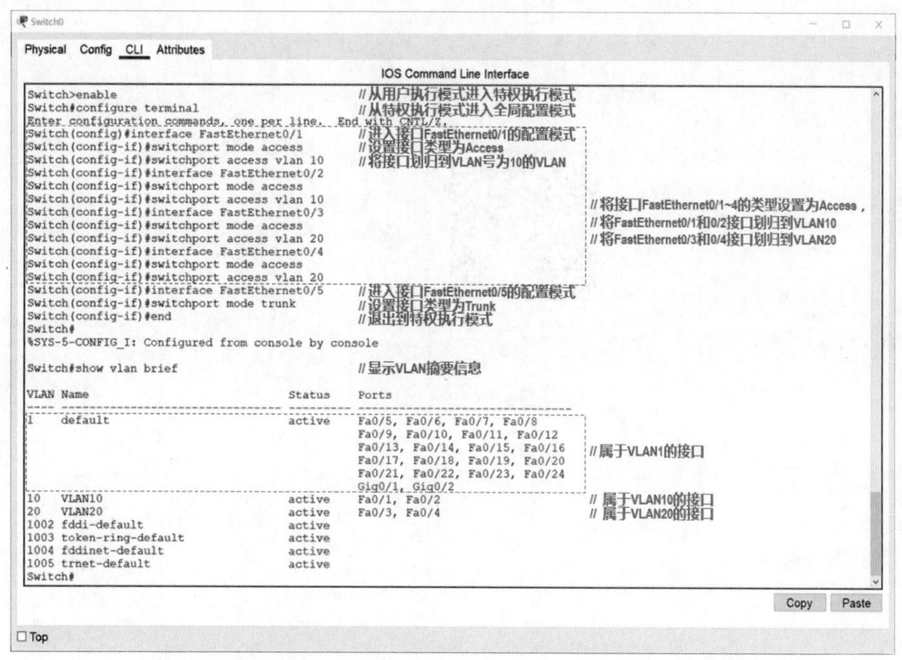

图 3-24　通过交换机 Switch0 的 IOS 命令行进行 VLAN 划分

请按上述方法，在交换机 Switch1 上按照表 3-15 给出的 VLAN 划分细节进行划分。

在各以太网交换机上划分 VLAN 后，各交换机需要经过一段时间才能正常工作。为了减少用户的等待时间，可在“**实时**”**工作模式**下单击几次播放控制栏中的“Fast Forward Time (Alt + D)”（快速前进）按钮⏩。对于本实验，就是各交换机的相关接口的状态指示灯从橙色圆形转变为绿色正三角形。

11. 验证同一VLAN中的计算机之间可以直接通信，不同VLAN中的计算机之间不能直接通信

切换到“**实时**”**工作模式**，然后在相关计算机的命令行使用“ping”命令进行以下验证：

- VLAN10 中的计算机之间可以直接通信。
- VLAN20 中的计算机之间可以直接通信。
- VLAN10 中的计算机与 VLAN20 中的计算机之间不能直接通信。

12. 验证划分VLAN可将庞大的广播域分隔成若干个独立的广播域

切换到“**模拟**”**工作模式**，使用工作区工具箱中的“Add Complex PDU”（添加复杂的 PDU）工具，让某台计算机发送广播帧，进行**单步模拟**，验证以下情况：

- VLAN10 中某个计算机发送的广播帧，VLAN10 中的其他计算机都能收到，而 VLAN20 中的计算机都收不到。
- VLAN20 中某个计算机发送的广播帧，VLAN20 中的其他计算机都能收到，而 VLAN10 中的计算机都收不到。

本章知识点思维导图请扫码获取：

第 4 章　网络层相关实验

4.1　实验 4-1　验证地址解析协议的基本工作原理

4.1.1　实验目的

- 掌握地址解析协议（Address Revolution Protocol，ARP）的基本工作原理。
- 验证 ARP 请求报文被封装在广播帧中发送。
- 验证 ARP 响应报文被封装在单播帧中发送。

4.1.2　预备知识

1. ARP概述

ARP 的主要功能是，**通过已知 IP 地址找到其相应的 MAC 地址**。**主机和路由器**（以下也简称为主机）中都包含有一个 ARP **高速缓存**，用于存放本网络中各网络设备接口的 IP 地址与 MAC 地址的对应关系记录。

使用 ARP 通过已知 IP 地址查询其相应的 MAC 地址的基本过程如下：

❶ 当本网络中的源主机欲向目的主机发送 IP 数据报时，源主机首先会在自己的 ARP 高速缓存中查找目的主机的 IP 地址所对应的 MAC 地址。如果找不到，则源主机会发送 ARP 请求报文进行查询。ARP **请求报文被封装在广播帧中发送**，其目的 MAC 地址为 FF-FF-FF-FF-FF-FF。

❷ 目的主机收到 ARP 请求报文后，首先将源主机的 IP 地址与 MAC 地址的对应关系记录到自己的 ARP 高速缓存中，然后给源主机发送 ARP 响应报文以便将自己的 MAC 地址告知源主机。ARP **响应报文被封装在单播帧中发送**，其目的 MAC 地址为源主机的 MAC 地址。

❸ 源主机收到 ARP 响应报文后，将目的主机的 IP 地址与 MAC 地址的对应关系记录到自己的 ARP 高速缓存中。之后，源主机就可将之前欲发送给目的主机的 IP 数据报封装成单播帧发送给目的主机了，该帧的目的 MAC 地址为目的主机的 MAC 地址。

需要注意的是，ARP **只能逐网络（网段）使用，而不能跨网络直接使用**。

除 ARP 请求报文和响应报文，ARP **还有其他类型的报文**，例如用于检查 IP 地址冲突的“无故 ARP”(Gratuitous ARP)。

由于 ARP 很早（1982 年 11 月）就制定出来了，当时并没有考虑网络安全问题，因此 ARP **没有安全验证机制**，存在 ARP **欺骗和攻击**等问题。

有关 ARP 的相关介绍，请参看《深入浅出计算机网络（微课视频版）》教材 4.2.5 节。

2. Packet Tracer软件中的相关操作

本实验所涉及的 Packet Tracer 软件中的相关操作，请参看 1.2 节的相关内容。

4.1.3 实验设备

表 4-1 给出了本实验所需的网络设备。

表 4-1 实验 4-1 所需的网络设备

网络设备	型 号	数 量
计算机	PC-PT	3
交换机	2960-24TT	1

4.1.4 实验拓扑

本实验的网络拓扑和网络参数如图 4-1 所示。

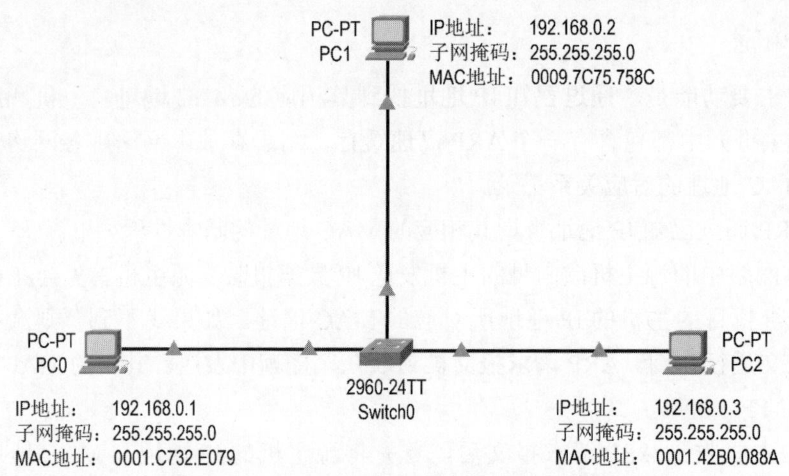

图 4-1 实验 4-1 的网络拓扑和网络参数

4.1.5 实验配置

表 4-2 给出了本实验中需要给各计算机配置的 IP 地址和子网掩码。

表 4-2 实验 4-1 中需要给各计算机配置的 IP 地址和子网掩码

网络设备	名 称	型 号	IP 地址	子网掩码
计算机	PC0	PC-PT	192.168.0.1	255.255.255.0
计算机	PC1	PC-PT	192.168.0.2	255.255.255.0
计算机	PC2	PC-PT	192.168.0.3	255.255.255.0

4.1.6 实验步骤

本实验的流程图如图 4-2 所示。

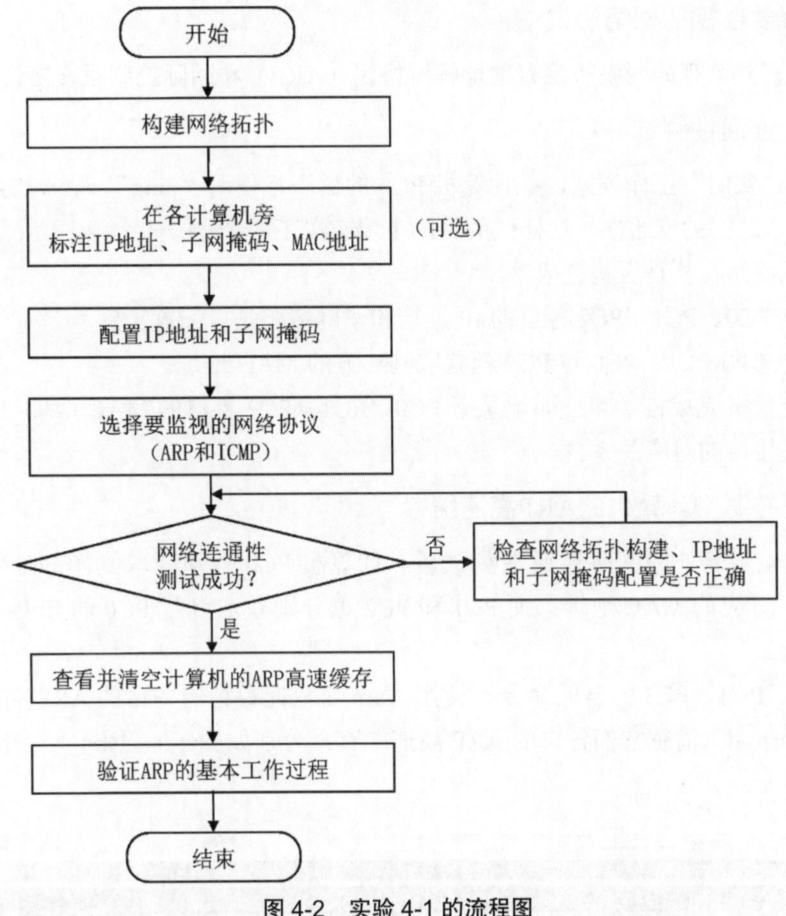

图 4-2　实验 4-1 的流程图

1. 构建网络拓扑

请按以下步骤构建图 4-1 所示的网络拓扑：

❶ 选择并拖动表 4-1 给出的本实验所需的网络设备到逻辑工作区。

❷ 选择“自动选择连接类型”，由 Packet Tracer 软件自动为待连接的网络设备选择用于连接的接口以及相应的传输介质，然后将相关网络设备互连即可。

2. 标注IP地址、子网掩码以及MAC地址

建议将表 4-2 给出的需要给各计算机配置的 IP 地址和子网掩码标注在它们各自的旁边，这样做的目的在于方便给各网络设备配置网络参数、方便进行网络测试以及方便观察实验现象。

对于本实验，除标注 IP 地址和子网掩码外，还应将各计算机的 MAC 地址也标注在它们各自的旁边，因为 ARP 的作用就是通过已知 IP 地址找到其相应的 MAC 地址。

3. 配置IP地址和子网掩码

请按表 4-2 所给的内容，通过各计算机的图形用户界面分别给计算机 PC0、PC1 和 PC2 配置 IP 地址和子网掩码。

4. 选择要监视的网络协议

本实验需要监视的网络协议有地址解析协议（ARP）和网际控制报文协议（ICMP）。

5. 网络连通性测试

切换到**“实时”工作模式**，在计算机 PC0 的命令行使用“ping”命令，分别测试 PC0 与 PC1、PC2 之间的连通性，这样做的目的主要有以下四个：

- 测试网络拓扑是否构建成功。
- 测试 PC0、PC1、PC2 各自的 IP 地址和子网掩码是否配置正确。
- 让 PC0 与 PC1、PC0 与 PC2 都获取到对方的 MAC 地址。
- 使交换机完成自学习，即记录下 PC0、PC1、PC2 各自的 MAC 地址与交换机自身相关接口的对应关系。

6. 查看并清空计算机的ARP高速缓存

经过实验步骤 5 的网络连通性测试后，计算机 PC0 分别获取到了 PC1 和 PC2 各自的 IP 地址所对应的 MAC 地址；而 PC1 和 PC2 也分别获取到了 PC0 的 IP 地址所对应的 MAC 地址。

在 PC0、PC1、PC2 各自的命令行使用“arp -a”查看它们各自的 ARP 高速缓存，然后再使用“arp -d”清空它们各自的 ARP 高速缓存，分别如图 4-3、图 4-4、图 4-5 所示。

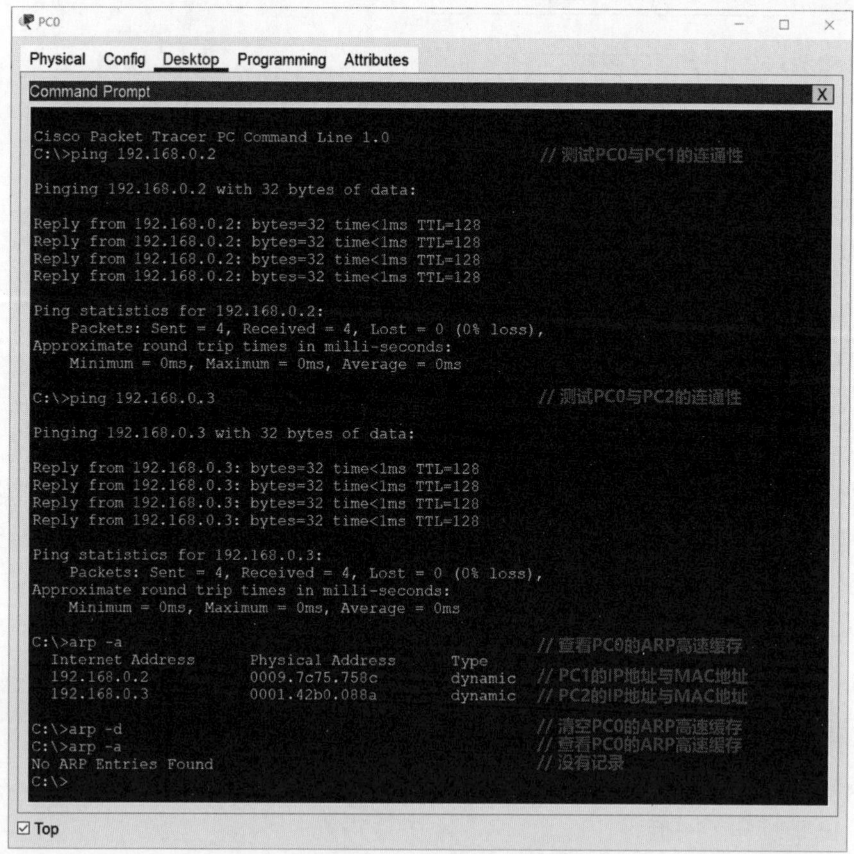

图 4-3 查看并清空 PC0 的 ARP 高速缓存

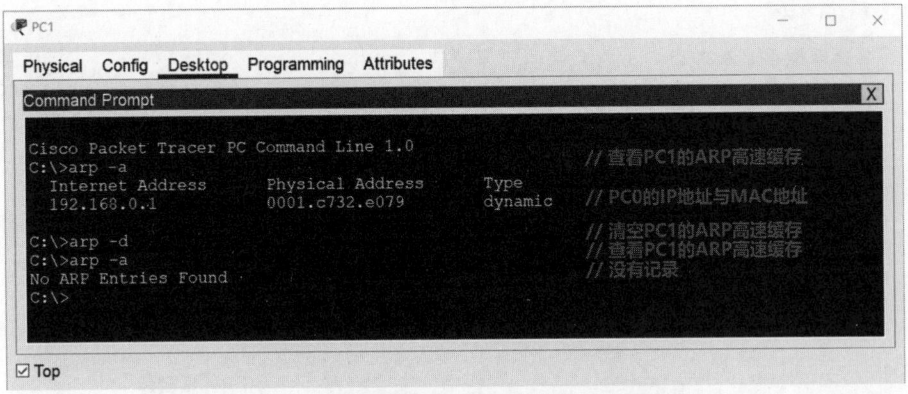

```
PC1
Physical  Config  Desktop  Programming  Attributes
Command Prompt

Cisco Packet Tracer PC Command Line 1.0
C:\>arp -a                                                      // 查看PC1的ARP高速缓存
  Internet Address      Physical Address      Type
  192.168.0.1           0001.c732.e079        dynamic          // PC0的IP地址与MAC地址

C:\>arp -d                                                      // 清空PC1的ARP高速缓存
C:\>arp -a                                                      // 查看PC1的ARP高速缓存
No ARP Entries Found                                            // 没有记录
C:\>

Top
```

图 4-4　查看并清空 PC1 的 ARP 高速缓存

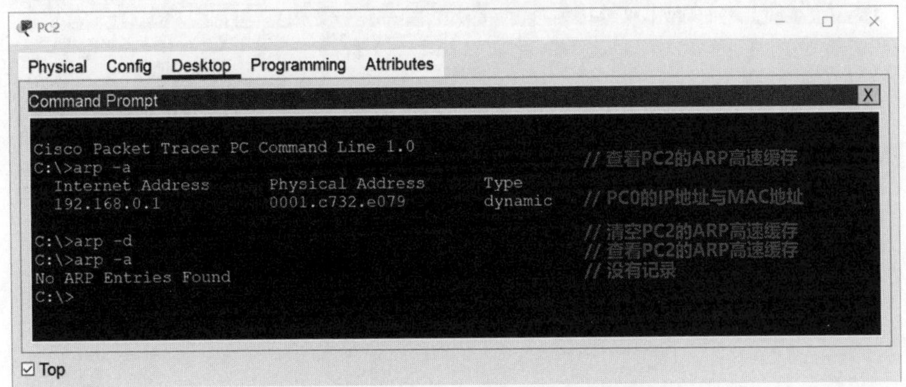

图 4-5　查看并清空 PC2 的 ARP 高速缓存

需要说明的是，清空 ARP 高速缓存的目的是，在后续实验步骤中可以再次触发计算机使用 ARP 获取已知 IP 地址所对应的 MAC 地址这一过程。

7. 验证ARP的基本工作过程

切换到**“模拟”工作模式**，依次进行以下**单步模拟**。

（1）触发 ARP 过程。

使用工作区工具箱中的“Add Simple PDU”（添加简单的 PDU）工具，让计算机 PC0 给 PC1 发送一个单播 IP 数据报。由于 PC0 的 ARP 高速缓存之前已被清空，因此 PC0 无法在其中查找到 PC1 的 IP 地址所对应的 MAC 地址，进而 PC0 的数据链路层在封装网际层交付下来的该 IP 数据报时，由于不知道 PC1 的 MAC 地址，也就无法完成“封装成帧”的工作。PC0 会首先发送一个 ARP 请求报文来询问 PC1 的 IP 地址所对应的 MAC 地址，如图 4-6 所示。

（2）验证 ARP 请求报文被封装在广播帧中发送。

单击图 4-6 中的 ARP 请求报文的图标，即可打开该报文的“PDU Information”（协议数据单元信息）对话框，可以看到 ARP 请求报文被封装在以太网帧中发送，帧的目的 MAC 地址为广播地址，即 FF-FF-FF-FF-FF-FF，如图 4-7 所示。

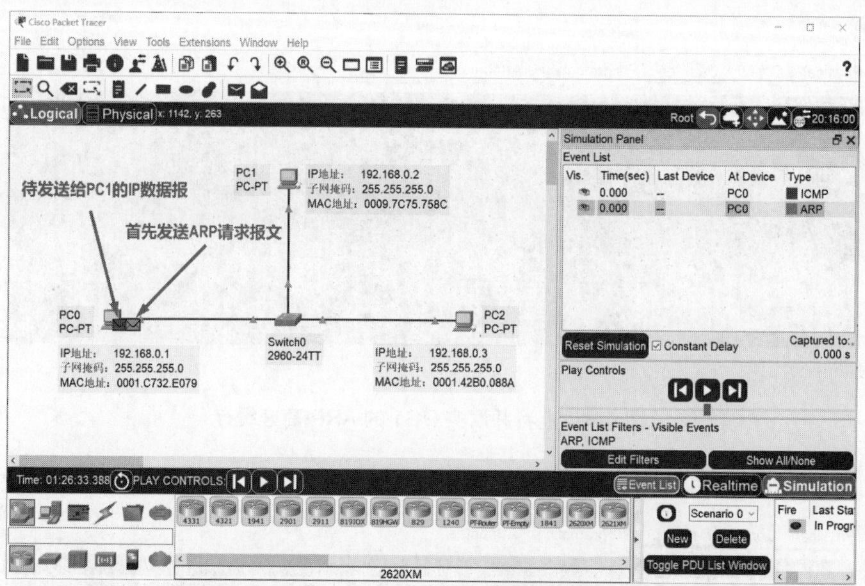

图 4-6　让 PC0 给 PC1 发送一个 IP 数据报以触发 PC0 的 ARP 过程

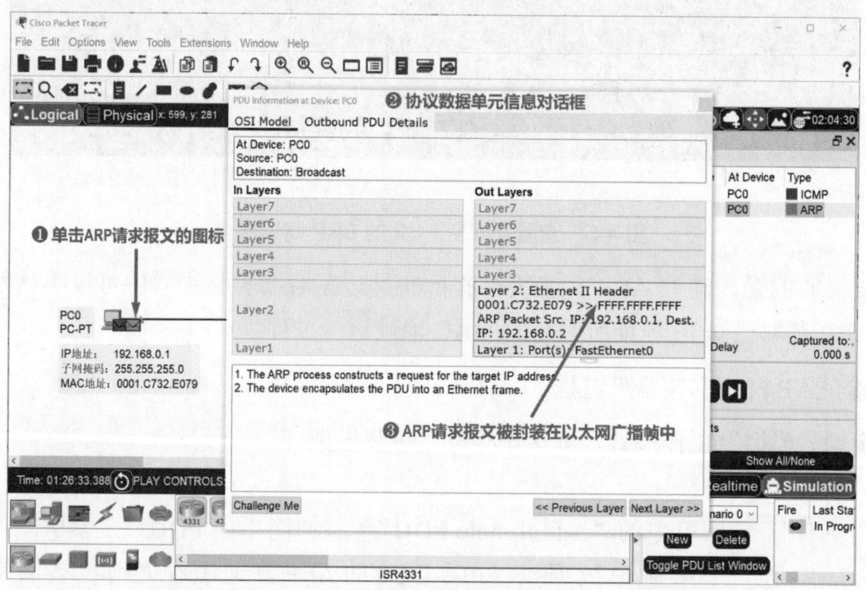

图 4-7　验证 ARP 请求报文被封装在广播帧中发送

封装有 ARP 请求报文的以太网广播帧，通过交换机 Switch0 被转发给 PC1 和 PC2。

- PC2 的网卡接受该广播帧，将其封装的 ARP 请求报文向上交付给 ARP 进程，ARP 进程解析该报文后，发现这并不是询问 PC2 自己的 IP 地址所对应的 MAC 地址，于是丢弃该报文，不进行响应。
- PC1 的网卡接受该广播帧，将其封装的 ARP 请求报文向上交付给 ARP 进程，ARP 进程解析该报文后，发现这是询问 PC1 自己的 IP 地址所对应的 MAC 地址，于是接受该报文，并把通过该报文获知的 PC0 的 IP 地址与 MAC 地址的对应关系，记录到 PC1 自己的 ARP 高速缓存表中，可在 PC1 的命令行使用“arp -a”来查看其 ARP 高速缓存表的内容。之后，PC1 会给 PC0 发送 ARP 响应报文。

（3）验证 ARP 响应报文被封装在单播帧中发送。

PC1 给 PC0 发送的 ARP 响应报文，被封装在单播帧中发送，其目的 MAC 地址为 PC0 的 MAC 地址。该单播帧被交换机 Switch0 明确转发给 PC0。

单击 ARP 响应报文的图标✉，即可打开该报文的“PDU Information”（协议数据单元信息）对话框，可以看到 ARP 响应报文被封装在以太网帧中发送，帧的目的 MAC 地址为单播地址，即 PC0 的 MAC 地址 0001.C732.E079，如图 4-8 所示。

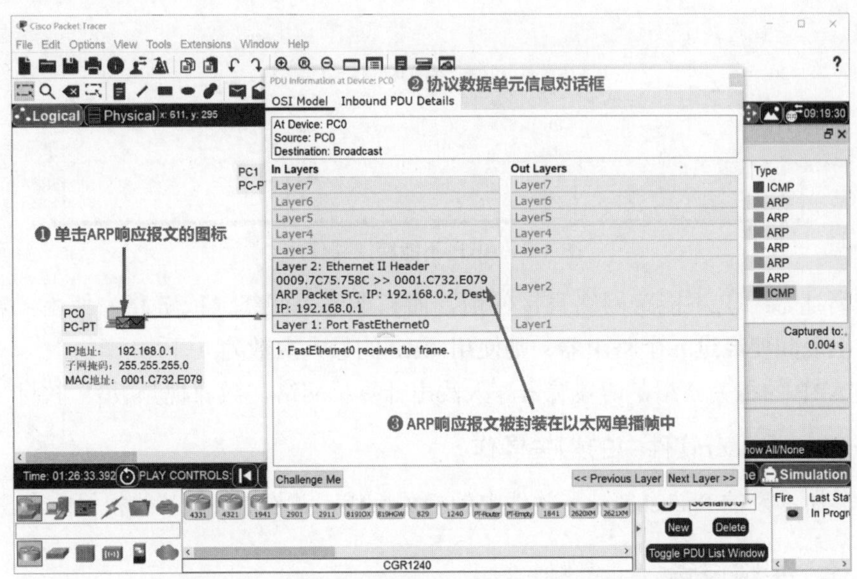

图 4-8　验证 ARP 响应报文被封装在单播帧中发送

PC0 收到 ARP 响应报文后，就知道了 PC1 的 IP 地址所对应的 MAC 地址，PC0 将其记录到自己的 ARP 高速缓存表中，可在 PC0 的命令行使用“arp -a”来查看其 ARP 高速缓存表的内容。之后，PC0 就可向 PC1 发送之前待发送的那个 IP 数据报了。

4.2　实验 4-2　地址解析协议不能跨网络直接使用

4.2.1　实验目的

- 验证地址解析协议（ARP）不能跨网络直接使用，而只能逐个网络（或函段链路）使用。

4.2.2　预备知识

1. ARP不能跨网络直接使用

ARP **不能跨网络直接使用**，而**只能逐个网络（或函段链路）使用**。例如图 4-9 所示，主机 H1 与 H2 通过三段链路以及两个路由器 R1 和 R2 进行了互连。假设 H1、H2、R1 以及 R2 的 ARP 高速缓存都为空，H1 要给 H2 发送一个 IP 数据报，过程如下：

❶ H1 不能使用 ARP 直接获取 H2 的 MAC 地址，而只能使用 ARP 获取 R1 接口 0 的

MAC 地址，之后可将待发送的 IP 数据报封装成帧并发送给 R1。

❷ R1 收到该 IP 数据报后进行查表转发，发现下一跳为 R2 的接口 0 的 IP 地址，于是使用 ARP 获取 R2 接口 0 的 MAC 地址，之后可将待转发的 IP 数据报封装成帧并转发给 R2。

❸ R2 收到该 IP 数据报后进行查表转发，发现下一跳为直接交付（即 H2 的 IP 地址），于是使用 ARP 获取 H2 的 MAC 地址，之后可将待转发的 IP 数据报封装成帧直接交付给 R2。

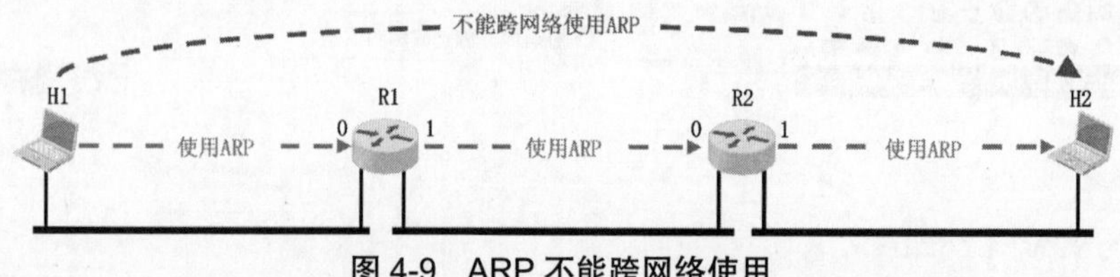

图 4-9　ARP 不能跨网络使用

综上所述，ARP 不能跨网络直接使用，而只能逐个网络（或链路）使用。**若源主机与目的主机之间要经过 *n* 个路由器，则使用 ARP 的最大次数为 *n*+1**。

有关 ARP 的相关介绍，请参看《深入浅出计算机网络（微课视频版）》教材 4.2.5 节。

2. Packet Tracer软件中的相关操作

本实验所涉及的 Packet Tracer 软件中的相关操作，请参看 1.2 节的相关内容。

4.2.3　实验设备

表 4-3 给出了本实验所需的网络设备。

表 4-3　实验 4-2 所需的网络设备

网络设备	型　号	数　量
计算机	PC-PT	2
路由器	1941	1

4.2.4　实验拓扑

本实验的网络拓扑和网络参数如图 4-10 所示。

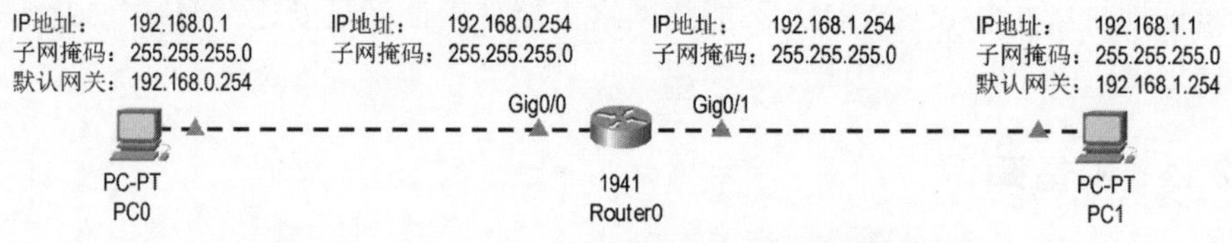

图 4-10　实验 4-2 的网络拓扑和网络参数

4.2.5　实验配置

表 4-4 给出了本实验中需要给各计算机配置的 IP 地址、子网掩码以及默认网关的 IP 地址。

表 4-4　实验 4-2 中需要给各计算机配置的 IP 地址、子网掩码以及默认网关的 IP 地址

网络设备	名　称	型　号	IP 地址	子网掩码	默认网关的 IP 地址
计算机	PC0	PC-PT	192.168.0.1	255.255.255.0	192.168.0.254
计算机	PC1	PC-PT	192.168.1.1	255.255.255.0	192.168.1.254

表 4-5 给出了本实验中需要给路由器相关接口配置的 IP 地址和子网掩码。

表 4-5　实验 4-2 中需要给路由器相关接口配置的 IP 地址和子网掩码

<table>
<tr><th>网络设备</th><th>名　称</th><th>型　号</th><th>接口</th><th>IP 地址</th><th>子网掩码</th></tr>
<tr><td rowspan="2">路由器</td><td rowspan="2">Router0</td><td rowspan="2">1941</td><td>Gig0/0</td><td>192.168.0.254</td><td>255.255.255.0</td></tr>
<tr><td>Gig0/1</td><td>192.168.1.254</td><td>255.255.255.0</td></tr>
</table>

4.2.6　实验步骤

本实验的流程图如图 4-11 所示。

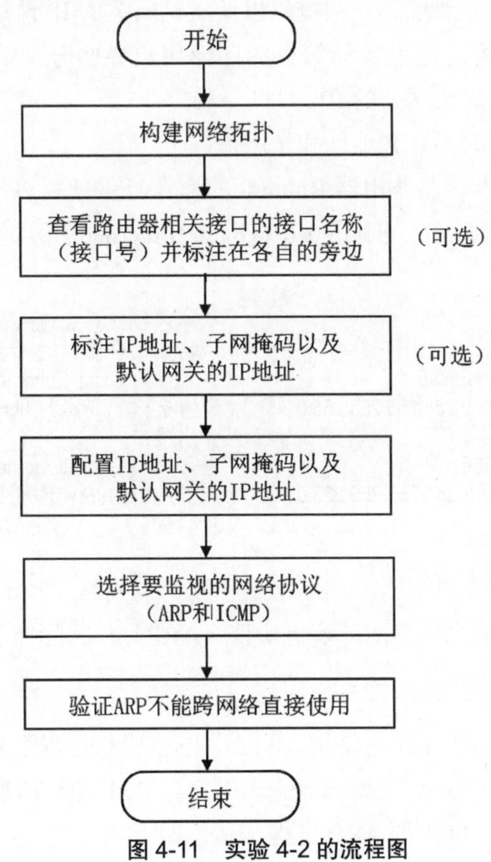

图 4-11　实验 4-2 的流程图

1. 构建网络拓扑

请按以下步骤构建图 4-10 所示的网络拓扑：

❶ 选择并拖动表 4-3 给出的本实验所需的网络设备到逻辑工作区。

❷ 选择“自动选择连接类型”，由 Packet Tracer 软件自动为待连接的网络设备选择用于连接的接口以及相应的传输介质，然后将相关网络设备互连即可。

2. 查看并标注路由器相关接口名称（接口号）

为了方便给各路由器相关接口配置 IP 地址和子网掩码，建议将各路由器相关接口的接口名称（接口号）标注在它们各自的旁边。

具体操作见实验 4-2 的相关说明。

3. 标注IP地址、子网掩码以及默认网关的IP地址

建议将表 4-4 给出的需要给各计算机配置的 IP 地址、子网掩码以及默认网关的 IP 地址标注在它们各自的旁边；将表 4-5 给出的需要给路由器相关接口配置的 IP 地址和子网掩码标注在各接口的旁边。

上述操作的目的在于方便给各网络设备配置网络参数、方便进行网络测试以及方便观察实验现象。

4. 配置IP地址、子网掩码以及默认网关的IP地址

（1）给各计算机配置 IP 地址、子网掩码以及默认网关的 IP 地址。

请按表 4-4 所给的内容，通过各计算机的图形用户界面分别给计算机 PC0 和 PC1 配置 IP 地址、子网掩码以及默认网关的 IP 地址。

（2）给路由器相关接口配置 IP 地址和子网掩码。

请按表 4-5 所给的内容，在路由器 Router0 的命令行中使用以下相关 IOS 命令，给其接口 Gig0/0（GigabitEthernet0/0）和 Gig0/1（GigabitEthernet0/1）分别配置相应的 IP 地址和子网掩码。

```
Router>enable                                        //从用户执行模式进入特权执行模式
Router#configure terminal                            //从特权执行模式进入全局配置模式
Router(config)#interface GigabitEthernet0/0          //进入接口 GigabitEthernet0/0 的配置模式
Router(config-if)#ip address 192.168.0.254 255.255.255.0   //配置接口的 IPv4 地址和子网掩码
Router(config-if)#no shutdown                        //开启接口
Router(config-if)# interface GigabitEthernet0/1      //进入接口 GigabitEthernet0/1 的配置模式
Router(config-if)#ip address 192.168.1.254 255.255.255.0   //配置接口的 IPv4 地址和子网掩码
Router(config-if)#no shutdown                        //开启接口
```

5. 选择要监视的网络协议

本实验需要监视的网络协议有地址解析协议（ARP）和网际控制报文协议（ICMP）。

6. 验证ARP不能跨网络直接使用

为了验证 ARP 不能跨网络直接使用，可在**“模拟”工作模式下进行单步模拟**，在计算机 PC0 的命令行使用“ping”命令，测试 PC0 与 PC1 之间的连通性，这将依次触发 PC0 到 Router0、Router0 到 PC1 的 ARP 过程，具体如下：

❶ PC0 通过给 PC1 发送 ICMP 回送请求报文、并收到相应的 ICMP 回送回答报文来实现“ping”命令的功能。由于 PC0 与 PC1 不在同一个网络，因此 PC0 会将 ICMP 回送请求报文发送给 PC0 的默认网关，即路由器 Router0，由 Router0 帮 PC0 转发。然而，在初始状态下，PC0 的 ARP 高速缓存中并没有记录 Router0 的接口 Gig0/0（GigabitEthernet0/0）的 IP 地址所对应的 MAC 地址，因此这将触发 PC0 到 Router0 的 ARP 过程。

❷ 在 PC0 到 Router0 的 ARP 过程结束后，PC0 将获取到 Router0 的接口 Gig0/0（GigabitEthernet0/0）的 MAC 地址，并将该 MAC 地址与该接口的 IP 地址一起记录到 PC0 自己的 ARP 高速缓存中。之后，PC0 给 Router0 发送需要由 Router0 进行转发的 ICMP 回送请求报文，Router0 收到该报文后进行查表转发，查表结果指示下一跳为直接交付（即 PC1 的 IP 地址）。然而，Router0 不知道该 IP 地址所对应的 MAC 地址，于是将待转发的 ICMP 回送请求报文丢弃，并触发 Router0 到 PC1 的 ARP 过程，这将导致“ping”命令的第一次连通性测试超时。

❸ 在 Router0 到 PC1 的 ARP 过程结束后，Router0 将获取到的 PC1 的 MAC 地址，并将该 MAC 地址与 PC1 的 IP 地址一起记录到 Router0 自己的 ARP 高速缓存中。

❹ PC0 给 PC1 发送第二个 ICMP 回送请求报文，该报文通过 Router0 转发给 PC1。PC1 收到 ICMP 回送请求报文后，给 PC0 发送 ICMP 回送回答报文，该报文经过 Router0 转发给 PC0。“ping”命令的第二次连通性测试成功。

❺ PC0 给 PC1 发送第三个 ICMP 回送请求报文，该报文通过 Router0 转发给 PC1。PC1 收到 ICMP 回送请求报文后，给 PC0 发送 ICMP 回送回答报文，该报文经过 Router0 转发给 PC0。“ping”命令的第三次连通性测试成功。

❻ PC0 给 PC1 发送第四个 ICMP 回送请求报文，该报文通过 Router0 转发给 PC1。PC1 收到 ICMP 回送请求报文后，给 PC0 发送 ICMP 回送回答报文，该报文经过 Router0 转发给 PC0。“ping”命令的第四次连通性测试成功。

上述在计算机 PC0 的命令行使用“ping”命令测试 PC0 与 PC1 连通性的过程，如图 4-12 所示。

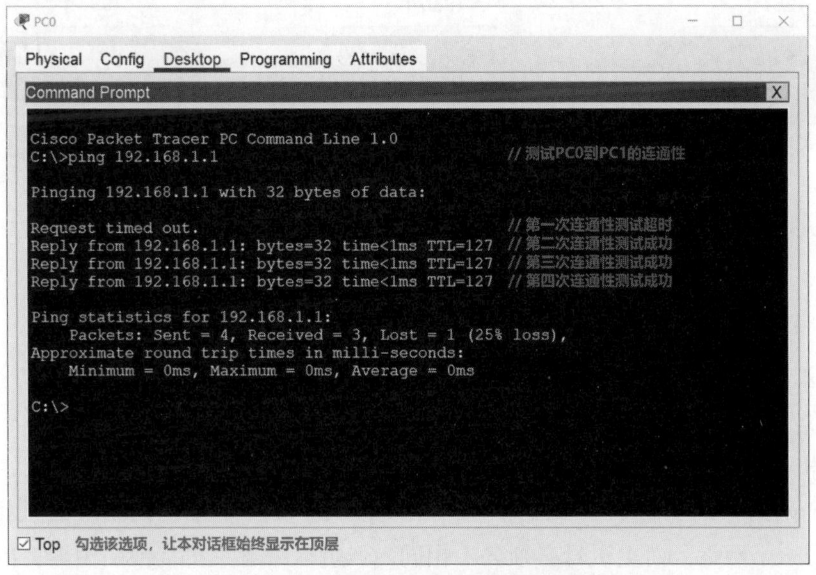

图 4-12　PC0 与 PC1 的连通性测试

为了方便观察连通性测试的命令行交互过程，可在图 4-12 所示的命令行对话框的底部勾选“Top”选项，让该对话框始终显示在顶层。

在上述单步模拟过程中，可根据需要查看计算机和路由器的 ARP 高速缓存。

- 在计算机的命令行使用“arp -a”进行查看。
- 在路由器的 IOS 命令行的特权执行模式（Router#）下，使用“show arp”进行查看。

4.3 实验 4-3 IPv4 地址的分类编址方法

4.3.1 实验目的

- 熟悉 IPv4 地址的分类编址方法。
- 验证不同网络中的计算机之间不能直接通信。

4.3.2 预备知识

1. IPv4地址概述

IPv4 地址是给 IP 网上的每一个主机（或路由器）的每一个接口分配的一个在**全世界范围内唯一的 32 比特的标识符**。2011 年 2 月 3 日，因特网号码分配管理局（Internet Assigned Numbers Authority，IANA）宣布，IPv4 地址已经分配完毕。我国在 2014~2015 年也逐步停止了向新用户和应用分配 IPv4 地址，同时全面开展商用部署 IPv6。

IPv4 地址的编址方法经历了**分类编址**、**划分子网**以及**无分类编址**共三个历史阶段，如图 4-13 所示。

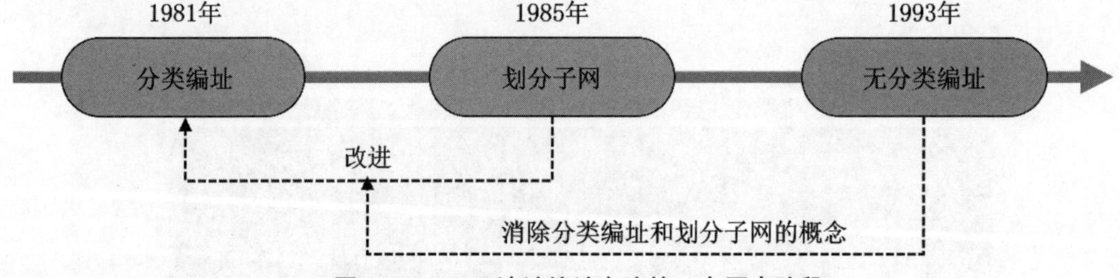

图 4-13 IPv4 地址编址方法的三个历史阶段

2. IPv4地址的分类编址方法

分类编址方法将 32 比特的 IPv4 地址分为以下两部分：

- **网络号**，用来标识主机（或路由器）的接口所连接到的网络。
- **主机号**，用来标识主机（或路由器）的接口。

同一个网络中，不同主机（或路由器）的接口的 IPv4 地址的**网络号必须相同**，表示它们属于同一个网络，而**主机号必须各不相同**，以便区分各主机（或路由器）的接口。

如图 4-14 所示，分类编址的 IPv4 地址分为以下**五类**：

- A **类地址**，网络号占 8 比特，主机号占 24 比特，网络号的最前面 1 位固定为 0。
- B **类地址**，网络号和主机号各占 16 比特，网络号的最前面 2 位固定为 10。
- C **类地址**，网络号占 24 比特，主机号占 8 比特，网络号的最前面 3 位固定为 110。

- D 类地址，多播地址，其最前面 4 位固定为 1110。
- E 类地址，保留地址，其最前面 4 位固定为 1111。

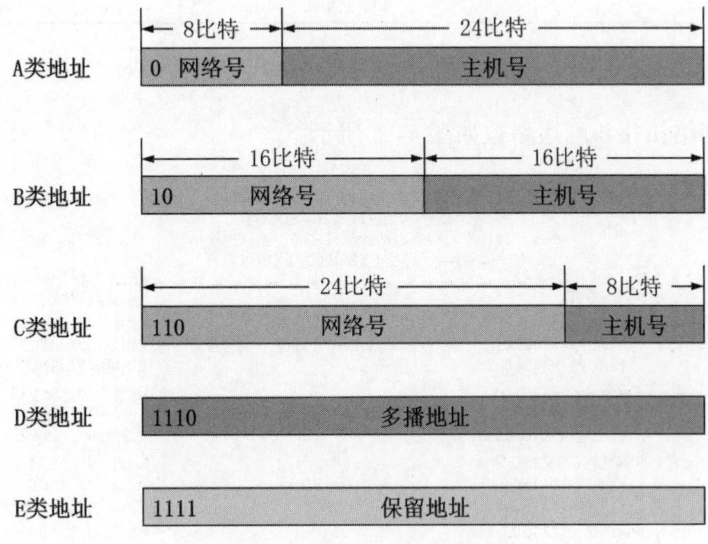

图 4-14　分类编址的 IPv4 地址

当给网络中的主机（或路由器）的各接口分配分类编址的 IPv4 地址时，需要注意以下规定：

- 只有 A 类、B 类和 C 类地址可以分配给网络中的主机（或路由器）的各接口。
- **主机号为“全 0”**（即全部比特都为 0）的地址是**网络地址**，不能分配给网络中的主机（或路由器）的各接口。
- **主机号为“全 1”**（即全部比特都为 1）的地址是**广播地址**，不能分配给网络中的主机（或路由器）的各接口。

基于上述规定，可以得出表 4-6 所示的分类 IPv4 地址的指派范围。

表 4-6　分类 IPv4 地址的指派范围

网络类别	最小可指派网络号	最大可指派网络号	可指派网络数量	每个网络中最大可分配地址数量	不能指派的网络号	占总地址空间
A	1	126	$2^{8-1}-2=126$	$2^{24}-2=16\ 777\ 214$	0 和 127	$2^{32-1}/2^{32}=1/2$
B	128.0	191.255	$2^{16-2}=16\ 384$	$2^{16}-2=65\ 534$	无	$2^{32-2}/2^{32}=1/4$
C	192.0.0	223.255.255	$2^{24-3}=2\ 097\ 152$	$2^{8}-2=256$	无	$2^{32-3}/2^{32}=1/8$

有关 IPv4 地址及其编址方法的相关介绍，请参看《深入浅出计算机网络（微课视频版）》教材 4.2.2 节。

3. Packet Tracer软件中的相关操作

本实验所涉及的 Packet Tracer 软件中的相关操作，请参看 1.2 节的相关内容。

4.3.3　实验设备

表 4-7 给出了本实验所需的网络设备。

表 4-7 实验 4-3 所需的网络设备

网络设备	型 号	数 量
计算机	PC-PT	2

4.3.4 实验拓扑

本实验的网络拓扑和网络参数如图 4-15 所示。

按轮次给PC0和PC1分别配置IPv4地址，
然后进行连通性测试，
验证不同网络中的计算机之间不能直接通信。
（采用各分类网络默认的子网掩码即可）

轮次	PC-PT PC0		PC-PT PC1
1	IPv4地址：192.168.0.1 网络地址：192.168.0.0 广播地址：192.168.0.255	同一C类网	IPv4地址：192.168.0.2 网络地址：192.168.0.0 广播地址：192.168.0.255
2	IPv4地址：192.168.0.1 网络地址：192.168.0.0 广播地址：192.168.0.255	不同C类网	IPv4地址：192.168.1.1 网络地址：192.168.1.0 广播地址：192.168.1.255
3	IPv4地址：172.16.0.1 网络地址：172.16.0.0 广播地址：172.16.255.255	同一B类网	IPv4地址：172.16.1.1 网络地址：172.16.0.0 广播地址：172.16.255.255
4	IPv4地址：172.16.0.1 网络地址：172.16.0.0 广播地址：172.16.255.255	不同B类网	IPv4地址：172.17.0.1 网络地址：172.17.0.0 广播地址：172.17.255.255
5	IPv4地址：10.0.0.1 网络地址：10.0.0.0 广播地址：10.255.255.255	同一A类网	IPv4地址：10.1.1.1 网络地址：10.0.0.0 广播地址：10.255.255.255
6	IPv4地址：10.0.0.1 网络地址：10.0.0.0 广播地址：10.255.255.255	不同A类网	IPv4地址：11.0.0.1 网络地址：11.0.0.0 广播地址：11.255.255.255
7	IPv4地址：192.168.0.1 网络地址：192.168.0.0 广播地址：192.168.0.255	C类网与B类网	IPv4地址：172.16.0.1 网络地址：172.16.0.0 广播地址：172.16.255.255
8	IPv4地址：192.168.0.1 网络地址：192.168.0.0 广播地址：192.168.0.255	C类网与A类网	IPv4地址：10.0.0.1 网络地址：10.0.0.0 广播地址：10.255.255.255
9	IPv4地址：172.16.0.1 网络地址：172.16.0.0 广播地址：172.16.255.255	B类网与A类网	IPv4地址：10.0.0.1 网络地址：10.0.0.0 广播地址：10.255.255.255

图 4-15 实验 4-3 的网络拓扑和网络参数

4.3.5 实验配置

表 4-8 给出了本实验各轮次需要给各计算机配置的 IP 地址和子网掩码。

表 4-8 实验 4-3 中各轮次需要给各计算机配置的 IP 地址和子网掩码

轮 次	网络设备	名 称	型 号	IP 地址	地址类别	子网掩码
1	计算机	PC0	PC-PT	192.168.0.1	C	255.255.255.0
	计算机	PC1	PC-PT	192.168.0.2	C	255.255.255.0
2	计算机	PC0	PC-PT	192.168.0.1	C	255.255.255.0
	计算机	PC1	PC-PT	192.168.1.1	C	255.255.255.0
3	计算机	PC0	PC-PT	172.16.0.1	B	255.255.0.0
	计算机	PC1	PC-PT	172.16.1.1	B	255.255.0.0
4	计算机	PC0	PC-PT	172.16.0.1	B	255.255.0.0
	计算机	PC1	PC-PT	172.17.0.1	B	255.255.0.0

续表

轮　次	网络设备	名　称	型　号	IP 地址	地址类别	子网掩码
5	计算机	PC0	PC-PT	10.0.0.1	A	255.0.0.0
	计算机	PC1	PC-PT	10.1.1.1	A	255.0.0.0
6	计算机	PC0	PC-PT	10.0.0.1	A	255.0.0.0
	计算机	PC1	PC-PT	11.0.0.1	A	255.0.0.0
7	计算机	PC0	PC-PT	192.168.0.1	C	255.255.255.0
	计算机	PC1	PC-PT	172.16.0.1	B	255.255.0.0
8	计算机	PC0	PC-PT	192.168.0.1	C	255.255.255.0
	计算机	PC1	PC-PT	10.0.0.1	A	255.0.0.0
9	计算机	PC0	PC-PT	172.16.0.1	B	255.255.0.0
	计算机	PC1	PC-PT	10.0.0.1	A	255.0.0.0

4.3.6　实验步骤

本实验的流程图如图 4-16 所示。

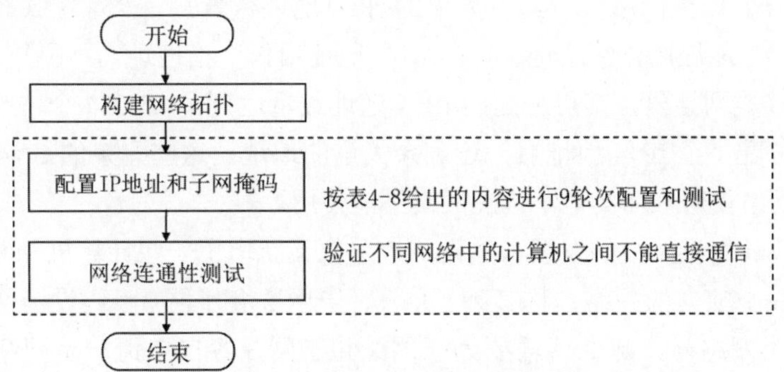

图 4-16　实验 4-3 的流程图

1. 构建网络拓扑

请按以下步骤构建图 4-15 所示的网络拓扑：

❶ 选择并拖动表 4-7 给出的本实验所需的网络设备到逻辑工作区。

❷ 选择“自动选择连接类型”，由 Packet Tracer 软件自动为待连接的网络设备选择用于连接的接口以及相应的传输介质，然后将相关网络设备互连即可。

2. 选择要监视的网络协议

本实验仅监视网际控制报文协议（ICMP）即可。

3. 验证不同网络中的计算机之间不能直接通信

请按表 4-8 给出的内容，通过各计算机的图形用户界面分别给计算机 PC0 和 PC1 配置 IP 地址和子网掩码。之后，在 PC0 的命令行使用“ping”命令，测试 PC0 与 PC1 之间的连通性。共进行 9 轮次的 IP 地址和子网掩码的配置，以及 PC0 与 PC1 之间的连通性测试。

这样，一方面可以熟悉分类 IPv4 地址的特点；另一方面可以验证不同网络中的计算机之间不能直接通信。

4.4 实验 4-4 IPv4 地址的划分子网编址方法

4.4.1 实验目的

- 熟悉 IPv4 地址的划分子网编址方法。
- 验证不同网络中的计算机之间需要通过路由器进行通信。

4.4.2 预备知识

1. IPv4地址划分子网编址方法的出现背景

随着更多的中小网络加入因特网，**IPv4 分类编址方法不够灵活、容易造成大量 IPv4 地址资源浪费**的缺点就暴露出来了。例如，某单位有一个大型的局域网需要连接到因特网，如果申请一个 C 类网络号，其可分配的 IPv4 地址数量只有 254 个（有 2 个地址用于特殊目的："全 0" 地址用作网络地址，"全 1" 地址用作广播地址），不够使用。因此该单位申请了一个 B 类网络号，其可分配的 IPv4 地址数量达到了 65 534 个，给每台计算机和路由器的接口分配 1 个 IPv4 地址后，还剩余大量的地址。这些剩余的 IPv4 地址只能由该单位的同一个网络使用，而其他单位的网络不能使用。

随着该单位计算机网络的发展和建设，该单位又新增了一些计算机，并且需要将原来的网络划分成 3 个独立的网络，称其为子网 1、子网 2 和子网 3。假设子网 1 仍然使用原来申请到的 B 类网络号，那么就需要为子网 2 和子网 3 各自申请一个网络号，但这样会存在以下弊端：

- 申请新的网络号需要等待很长的时间，并且要花费更多的费用。
- 即使申请到了 2 个新的网络号，其他路由器的路由表还需要新增针对这两个新的网络的路由条目。
- 浪费原来已申请到的 B 类网络中剩余的大量 IPv4 地址。

如果可以**从 IPv4 地址的主机号部分借用一些比特作为子网号，来区分不同的子网**，就可以利用原有网络中剩余的大量 IPv4 地址，而不用申请新的网络地址了。

2. 子网掩码的组成和作用

子网掩码由 32 **比特组成**，用于表明分类 IPv4 地址的**主机号部分被借用了几个比特作为子网号**。32 比特的子网掩码分为以下两部分：

- 用左起多个**连续的比特 1 对应** IPv4 地址中的**网络号和子网号**。
- 之后的多个**连续的比特 0 对应** IPv4 地址中的**主机号**。

可借助图 4-17 理解子网掩码的组成和作用。

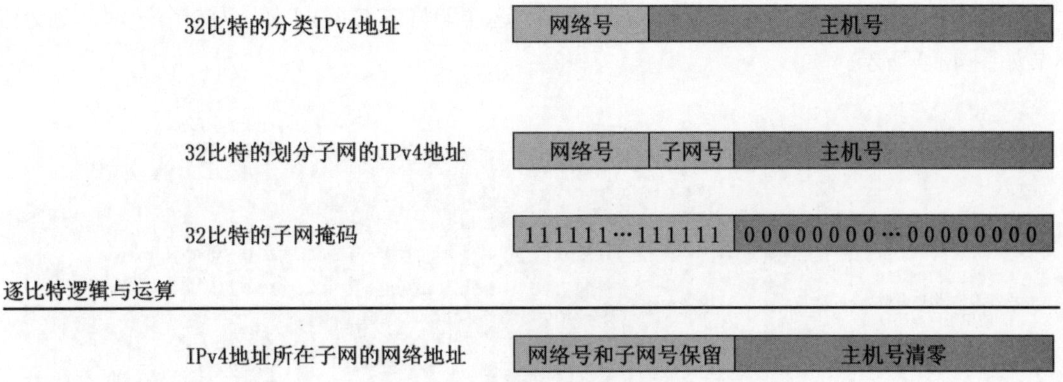

32比特的分类IPv4地址　网络号　主机号

32比特的划分子网的IPv4地址　网络号　子网号　主机号

32比特的子网掩码　111111…111111　00000000…00000000

逐比特逻辑与运算

IPv4地址所在子网的网络地址　网络号和子网号保留　主机号清零

图 4-17　子网掩码的组成和作用

3. 子网划分细节

只要给定了一个分类的 IPv4 地址及其相应的子网掩码，就可以得出子网划分的全部细节，下面举例说明。

已知某个网络的地址为 192.168.0.0，使用子网掩码 255.255.255.128 对其进行子网划分。下面借助图 4-18 说明划分子网的数量以及每个子网中可分配地址的数量。

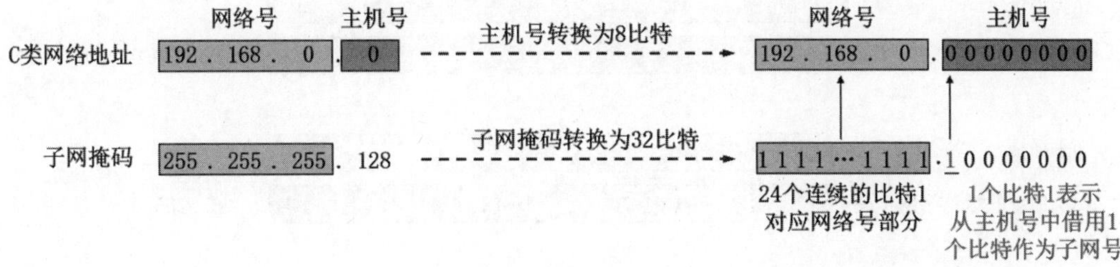

划分出的子网数量为 2^1

每个子网可分配的地址数量为 $2^{(8-1)}-2$

图 4-18　根据 IPv4 地址和子网掩码得出主机号部分被借用作子网号的比特数量

（1）根据所给网络地址 192.168.0.0 的左起第 1 个十进制数 192 可知，这是一个 C 类网络地址，因此可以得出网络号为左起前 3 个十进制数 192.168.0，而最后 1 个十进制数用作主机号。

（2）子网掩码 255.255.255.128 的左起前 3 个十进制数，即 24 个连续的比特 1，用来对应 IPv4 地址中的网络号部分，而最后 1 个十进制数 128 用来表示从地址的主机号部分借用多少比特作为子网号，将其转换为 8 个比特，其中只有 1 个比特 1，这就表明从主机号部分借用 1 个比特作为子网号。

（3）可划分出的子网数量为 2^1，每个子网可分配的地址数量为 $2^{(8-1)}-2$。由于原来的 8 比特主机号被借走 1 个比特作为子网号，因此主机号还剩 7 个比特，这就是表达式中“8-1”的原因，可有 2^7 个组合。但是还要去掉主机号为“全 0”的网络地址和“全 1”的广播地址，这就是表达式中减 2 的原因。

综上所述，使用子网掩码 255.255.255.128 对 C 类网 192.168.0.0 进行子网划分，是从

8 比特主机号部分借用 1 个比特作为子网号，这样就将该 C 类网均分为 2 个子网，划分细节如图 4-19 所示。

网络号
子网号
主机号
点分十进制形式
192.168.0. 0 0000000 第1个子网的网络地址 192.168.0.0
192.168.0. 0 0000001 第1个子网中可分配的最小地址 192.168.0.1
192.168.0. 0 1111110 第1个子网中可分配的最大地址 192.168.0.126
192.168.0. 0 1111111 第1个子网的广播地址 192.168.0.127
126个
128个
192.168.0. 1 0000000 第2个子网的网络地址 192.168.0.128
192.168.0. 1 0000001 第2个子网中可分配的最小地址 192.168.0.129
192.168.0. 1 1111110 第2个子网中可分配的最大地址 192.168.0.254
192.168.0. 1 1111111 第2个子网的广播地址 192.168.0.255
126个
128个
C类网192.168.0.0
包含的全部IPv4地址
使用子网掩码
255.255.255.128
将其划分为2个子网

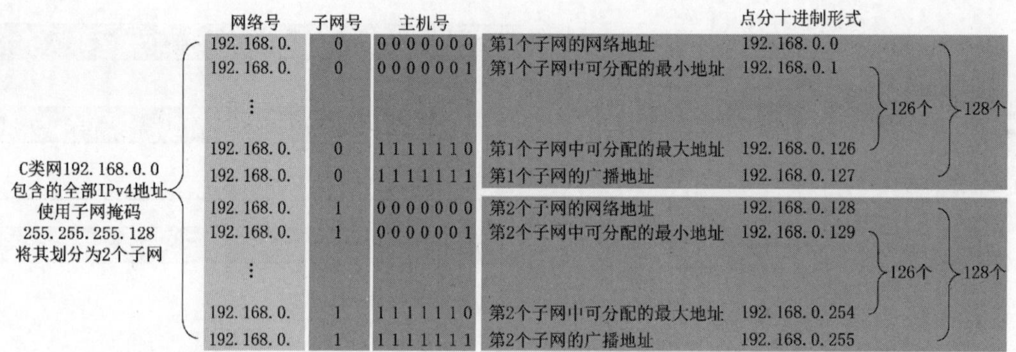

图 4-19　使用子网掩码 255.255.255.128 对 C 类网 192.168.0.0 进行子网划分

4. 默认子网掩码

默认子网掩码是指**在未划分子网的情况下使用的子网掩码**，如图 4-20 所示。

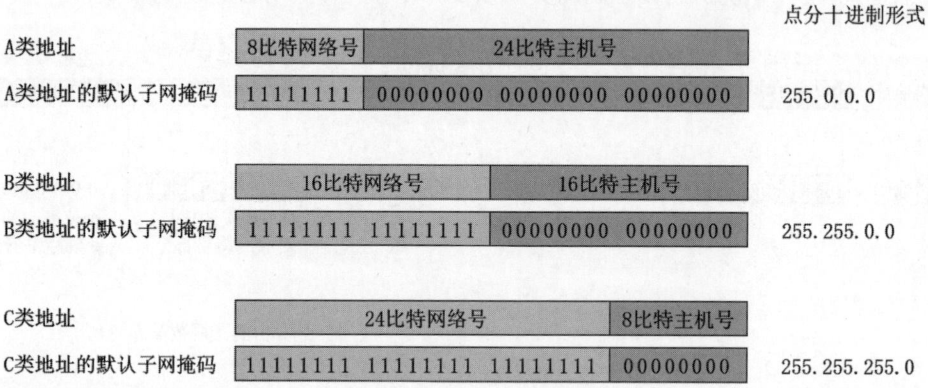

点分十进制形式
A类地址
8比特网络号
24比特主机号
A类地址的默认子网掩码
11111111 00000000 00000000 00000000
255.0.0.0
B类地址
16比特网络号
16比特主机号
B类地址的默认子网掩码
11111111 11111111 00000000 00000000
255.255.0.0
C类地址
24比特网络号
8比特主机号
C类地址的默认子网掩码
11111111 11111111 11111111 00000000
255.255.255.0

图 4-20　默认子网掩码

有关 IPv4 地址及其编址方法的相关介绍，请参看《深入浅出计算机网络（微课视频版）》教材 4.2.2 节。

5. Packet Tracer软件中的相关操作

本实验所涉及的 Packet Tracer 软件中的相关操作，请参看 1.2 节的相关内容。

4.4.3　实验设备

表 4-9 给出了本实验所需的网络设备。

表 4-9　实验 4-4 所需的网络设备

网络设备	型　号	数　量
计算机	PC-PT	4
交换机	2960-24TT	3
路由器	1941	1

4.4.4　实验拓扑

本实验的网络拓扑和网络参数如图 4-21 所示。

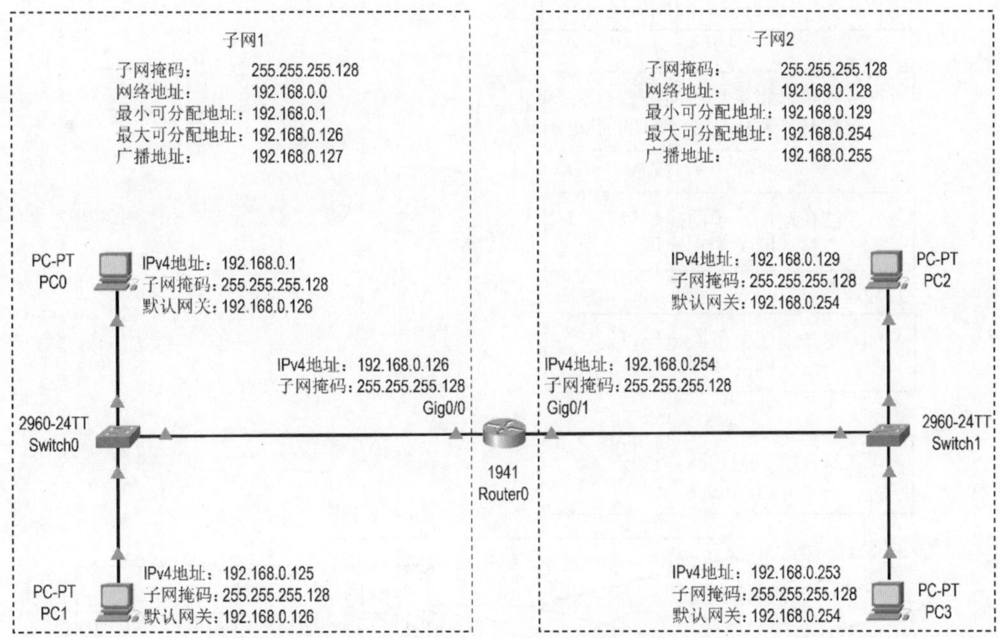

图 4-21　实验 4-4 的网络拓扑和网络参数

4.4.5　实验配置

表 4-10 给出了本实验中需要给各计算机配置的 IP 地址、子网掩码以及默认网关的 IP 地址。

表 4-10　实验 4-4 中需要给各计算机配置的 IP 地址、子网掩码以及默认网关的 IP 地址

网络设备	名　称	型　号	IP 地址	子网掩码	默认网关的 IP 地址
计算机	PC0	PC-PT	192.168.0.1	255.255.255.128	192.168.0.126
计算机	PC1	PC-PT	192.168.0.125	255.255.255.128	192.168.0.126
计算机	PC2	PC-PT	192.168.0.129	255.255.255.128	192.168.0.254
计算机	PC3	PC-PT	192.168.0.253	255.255.255.128	192.168.0.254

表 4-11 给出了本实验中需要给路由器相关接口配置的 IP 地址和子网掩码。

表 4-11　实验 4-4 中需要给路由器相关接口配置的 IP 地址和子网掩码

网络设备	名　称	型　号	接口	IP 地址	子网掩码
路由器	Router0	1941	Gig0/0	192.168.0.126	255.255.255.128
			Gig0/1	192.168.0.254	255.255.255.128

4.4.6　实验步骤

本实验的流程图如图 4-22 所示。

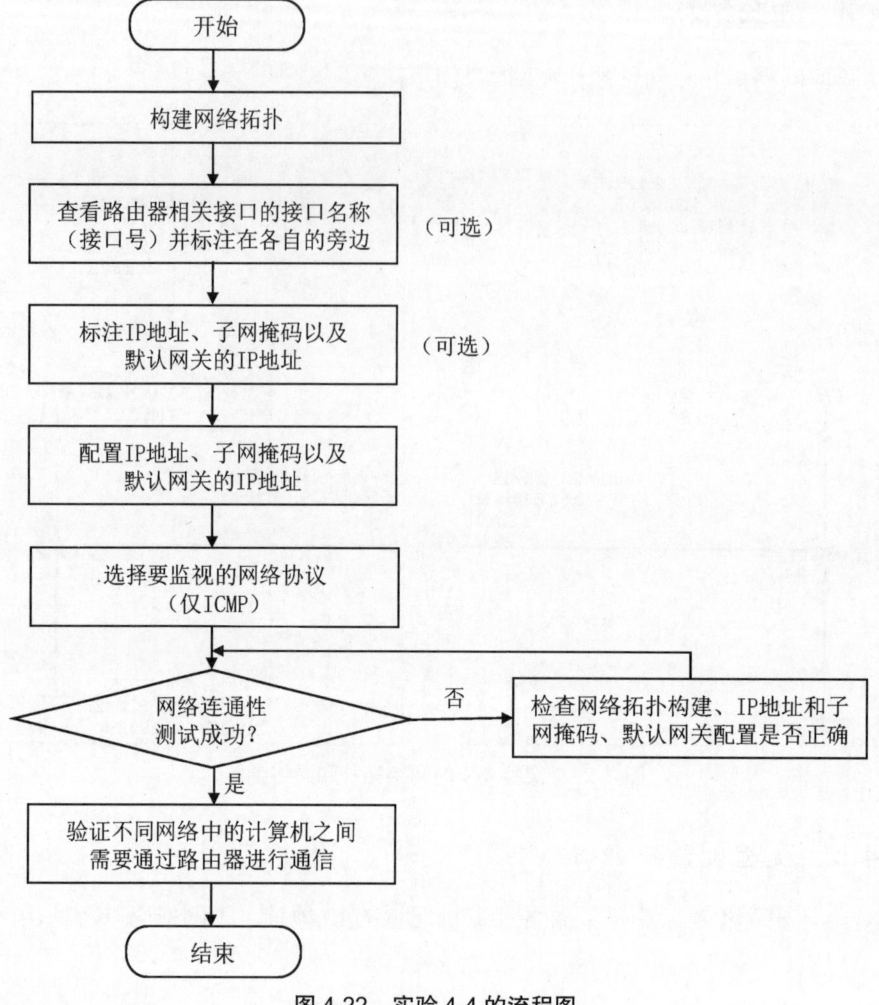

图 4-22 实验 4-4 的流程图

1. 构建网络拓扑

请按以下步骤构建图 4-21 所示的网络拓扑：

❶ 选择并拖动表 4-9 给出的本实验所需的网络设备到逻辑工作区。

❷ 选择“自动选择连接类型”，由 Packet Tracer 软件自动为待连接的网络设备选择用于连接的接口以及相应的传输介质，然后将相关网络设备互连即可。

2. 查看并标注路由器相关接口名称（接口号）

为了方便给各路由器相关接口配置 IP 地址和子网掩码，建议将各路由器相关接口的接口名称（接口号）标注在它们各自的旁边。

具体操作见实验 4-2 的相关说明。

3. 标注IP地址、子网掩码以及默认网关的IP地址

建议将表 4-10 给出的需要给各计算机配置的 IP 地址、子网掩码以及默认网关的 IP 地址标注在它们各自的旁边；将表 4-11 给出的需要给路由器相关接口配置的 IP 地址和子网

掩码标注在各接口的旁边。

上述操作的目的在于方便给各网络设备配置网络参数、方便进行网络测试以及方便观察实验现象。

4. 配置IP地址、子网掩码以及默认网关的IP地址

（1）给各计算机配置 IP 地址、子网掩码以及默认网关的 IP 地址。

请按表 4-10 所给的内容，通过各计算机的图形用户界面分别给计算机 PC0、PC1、PC3、PC4 配置 IP 地址、子网掩码以及默认网关的 IP 地址。

（2）给路由器相关接口配置 IP 地址和子网掩码。

请按表 4-11 所给的内容，在路由器 Router0 的命令行中使用以下相关 IOS 命令，给其接口 Gig0/0（GigabitEthernet0/0）和 Gig0/1（GigabitEthernet0/1）分别配置相应的 IP 地址和子网掩码。

```
Router>enable                                              // 从用户执行模式进入特权执行模式
Router#configure terminal                                  // 从特权执行模式进入全局配置模式
Router(config)#interface GigabitEthernet0/0                // 进入接口 GigabitEthernet0/0 的配置模式
Router(config-if)#ip address 192.168.0.126 255.255.255.128 // 配置接口的 IPv4 地址和子网掩码
Router(config-if)#no shutdown                              // 开启接口
Router(config-if)# interface GigabitEthernet0/1            // 进入接口 GigabitEthernet0/1 的配置模式
Router(config-if)#ip address 192.168.0.254 255.255.255.128 // 配置接口的 IPv4 地址和子网掩码
Router(config-if)#no shutdown                              // 开启接口
```

选择要监视的网络协议

本实验仅监视网际控制报文协议（ICMP）即可。

5. 网络连通性测试

切换到**“实时”工作模式**，在计算机 PC0 的命令行使用“ping”命令，分别测试 PC0 与 PC1、PC2、PC3 之间的连通性，这样做的目的主要有以下三个：

- 测试网络拓扑是否构建成功。
- 测试 PC0、PC1、PC2、PC3 各自的 IP 地址、子网掩码、默认网关的 IP 地址是否配置正确；测试路由器 Router0 相关接口的 IP 地址和子网掩码是否配置正确。
- 验证不同网络中的计算机之间（例如 PC0 与 PC2、PC0 与 PC3）需要通过路由器进行通信。

6. 验证不同网络中的计算机之间需要通过路由器进行通信

在实验步骤 5 的网络连通性测试中，实际上已经验证了不同网络中的计算机之间（例如 PC0 与 PC2、PC0 与 PC3）需要通过路由器进行通信。换句话说，不同 IP 网络需要通过 IP 路由器进行互连。

为了加深理解，可将图 4-21 所示网络拓扑中的路由器 Router0 替换成交换机 Switch2，然后再次进行网络连通性测试，用以验证以下结论。

- 同一 IP 网络中的各主机之间（例如 PC0 与 PC1、PC2 与 PC3）可以通信。
- 不同 IP 网络中的各主机之间（例如 PC0 与 PC2、PC0 与 PC3、PC1 与 PC2、PC1 与 PC3）不能通过交换机进行通信。

4.5 实验 4-5 IPv4 地址的无分类编址方法

4.5.1 实验目的

- 熟悉 IPv4 地址的无分类编址方法。
- 掌握路由聚合的方法。
- 掌握静态路由配置方法。

4.5.2 预备知识

1. IPv4地址无分类编址方法的出现背景

IPv4 地址的划分子网编址方法在一定程度上缓解了因特网在发展中遇到的困难，但是数量巨大的 C 类网（$2^{(24-3)}$=2 097 152）由于其每个网络所包含的地址数量太小（2^8=256），因此并没有得到充分使用，而因特网的 IPv4 地址仍在加速消耗，整个 IPv4 地址空间面临全部耗尽的威胁。为此，因特网工程任务组（IETF）又提出了采用**无分类编址的方法**，来**解决 IPv4 地址资源紧张的问题**，同时还专门成立 IPv6 工作组负责研究新版本的 IP，以彻底解决 IPv4 地址耗尽问题。

1993 年，IETF 发布了**无分类域间路由选择**（Classless Inter-Domain Routing，CIDR）的 RFC 文档 [RFC 1517~1519，RFC 1520]。CIDR **消除了传统 A 类、B 类和 C 类地址以及划分子网的概念**，因此**可以更加有效地分配 IPv4 地址资源**，并且可以在 IPv6 使用之前允许因特网的规模继续增长。

2. IPv4地址的无分类编址方法

CIDR 把 32 比特的 IPv4 地址从划分子网的三级结构（网络号、子网号、主机号）又改回了与分类编址相似的两级结构（网络号、主机号），不同之处有以下两点：

- 分类编址中的网络号在 CIDR 中称为**网络前缀**（Network-Prefix）。
- 网络前缀是**不定长**的，这与分类编址的定长网络号（A 类网络号固定为 8 比特，B 类网络号固定为 16 比特，C 类网络号固定为 24 比特）是不同的。

3. 地址掩码的组成和作用

在无分类编址中，**由于网络前缀是不定长的，仅从 IPv4 地址自身是无法确定其网络前缀和主机号的。为此，CIDR 采用了与 IPv4 地址配合使用的 32 位地址掩码**（Address Mask）。

CIDR 地址掩码左起**多个连续的比特 1 对应网络前缀，剩余多个连续的比特 0 对应主机号**。这与划分子网中的子网掩码是一样的，只不过由于 CIDR 中消除了划分子网的概念，因此称为地址掩码，但人们往往更习惯称其为子网掩码。

综上所述，当给定一个无分类编址的 IPv4 地址时，需要配套给定其地址掩码。例如，给定的无分类编址的 IPv4 地址为 128.14.35.7，配套给定的地址掩码为 255.255.240.0。将给定的地址掩码写成 32 比特形式为 1111 1111.1111 1111.1111 0000.0000 0000，可以看出左起有 20 个连续的比特 1，这就表明该 IPv4 地址左起前 20 个比特为网络前缀，剩余 12 个比特为主机号。

4. CIDR斜线记法

为了简便起见，可以不明确给出配套的地址掩码的点分十进制形式，而是**在无分类编址的 IPv4 地址后面加上斜线"/"，在斜线之后写上网络前缀所占的比特数量**（其实是地址掩码中左起连续比特 1 的数量），这种记法称为斜线记法。例如图 4-23 所示，在无分类编址的 IPv4 地址 128.14.35.7 后面写上斜线"/"，斜线后面写上数字 20。这就表明该地址的左起前 20 个比特为网络前缀，剩余 12 个比特为主机号。

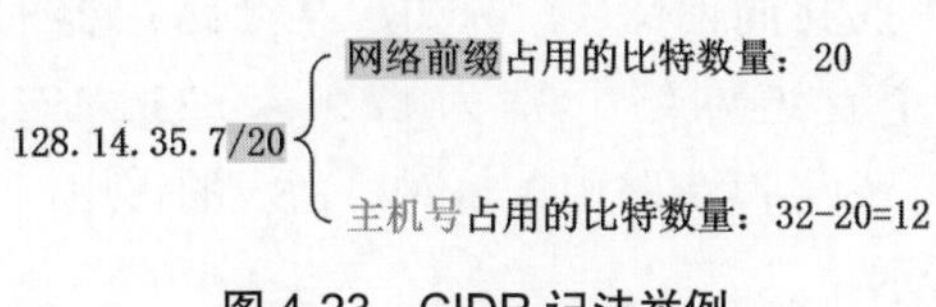

图 4-23　CIDR 记法举例

5. CIDR地址块

实际上，CIDR 是将网络前缀都相同的、连续的多个无分类 IPv4 地址，组成一个"**CIDR 地址块**"，只要知道 CIDR 地址块中的任何一个地址，就可以知道该地址块的以下全部细节：

- 地址块中的最小地址。
- 地址块中的最大地址。
- 地址块中的地址数量。
- 地址块中聚合某类网络（A 类、B 类、C 类）的数量。
- 地址掩码。

例如，给定的无分类编址的 IPv4 地址为 128.14.35.7/20，其所在 CIDR 地址块的细节如图 4-24 所示。

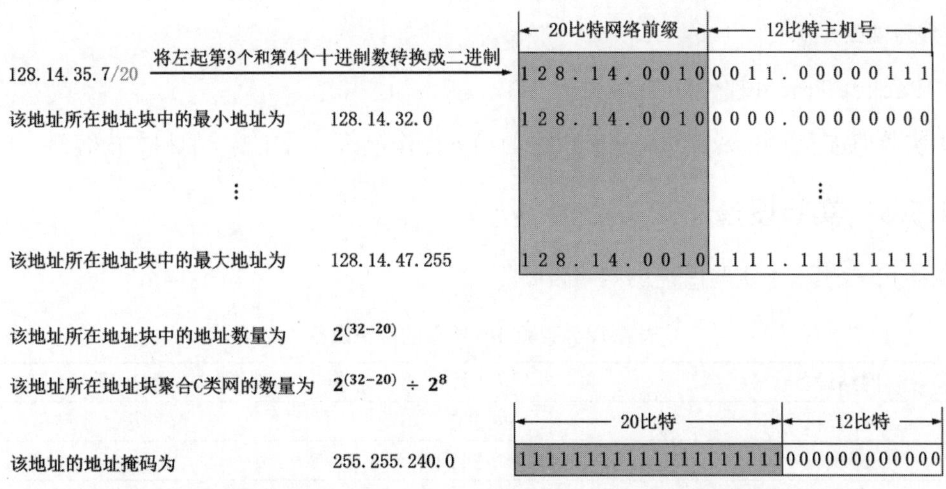

图 4-24　从给定的无分类 IPv4 地址的 CIDR 记法找出该地址所在地址块的细节

综上所述，使用 CIDR 可以**更加有效地分配 IPv4 的地址空间，可根据客户的需要分**

配适当大小的 CIDR 地址块。而使用早期的分类编址方法时，向一个组织或单位分配 IPv4 地址时，就只能以 /8（A 类网络）、/16（B 类网络）或 /24（C 类网络）为单位来分配，这样既不灵活，也容易造成 IPv4 地址的浪费。

6. 路由聚合

使用 CIDR 的另一个好处是路由聚合。由于一个 CIDR 地址块中可以包含很多个地址，所以在路由器的路由表中就可利用 CIDR 地址块来查找目的网络。这种地址的聚合常称为**路由聚合**（route aggregation），它使得**路由表中的一个路由条目可以表示原来传统分类地址的很多条**（例如上千条）路由条目。

路由聚合的方法是"**找共同前缀**"。例如，某个路由器的路由表中包含 5 个直连网络的路由条目，这 5 个直连网络分别为 172.1.4.0/25、172.1.4.128/25、172.1.5.0/24、172.1.6.0/24、172.1.7.0/24，为了减少路由条目对路由表的占用，可将这 5 个直连网络聚合成 1 个网络，如图 4-25 所示。

图 4-25 路由聚合举例

通过上述例子还可以看出：**网络前缀越长，地址块就越小，路由就越具体**。需要说明的是，若路由器查表转发分组时发现有多条路由条目匹配，则选择网络前缀最长的那条路由条目，这称为**最长前缀匹配**，因为这样的路由更具体。

有关 IPv4 地址及其编址方法的相关介绍，请参看《深入浅出计算机网络（微课视频版）》教材 4.2.2 节。

7. Packet Tracer软件中的相关操作

本实验所涉及的 Packet Tracer 软件中的相关操作，请参看 1.2 节的相关内容。

4.5.3 实验设备

表 4-12 给出了本实验所需的网络设备。

表 4-12 实验 4-5 所需的网络设备

网络设备	型 号	数 量
计算机	PC-PT	8
交换机	2960-24TT	4
路由器	2911	2

4.5.4　实验拓扑

本实验的网络拓扑和网络参数如图 4-26 所示。

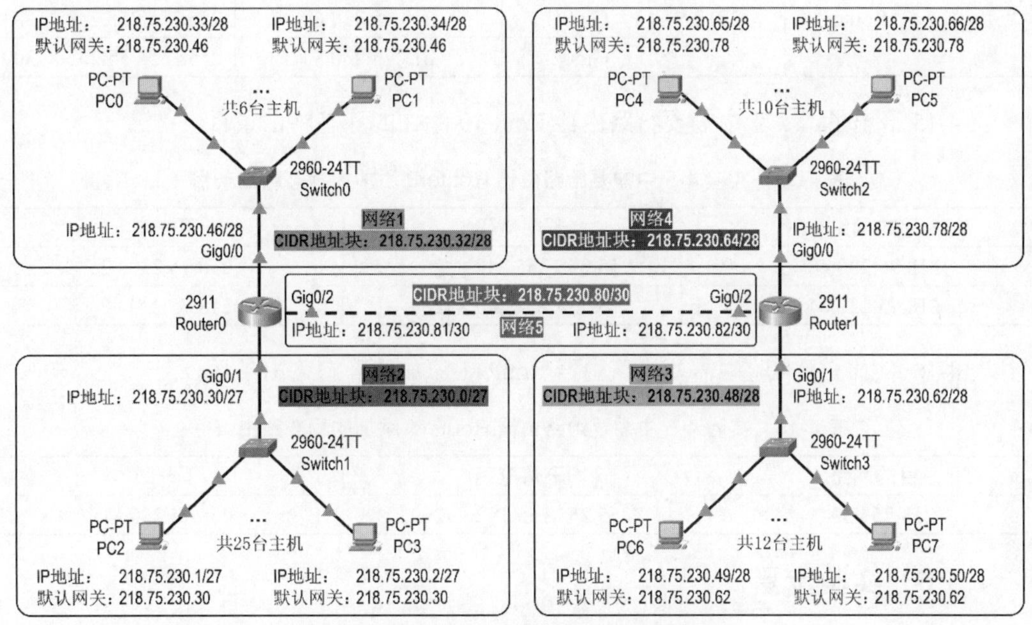

图 4-26　实验 4-5 的网络拓扑和网络参数

4.5.5　实验配置

表 4-13 给出了本实验中需要给各计算机配置的 IP 地址、子网掩码以及默认网关的 IP 地址。

表 4-13　实验 4-5 中需要给各计算机配置的 IP 地址、子网掩码以及默认网关的 IP 地址

网络设备	名　称	型　号	IP 地址	子网掩码	默认网关的 IP 地址
计算机	PC0	PC-PT	218.75.230.33	255.255.255.240（/28）	218.75.230.46
计算机	PC1	PC-PT	218.75.230.34	255.255.255.240（/28）	218.75.230.46
计算机	PC2	PC-PT	218.75.230.1	255.255.255.224（/27）	218.75.230.30
计算机	PC3	PC-PT	218.75.230.2	255.255.255.224（/27）	218.75.230.30
计算机	PC4	PC-PT	218.75.230.65	255.255.255.240（/28）	218.75.230.78
计算机	PC5	PC-PT	218.75.230.66	255.255.255.240（/28）	218.75.230.78
计算机	PC6	PC-PT	218.75.230.49	255.255.255.240（/28）	218.75.230.62
计算机	PC7	PC-PT	218.75.230.50	255.255.255.240（/28）	218.75.230.62

表 4-14 给出了本实验中需要给各路由器相关接口配置的 IP 地址和子网掩码。

表 4-14　实验 4-5 中需要给各路由器相关接口配置的 IP 地址和子网掩码

网络设备	名　称	型　号	接口	IP 地址	子网掩码
路由器	Router0	2911	Gig0/0	218.75.230.46	255.255.255.240（/28）
			Gig0/1	218.75.230.30	255.255.255.224（/27）
			Gig0/2	218.75.230.81	255.255.255.252（/30）

续表

网络设备	名　称	型　号	接口	IP 地址	子网掩码
路由器	Router1	2911	Gig0/0	218.75.230.78	255.255.255.240（/28）
			Gig0/1	218.75.230.62	255.255.255.240（/28）
			Gig0/2	218.75.230.82	255.255.255.252（/30）

表 4-15 给出了本实验中需要给路由器 Router0 添加的静态路由条目。

表 4-15　实验 4-5 中需要给路由器 Router0 添加的静态路由条目

目的网络	子网掩码	下一跳
218.75.230.48	255.255.255.240（/28）	218.75.230.82
218.75.230.64	255.255.255.240（/28）	218.75.230.82

表 4-16 给出了本实验中需要给路由器 Router1 添加的静态路由条目。

表 4-16　实验 4-5 中需要给路由器 Router1 添加的静态路由条目

目的网络	子网掩码	下一跳
218.75.230.0	255.255.255.192（/26）	218.75.230.81

4.5.6　实验步骤

本实验的流程图如图 4-27 所示。

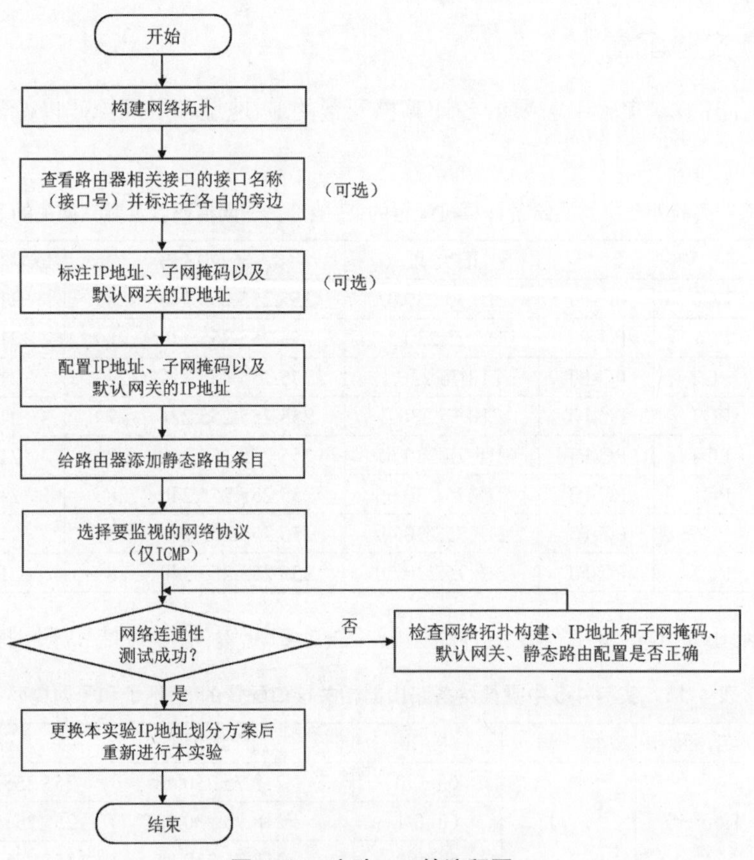

图 4-27　实验 4-5 的流程图

1. 构建网络拓扑

请按以下步骤构建图 4-26 所示的网络拓扑：

❶ 选择并拖动表 4-12 给出的本实验所需的网络设备到逻辑工作区。

❷ 选择“自动选择连接类型”，由 Packet Tracer 软件自动为待连接的网络设备选择用于连接的接口以及相应的传输介质，然后将相关网络设备互连即可。

2. 查看并标注路由器相关接口名称（接口号）

为了方便给各路由器相关接口配置 IP 地址和子网掩码，建议将各路由器相关接口的接口名称（接口号）标注在它们各自的旁边。

具体操作见实验 4-2 的相关说明。

3. 标注IP地址、子网掩码以及默认网关的IP地址

建议将表 4-13 给出的需要给各计算机配置的 IP 地址、子网掩码以及默认网关的 IP 地址标注在它们各自的旁边；将表 4-14 给出的需要给各路由器相关接口配置的 IP 地址和子网掩码标注在各接口的旁边。

上述操作的目的在于方便给各网络设备配置网络参数、方便进行网络测试以及方便观察实验现象。

4. 配置IP地址、子网掩码以及默认网关的IP地址

（1）给各计算机配置 IP 地址、子网掩码以及默认网关的 IP 地址。

请按表 4-13 所给的内容，通过各计算机的图形用户界面分别给计算机 PC0、PC1、PC2、PC3、PC4、PC5、PC6、PC7 配置 IP 地址、子网掩码以及默认网关的 IP 地址。

（2）给各路由器相关接口配置 IP 地址和子网掩码。

请按表 4-14 所给的内容，在路由器 Router0 的命令行中使用以下相关 IOS 命令，给其接口 Gig0/0（GigabitEthernet0/0）、Gig0/1（GigabitEthernet0/1）、Gig0/1（GigabitEthernet0/1）分别配置相应的 IP 地址和子网掩码。

```
Router>enable                                            // 从用户执行模式进入特权执行模式
Router#configure terminal                                // 从特权执行模式进入全局配置模式
Router(config)#interface GigabitEthernet0/0              // 进入接口 GigabitEthernet0/0 的配置模式
Router(config-if)#ip address 218.75.230.46 255.255.255.240   // 配置接口的 IPv4 地址和子网掩码
Router(config-if)#no shutdown                            // 开启接口
Router(config-if)# interface GigabitEthernet0/1          // 进入接口 GigabitEthernet0/1 的配置模式
Router(config-if)#ip address 218.75.230.30 255.255.255.224   // 配置接口的 IPv4 地址和子网掩码
Router(config-if)#no shutdown                            // 开启接口
Router(config-if)# interface GigabitEthernet0/2          // 进入接口 GigabitEthernet0/2 的配置模式
Router(config-if)#ip address 218.75.230.81 255.255.255.252   // 配置接口的 IPv4 地址和子网掩码
Router(config-if)#no shutdown                            // 开启接口
Router(config-if)#exit                                   // 退出接口配置模式回到全局配置模式
Router(config)#                                          // 全局配置模式
```

请按表 4-14 所给的内容，在路由器 Router1 的命令行中使用以下相关 IOS 命令，给其接口 Gig0/0（GigabitEthernet0/0）、Gig0/1（GigabitEthernet0/1）、Gig0/1（GigabitEthernet0/1）分别配置相应的 IP 地址和子网掩码。

```
Router>enable                                          //从用户执行模式进入特权执行模式
Router#configure terminal                              //从特权执行模式进入全局配置模式
Router(config)#interface GigabitEthernet0/0            //进入接口 GigabitEthernet0/0 的配置模式
Router(config-if)#ip address 218.75.230.78 255.255.255.240   //配置接口的 IPv4 地址和子网掩码
Router(config-if)#no shutdown                          //开启接口
Router(config-if)# interface GigabitEthernet0/1        //进入接口 GigabitEthernet0/1 的配置模式
Router(config-if)#ip address 218.75.230.62 255.255.255.240   //配置接口的 IPv4 地址和子网掩码
Router(config-if)#no shutdown                          //开启接口
Router(config-if)# interface GigabitEthernet0/2        //进入接口 GigabitEthernet0/2 的配置模式
Router(config-if)#ip address 218.75.230.82 255.255.255.252   //配置接口的 IPv4 地址和子网掩码
Router(config-if)#no shutdown                          //开启接口
Router(config-if)#exit                                 //退出接口配置模式回到全局配置模式
Router(config)#                                        //全局配置模式
```

5. 给路由器添加静态路由条目

（1）给路由器 Router0 添加静态路由条目。

请按表 4-15 所给的内容，在路由器 Router0 的命令行中使用以下相关 IOS 命令，给其添加两条静态路由条目。

```
Router(config)#ip route 218.75.230.48 255.255.255.240 218.75.230.82   //添加一条静态路由条目：
                                                                       //目的网络地址为 218.75.230.48
Router(config)#ip route 218.75.230.64 255.255.255.240 218.75.230.82   //子网掩码为 255.255.255.240
                                                                       //下一跳地址为 218.75.230.82
                                                                       //添加一条静态路由条目：
                                                                       //目的网络地址为 218.75.230.64
                                                                       //子网掩码为 255.255.255.240
                                                                       //下一跳地址为 218.75.230.82
```

（2）给路由器 Router1 添加静态路由条目。

请按表 4-16 所给的内容，在路由器 Router1 的命令行中使用以下相关 IOS 命令，给其添加一条静态路由条目。

```
Router(config)#ip route 218.75.230.0 255.255.255.192 218.75.230.81   //添加一条静态路由条目：
                                                                      //目的网络地址为 218.75.230.0
                                                                      //子网掩码为 255.255.255.192
                                                                      //下一跳地址为 218.75.230.81
```

6. 选择要监视的网络协议

本实验仅监视网际控制报文协议（ICMP）即可。

7. 网络连通性测试

切换到**“实时”工作模式**，在计算机 PC0 的命令行使用“ping”命令，分别测试 PC0 与 PC1、PC2、PC3、PC4、PC5、PC6、PC7 之间的连通性，这样做的目的主要有以下四个：

- 测试网络拓扑是否构建成功。
- 测试 PC0、PC1、PC2、PC3、PC4、PC5、PC6、PC7 各自的 IP 地址、子网掩码以及默认网关的 IP 地址是否配置正确。
- 测试路由器 Router0 和 Router1 各自相关接口的 IP 地址和子网掩码是否配置正确。
- 测试路由器 Router0 和 Router1 各自的静态路由条目是否添加正确。

8. 更换本实验的IP地址划分方案后重新进行本实验

在本实验中，从 CIDR 地址块 218.75.230.0/24 中选取了 5 个子块（1 个“/27”地址块，3 个“/28”地址块，1 个“/30”地址块），并按需分配给网络拓扑中的 5 个网络。选取子块的原则是，**每个子块的起点位置不能随意选取，只能选取主机号部分是块大小整数倍的地址作为起点**。**建议从大的子块开始划分**。因此，选取子块的方案不止一种，本实验采用的方案如图 4-28 所示。

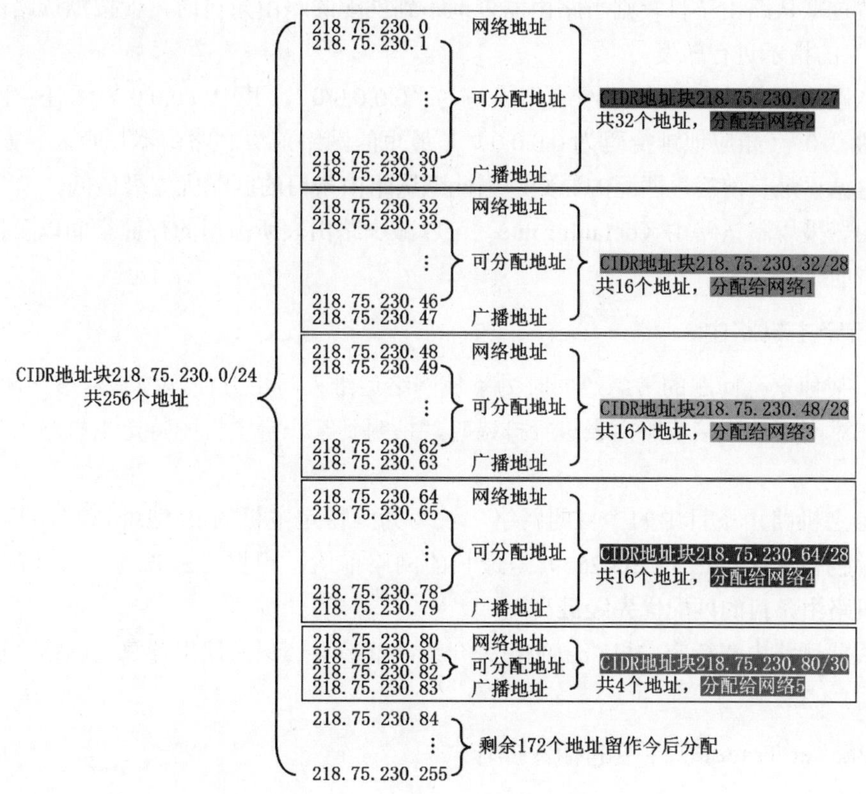

图 4-28　从 CIDR 地址块中选取子块并进行分配

请重新设计一种选取子块的方案，从 CIDR 地址块 218.75.230.0/24 中选取 5 个子块分配给图 4-26 所示网络拓扑中的网络 1、网络 2、网络 3、网络 4、网络 5。在各网络所分配 CIDR 子块的范围内，为各网络中的计算机和路由器接口选取 IP 地址，然后进行相应的配置。对于计算机，需要配置 IP 地址、子网掩码以及默认网关的 IP 地址；对于路由器，需要给各相关接口配置 IP 地址和子网掩码，还要添加相应的静态路由条目。

4.6　实验 4-6　默认路由和特定主机路由的配置

4.6.1　实验目的

- 掌握默认路由的特点和相关配置。
- 掌握特定主机路由的特点和相关配置。

4.6.2 预备知识

1. 默认路由

当路由器正确接收某个 IP 数据报后，会基于其首部中的目的 IP 地址在自己的路由表中进行查询。若查询到匹配的路由条目，就按照该路由条目的指示进行转发，否则就丢弃该 IP 数据报，并向发送该 IP 数据报的源主机发送差错报告。如果网络运维人员事先给路由器配置过默认路由条目，则**当路由器查询不到匹配的路由条目时**，就**按默认路由条目**中“下一跳”的指示进行转发。

默认路由条目中的“目的网络”填写为“0.0.0.0/0”，其中 0.0.0.0 表示任意网络，而网络前缀“/0”（相应地址掩码为 0.0.0.0）是最短的网络前缀。路由器在查表转发 IP 数据报时，遵循“最长前缀”匹配的原则，因此**默认路由条目的匹配优先级最低**。

路由器采用默认路由（default route）可以**减少路由表所占用的存储空间**以及搜索路由表所耗费的时间。

2. 特定主机路由

出于某种安全问题的考虑，同时为了使网络运维人员更方便地控制网络和测试网络，特别是在对网络的连接或路由表进行排错时，指明到某一台主机的特定主机路由是十分有用的。

特定主机路由条目中的“目的网络”填写为“**特定主机的 IP 地址** /32”，其中“/32”（相应地址掩码为 255.255.255.255）是最长的网络前缀。根据“最长前缀”匹配的原则，**特定主机路由条目的匹配优先级最高**。

有关默认路由和特定主机路由的相关介绍，请参看《深入浅出计算机网络（微课视频版）》教材 4.3.2 节。

3. Packet Tracer软件中的相关操作

本实验所涉及的 Packet Tracer 软件中的相关操作，请参看 1.2 节的相关内容。

4.6.3 实验设备

表 4-17 给出了本实验所需的网络设备。

表 4-17　实验 4-6 所需的网络设备

网络设备	型　号	数　量
计算机	PC-PT	3
路由器	2911	2

4.6.4 实验拓扑

本实验的网络拓扑和网络参数如图 4-29 所示。

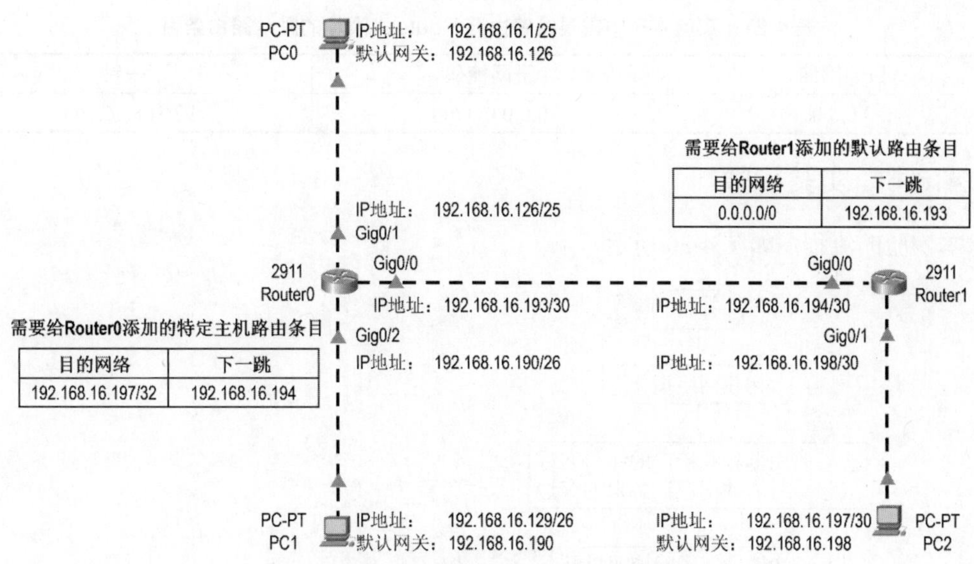

图 4-29　实验 4-6 的网络拓扑和网络参数

4.6.5　实验配置

表 4-18 给出了本实验中需要给各计算机配置的 IP 地址、子网掩码以及默认网关的 IP 地址。

表 4-18　实验 4-6 中需要给各计算机配置的 IP 地址、子网掩码以及默认网关的 IP 地址

网络设备	名　称	型　号	IP 地址	子网掩码	默认网关的 IP 地址
计算机	PC0	PC-PT	192.168.16.1	255.255.255.128（/25）	192.168.16.126
计算机	PC1	PC-PT	192.168.16.129	255.255.255.192（/26）	192.168.16.190
计算机	PC2	PC-PT	192.168.16.197	255.255.255.252（/30）	192.168.16.198

表 4-19 给出了本实验中需要给各路由器相关接口配置的 IP 地址和子网掩码。

表 4-19　实验 4-6 中需要给各路由器相关接口配置的 IP 地址和子网掩码

网络设备	名　称	型　号	接口	IP 地址	子网掩码
路由器	Router0	2911	Gig0/0	192.168.16.193	255.255.255.252（/30）
			Gig0/1	192.168.16.126	255.255.255.128（/25）
			Gig0/2	192.168.16.190	255.255.255.192（/26）
路由器	Router1	2911	Gig0/0	192.168.16.194	255.255.255.252（/30）
			Gig0/1	192.168.16.198	255.255.255.252（/30）

表 4-20 给出了本实验中需要给路由器 Router0 添加的特定主机路由条目。

表 4-20　实验 4-6 中需要给路由器 Router0 添加的特定主机路由条目

目的网络	子网掩码	下一跳
192.168.16.197	255.255.255.255（/32）	192.168.16.194

表 4-21 给出了本实验中需要给路由器 Router1 添加的静态路由条目。

表 4-21　实验 4-6 中需要给路由器 Router1 添加的默认路由条目

目的网络	子网掩码	下一跳
0.0.0.0	0.0.0.0（/0）	192.168.16.193

4.6.6 实验步骤

本实验的流程图如图 4-30 所示。

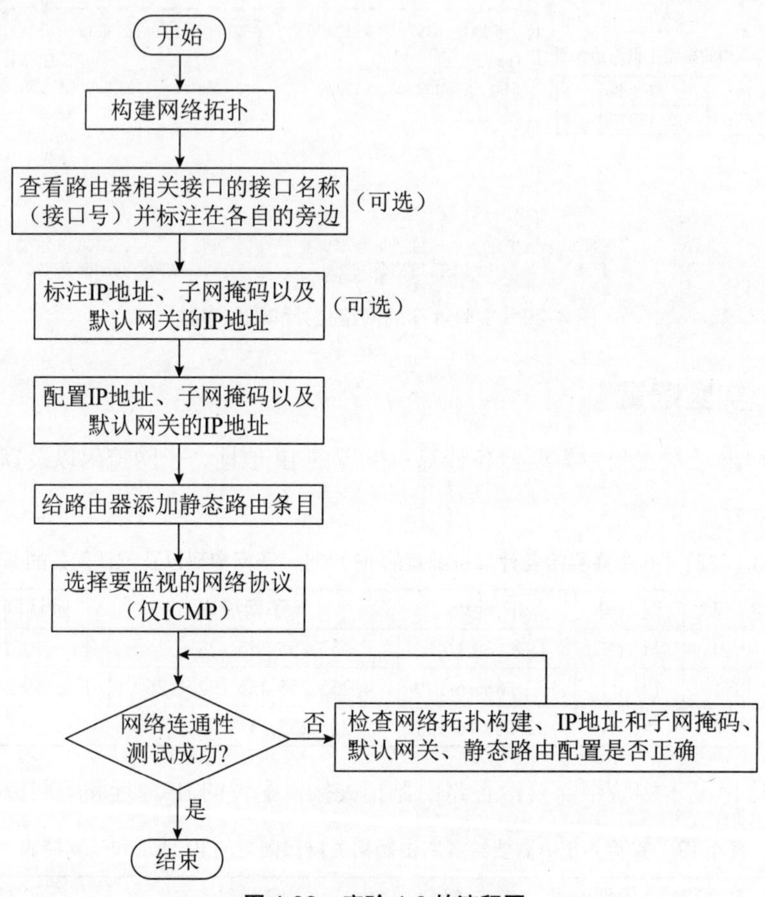

图 4-30　实验 4-6 的流程图

1. 构建网络拓扑

请按以下步骤构建图 4-29 所示的网络拓扑：

❶ 选择并拖动表 4-17 给出的本实验所需的网络设备到逻辑工作区。

❷ 选择“自动选择连接类型”，由 Packet Tracer 软件自动为待连接的网络设备选择用于连接的接口以及相应的传输介质，然后将相关网络设备互连即可。

2. 查看并标注路由器相关接口名称（接口号）

为了方便给各路由器相关接口配置 IP 地址和子网掩码，建议将各路由器相关接口的接口名称（接口号）标注在它们各自的旁边。

具体操作见实验 4-2 的相关说明。

3. 标注IP地址、子网掩码以及默认网关的IP地址

建议将表4-18给出的需要给各计算机配置的IP地址、子网掩码以及默认网关的IP地址标注在它们各自的旁边；将表4-19给出的需要给各路由器相关接口配置的IP地址和子网掩码标注在各接口的旁边。

上述操作的目的在于方便给各网络设备配置网络参数、方便进行网络测试以及方便观察实验现象。

4. 配置IP地址、子网掩码以及默认网关的IP地址

（1）给各计算机配置IP地址、子网掩码以及默认网关的IP地址。

请按表4-18所给的内容，通过各计算机的图形用户界面分别给计算机PC0、PC1、PC2、PC3、PC4、PC5、PC6、PC7配置IP地址、子网掩码以及默认网关的IP地址。

（2）给各路由器相关接口配置IP地址和子网掩码。

请按表4-19所给的内容，在路由器Router0的命令行中使用以下相关IOS命令，给其接口Gig0/0（GigabitEthernet0/0）、Gig0/1（GigabitEthernet0/1）、Gig0/2（GigabitEthernet0/2）分别配置相应的IP地址和子网掩码。

```
Router>enable                                           // 从用户执行模式进入特权执行模式
Router#configure terminal                               // 从特权执行模式进入全局配置模式
Router(config)#interface GigabitEthernet0/0             // 进入接口 GigabitEthernet0/0 的配置模式
Router(config-if)#ip address 192.168.16.193 255.255.255.252   // 配置接口的 IPv4 地址和子网掩码
Router(config-if)#no shutdown                           // 开启接口
Router(config-if)# interface GigabitEthernet0/1         // 进入接口 GigabitEthernet0/1 的配置模式
Router(config-if)#ip address 192.168.16.126 255.255.255.128   // 配置接口的 IPv4 地址和子网掩码
Router(config-if)#no shutdown                           // 开启接口
Router(config-if)# interface GigabitEthernet0/2         // 进入接口 GigabitEthernet0/2 的配置模式
Router(config-if)#ip address 192.168.16.190 255.255.255.192   // 配置接口的 IPv4 地址和子网掩码
Router(config-if)#no shutdown                           // 开启接口
Router(config-if)#exit                                  // 退出接口配置模式回到全局配置模式
Router(config)#                                         // 全局配置模式
```

请按表4-19所给的内容，在路由器Router1的命令行中使用以下相关IOS命令，给其接口Gig0/0（GigabitEthernet0/0）、Gig0/1（GigabitEthernet0/1）分别配置相应的IP地址和子网掩码。

```
Router>enable                                           // 从用户执行模式进入特权执行模式
Router#configure terminal                               // 从特权执行模式进入全局配置模式
Router(config)#interface GigabitEthernet0/0             // 进入接口 GigabitEthernet0/0 的配置模式
Router(config-if)#ip address 192.168.16.194 255.255.255.252   // 配置接口的 IPv4 地址和子网掩码
Router(config-if)#no shutdown                           // 开启接口
Router(config-if)# interface GigabitEthernet0/1         // 进入接口 GigabitEthernet0/1 的配置模式
Router(config-if)#ip address 192.168.16.198 255.255.255.252   // 配置接口的 IPv4 地址和子网掩码
Router(config-if)#no shutdown                           // 开启接口
Router(config-if)#exit                                  // 退出接口配置模式回到全局配置模式
Router(config)#                                         // 全局配置模式
```

5. 给路由器添加静态路由条目

（1）给路由器Router0添加静态路由条目。

请按表4-20所给的内容，在路由器Router0的命令行中使用以下相关IOS命令，给其添加一条特定主机路由条目。

```
Router(config)#ip route 192.168.16.197 255.255.255.255 192.168.16.194    //添加一条特定主机路由条目：
                                                                         //目的网络地址为 192.168.16.197
                                                                         //子网掩码为 255.255.255.255
                                                                         //下一跳地址为 192.168.16.194
```

（2）给路由器 Router1 添加静态路由条目。

请按表 4-21 所给的内容，在路由器 Router1 的命令行中使用以下相关 IOS 命令，给其添加一条默认路由条目。

```
Router(config)#ip route 0.0.0.0 0.0.0.0 192.168.16.193    //添加一条默认路由条目：
                                                          //目的网络地址为 0.0.0.0
                                                          //子网掩码为 0.0.0.0
                                                          //下一跳地址为 192.168.16.193
```

6. 选择要监视的网络协议

本实验仅监视网际控制报文协议（ICMP）即可。

7. 网络连通性测试

切换到“**实时**”**工作模式**，在计算机 PC0 的命令行使用“ping”命令，分别测试 PC0 与 PC1、PC2 之间的连通性，这样做的目的主要有以下四个：

- 测试网络拓扑是否构建成功。
- 测试 PC0、PC1、PC2 各自的 IP 地址、子网掩码以及默认网关的 IP 地址是否配置正确。
- 测试路由器 Router0 和 Router1 各自相关接口的 IP 地址和子网掩码是否配置正确。
- 测试路由器 Router0 的特定主机路由条目和 Router1 的默认路由条目是否添加正确。

4.7 实验 4-7 路由环路问题

4.7.1 实验目的

- 理解 IPv4 数据报首部中生存时间（TTL）字段的作用。
- 验证静态路由配置错误可能导致路由环路问题。
- 验证 IP 数据报可能在路由环路中“兜圈”。

4.7.2 预备知识

1. IPv4数据报首部中的TTL字段

TTL 字段位于 IP 数据报首部中，其长度为 8 比特，最大取值为二进制的 1111 1111，即十进制的 255，以“跳数”为单位，如图 4-31 所示。

TTL 字段的初始值由发送 IPv4 数据报的主机进行设置。**路由器收到待转发的 IPv4 数据报时，将其首部中的该字段的值减 1，若不为 0 就转发，否则丢弃**。这样做的目的是**防止被错误路由的 IPv4 数据报无限制地在因特网中兜圈**。

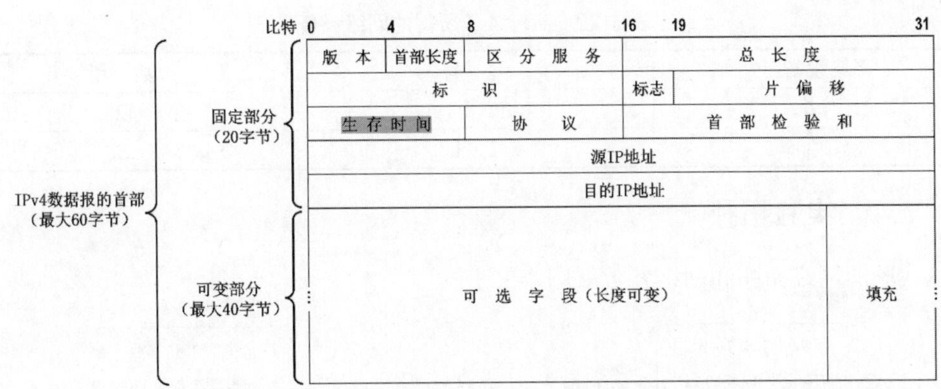

图 4-31　IPv4 数据报首部中的生存时间（TTL）字段

2. 路由环路问题

在对路由器进行静态路由配置时，需要认真考虑和谨慎操作，否则可能导致路由环路问题。

如图 4-32 所示，路由器 R1、R2 和 R3 的路由表中的路由条目，是由网络维护人员配置的静态路由条目。对于路由器 R2，其“目的网络”为网络 2 的路由条目中的“下一跳”，应指向路由器 R3。但由于网络维护人员的疏忽，将其错误地指向了路由器 R1。这将造成路由器 R1 和 R2 之间形成去往网络 2 的路由环路。进入该路由环路且去往网络 2 的 IPv4 数据报将在路由环路中反复兜圈，直到其首部中的 TTL 字段的值减少到 0 时被路由器丢弃。试想一下，如果没有 TTL 限制 IPv4 数据报的生存时间，遇到上述情况将导致 IPv4 数据报在路由环路中永久兜圈，严重浪费网络资源。

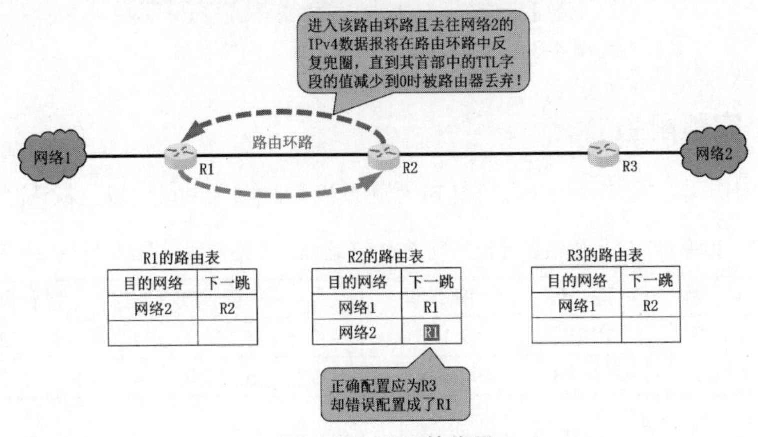

图 4-32　TTL 的作用

有关 IPv4 数据报首部中 TTL 字段和路由环路问题的相关介绍，请参看《深入浅出计算机网络（微课视频版）》教材 4.2.7 节。

3. Packet Tracer软件中的相关操作

本实验所涉及的 Packet Tracer 软件中的相关操作，请参看 1.2 节的相关内容。

4.7.3　实验设备

表 4-22 给出了本实验所需的网络设备。

表 4-22 实验 4-7 所需的网络设备

网络设备	型 号	数 量
计算机	PC-PT	2
路由器	2911	3

4.7.4 实验拓扑

本实验的网络拓扑和网络参数如图 4-33 所示。

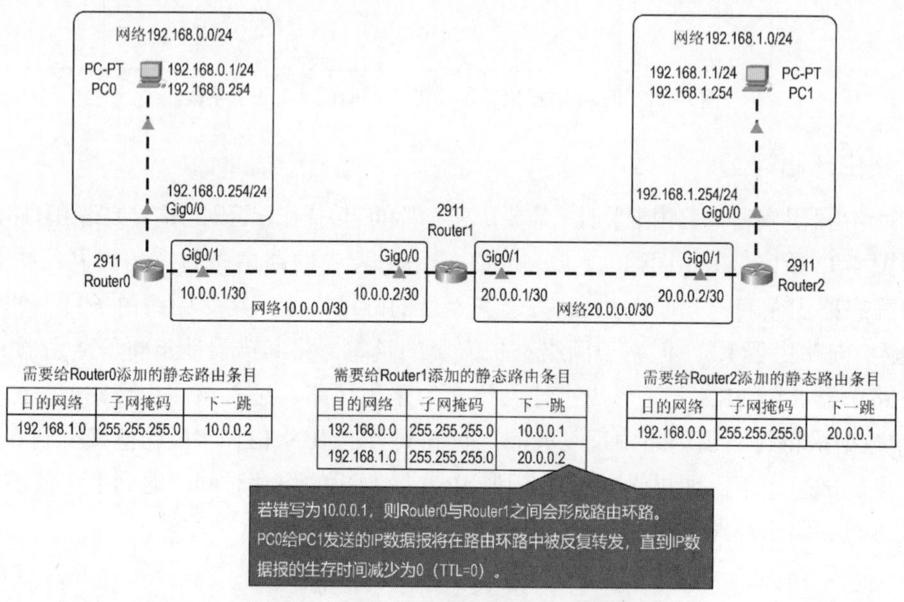

图 4-33 实验 4-7 的网络拓扑和网络参数

4.7.5 实验配置

表 4-23 给出了本实验中需要给各计算机配置的 IP 地址、子网掩码以及默认网关的 IP 地址。

表 4-23 实验 4-7 中需要给各计算机配置的 IP 地址、子网掩码以及默认网关的 IP 地址

网络设备	名 称	型 号	IP 地址	子网掩码	默认网关的 IP 地址
计算机	PC0	PC-PT	192.168.0.1	255.255.255.0（/24）	192.168.0.254
计算机	PC1	PC-PT	192.168.1.1	255.255.255.0（/24）	192.168.1.254

表 4-24 给出了本实验中需要给各路由器相关接口配置的 IP 地址和子网掩码。

表 4-24 实验 4-7 中需要给各路由器相关接口配置的 IP 地址和子网掩码

网络设备	名 称	型 号	接口	IP 地址	子网掩码
路由器	Router0	2911	Gig0/0	192.168.0.254	255.255.255.0（/24）
			Gig0/1	10.0.0.1	255.255.255.252（/30）
路由器	Router1	2911	Gig0/0	10.0.0.2	255.255.255.252（/30）
			Gig0/1	20.0.0.1	255.255.255.252（/30）
路由器	Router2	2911	Gig0/0	192.168.1.254	255.255.255.0（/24）
			Gig0/1	20.0.0.2	255.255.255.252（/30）

表 4-25 给出了本实验中需要给路由器 Router0 添加的静态路由条目。

表 4-25　实验 4-7 中需要给路由器 Router0 添加的静态路由条目

目的网络	子网掩码	下一跳
192.168.1.0	255.255.255.0（/24）	10.0.0.2

表 4-26 给出了本实验中需要给路由器 Router1 添加的静态路由条目。

表 4-26　实验 4-7 中需要给路由器 Router1 添加的静态路由条目

目的网络	子网掩码	下一跳
192.168.0.0	255.255.255.0（/24）	10.0.0.1
192.168.1.0	255.255.255.0（/24）	20.0.0.2

表 4-27 给出了本实验中需要给路由器 Router2 添加的静态路由条目。

表 4-27　实验 4-7 中需要给路由器 Router2 添加的静态路由条目

目的网络	子网掩码	下一跳
192.168.0.0	255.255.255.0（/24）	20.0.0.1

4.7.6　实验步骤

本实验的流程图如图 4-34 所示。

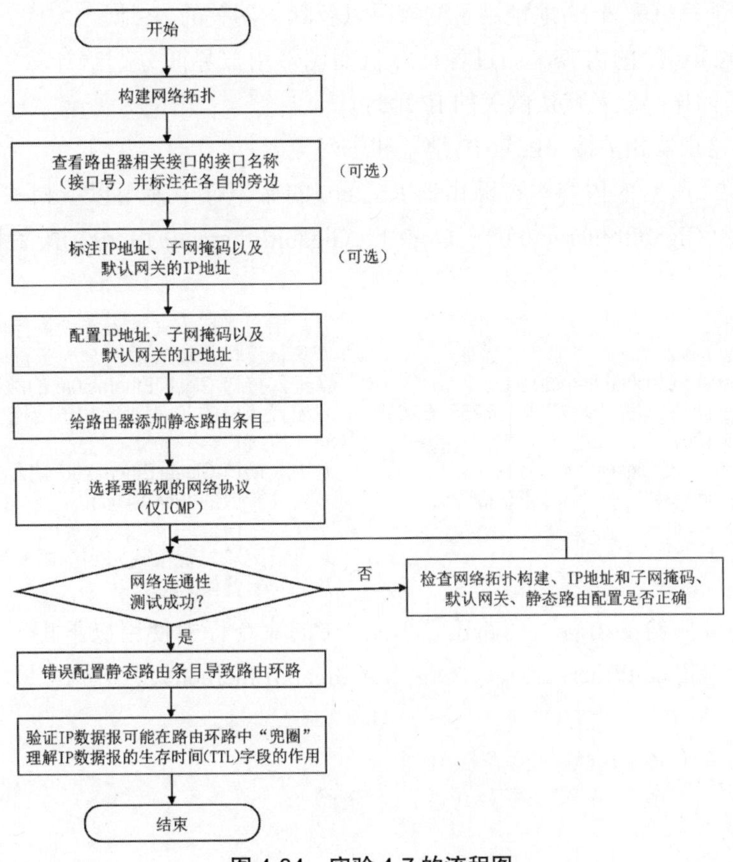

图 4-34　实验 4-7 的流程图

1. 构建网络拓扑

请按以下步骤构建图 4-33 所示的网络拓扑：

❶ 选择并拖动表 4-22 给出的本实验所需的网络设备到逻辑工作区。

❷ 选择"自动选择连接类型"，由 Packet Tracer 软件自动为待连接的网络设备选择用于连接的接口以及相应的传输介质，然后将相关网络设备互连即可。

2. 查看并标注路由器相关接口名称（接口号）

为了方便给各路由器相关接口配置 IP 地址和子网掩码，建议将各路由器相关接口的接口名称（接口号）标注在它们各自的旁边。

具体操作见实验 4-2 的相关说明。

3. 标注IP地址、子网掩码以及默认网关的IP地址

建议将表 4-18 给出的需要给各计算机配置的 IP 地址、子网掩码以及默认网关的 IP 地址标注在它们各自的旁边；将表 4-24 给出的需要给各路由器相关接口配置的 IP 地址和子网掩码标注在各接口的旁边。

上述操作的目的在于方便给各网络设备配置网络参数、方便进行网络测试以及方便观察实验现象。

4. 配置IP地址、子网掩码以及默认网关的IP地址

（1）给各计算机配置 IP 地址、子网掩码以及默认网关的 IP 地址。

请按表 4-23 所给的内容，通过各计算机的图形用户界面分别给计算机 PC0、PC1 配置 IP 地址、子网掩码以及默认网关的 IP 地址。

（2）给各路由器相关接口配置 IP 地址和子网掩码。

请按表 4-24 所给的内容，在路由器 Router0 的命令行中使用以下相关 IOS 命令，给其接口 Gig0/0（GigabitEthernet0/0）、Gig0/1（GigabitEthernet0/1）分别配置相应的 IP 地址和子网掩码。

```
Router>enable                                        //从用户执行模式进入特权执行模式
Router#configure terminal                            //从特权执行模式进入全局配置模式
Router(config)#interface GigabitEthernet0/0          //进入接口 GigabitEthernet0/0 的配置模式
Router(config-if)#ip address 192.168.0.254 255.255.255.0   //配置接口的 IPv4 地址和子网掩码
Router(config-if)#no shutdown                        //开启接口
Router(config-if)# interface GigabitEthernet0/1      //进入接口 GigabitEthernet0/1 的配置模式
Router(config-if)#ip address 10.0.0.1 255.255.255.252      //配置接口的 IPv4 地址和子网掩码
Router(config-if)#no shutdown                        //开启接口
Router(config-if)#exit                               //退出接口配置模式回到全局配置模式
Router(config)#                                      //全局配置模式
```

请按表 4-24 所给的内容，在路由器 Router1 的命令行中使用以下相关 IOS 命令，给其接口 Gig0/0（GigabitEthernet0/0）、Gig0/1（GigabitEthernet0/1）分别配置相应的 IP 地址和子网掩码。

```
Router>enable                                        // 从用户执行模式进入特权执行模式
Router#configure terminal                            // 从特权执行模式进入全局配置模式
Router(config)#interface GigabitEthernet0/0          // 进入接口 GigabitEthernet0/0 的配置模式
Router(config-if)#ip address 10.0.0.2 255.255.255.252 // 配置接口的 IPv4 地址和子网掩码
Router(config-if)#no shutdown                        // 开启接口
Router(config-if)# interface GigabitEthernet0/1      // 进入接口 GigabitEthernet0/1 的配置模式
Router(config-if)#ip address 20.0.0.1 255.255.255.252 // 配置接口的 IPv4 地址和子网掩码
Router(config-if)#no shutdown                        // 开启接口
Router(config-if)#exit                               // 退出接口配置模式回到全局配置模式
Router(config)#                                      // 全局配置模式
```

请按表 4-24 所给的内容，在路由器 Router2 的命令行中使用以下相关 IOS 命令，给其接口 Gig0/0（GigabitEthernet0/0）、Gig0/1（GigabitEthernet0/1）分别配置相应的 IP 地址和子网掩码。

```
Router>enable                                          // 从用户执行模式进入特权执行模式
Router#configure terminal                              // 从特权执行模式进入全局配置模式
Router(config)#interface GigabitEthernet0/0            // 进入接口 GigabitEthernet0/0 的配置模式
Router(config-if)#ip address 192.168.1.254 255.255.255.0 // 配置接口的 IPv4 地址和子网掩码
Router(config-if)#no shutdown                          // 开启接口
Router(config-if)# interface GigabitEthernet0/1        // 进入接口 GigabitEthernet0/1 的配置模式
Router(config-if)#ip address 20.0.0.2 255.255.255.252 // 配置接口的 IPv4 地址和子网掩码
Router(config-if)#no shutdown                          // 开启接口
Router(config-if)#exit                                 // 退出接口配置模式回到全局配置模式
Router(config)#                                        // 全局配置模式
```

5. 给路由器添加静态路由条目

（1）给路由器 Router0 添加静态路由条目。

请按表 4-25 所给的内容，在路由器 Router0 的命令行中使用以下相关 IOS 命令，给其添加一条静态路由条目。

```
Router(config)#ip route 192.168.1.0 255.255.255.0 10.0.0.2   // 添加一条静态路由条目：
                                                              // 目的网络地址为 192.168.1.0
                                                              // 子网掩码为 255.255.255.0
                                                              // 下一跳地址为 10.0.0.2
```

（2）给路由器 Router1 添加静态路由条目。

请按表 4-26 所给的内容，在路由器 Router1 的命令行中使用以下相关 IOS 命令，给其添加两条静态路由条目。

```
Router(config)#ip route 192.168.0.0 255.255.255.0 10.0.0.1   // 添加一条静态路由条目：
                                                              // 目的网络地址为 192.168.0.0
                                                              // 子网掩码为 255.255.255.0
                                                              // 下一跳地址为 10.0.0.1
Router(config)#ip route 192.168.1.0 255.255.255.0 20.0.0.2   // 添加一条静态路由条目：
                                                              // 目的网络地址为 192.168.1.0
                                                              // 子网掩码为 255.255.255.0
                                                              // 下一跳地址为 20.0.0.2
```

（3）给路由器 Router2 添加静态路由条目。

请按表 4-27 所给的内容，在路由器 Router2 的命令行中使用以下相关 IOS 命令，给其添加一条静态路由条目。

```
Router(config)#ip route 192.168.1.0 255.255.255.0 10.0.0.2     //添加一条静态路由条目：
                                                                //目的网络地址为 192.168.1.0
                                                                //子网掩码为 255.255.255.0
                                                                //下一跳地址为 10.0.0.2
```

6. 选择要监视的网络协议

本实验仅监视网际控制报文协议（ICMP）即可。

7. 网络连通性测试

切换到**“实时”工作模式**，在计算机 PC0 的命令行使用“ping”命令，测试 PC0 与 PC1 之间的连通性，这样做的目的主要有以下五个：

- 测试网络拓扑是否构建成功。
- 测试 PC0、PC1 各自的 IP 地址、子网掩码以及默认网关的 IP 地址是否配置正确。
- 测试路由器 Router0、Router1、Router2 各自相关接口的 IP 地址和子网掩码是否配置正确。
- 测试路由器 Router0、Router1、Router2 各自的静态路由条目是否添加正确。
- 让 PC0 与 Router0、Router0 与 Router1、Router1 与 Router2、Router2 与 PC1 都获取到对方相关接口的 MAC 地址，以免在后续过程中出现“通过 ARP 查找已知 IP 地址所对应的 MAC 地址”这一过程，影响用户对实验现象的观察。

8. 错误配置静态路由条目导致路由环路

在图 4-33 所示的网络拓扑中，若将路由器 Router1 中去往网络 192.168.1.0/24 的静态路由条目中的“下一跳”错误配置为 10.0.0.1，则 Router0 与 Router1 之间会形成路由环路。

由于之前给 Router1 已经配置过去往网络 192.168.1.0/24 的正确的静态路由条目，因此需要首先删除之前正确配置的静态路由条目，之后添加错误的静态路由条目来产生路由环路，在路由器 Router1 的命令行中使用以下相关 IOS 命令来实现。

```
Router(config)#no ip route 192.168.1.0 255.255.255.0 20.0.0.2   //删除一条静态路由条目：
                                                                //目的网络地址为 192.168.1.0
                                                                //子网掩码为 255.255.255.0
                                                                //下一跳地址为 20.0.0.2
Router(config)#ip route 192.168.1.0 255.255.255.0 10.0.0.1      //添加一条静态路由条目：
                                                                //目的网络地址为 192.168.1.0
                                                                //子网掩码为 255.255.255.0
                                                                //下一跳地址为 10.0.0.1
```

9. 验证IP数据报可能在路由环路中“兜圈”

切换到**“模拟”工作模式**，进行**单步模拟**。

（1）IP 数据报在路由环路中“兜圈”。

使用工作区工具箱中的“Add Simple PDU”（添加简单的 PDU）工具，让计算机 PC0 给 PC1 发送单播 IP 数据报，观察该 IP 数据报在路由器 Router0 与 Router1 之间的路由环路中“兜圈”的现象。

（2）IP 数据报的生存时间 TTL 的值被路由器减 1。

单击在路由器 Router0 与 Router1 之间“兜圈”的 IP 数据报，在弹出的“PDU Information”（协议数据单元信息）对话框中查看该 IP 数据报的封装细节，记录下其首部中生存时间（TTL）字段的值。当该 IP 数据报从路由器转发出来时，再次查看其 TTL 字段的值，可以发现其值比之前减少了 1。

4.8　实验 4-8　验证路由器既隔离碰撞域也隔离广播域

4.8.1　实验目的

- 验证路由器隔离碰撞域（冲突域）。
- 验证路由器隔离广播域。

4.8.2　预备知识

1. 集线器、交换机、路由器的对比

集线器（Hub）是早期以太网的互连设备，它工作在 OSI 体系结构的**物理层**，对接收到的信号进行放大和转发。仅使用集线器作为互连设备的以太网，仍然属于共享总线式以太网。集线器互连起来的所有主机共享总线带宽，属于**同一个碰撞域（冲突域）和广播域**。

交换机（Switch）是目前以太网中使用最广泛的互连设备，它工作在 OSI 体系结构的**数据链路层（也包含物理层）**。交换机根据帧的目的 MAC 地址对帧进行转发。交换机**隔离碰撞域（冲突域），但不隔离广播域**。

由于交换机使用了专用的交换结构芯片，并能实现多对接口的高速并行交换，可以大大提高网络性能。随着交换机成本的降低，**使用交换机的交换式以太网已经取代了传统的使用集线器的共享式以太网**。只要全部使用交换机（而不使用集线器）来构建以太网，就可以构建出工作在无碰撞（冲突）的全双工方式的交换式以太网。

路由器（Router）工作在 OSI 体系结构的**网络层（也包含数据链路层和物理层）**，用于**网络与网络之间的互连**。路由器根据 IP 数据报的目的 IP 地址对 IP 数据报进行转发。路由器**既隔离碰撞域（冲突域），也隔离广播域**。

集线器、交换机、路由器的对比如图 4-35 所示。

集线器和交换机的对比已在实验 3-5 中进行，本实验主要验证路由器既隔离碰撞域，也隔离广播域。

有关集线器和交换机的对比、路由器的相关介绍，请参看《深入浅出计算机网络（微课视频版）》教材 3.5.2 节、4.4.6 节。

2. Packet Tracer软件中的相关操作

本实验所涉及的 Packet Tracer 软件中的相关操作，请参看 1.2 节的相关内容。

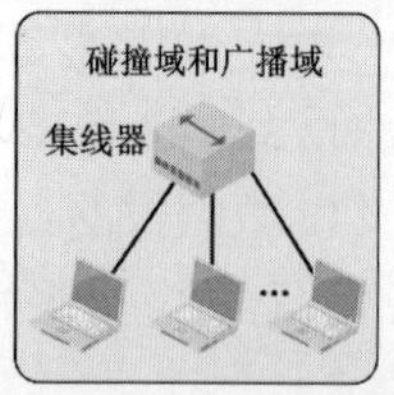

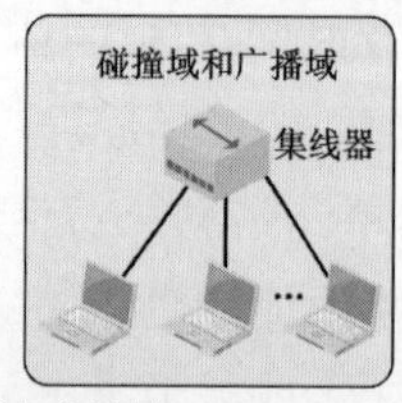

（a）两个独立的碰撞域和广播域

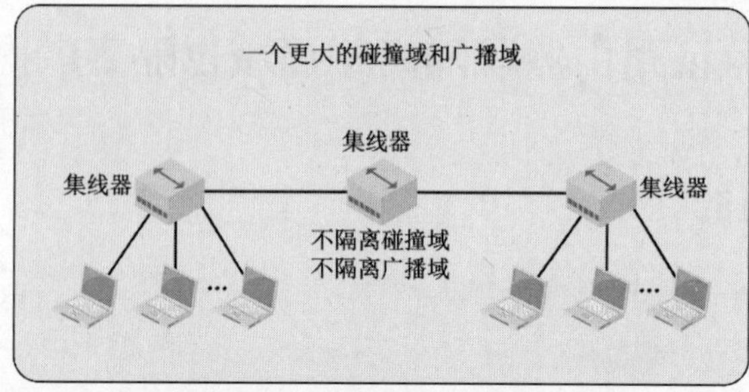

（b）集线器既不隔离碰撞域，也不隔离广播域

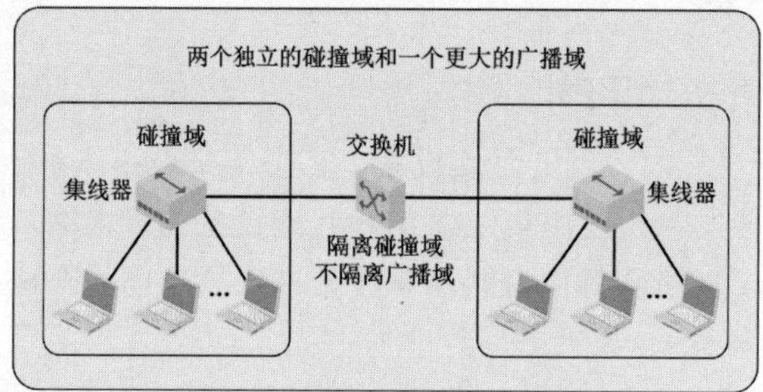

（c）交换机隔离碰撞域，但不隔离广播域

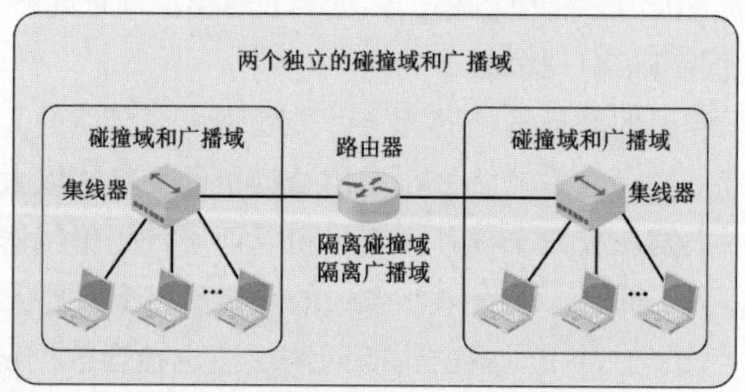

（d）路由器既隔离碰撞域，也隔离广播域

图 4-35 集线器、交换机、路由器的对比

4.8.3 实验设备

表 4-28 给出了本实验所需的网络设备。

表 4-28 实验 4-8 所需的网络设备

网络设备	型 号	数 量
计算机	PC-PT	6
集线器	Hub-PT	2
路由器	1941	1

4.8.4　实验拓扑

本实验的网络拓扑和网络参数如图 4-36 所示。

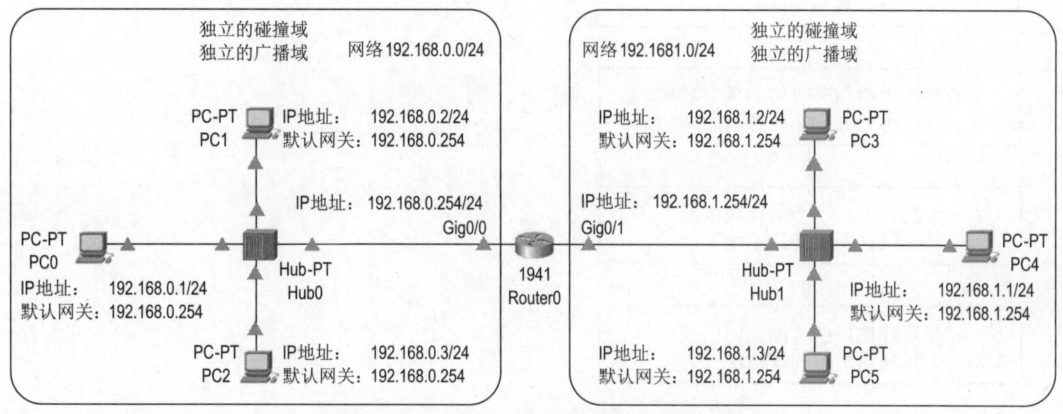

图 4-36　实验 4-8 的网络拓扑和网络参数

4.8.5　实验配置

表 4-29 给出了本实验中需要给各计算机配置的 IP 地址、子网掩码以及默认网关的 IP 地址。

表 4-29　实验 4-8 中需要给各计算机配置的 IP 地址、子网掩码以及默认网关的 IP 地址

网络设备	名　称	型　号	IP 地址	子网掩码	默认网关的 IP 地址
计算机	PC0	PC-PT	192.168.0.1	255.255.255.0（/24）	192.168.0.254
计算机	PC1	PC-PT	192.168.0.2	255.255.255.0（/24）	192.168.0.254
计算机	PC2	PC-PT	192.168.0.3	255.255.255.0（/24）	192.168.0.254
计算机	PC3	PC-PT	192.168.1.2	255.255.255.0（/24）	192.168.1.254
计算机	PC4	PC-PT	192.168.1.1	255.255.255.0（/24）	192.168.1.254
计算机	PC5	PC-PT	192.168.1.3	255.255.255.0（/24）	192.168.1.254

表 4-30 给出了本实验中需要给路由器相关接口配置的 IP 地址和子网掩码。

表 4-30　实验 4-8 中需要给路由器相关接口配置的 IP 地址和子网掩码

网络设备	名　称	型　号	接口	IP 地址	子网掩码
路由器	Router0	1941	Gig0/0	192.168.0.254	255.255.255.0（/24）
			Gig0/1	192.168.1.254	255.255.255.0（/24）

4.8.6　实验步骤

本实验的流程图如图 4-37 所示。

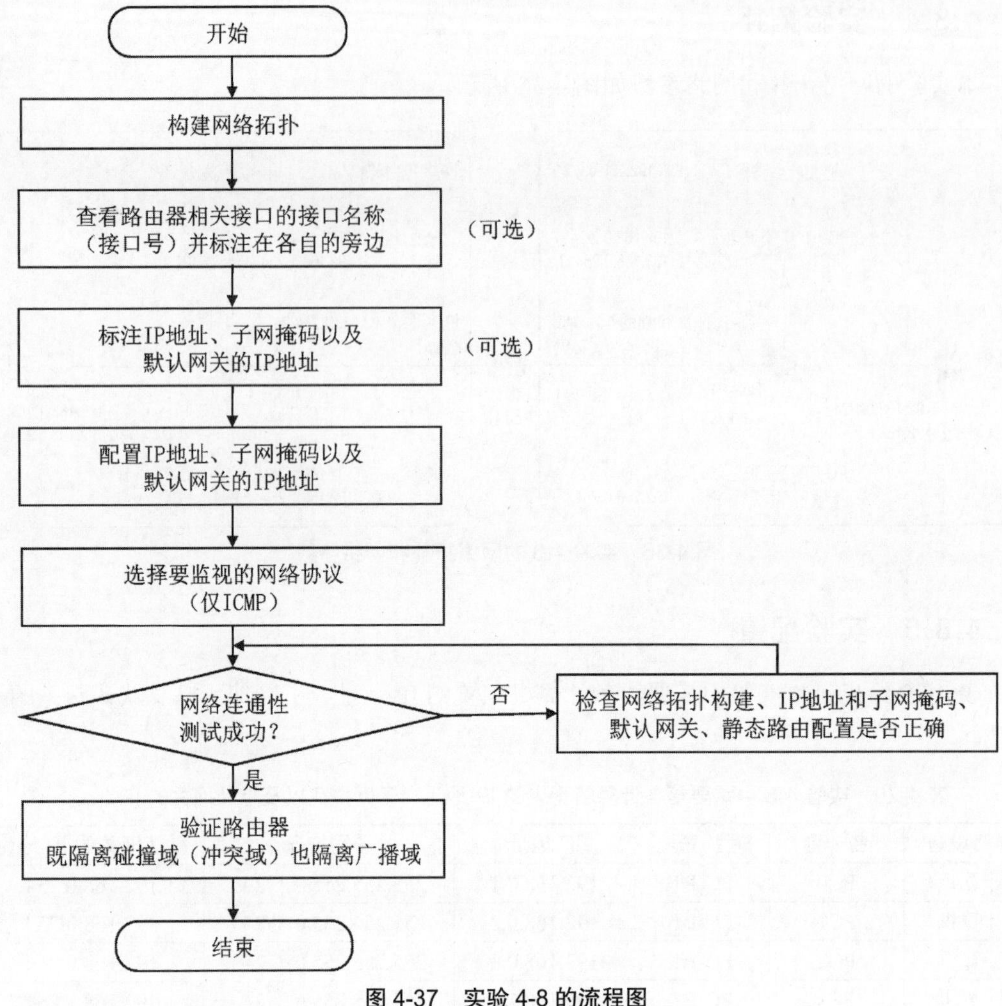

图 4-37　实验 4-8 的流程图

1. 构建网络拓扑

请按以下步骤构建图 4-36 所示的网络拓扑：

❶ 选择并拖动表 4-28 给出的本实验所需的网络设备到逻辑工作区。

❷ 选择“自动选择连接类型”，由 Packet Tracer 软件自动为待连接的网络设备选择用于连接的接口以及相应的传输介质，然后将相关网络设备互连即可。

2. 查看并标注路由器相关接口名称（接口号）

为了方便给路由器相关接口配置 IP 地址和子网掩码，建议将路由器相关接口的接口名称（接口号）标注在它们各自的旁边。

具体操作见实验 4-2 的相关说明。

3. 标注IP地址、子网掩码以及默认网关的IP地址

建议将表 4-29 给出的需要给各计算机配置的 IP 地址、子网掩码以及默认网关的 IP 地址标注在它们各自的旁边；将表 4-30 给出的需要给路由器相关接口配置的 IP 地址和子网

掩码标注在各接口的旁边。

上述操作的目的在于方便给各网络设备配置网络参数、方便进行网络测试以及方便观察实验现象。

4. 配置IP地址、子网掩码以及默认网关的IP地址

（1）给各计算机配置 IP 地址、子网掩码以及默认网关的 IP 地址。

请按表 4-29 所给的内容，通过各计算机的图形用户界面分别给计算机 PC0、PC1 配置 IP 地址、子网掩码以及默认网关的 IP 地址。

（2）给路由器相关接口配置 IP 地址和子网掩码。

请按表 4-30 所给的内容，在路由器 Router0 的命令行中使用以下相关 IOS 命令，给其接口 Gig0/0（GigabitEthernet0/0）、Gig0/1（GigabitEthernet0/1）分别配置相应的 IP 地址和子网掩码。

```
Router>enable                                           //从用户执行模式进入特权执行模式
Router#configure terminal                               //从特权执行模式进入全局配置模式
Router(config)#interface GigabitEthernet0/0             //进入接口 GigabitEthernet0/0 的配置模式
Router(config-if)#ip address 192.168.0.254 255.255.255.0 //配置接口的 IPv4 地址和子网掩码
Router(config-if)#no shutdown                           //开启接口
Router(config-if)# interface GigabitEthernet0/1         //进入接口 GigabitEthernet0/1 的配置模式
Router(config-if)#ip address 192.168.1.254 255.255.255.0 //配置接口的 IPv4 地址和子网掩码
Router(config-if)#no shutdown                           //开启接口
Router(config-if)#exit                                  //退出接口配置模式回到全局配置模式
Router(config)#                                         //全局配置模式
```

5. 选择要监视的网络协议

本实验仅监视网际控制报文协议（ICMP）即可。

6. 网络连通性测试

切换到**“实时”工作模式**，在计算机 PC0 的命令行使用“ping”命令，测试 PC0 与 PC1、PC2、PC3、PC4、PC5 之间的连通性，这样做的目的主要有以下四个：

- 测试网络拓扑是否构建成功。
- 测试 PC0、PC1、PC2、PC3、PC4、PC5 各自的 IP 地址、子网掩码以及默认网关的 IP 地址是否配置正确。
- 测试路由器 Router0 相关接口的 IP 地址和子网掩码是否配置正确。
- 让相关 PC 之间、相关 PC 与路由器之间都获取到对方相关接口的 MAC 地址，以免在后续过程中出现“通过 ARP 查找已知 IP 地址所对应的 MAC 地址”这一过程，影响用户对实验现象的观察。

7. 验证路由器既隔离碰撞域（冲突域）也隔离广播域

在图 4-36 所示的网络拓扑中，若不存在路由器 Router0，则由集线器 Hub0 互连计算机 PC0~PC2 形成了一个共享式以太网，它是一个独立的碰撞域（冲突域）和广播域；由集线器 Hub1 互连计算机 PC3~PC5 形成了另一个共享式以太网，它也是一个独立的碰撞域（冲突域）和广播域。当使用路由器 Router0 将集线器 Hub0 和 Hub1 互连起来时，两

个共享式以太网被 Router0 互连，进而使两个共享式以太网中的计算机之间可以通过 Router0 进行通信。但是，原本两个独立的碰撞域（冲突域）和广播域被路由器隔离，仍然是两个独立的碰撞域（冲突域）和广播域

（1）验证路由器隔离碰撞域（冲突域）。

切换到**“模拟”工作模式**，使用工作区工具箱中的“Add Simple PDU”（添加简单的 PDU）工具，让计算机 PC1 和 PC2 同时给 PC0 发送单播 IP 数据报，进行**单步模拟**，观察以下现象：

- 单播 IP 数据报在传输过程中出现碰撞。
- 遭遇碰撞的单播 IP 数据报不会通过路由器传播到另一个碰撞域（冲突域）。

（2）验证路由器隔离广播域。

切换到**“模拟”工作模式**，使用工作区工具箱中的“Add Complex PDU”（添加复杂的 PDU）工具，让计算机 PC0 发送广播 IP 数据报，进行**单步模拟**，可观察到的现象是，该广播 IP 数据报仅在 PC0 所在广播域中传输，不会被路由器 Router0 转发到另一个广播域中。

需要说明的是，计算机 PC0 发送的广播 IP 数据报，其首部中目的 IP 地址字段的取值可以是以下任一种：

- 受限广播地址：255.255.255.255。
- 直接广播地址（PC1 所在网络的广播地址）：192.168.0.255。
- 其他网络的广播地址（PC3 所在网络的广播地址）：192.168.1.255。

4.9 实验 4-9 验证路由信息协议 RIPv1

4.9.1 实验目的

- 掌握路由信息协议（RIPv1）的特点和配置方法。
- 验证 RIPv1 是基于距离向量的，它认为好的路由是“RIP 距离最短”的路由。
- 验证 RIPv1 的等价负载均衡。

4.9.2 预备知识

1. 路由信息协议的相关基本概念

路由信息协议（Routing Information Protocol，RIP）是**内部网关协议**（Interior Gateway Protocol，IGP）这个类别中最先得到广泛使用的协议之一。

RIP 使用**跳数**（Hop Count）作为**度量**（Metric）来**衡量到达目的网络的距离**。

- RIP 将路由器到直连网络的距离定义为 1。
- RIP 将路由器到非直连网络的距离定义为所经过的路由器数加 1。
- RIP 允许一条路径最多只能包含 15 个路由器。**距离为 16 时相当于不可达**。因此 RIP **只适用于小型互联网**。

RIP 要求自治系统内的每一个路由器，都要维护从它自己到 AS 内其他每个网络的距离记录。这是一组距离，称为**距离向量**（Distance-Vector，D-V）。

RIP 认为**好的路由**就是“距离短”的路由，也就是**所通过路由器数量最少的路由**。当到达同一目的网络有多条“RIP 距离相等”的路由时，可以进行**等价负载均衡**。也就是将通信量均衡地分布到多条等价的路径上。

RIP 具有以下三个重要特点：

- **和谁交换信息**：仅和**相邻路由器**交换信息。
- **交换什么信息**：交换的信息是**路由器自己的路由表**。换句话说，交换的信息是“本路由器到所在自治系统中所有网络的最短 RIP 距离，以及到每个网络应经过的下一跳路由器”。
- **何时交换信息**：**周期性交换**（例如，每隔约 30 秒）。路由器根据收到的路由信息更新自己的路由表。为了加快 RIP 的收敛速度，**当网络拓扑发生变化时，**路由器要及时向相邻路由器通告拓扑变化后的路由信息，这称为**触发更新**。

2. RIP的基本工作过程

RIP 的基本工作过程如下：

（1）路由器刚开始工作时，**只知道自己到直连网络的距离为** 1。

（2）每个路由器仅**和相邻路由器周期性地交换并更新路由信息**。

（3）若干次交换和更新后，**每个路由器都知道到达本自治系统内各网络的最短距离和下一跳路由器，称为收敛**。

3. RIP的距离向量算法

运行 RIP 的路由器周期性地向其所有相邻路由器发送 RIP 更新报文。路由器收到每一个相邻路由器发来的 RIP 更新报文后，都会根据 RIP 更新报文中的路由信息来更新自己的路由表，规则如下：

- 通过相同下一跳到达目的网络，无论 RIP 距离变大还是变小，都要进行更新，因为这是**最新消息**。
- 发现了**新的网络**，添加到达该网络的路由条目。
- 通过不同下一跳到达目的网络，新路由的 RIP 距离更小，**新路由有优势**，则更新原来的旧路由条目。
- 通过不同下一跳到达目的网络，新路由的 RIP 距离相同，则添加新路由条目到路由表中，可以进行**等价负载均衡**。
- 通过不同下一跳到达目的网络，新路由的 RIP 距离增大，**新路由处于劣势**，不应该更新。

除了上述 RIP 路由条目更新规则，在 RIP 的距离向量算法中还包含以下一些时间参数：

（1）路由器每隔大约 30 秒向其所有相邻路由器发送路由更新报文。

（2）若 180 秒（默认）没有收到某条路由条目的更新报文，则把该路由条目标记为无效（即把 RIP 距离设置为 16，表示不可达），若再过一段时间（如 120 秒），还没有收到该路由条目的更新报文，则将该路由条目从路由表中删除。

4. RIP存在的问题

RIP 存在**“坏消息传播得慢”**的问题，该问题又称为路由环路或 RIP **距离无穷计数问题**，这是距离向量算法的一个固有问题。可以采取以下多种措施减少出现该问题的概率或减小该问题带来的危害：

- 限制最大 RIP 距离为 15（16 表示不可达）。
- 当路由表发生变化时就立即发送路由更新报文（即**“触发更新”**），而不仅是周期性发送。
- 让路由器记录收到某特定路由信息的接口，而不让同一路由信息再通过此接口向反方向传送（即**“水平分割”**）。

请注意，使用**上述措施仍无法彻底解决问题**。因为在距离向量算法中，每个路由器都缺少到目的网络整个路径的完整信息，无法判断所选的路由是否出现了环路。

5. RIP相关报文

RIP 相关报文**使用运输层的用户数据报协议（UDP）进行传送**，使用的 UDP **端口号为** 520。从这个角度看，RIP 属于 TCP/IP 体系结构的应用层。但 RIP 的核心功能是路由选择，这属于 TCP/IP 体系结构的网际层。

有关路由信息协议（RIP）的相关介绍，请参看《深入浅出计算机网络（微课视频版）》教材 4.4.3 节。

6. Packet Tracer软件中的相关操作

本实验所涉及的 Packet Tracer 软件中的相关操作，请参看 1.2 节的相关内容。

4.9.3 实验设备

表 4-31 给出了本实验所需的网络设备。

表 4-31 实验 4-9 所需的网络设备

网络设备	型 号	数 量	备 注
计算机	PC-PT	2	无
路由器	2911	3	需要给其中两台安装“HWIC-2T”串行接口模块

4.9.4 实验拓扑

本实验的网络拓扑和网络参数如图 4-38 所示。

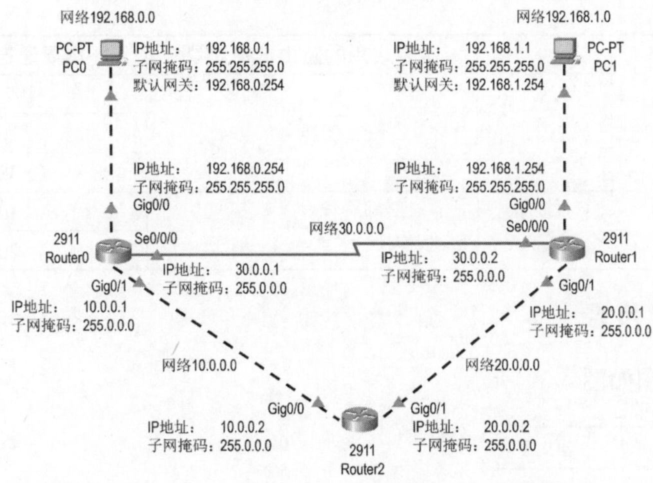

图 4-38　实验 4-9 的网络拓扑和网络参数

4.9.5　实验配置

表 4-32 给出了本实验中需要给各计算机配置的 IP 地址、子网掩码以及默认网关的 IP 地址。

表 4-32　实验 4-9 中需要给各计算机配置的 IP 地址、子网掩码以及默认网关的 IP 地址

网络设备	名　称	型　号	IP 地址	子网掩码	默认网关的 IP 地址
计算机	PC0	PC-PT	192.168.0.1	255.255.255.0	192.168.0.254
计算机	PC1	PC-PT	192.168.1.1	255.255.255.0	192.168.1.254

表 4-33 给出了本实验中需要给各路由器相关接口配置的 IP 地址和子网掩码。

表 4-33　实验 4-9 中需要给各路由器相关接口配置的 IP 地址和子网掩码

网络设备	名　称	型　号	接口	IP 地址	子网掩码
路由器	Router0	2911	Gig0/0	192.168.0.254	255.255.255.0
			Gig0/1	10.0.0.1	255.0.0.0
			Se0/0/0	30.0.0.1	255.0.0.0
路由器	Router1	2911	Gig0/0	192.168.1.254	255.255.255.0
			Gig0/1	20.0.0.1	255.0.0.0
			Se0/0/0	30.0.0.2	255.0.0.0
路由器	Router2	2911	Gig0/0	10.0.0.2	255.0.0.0
			Gig0/1	20.0.0.2	255.0.0.0

表 4-34 给出了本实验中各路由器需要启用的路由选择协议和需要通告的直连网络。

表 4-34　实验 4-9 中各路由器需要启用的路由选择协议和需要通告的直连网络

网络设备	名　称	型　号	需要启用的路由选择协议	需要通告的直连网络
路由器	Router0	2911	RIPv1	192.168.0.0
				10.0.0.0
				30.0.0.0

续表

网络设备	名　称	型　号	需要启用的路由选择协议	需要通告的直连网络
路由器	Router1	2911	RIPv1	192.168.1.0
				20.0.0.0
				30.0.0.0
路由器	Router2	2911	RIPv1	10.0.0.0
				20.0.0.0

4.9.6 实验步骤

本实验的流程图如图 4-39 所示。

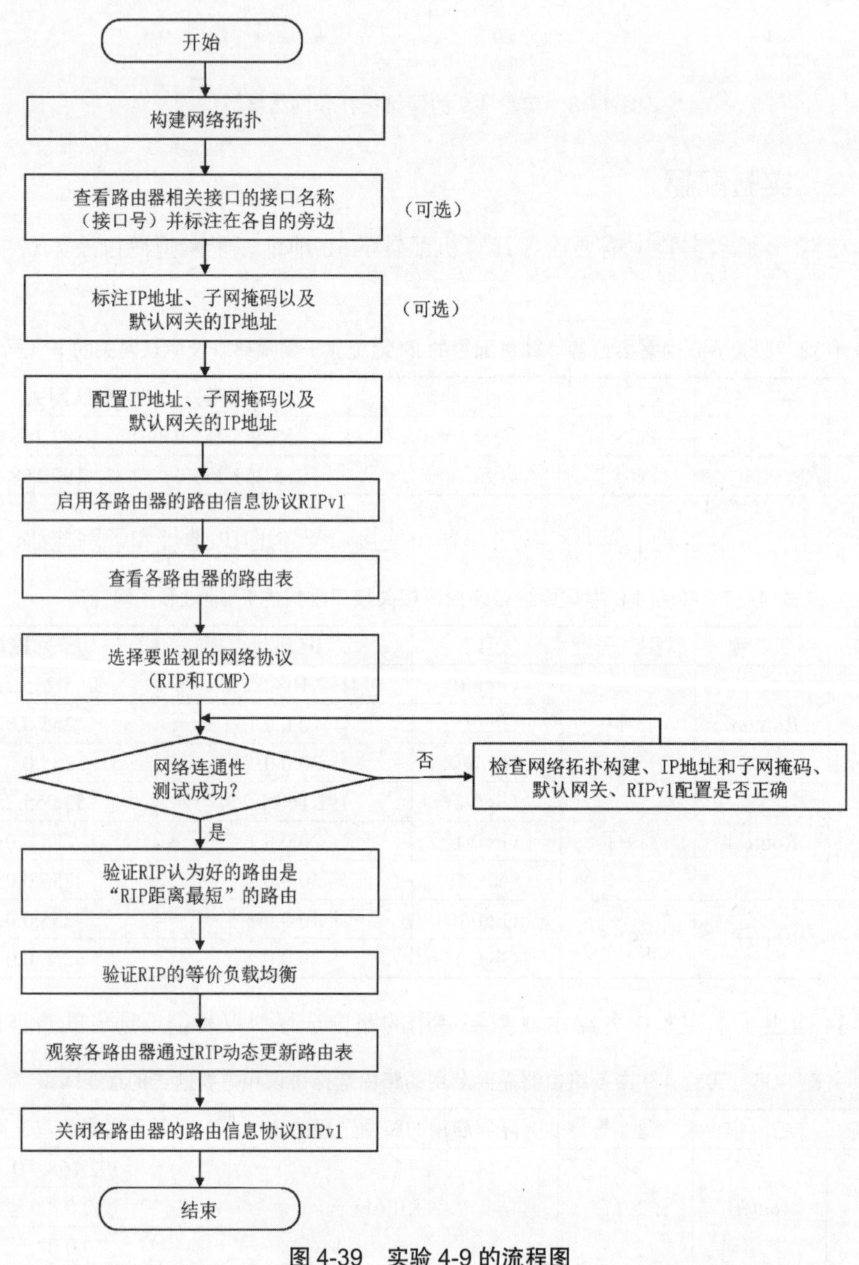

图 4-39　实验 4-9 的流程图

1. 构建网络拓扑

请按以下步骤构建图 4-38 所示的网络拓扑：

❶ 选择并拖动表 4-31 给出的本实验所需的网络设备到逻辑工作区。

❷ 给两台型号为 2911 的路由器各安装一个型号为“HWIC-2T”的串行接口模块。

❸ 选择串行线（Serial DTE）将两台路由器（Router0 和 Router1）的接口 Serial0/0/0（Se0/0/0）连接起来。

❹ 选择“自动选择连接类型”，由 Packet Tracer 软件自动为待连接的网络设备选择用于连接的接口以及相应的传输介质，然后将相关网络设备互连即可。

2. 查看并标注路由器相关接口名称（接口号）

为了方便给各路由器相关接口配置 IP 地址和子网掩码，建议将各路由器相关接口的接口名称（接口号）标注在它们各自的旁边。

具体操作见实验 4-2 的相关说明。

3. 标注IP地址、子网掩码以及默认网关的IP地址

建议将表 4-32 给出的需要给各计算机配置的 IP 地址、子网掩码以及默认网关的 IP 地址标注在它们各自的旁边；将表 4-33 给出的需要给各路由器相关接口配置的 IP 地址和子网掩码标注在各接口的旁边。

上述操作的目的在于方便给各网络设备配置网络参数、方便进行网络测试以及方便观察实验现象。

4. 配置IP地址、子网掩码以及默认网关的IP地址

（1）给各计算机配置 IP 地址、子网掩码以及默认网关的 IP 地址。

请按表 4-32 所给的内容，通过各计算机的图形用户界面分别给计算机 PC0、PC1 配置 IP 地址、子网掩码以及默认网关的 IP 地址。

（2）给各路由器相关接口配置 IP 地址和子网掩码。

请按表 4-33 所给的内容，在路由器 Router0 的命令行中使用以下相关 IOS 命令，给其接口 Gig0/0（GigabitEthernet0/0）、Gig0/1（GigabitEthernet0/1）、Se0/0/0（Serial0/0/0）分别配置相应的 IP 地址和子网掩码。

```
Router>enable                                       //从用户执行模式进入特权执行模式
Router#configure terminal                           //从特权执行模式进入全局配置模式
Router(config)#interface GigabitEthernet0/0         //进入接口 GigabitEthernet0/0 的配置模式
Router(config-if)#ip address 192.168.0.254 255.255.255.0   //配置接口的 IPv4 地址和子网掩码
Router(config-if)#no shutdown                       //开启接口
Router(config-if)# interface GigabitEthernet0/1     //进入接口 GigabitEthernet0/1 的配置模式
Router(config-if)#ip address 10.0.0.1 255.0.0.0     //配置接口的 IPv4 地址和子网掩码
Router(config-if)#no shutdown                       //开启接口
Router(config-if)# interface Serial0/0/0            //进入接口 Serial0/0/0 的配置模式
Router(config-if)#ip address 30.0.0.1 255.0.0.0     //配置接口的 IPv4 地址和子网掩码
Router(config-if)#no shutdown                       //开启接口
Router(config-if)#exit                              //退出接口配置模式回到全局配置模式
Router(config)#                                     //全局配置模式
```

请按表 4-33 所给的内容，在路由器 Router1 的命令行中使用以下相关 IOS 命令，给

其 接 口 Gig0/0（GigabitEthernet0/0）、Gig0/1（GigabitEthernet0/1）、Se0/0/0（Serial0/0/0）分别配置相应的 IP 地址和子网掩码。

```
Router>enable                                      // 从用户执行模式进入特权执行模式
Router#configure terminal                          // 从特权执行模式进入全局配置模式
Router(config)#interface GigabitEthernet0/0        // 进入接口 GigabitEthernet0/0 的配置模式
Router(config-if)#ip address 192.168.1.254 255.255.255.0  // 配置接口的 IPv4 地址和子网掩码
Router(config-if)#no shutdown                      // 开启接口
Router(config-if)# interface GigabitEthernet0/1    // 进入接口 GigabitEthernet0/1 的配置模式
Router(config-if)#ip address 20.0.0.1 255.0.0.0    // 配置接口的 IPv4 地址和子网掩码
Router(config-if)#no shutdown                      // 开启接口
Router(config-if)# interface Serial0/0/0           // 进入接口 Serial0/0/0 的配置模式
Router(config-if)#ip address 30.0.0.2 255.0.0.0    // 配置接口的 IPv4 地址和子网掩码
Router(config-if)#no shutdown                      // 开启接口
Router(config-if)#exit                             // 退出接口配置模式回到全局配置模式
Router(config)#                                    // 全局配置模式
```

请按表 4-33 所给的内容，在路由器 Router2 的命令行中使用以下相关 IOS 命令，给其接口 Gig0/0（GigabitEthernet0/0）、Gig0/1（GigabitEthernet0/1）分别配置相应的 IP 地址和子网掩码。

```
Router>enable                                      // 从用户执行模式进入特权执行模式
Router#configure terminal                          // 从特权执行模式进入全局配置模式
Router(config)#interface GigabitEthernet0/0        // 进入接口 GigabitEthernet0/0 的配置模式
Router(config-if)#ip address 10.0.0.2 255.0.0.0    // 配置接口的 IPv4 地址和子网掩码
Router(config-if)#no shutdown                      // 开启接口
Router(config-if)# interface GigabitEthernet0/1    // 进入接口 GigabitEthernet0/1 的配置模式
Router(config-if)#ip address 20.0.0.2 255.0.0.0    // 配置接口的 IPv4 地址和子网掩码
Router(config-if)#no shutdown                      // 开启接口
Router(config-if)#exit                             // 退出接口配置模式回到全局配置模式
Router(config)#                                    // 全局配置模式
```

5. 启用各路由器的路由信息协议RIPv1

（1）启用路由器 Router0 的路由信息协议 RIPv1。

请按表 4-34 所给的内容，在路由器 Router0 的命令行中使用以下相关 IOS 命令，启用 Router0 的路由信息协议 RIPv1，并通告 Router0 的直连网络。

```
Router(config)#router rip                          // 配置 RIP
Router(config-router)#network 192.168.0.0          // 通告路由器自己的直连网络地址 192.168.0.0
Router(config-router)#network 10.0.0.0             // 通告路由器自己的直连网络地址 10.0.0.0
Router(config-router)#network 30.0.0.0             // 通告路由器自己的直连网络地址 30.0.0.0
Router(config-router)#end                          // 退出到特权执行模式
Router#                                            // 特权执行模式
```

（2）启用路由器 Router1 的路由信息协议 RIPv1。

请按表 4-34 所给的内容，在路由器 Router1 的命令行中使用以下相关 IOS 命令，启用 Router1 的路由信息协议 RIPv1，并通告 Router1 的直连网络。

```
Router(config)#router rip                          // 配置 RIP
Router(config-router)#network 192.168.1.0          // 通告路由器自己的直连网络地址 192.168.1.0
Router(config-router)#network 20.0.0.0             // 通告路由器自己的直连网络地址 20.0.0.0
Router(config-router)#network 30.0.0.0             // 通告路由器自己的直连网络地址 30.0.0.0
Router(config-router)#end                          // 退出到特权执行模式
Router#                                            // 特权执行模式
```

（3）启用路由器 Router2 的路由信息协议 RIPv1。

请按表 4-34 所给的内容，在路由器 Router2 的命令行中使用以下相关 IOS 命令，启用 Router2 的路由信息协议 RIPv1，并通告 Router2 的直连网络。

```
Router(config)#router rip                      //配置 RIP
Router(config-router)#network 10.0.0.0         //通告路由器自己的直连网络地址 10.0.0.0
Router(config-router)#network 20.0.0.0         //通告路由器自己的直连网络地址 20.0.0.0
Router(config-router)#end                      //退出到特权执行模式
Router#                                        //特权执行模式
```

6. 查看各路由器的路由表

（1）查看路由器 Router0 的路由表。

进入路由器 Router0 的命令行，在特权执行模式下使用“show ip route”命令查看 Router0 的路由表，如图 4-40 所示。

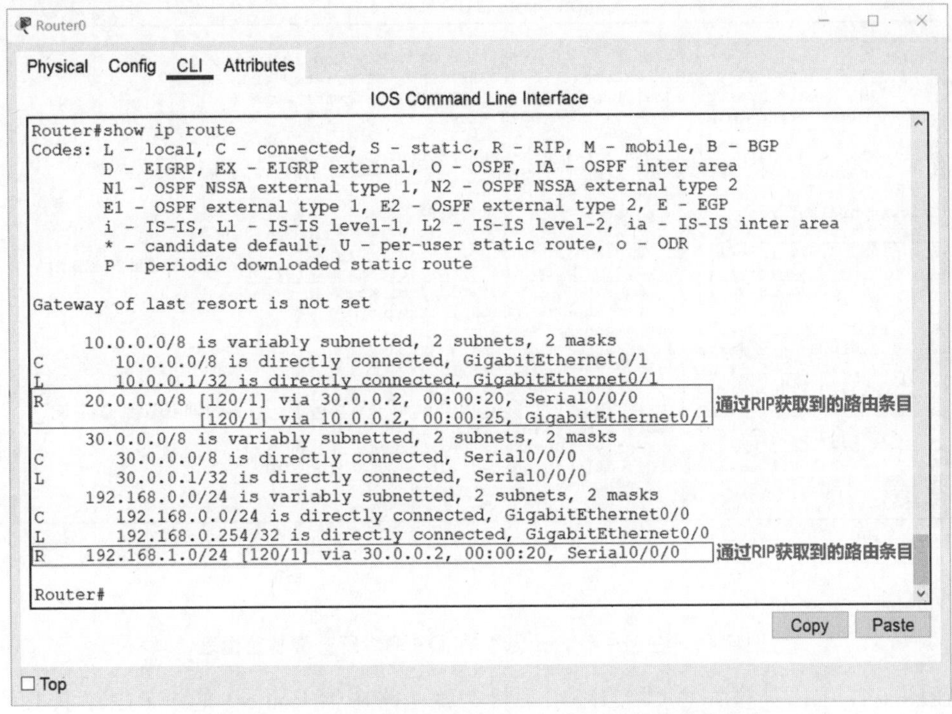

图 4-40　在路由器 Router0 的 IOS 命令行查看其路由表

在图 4-40 中，类型为“R”的路由条目，就是路由器 Router0 通过 RIPv1 获取到的、分别去往非直连网络 20.0.0.0/8 和 192.168.1.0/24 的路由条目。

当去往网络 192.168.1.0/24 的 IP 数据报进入 Router0 后，Router0 会从自己的接口 Serial0/0/0 转发该 IP 数据报，下一跳为 Router1 的接口 Serial0/0/0 的 IP 地址 30.0.0.2。度量（Metric）为“[120/1]”，其中 120 表示 RIP 协议（110 表示 OSPF 协议），称为管理距离，可把管理距离看作可信程度或优先级。例如，如果到达同一目的网络有两条路由条目，一条是 RIP 得出的，另一条是 OSPF 得出的，则路由器会选择 OSPF 得出的那条路由条目，因为它的管理距离更短（即更可信或优先级更高）。“[120/1]”中的 1 是 RIP 距离，表明从路由器 0 到达目的网络 192.168.1.0/24 的 RIP 距离为 1。需要说明的是，思科在实现 RIP 时将到达直连网络的 RIP 距离定义为 0 而不是 1，只是在发送路由条目时将其 RIP 距离加 1 后再发送。

对于网络 20.0.0.0/8，Router0 有两条等价的 RIP 路由：一条是从 Router0 的接口 GigabitEthernet0/1 进行转发，下一跳为 Router2 的接口 GigabitEthernet0/0 的 IP 地址 10.0.0.2，RIP 距离为 1；另一条是从 Router0 的接口 Serial0/0/0 进行转发，下一跳为 Router1 的接口 Serial0/0/0 的 IP 地址 30.0.0.2，RIP 距离也为 1。

（2）查看路由器 Router1 的路由表。

进入路由器 Router1 的命令行，在特权执行模式下使用“show ip route”命令查看 Router1 的路由表，如图 4-41 所示。

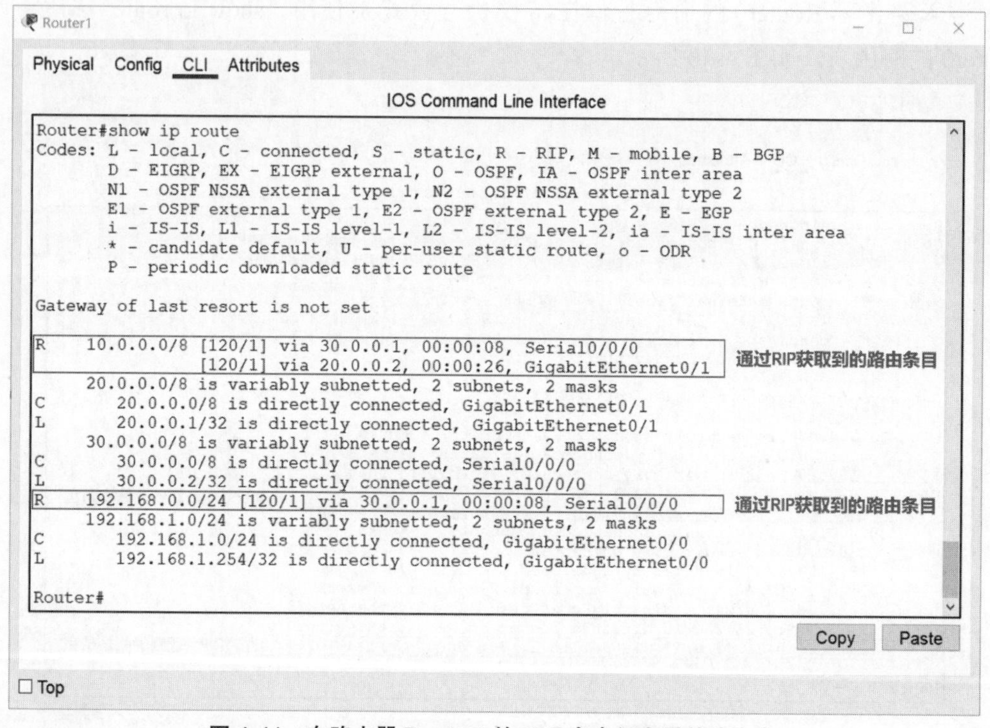

图 4-41 在路由器 Router1 的 IOS 命令行查看其路由表

在图 4-41 中，类型为“R”的路由条目，就是路由器 Router1 通过 RIPv1 获取到的、分别去往非直连网络 10.0.0.0/8 和 192.168.0.0/24 的路由条目，其具体含义请参看之前对 Router0 相关路由条目的解释。

（3）查看路由器 Router2 的路由表。

进入路由器 Router2 的命令行，在特权执行模式下使用“show ip route”命令查看 Router2 的路由表，如图 4-42 所示。

在图 4-42 中，类型为“R”的路由条目，就是路由器 Router2 通过 RIPv1 获取到的、分别去往非直连网络 30.0.0.0/8、192.168.0.0/24、192.168.1.0/24 的路由条目，其具体含义请参看之前对 Router0 相关路由条目的解释。

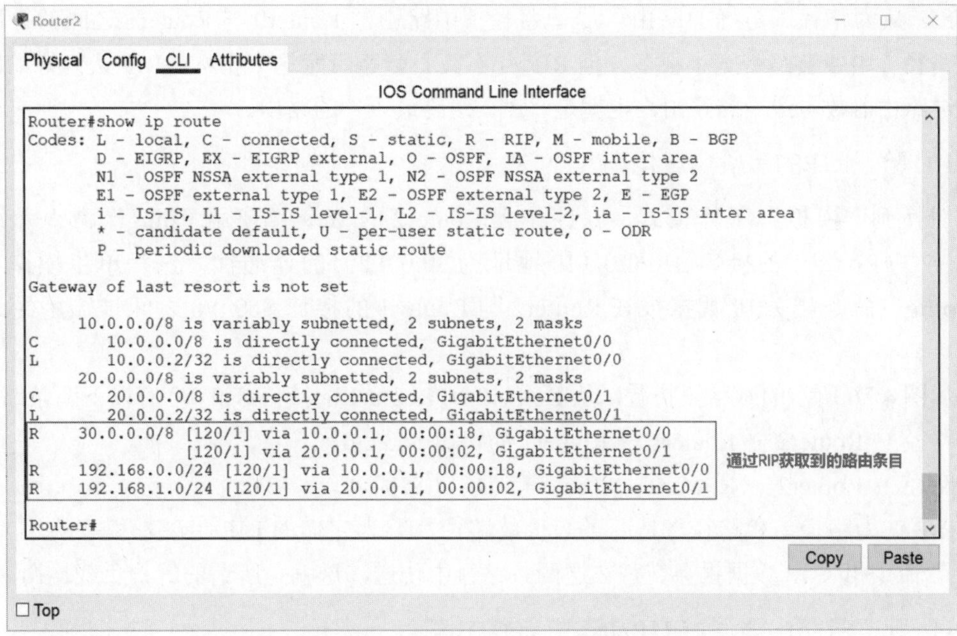

图 4-42　在路由器 Router2 的 IOS 命令行查看其路由表

7. 选择要监视的网络协议

本实验需要监视路由信息协议（RIP）和网际控制报文协议（ICMP）。

8. 网络连通性测试

切换到**“实时”工作模式**，在计算机 PC0 的命令行使用“ping”命令，测试 PC0 与 PC1 之间的连通性，这样做的目的主要有以下几个：

- 测试网络拓扑是否构建成功。
- 测试 PC0、PC1 各自的 IP 地址、子网掩码以及默认网关的 IP 地址是否配置正确。
- 测试路由器 Router0、Router1、Router2 各自相关接口的 IP 地址和子网掩码是否配置正确。
- 测试路由器 Router0、Router1、Router2 各自的路由信息协议是否正确启用。
- 让相关 PC 与路由器之间、相关路由器之间都获取到对方相关接口的 MAC 地址，以免在后续过程中出现“通过 ARP 查找已知 IP 地址所对应的 MAC 地址”这一过程，影响用户对实验现象的观察。

9. 验证RIP认为好的路由是“RIP距离最短”的路由

切换到**“模拟”工作模式**，使用工作区工具箱中的“Add Simple PDU”（添加简单的 PDU）工具，让计算机 PC0 给 PC1 发送单播 IP 数据报，进行**单步模拟**，观察该数据报从 PC0 到 PC1 所经过的路径。

从图 4-36 所示的网络拓扑看，从 PC0 到 PC1 有以下两条路径：

路径 1：PC0 → Router0 → Router1 → PC1。

路径 2：PC0 → Router0 → Router2 → Router1 → PC1。

RIP 认为路径 1 是好的路由。尽管路径 1 中路由器 Router0 与 Router1 之间的链路带宽比路径 2 中各链路带宽小很多，但 RIP 并不关心链路带宽这个指标，RIP 认为好的路由是经过路由器数量最少的路由，也就是“RIP 距离最短”的路由。

10. 验证RIP的等价负载均衡

切换到**“模拟”工作模式**，在路由器 Router2 的命令行使用“ping”命令，测试 Router2 与 Router1 的接口 Se0/0/0（IP 地址为 30.0.0.2）的连通性，进行**单步模拟**，观察“ping”命令相关 IP 数据报在 Router2 与 Router1 的接口 Se0/0/0 之间传输所经过的路径。

从图 4-36 所示的网络拓扑看，从 Router2 到 Router1 的接口 Se0/0/0 有以下两条路径：

路径 1：Router2 → Router1 → Router1 的接口 Se0/0/0。

路径 2：Router2 → Router0 → Router1 的接口 Se0/0/0。

RIP 认为路径 1 和路径 2 是两条等价的路由，因为它们的 RIP 距离是相等的。因此，“ping”命令相关 IP 数据报会交替在这两条路径中传送，这就是所谓的等价负载均衡。

11. 观察各路由器通过RIP动态更新路由表

使用 RIP 的路由器，会周期性地（每隔约 30 秒）向其邻居路由器发送 RIP 更新报文，RIP 更新报文包含有路由器的路由表内容。收到 RIP 更新报文的邻居路由器，会根据 RIP 更新报文中的路由表内容，基于距离向量算法来更新自己的路由表内容。

切换到**“实时模式”**，在路由器的命令行界面中输入以下 IOS 命令，可以查看 RIP 更新的动态过程。

```
Router#debug ip rip                                    //查看 RIP 更新的动态过程
```

查看路由器 Router0 的 RIP 更新过程，如图 4-43 所示。

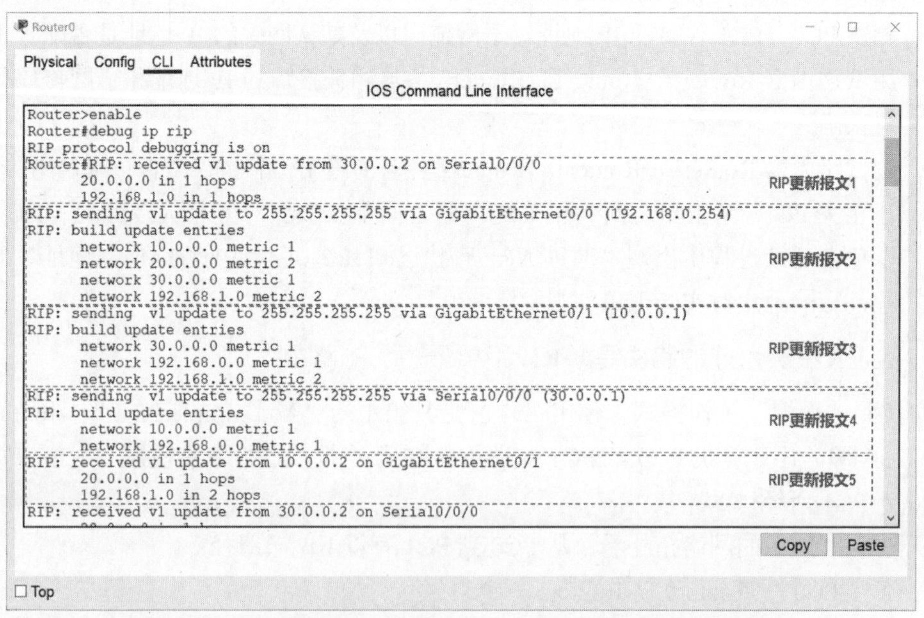

图 4-43 在路由器 Router0 的 IOS 命令行查看其 RIP 更新过程

在图 4-43 中，各 RIP 更新报文被封装在目的 IP 地址为 255.255.255.255 的广播 IP 数据报中，含义如下：

（1）RIP 更新报文 1，这是路由器 Router0 从自己的接口 Serial0/0/0 收到的、来自 IP 地址 30.0.0.2（即 Router1 的接口 Serial0/0/0）的 RIP 更新报文。该 RIP 更新报文所包含的路由信息为：到达网络 20.0.0.0 有 1 跳，到达网络 192.168.1.0 有 1 跳。

（2）RIP 更新报文 2，这是路由器 Router0 从自己的接口 GigabitEthernet0/0（IP 地址为 192.168.0.254）发送的 RIP 更新报文。该 RIP 更新报文所包含的路由信息为：到达网络 10.0.0.0 的度量为 1，到达网络 20.0.0.0 的度量为 2，到达网络 30.0.0.0 的度量为 1，到达网络 192.168.1.0 的度量为 2。

（3）RIP 更新报文 3，这是路由器 Router0 从自己的接口 GigabitEthernet0/1（IP 地址为 10.0.0.1）发送的 RIP 更新报文。该 RIP 更新报文所包含的路由信息为：到达网络 30.0.0.0 的度量为 1，到达网络 192.168.0.0 的度量为 1，到达网络 192.168.1.0 的度量为 2。

（4）RIP 更新报文 4，这是路由器 Router0 从自己的接口 Serial0/0/0（IP 地址为 30.0.0.1）发送的 RIP 更新报文。该 RIP 更新报文所包含的路由信息为：到达网络 10.0.0.0 的度量为 1，到达网络 192.168.0.0 的度量为 1。

（5）RIP 更新报文 5，这是路由器 Router0 从自己的接口 GigabitEthernet0/1（IP 地址为 10.0.0.1）收到的、来自 IP 地址 10.0.0.2（即 Router2 的接口 GigabitEthernet0/0）的 RIP 更新报文。该 RIP 更新报文所包含的路由信息为：到达网络 20.0.0.0 有 1 跳，到达网络 192.168.1.0 有 2 跳。

由于查看 RIP 更新的动态过程会永久持续下去，因此在不需要查看该过程时，可在路由器的命令行界面中输入以下 IOS 命令，关闭查看 RIP 更新的动态过程。

```
Router#no debug ip rip                          //关闭查看 RIP 更新的动态过程
```

请读者参照上述方法，分别查看路由器 Router1 和 Router2 的 RIP 更新过程。

12. 关闭路由器的路由信息协议RIPv1

在不需要路由器运行 RIP 时，可在路由器的命令行界面中输入以下 IOS 命令来关闭 RIPv1，这同时会删除路由表中的 RIP 路由条目。

```
Router#configure terminal                       //从特权执行模式进入全局配置模式
Router(config)#no router rip                    //关闭 RIP
```

4.10　实验 4-10　路由信息协议 RIPv2 与 RIPv1 的对比

4.10.1　实验目的

- 验证 RIPv1 是有类路由协议，不支持变长子网掩码（VLSM）；RIPv2 是无类路由协议，支持 VLSM。
- 验证 RIPv1 广播发送 RIP 更新报文，RIPv2 组播发送 RIP 更新报文。

4.10.2 预备知识

1. 路由信息协议RIPv2与RIPv1的对比

现在较新的 RIP 版本是 1998 年 11 月公布的 RIPv2[RFC 2453]，它已经成为因特网标准协议。与 RIPv1 相比，RIPv2 支持**可变长子网掩码**（VLSM）和**无分类域间路由选择**（CIDR）。另外，RIPv2 还提供简单的**鉴别**过程并支持**多播**。

有关 RIP 的相关介绍，请参看《深入浅出计算机网络（微课视频版）》教材 4.4.3 节。

2. Packet Tracer软件中的相关操作

本实验所涉及的 Packet Tracer 软件中的相关操作，请参看 1.2 节的相关内容。

4.10.3 实验设备

表 4-35 给出了本实验所需的网络设备。

表 4-35　实验 4-10 所需的网络设备

网络设备	型　号	数　量	备　注
计算机	PC-PT	2	无
路由器	2911	3	需要给其中两台安装“HWIC-2T”串行接口模块

4.10.4 实验拓扑

本实验的网络拓扑和网络参数如图 4-44 所示。

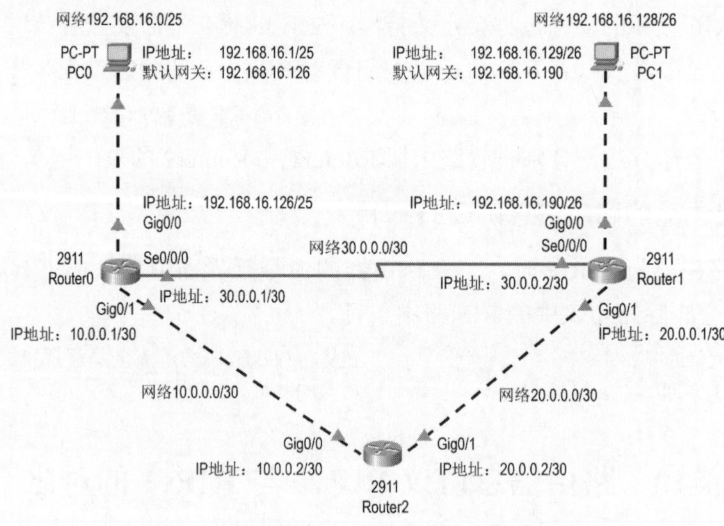

图 4-44　实验 4-10 的网络拓扑和网络参数

4.10.5 实验配置

表 4-36 给出了本实验中需要给各计算机配置的 IP 地址、子网掩码以及默认网关的 IP 地址。

表 4-36　实验 4-10 中需要给各计算机配置的 IP 地址、子网掩码以及默认网关的 IP 地址

网络设备	名　称	型　号	IP 地址	子网掩码	默认网关的 IP 地址
计算机	PC0	PC-PT	192.168.16.1	255.255.255.128（/25）	192.168.16.126
计算机	PC1	PC-PT	192.168.16.129	255.255.255.192（/26）	192.168.16.190

表 4-37 给出了本实验中需要给各路由器相关接口配置的 IP 地址和子网掩码。

表 4-37　实验 4-10 中需要给各路由器相关接口配置的 IP 地址和子网掩码

网络设备	名　称	型　号	接口	IP 地址	子网掩码
路由器	Router0	2911	Gig0/0	192.168.16.126	255.255.255.128（/25）
			Gig0/1	10.0.0.1	255.255.255.252（/30）
			Se0/0/0	30.0.0.1	255.255.255.252（/30）
路由器	Router1	2911	Gig0/0	192.168.16.190	255.255.255.192（/26）
			Gig0/1	20.0.0.1	255.255.255.252（/30）
			Se0/0/0	30.0.0.2	255.255.255.252（/30）
路由器	Router2	2911	Gig0/0	10.0.0.2	255.255.255.252（/30）
			Gig0/1	20.0.0.2	255.255.255.252（/30）

表 4-38 给出了本实验中各路由器需要启用的路由选择协议和需要通告的直连网络。

表 4-38　实验 4-10 中各路由器需要启用的路由选择协议和需要通告的直连网络

网络设备	名　称	型　号	需要启用的路由选择协议	需要通告的直连网络
路由器	Router0	2911	RIPv2	192.168.16.0
				10.0.0.0
				30.0.0.0
路由器	Router1	2911	RIPv2	192.168.16.128
				20.0.0.0
				30.0.0.0
路由器	Router2	2911	RIPv2	10.0.0.0
				20.0.0.0

4.10.6　实验步骤

本实验的流程图如图 4-45 所示。

1. 构建网络拓扑

请按以下步骤构建图 4-44 所示的网络拓扑：

❶ 选择并拖动表 4-35 给出的本实验所需的网络设备到逻辑工作区。

❷ 给两台型号为 2911 的路由器各安装一个型号为“HWIC-2T”的串行接口模块。

❸ 选择串行线（Serial DTE）将两台路由器（Router0 和 Router1）的接口 Serial0/0/0（Se0/0/0）连接起来。

❹ 选择“自动选择连接类型”，由 Packet Tracer 软件自动为待连接的网络设备选择用

于连接的接口以及相应的传输介质，然后将相关网络设备互连即可。

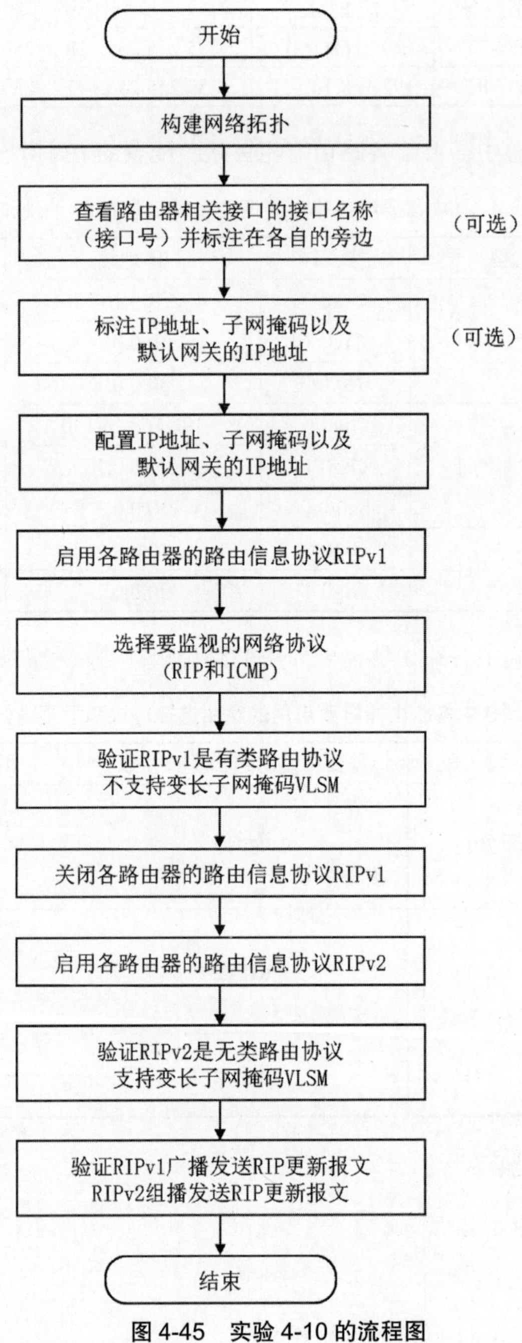

图 4-45　实验 4-10 的流程图

2. 查看并标注路由器相关接口名称（接口号）

为了方便给各路由器相关接口配置 IP 地址和子网掩码，建议将各路由器相关接口的接口名称（接口号）标注在它们各自的旁边。

具体操作见实验 4-2 的相关说明。

3. 标注IP地址、子网掩码以及默认网关的IP地址

建议将表 4-36 给出的需要给各计算机配置的 IP 地址、子网掩码以及默认网关的 IP 地址标注在它们各自的旁边；将表 4-37 给出的需要给各路由器相关接口配置的 IP 地址和子网掩码标注在各接口的旁边。

上述操作的目的在于方便给各网络设备配置网络参数、方便进行网络测试以及方便观察实验现象。

4. 配置IP地址、子网掩码以及默认网关的IP地址

（1）给各计算机配置 IP 地址、子网掩码以及默认网关的 IP 地址。

请按表 4-36 所给的内容，通过各计算机的图形用户界面分别给计算机 PC0、PC1 配置 IP 地址、子网掩码以及默认网关的 IP 地址。

（2）给各路由器相关接口配置 IP 地址和子网掩码。

请按表 4-37 所给的内容，在路由器 Router0 的命令行中使用以下相关 IOS 命令，给其接口 Gig0/0（GigabitEthernet0/0）、Gig0/1（GigabitEthernet0/1）、Se0/0/0（Serial0/0/0）分别配置相应的 IP 地址和子网掩码。

```
Router>enable                                          // 从用户执行模式进入特权执行模式
Router#configure terminal                              // 从特权执行模式进入全局配置模式
Router(config)#interface GigabitEthernet0/0            // 进入接口 GigabitEthernet0/0 的配置模式
Router(config-if)#ip address 192.168.16.126 255.255.255.128   // 配置接口的 IPv4 地址和子网掩码
Router(config-if)#no shutdown                          // 开启接口
Router(config-if)# interface GigabitEthernet0/1        // 进入接口 GigabitEthernet0/1 的配置模式
Router(config-if)#ip address 10.0.0.1 255.255.255.252 // 配置接口的 IPv4 地址和子网掩码
Router(config-if)#no shutdown                          // 开启接口
Router(config-if)# interface Serial0/0/0               // 进入接口 Serial0/0/0 的配置模式
Router(config-if)#ip address 30.0.0.1 255.255.255.252 // 配置接口的 IPv4 地址和子网掩码
Router(config-if)#no shutdown                          // 开启接口
Router(config-if)#exit                                 // 退出接口配置模式回到全局配置模式
Router(config)#                                        // 全局配置模式
```

请按表 4-37 所给的内容，在路由器 Router1 的命令行中使用以下相关 IOS 命令，给其接口 Gig0/0（GigabitEthernet0/0）、Gig0/1（GigabitEthernet0/1）、Se0/0/0（Serial0/0/0）分别配置相应的 IP 地址和子网掩码。

```
Router>enable                                          // 从用户执行模式进入特权执行模式
Router#configure terminal                              // 从特权执行模式进入全局配置模式
Router(config)#interface GigabitEthernet0/0            // 进入接口 GigabitEthernet0/0 的配置模式
Router(config-if)#ip address 192.168.16.190 255.255.255.192   // 配置接口的 IPv4 地址和子网掩码
Router(config-if)#no shutdown                          // 开启接口
Router(config-if)# interface GigabitEthernet0/1        // 进入接口 GigabitEthernet0/1 的配置模式
Router(config-if)#ip address 20.0.0.1 255.255.255.252 // 配置接口的 IPv4 地址和子网掩码
Router(config-if)#no shutdown                          // 开启接口
Router(config-if)# interface Serial0/0/0               // 进入接口 Serial0/0/0 的配置模式
Router(config-if)#ip address 30.0.0.2 255.255.255.252 // 配置接口的 IPv4 地址和子网掩码
Router(config-if)#no shutdown                          // 开启接口
Router(config-if)#exit                                 // 退出接口配置模式回到全局配置模式
Router(config)#                                        // 全局配置模式
```

请按表 4-37 所给的内容，在路由器 Router2 的命令行中使用以下相关 IOS 命令，给其接口 Gig0/0（GigabitEthernet0/0）、Gig0/1（GigabitEthernet0/1）分别配置相应的 IP 地址

和子网掩码。

```
Router>enable                                          //从用户执行模式进入特权执行模式
Router#configure terminal                              //从特权执行模式进入全局配置模式
Router(config)#interface GigabitEthernet0/0            //进入接口 GigabitEthernet0/0 的配置模式
Router(config-if)#ip address 10.0.0.2 255.255.255.252  //配置接口的 IPv4 地址和子网掩码
Router(config-if)#no shutdown                          //开启接口
Router(config-if)# interface GigabitEthernet0/1        //进入接口 GigabitEthernet0/1 的配置模式
Router(config-if)#ip address 20.0.0.2 255.255.255.252  //配置接口的 IPv4 地址和子网掩码
Router(config-if)#no shutdown                          //开启接口
Router(config-if)#exit                                 //退出接口配置模式回到全局配置模式
Router(config)#                                        //全局配置模式
```

5. 启用各路由器的路由信息协议RIPv1

（1）启用路由器 Router0 的路由信息协议 RIPv1。

请按表 4-38 所给的内容，在路由器 Router0 的命令行中使用以下相关 IOS 命令，启用 Router0 的路由信息协议 RIPv1，并通告 Router0 的直连网络。

```
Router(config)#router rip                              //配置 RIP
Router(config-router)#network 192.168.16.0             //通告路由器自己的直连网络地址 192.168.16.0
Router(config-router)#network 10.0.0.0                 //通告路由器自己的直连网络地址 10.0.0.0
Router(config-router)#network 30.0.0.0                 //通告路由器自己的直连网络地址 30.0.0.0
Router(config-router)#exit                             //退出到全局配置模式
Router(config)#                                        //全局配置模式
```

（2）启用路由器 Router1 的路由信息协议 RIPv1。

请按表 4-38 所给的内容，在路由器 Router1 的命令行中使用以下相关 IOS 命令，启用 Router1 的路由信息协议 RIPv1，并通告 Router1 的直连网络。

```
Router(config)#router rip                              //配置 RIP
Router(config-router)#network 192.168.16.128           //通告路由器自己的直连网络地址 192.168.16.128
Router(config-router)#network 20.0.0.0                 //通告路由器自己的直连网络地址 20.0.0.0
Router(config-router)#network 30.0.0.0                 //通告路由器自己的直连网络地址 30.0.0.0
Router(config-router)#exit                             //退出到全局配置模式
Router(config)#                                        //全局配置模式
```

（3）启用路由器 Router2 的路由信息协议 RIPv1。

请按表 4-38 所给的内容，在路由器 Router2 的命令行中使用以下相关 IOS 命令，启用 Router2 的路由信息协议 RIPv1，并通告 Router2 的直连网络。

```
Router(config)#router rip                              //配置 RIP
Router(config-router)#network 10.0.0.0                 //通告路由器自己的直连网络地址 10.0.0.0
Router(config-router)#network 20.0.0.0                 //通告路由器自己的直连网络地址 20.0.0.0
Router(config-router)#exit                             //退出到全局配置模式
Router(config)#                                        //全局配置模式
```

6. 选择要监视的网络协议

本实验需要监视路由信息协议（RIP）和网际控制报文协议（ICMP）。

7. 验证RIPv1是有类路由协议，不支持变长子网掩码

切换到 **“实时”工作模式**，在计算机 PC0 的命令行使用“ping”命令，测试 PC0 与 PC1 之间的连通性，测试结果应该为无法通信。这是因为 RIPv1 是有类路由协议，不支持变长子网掩码（VLSM），而本实验中各计算机和各路由器相关接口采用了无分类编址的

IPv4 地址，这属于 VLSM，应该启用路由器的 RIPv2，因为 RIPv2 是无类路由协议，支持 VLSM。

8. 关闭各路由器的路由信息协议RIPv1

请分别在路由器 Router0、Router1、Router2 的命令行界面中输入以下 IOS 命令，来关闭它们各自的路由信息协议 RIPv1，这同时会删除它们各自路由表中的 RIP 路由条目。

```
Router(config)#no router rip                          // 关闭 RIP
```

9. 启用各路由器的路由信息协议RIPv2

（1）启用路由器 Router0 的路由信息协议 RIPv2。

请按表 4-38 所给的内容，在路由器 Router0 的命令行中使用以下相关 IOS 命令，启用 Router0 的路由信息协议 RIPv2，并通告 Router0 的直连网络。

```
Router(config)#router rip                              // 配置 RIP
Router(config-router)#version 2                        // 设置 RIP 的版本为 2
Router(config-router)#no auto-summary                  // 关闭自动汇总
Router(config-router)#network 192.168.16.0             // 通告路由器自己的直连网络地址 192.168.16.0
Router(config-router)#network 10.0.0.0                 // 通告路由器自己的直连网络地址 10.0.0.0
Router(config-router)#network 30.0.0.0                 // 通告路由器自己的直连网络地址 30.0.0.0
Router(config-router)#exit                             // 退出到全局配置模式
Router(config)#                                        // 全局配置模式
```

（2）启用路由器 Router1 的路由信息协议 RIPv2。

请按表 4-38 所给的内容，在路由器 Router1 的命令行中使用以下相关 IOS 命令，启用 Router1 的路由信息协议 RIPv2，并通告 Router1 的直连网络。

```
Router(config)#router rip                              // 配置 RIP
Router(config-router)#version 2                        // 设置 RIP 的版本为 2
Router(config-router)#no auto-summary                  // 关闭自动汇总
Router(config-router)#network 192.168.16.128           // 通告路由器自己的直连网络地址 192.168.16.128
Router(config-router)#network 20.0.0.0                 // 通告路由器自己的直连网络地址 20.0.0.0
Router(config-router)#network 30.0.0.0                 // 通告路由器自己的直连网络地址 30.0.0.0
Router(config-router)#exit                             // 退出到全局配置模式
Router(config)#                                        // 全局配置模式
```

（3）启用路由器 Router2 的路由信息协议 RIPv2。

请按表 4-38 所给的内容，在路由器 Router2 的命令行中使用以下相关 IOS 命令，启用 Router2 的路由信息协议 RIPv2，并通告 Router2 的直连网络。

```
Router(config)#router rip                              // 配置 RIP
Router(config-router)#version 2                        // 设置 RIP 的版本为 2
Router(config-router)#no auto-summary                  // 关闭自动汇总
Router(config-router)#network 10.0.0.0                 // 通告路由器自己的直连网络地址 10.0.0.0
Router(config-router)#network 20.0.0.0                 // 通告路由器自己的直连网络地址 20.0.0.0
Router(config-router)#exit                             // 退出到全局配置模式
Router(config)#                                        // 全局配置模式
```

10. 验证RIPv2是无类路由协议，支持变长子网掩码

切换到 **“实时”工作模式**，在计算机 PC0 的命令行使用“ping”命令，测试 PC0 与 PC1 之间的连通性，测试结果应该为正常通信。这样就验证了 RIPv2 是无类路由协议，支

持变长子网掩码。如果测试结果为无法通信，则进行以下检查：

- 计算机 PC0、PC1 各自的 IP 地址、子网掩码以及默认网关的 IP 地址是否配置正确。
- 路由器 Router0、Router1、Router2 各自相关接口的 IP 地址和子网掩码是否配置正确。
- 路由器 Router0、Router1、Router2 各自的路由信息协议 RIPv2 是否正确启用。

11. 验证RIPv1广播发送RIP更新报文，RIPv2组播发送RIP更新报文

在实验 4-9 的实验步骤 11 中，已经验证过 RIPv1 广播发送 RIP 更新报文，即 RIP 更新报文被封装在目的 IP 地址为 255.255.255.255 的广播 IP 数据报中发送。

请参照实验 4-9 的实验步骤 11，验证 RIPv2 组播发送 RIP 更新报文，即 RIP 更新报文被封装在目的 IP 地址为 224.0.0.9 的组播 IP 数据报中发送。

4.11 实验 4-11 验证开放最短路径优先协议

4.11.1 实验目的

- 掌握开放最短路径优先（Open Shortest Path First，OSPF）协议的特点和配置。
- 验证 OSPF 是基于链路状态的，它认为好的路由是“路径代价最少”的路由。
- 验证 OSPF 的等价负载均衡。

4.11.2 预备知识

1. 开放最短路径优先OSPF的相关基本概念

OSPF 协议是为了克服路由信息协议（RIP）的缺点在 1989 年开发出来的。“开放”表明 OSPF 协议不是受某一厂商控制，而是公开发表的。“最短路径优先”是因为使用了 **Dijkstra 提出的最短路径算法**。

OSPF 是**基于链路状态**的，而不像 RIP 是基于距离向量的。OSPF 基于链路状态并采用最短路径算法计算路由，从算法上保证了**不会产生路由环路**。OSPF **不限制网络规模，更新效率高，收敛速度快**。

（1）链路状态。

链路状态是指本路由器都**和哪些路由器相邻**，以及相应**链路的“代价”**。“代价”用来表示费用、距离、时延和带宽等，这些都由网络管理人员来决定。

思科路由器中 OSPF 协议计算代价的方法是，100Mb/s 除以链路带宽，计算结果小于 1 的值仍记为 1，大于 1 且有小数的，舍去小数。

（2）邻居关系的建立和维护。

OSPF 相邻路由器之间通过交互**问候（Hello）分组**来建立和维护**邻居关系**。Hello 分

组直接封装在 IP 数据报中，发往组播地址 224.0.0.5。

Hello 分组的发送周期为 10 秒。若 40 秒仍未收到来自邻居路由器的问候分组，则认为该邻居路由器不可达。因此，每个路由器都会建立一张邻居表。

（3）链路状态通告。

使用 OSPF 的每个路由器都会产生**链路状态通告**（Link State Advertisement，LSA）。LSA 中包含以下两类链路状态信息：

- 直连网络的链路状态信息。
- 邻居路由器的链路状态信息。

（4）链路状态更新分组。

LSA 被封装在**链路状态更新分组**（Link State Update，LSU）中，采用**洪泛法**发送。

（5）链路状态数据库。

使用 OSPF 的每个路由器都有一个**链路状态数据库**（Link State Database，LSDB），用于存储 LSA。通过各路由器洪泛发送封装有各自 LSA 的链路状态更新分组（LSU），各路由器的 LSDB 最终将达到一致。

（6）基于 LSDB 进行最短路径优先计算。

使用 OSPF 的各路由器，基于 LSDB 进行最短路径优先计算，构建出各自到达其他各路由器的最短路径，即构建各自的路由表。

2. OSPF的五种分组类型

OSPF 包含以下五种分组类型：

- **问候**（Hello）分组：用来发现和维护邻居路由器的可达性。
- **数据库描述**（Database Description）分组：用来向邻居路由器给出自己的链路状态数据库中的所有链路状态项目的摘要信息。
- **链路状态请求**（Link State Request）分组：用来向邻居路由器请求发送某些链路状态项目的详细信息。
- **链路状态更新**（Link State Update）分组：路由器使用链路状态更新分组将其链路状态进行洪泛发送，即用洪泛法对整个系统更新链路状态。
- **链路状态确认**（Link State Acknowledgement）分组：是对链路状态更新分组的确认分组。

3. OSPF的基本工作过程

OSPF 的基本工作过程如图 4-46 所示。

有关 OSPF 协议的相关介绍，请参看《深入浅出计算机网络（微课视频版）》教材 4.4.4 节。

4. Packet Tracer软件中的相关操作

本实验所涉及的 Packet Tracer 软件中的相关操作，请参看 1.2 节的相关内容。

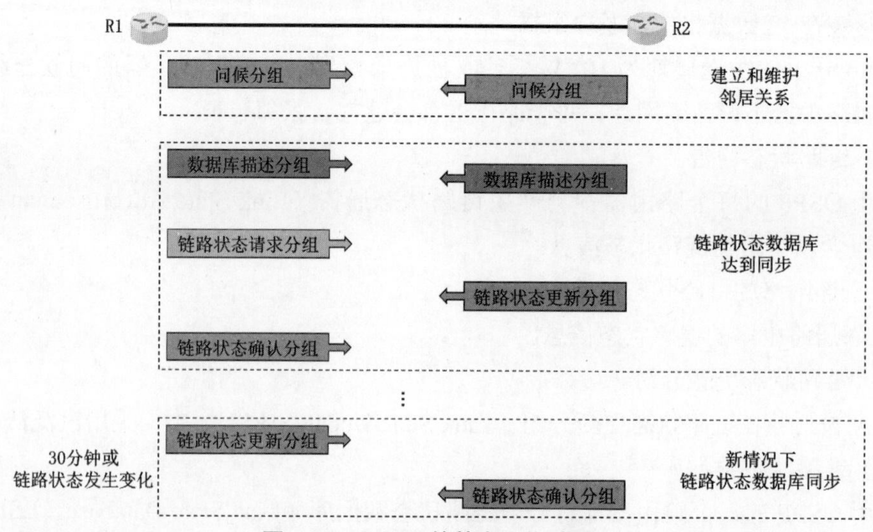

图 4-46 OSPF 的基本工作过程

4.11.3 实验设备

表 4-39 给出了本实验所需的网络设备。

表 4-39 实验 4-11 所需的网络设备

网络设备	型 号	数 量	备 注
计算机	PC-PT	2	无
路由器	2911	3	需要给其中两台安装“HWIC-2T”串行接口模块

4.11.4 实验拓扑

本实验的网络拓扑和网络参数如图 4-47 所示。

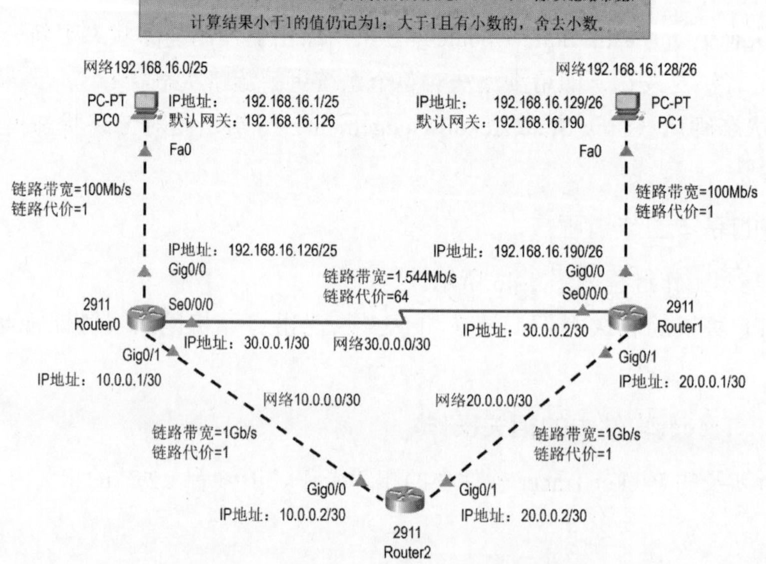

图 4-47 实验 4-11 的网络拓扑和网络参数

4.11.5　实验配置

表 4-40 给出了本实验中需要给各计算机配置的 IP 地址、子网掩码以及默认网关的 IP 地址。

表 4-40　实验 4-11 中需要给各计算机配置的 IP 地址、子网掩码以及默认网关的 IP 地址

网络设备	名　称	型　号	IP 地址	子网掩码	默认网关的 IP 地址
计算机	PC0	PC-PT	192.168.16.1	255.255.255.128（/25）	192.168.16.126
计算机	PC1	PC-PT	192.168.16.129	255.255.255.192（/26）	192.168.16.190

表 4-41 给出了本实验中需要给各路由器相关接口配置的 IP 地址和子网掩码。

表 4-41　实验 4-11 中需要给各路由器相关接口配置的 IP 地址和子网掩码

网络设备	名　称	型　号	接口	IP 地址	子网掩码
路由器	Router0	2911	Gig0/0	192.168.16.126	255.255.255.128（/25）
			Gig0/1	10.0.0.1	255.255.255.252（/30）
			Se0/0/0	30.0.0.1	255.255.255.252（/30）
路由器	Router1	2911	Gig0/0	192.168.16.190	255.255.255.192（/26）
			Gig0/1	20.0.0.1	255.255.255.252（/30）
			Se0/0/0	30.0.0.2	255.255.255.252（/30）
路由器	Router2	2911	Gig0/0	10.0.0.2	255.255.255.252（/30）
			Gig0/1	20.0.0.2	255.255.255.252（/30）

表 4-42 给出了本实验中需要给各路由器配置的 OSPF 相关内容。

表 4-42　实验 4-11 中需要给各路由器配置的 OSPF 相关内容

网络设备	名　称	OSPF 进程号	需要通告的直连网络	需要通告的反子网掩码	OSPF 区域（area）标识符
路由器	Router0	100	192.168.16.0	0.0.0.127	0
			10.0.0.0	0.0.0.3	0
			30.0.0.0	0.0.0.3	0
路由器	Router1	100	192.168.16.128	0.0.0.63	0
			20.0.0.0	0.0.0.3	0
			30.0.0.0	0.0.0.3	0
路由器	Router2	100	10.0.0.0	0.0.0.3	0
			20.0.0.0	0.0.0.3	0

4.11.6　实验步骤

本实验的流程图如图 4-48 所示。

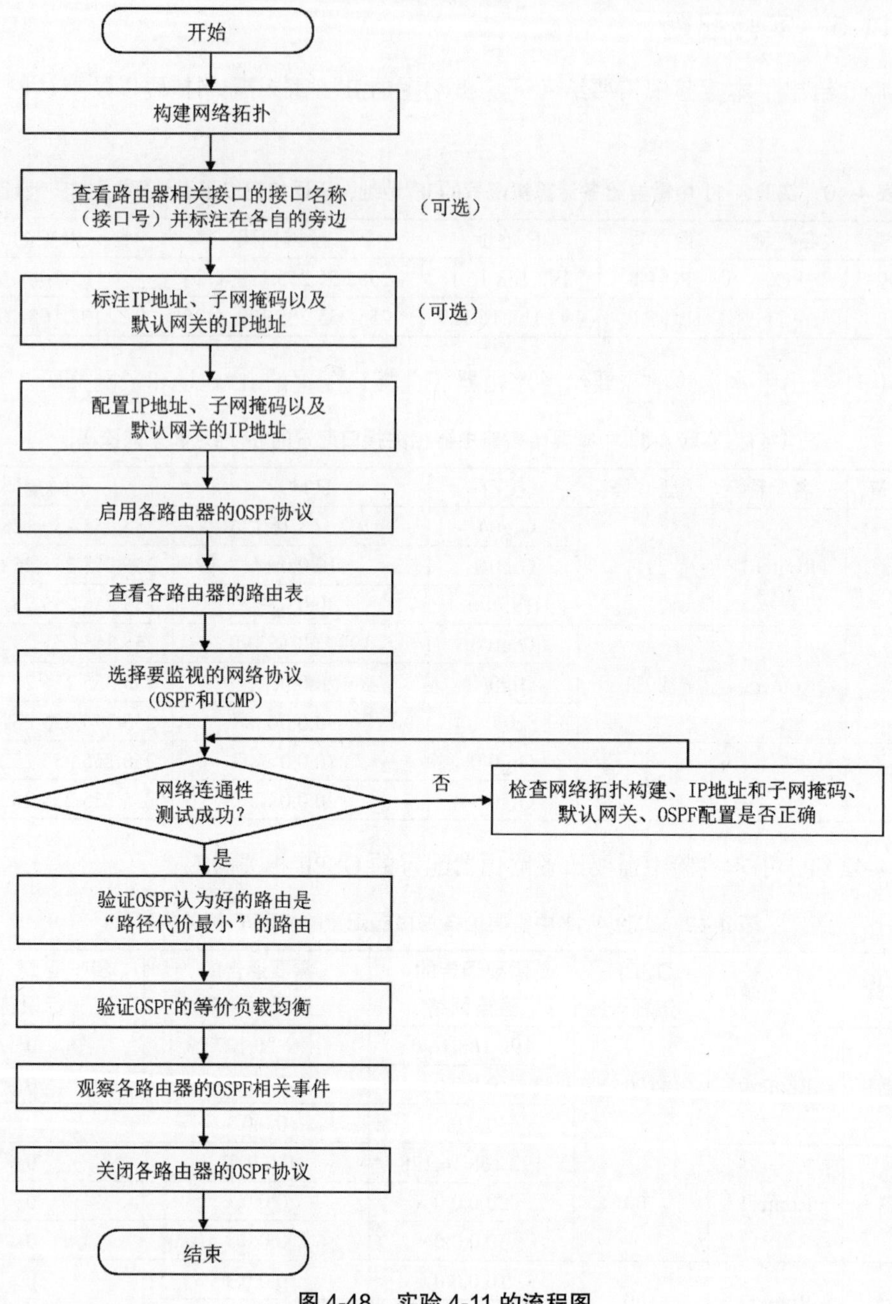

图 4-48 实验 4-11 的流程图

1. 构建网络拓扑

请按以下步骤构建图 4-47 所示的网络拓扑：

❶ 选择并拖动表 4-39 给出的本实验所需的网络设备到逻辑工作区。

❷ 给两台型号为 2911 的路由器各安装一个型号为“HWIC-2T”的串行接口模块。

❸ 选择串行线（Serial DTE）将两台路由器（Router0 和 Router1）的接口 Serial0/0/0

（Se0/0/0）连接起来。

❹ 选择“自动选择连接类型”，由 Packet Tracer 软件自动为待连接的网络设备选择用于连接的接口以及相应的传输介质，然后将相关网络设备互连即可。

2. 查看并标注路由器相关接口名称（接口号）

为了方便给各路由器相关接口配置 IP 地址和子网掩码，建议将各路由器相关接口的接口名称（接口号）标注在它们各自的旁边。

具体操作见实验 4-2 的相关说明。

3. 标注IP地址、子网掩码以及默认网关的IP地址

建议将表 4-40 给出的需要给各计算机配置的 IP 地址、子网掩码以及默认网关的 IP 地址标注在它们各自的旁边；将表 4-41 给出的需要给各路由器相关接口配置的 IP 地址和子网掩码标注在各接口的旁边。

上述操作的目的在于方便给各网络设备配置网络参数、方便进行网络测试以及方便观察实验现象。

4. 配置IP地址、子网掩码以及默认网关的IP地址

（1）给各计算机配置 IP 地址、子网掩码以及默认网关的 IP 地址。

请按表 4-40 所给的内容，通过各计算机的图形用户界面分别给计算机 PC0、PC1 配置 IP 地址、子网掩码以及默认网关的 IP 地址。

（2）给各路由器相关接口配置 IP 地址和子网掩码。

请按表 4-41 所给的内容，在路由器 Router0 的命令行中使用以下相关 IOS 命令，给其接口 Gig0/0（GigabitEthernet0/0）、Gig0/1（GigabitEthernet0/1）、Se0/0/0（Serial0/0/0）分别配置相应的 IP 地址和子网掩码。

```
Router>enable                                        // 从用户执行模式进入特权执行模式
Router#configure terminal                            // 从特权执行模式进入全局配置模式
Router(config)#interface GigabitEthernet0/0          // 进入接口 GigabitEthernet0/0 的配置模式
Router(config-if)#ip address 192.168.16.126 255.255.255.128   // 配置接口的 IPv4 地址和子网掩码
Router(config-if)#no shutdown                        // 开启接口
Router(config-if)# interface GigabitEthernet0/1      // 进入接口 GigabitEthernet0/1 的配置模式
Router(config-if)#ip address 10.0.0.1 255.255.255.252   // 配置接口的 IPv4 地址和子网掩码
Router(config-if)#no shutdown                        // 开启接口
Router(config-if)# interface Serial0/0/0             // 进入接口 Serial0/0/0 的配置模式
Router(config-if)#ip address 30.0.0.1 255.255.255.252   // 配置接口的 IPv4 地址和子网掩码
Router(config-if)#no shutdown                        // 开启接口
Router(config-if)#exit                               // 退出接口配置模式回到全局配置模式
Router(config)#                                      // 全局配置模式
```

请按表 4-41 所给的内容，在路由器 Router1 的命令行中使用以下相关 IOS 命令，给其接口 Gig0/0（GigabitEthernet0/0）、Gig0/1（GigabitEthernet0/1）、Se0/0/0（Serial0/0/0）分别配置相应的 IP 地址和子网掩码。

```
Router>enable                                            //从用户执行模式进入特权执行模式
Router#configure terminal                                //从特权执行模式进入全局配置模式
Router(config)#interface GigabitEthernet0/0              //进入接口 GigabitEthernet0/0 的配置模式
Router(config-if)#ip address 192.168.16.190 255.255.255.192  //配置接口的 IPv4 地址和子网掩码
Router(config-if)#no shutdown                            //开启接口
Router(config-if)# interface GigabitEthernet0/1          //进入接口 GigabitEthernet0/1 的配置模式
Router(config-if)#ip address 20.0.0.1 255.255.255.252    //配置接口的 IPv4 地址和子网掩码
Router(config-if)#no shutdown                            //开启接口
Router(config-if)# interface Serial0/0/0                 //进入接口 Serial0/0/0 的配置模式
Router(config-if)#ip address 30.0.0.2 255.255.255.252    //配置接口的 IPv4 地址和子网掩码
Router(config-if)#no shutdown                            //开启接口
Router(config-if)#exit                                   //退出接口配置模式回到全局配置模式
Router(config)#                                          //全局配置模式
```

请按表 4-41 所给的内容，在路由器 Router2 的命令行中使用以下相关 IOS 命令，给其接口 Gig0/0（GigabitEthernet0/0）、Gig0/1（GigabitEthernet0/1）分别配置相应的 IP 地址和子网掩码。

```
Router>enable                                         //从用户执行模式进入特权执行模式
Router#configure terminal                             //从特权执行模式进入全局配置模式
Router(config)#interface GigabitEthernet0/0           //进入接口 GigabitEthernet0/0 的配置模式
Router(config-if)#ip address 10.0.0.2 255.255.255.252 //配置接口的 IPv4 地址和子网掩码
Router(config-if)#no shutdown                         //开启接口
Router(config-if)# interface GigabitEthernet0/1       //进入接口 GigabitEthernet0/1 的配置模式
Router(config-if)#ip address 20.0.0.2 255.255.255.252 //配置接口的 IPv4 地址和子网掩码
Router(config-if)#no shutdown                         //开启接口
Router(config-if)#exit                                //退出接口配置模式回到全局配置模式
Router(config)#                                       //全局配置模式
```

5. 启用各路由器的OSPF协议

（1）启用路由器 Router0 的 OSPF 协议。

请按表 4-42 所给的内容，在路由器 Router0 的命令行中使用以下相关 IOS 命令，启用 Router0 的 OSPF 协议，并通告 Router0 的直连网络。

```
Router(config)#router ospf 100                              //配置进程号为 100 的 OSPF
Router(config-router)#network 192.168.16.0 0.0.0.127 area 0 //通告路由器自己的直连网络
                                                            //网络地址为 192.168.16.0
                                                            //反子网掩码为 0.0.0.127
                                                            //OSPF 区域标识符为 0
Router(config-router)#network 10.0.0.0 0.0.0.3 area 0       //通告路由器自己的直连网络
                                                            //网络地址为 10.0.0.0
                                                            //反子网掩码为 0.0.0.3
                                                            //OSPF 区域标识符为 0
Router(config-router)#network 30.0.0.0 0.0.0.3 area 0       //通告路由器自己的直连网络
                                                            //网络地址为 30.0.0.0
                                                            //反子网掩码为 0.0.0.3
                                                            //OSPF 区域标识符为 0
Router(config-router)#end                                   //退出到特权执行模式
Router#                                                     //特权执行模式
```

（2）启用路由器 Router1 的 OSPF 协议。

请按表 4-42 所给的内容，在路由器 Router1 的命令行中使用以下相关 IOS 命令，启用 Router1 的 OSPF 协议，并通告 Router1 的直连网络。

```
Router(config)#router ospf 100                              //配置进程号为 100 的 OSPF
Router(config-router)#network 192.168.16.128 0.0.0.63 area 0  //通告路由器自己的直连网络
                                                            //网络地址为 192.168.16.128
                                                            //反子网掩码为 0.0.0.63
                                                            //OSPF 区域标识符为 0
Router(config-router)#network 20.0.0.0 0.0.0.3 area 0       //通告路由器自己的直连网络
                                                            //网络地址为 20.0.0.0
                                                            //反子网掩码为 0.0.0.3
                                                            //OSPF 区域标识符为 0
Router(config-router)#network 30.0.0.0 0.0.0.3 area 0       //通告路由器自己的直连网络
                                                            //网络地址为 30.0.0.0
                                                            //反子网掩码为 0.0.0.3
                                                            //OSPF 区域标识符为 0
Router(config-router)#end                                   //退出到特权执行模式
Router#                                                     //特权执行模式
```

（3）启用路由器 Router2 的 OSPF 协议。

请按表 4-42 所给的内容，在路由器 Router2 的命令行中使用以下相关 IOS 命令，启用 Router2 的 OSPF 协议，并通告 Router2 的直连网络。

```
Router(config)#router ospf 100                         //配置进程号为 100 的 OSPF
Router(config-router)# network 10.0.0.0 0.0.0.3 area 0 //通告路由器自己的直连网络
                                                       //网络地址为 10.0.0.0
                                                       //反子网掩码为 0.0.0.3
                                                       //OSPF 区域标识符为 0
Router(config-router)#network 20.0.0.0 0.0.0.3 area 0  //通告路由器自己的直连网络
                                                       //网络地址为 20.0.0.0
                                                       //反子网掩码为 0.0.0.3
                                                       //OSPF 区域标识符为 0
Router(config-router)#end                              //退出到特权执行模式
Router#                                                //特权执行模式
```

6. 查看各路由器的路由表

（1）查看路由器 Router0 的路由表。

进入路由器 Router0 的命令行，在特权执行模式下使用“show ip route”命令查看 Router0 的路由表，如图 4-49 所示。

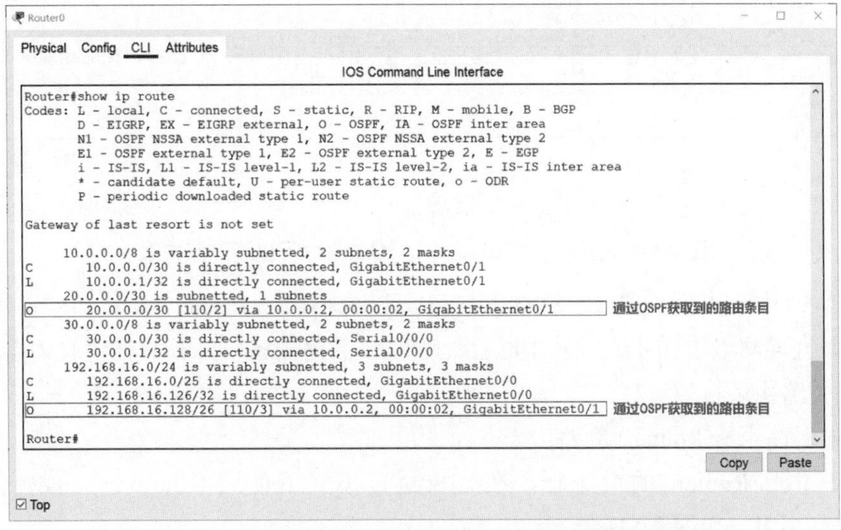

图 4-49　在路由器 Router0 的 IOS 命令行查看其路由表

在图 4-49 中，类型为“O”的路由条目，就是路由器 Router0 通过 OSPF 获取到的、分别去往非直连网络 20.0.0.0/30 和 192.168.1.128/26 的路由条目。

当去往网络 20.0.0.0/30 的 IP 数据报进入 Router0 后，Router0 会从自己的接口 GigabitEthernet0/1 转发该 IP 数据报，下一跳为 Router2 的接口 GigabitEthernet0/0 的 IP 地址 10.0.0.2。度量（Metric）为“[110/2]”，其中 110 表示 OSPF 协议（120 表示 RIP 协议），称为管理距离，可把管理距离看作可信程度或优先级。例如，如果到达同一目的网络有两条路由条目，一条是 RIP 得出的，另一条是 OSPF 得出的，则路由器会选择 OSPF 得出的那条路由条目，因为它的管理距离更短（即更可信或优先级更高）。“[110/2]”中的 2 是路由器 Router0 与目的网络 20.0.0.0/30 之间的路径代价。

当去往网络 192.168.1.128/26 的 IP 数据报进入 Router0 后，Router0 会从自己的接口 GigabitEthernet0/1 转发该 IP 数据报，下一跳为 Router2 的接口 GigabitEthernet0/0 的 IP 地址 10.0.0.2。度量（Metric）为“[110/3]”，其中 110 表示 OSPF 协议，3 表示路由器 Router0 与目的网络 20.0.0.0/30 之间的路径代价。

（2）查看路由器 Router1 的路由表。

进入路由器 Router1 的命令行，在特权执行模式下使用“show ip route”命令查看 Router1 的路由表，如图 4-50 所示。

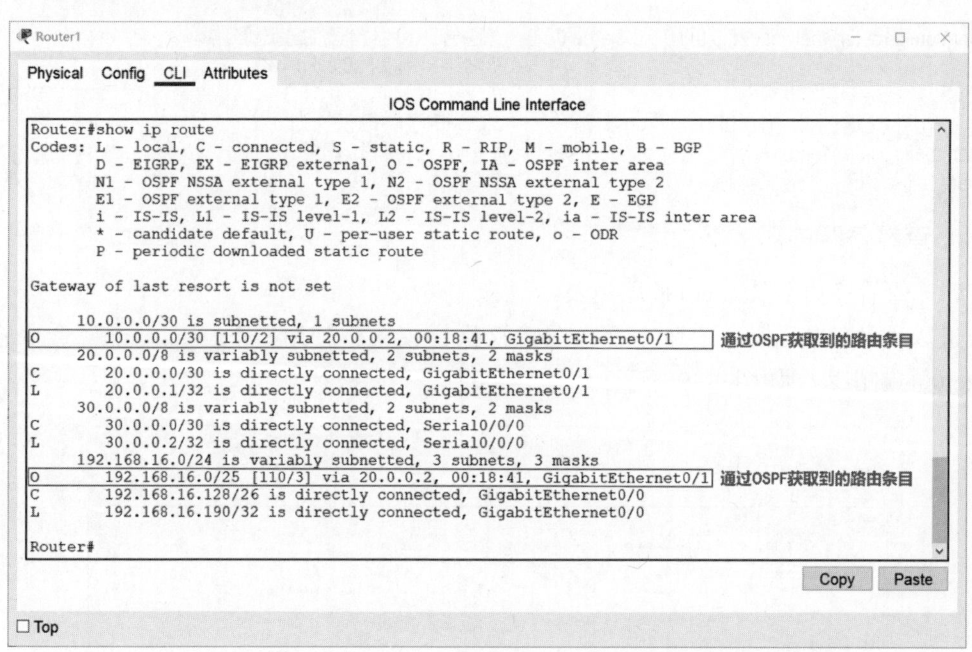

图 4-50　在路由器 Router1 的 IOS 命令行查看其路由表

在图 4-50 中，类型为“O”的路由条目，就是路由器 Router1 通过 OSPF 获取到的、分别去往非直连网络 10.0.0.0/30 和 192.168.16.0/25 的路由条目，其具体含义请参看之前对 Router0 相关路由条目的解释。

（3）查看路由器 Router2 的路由表。

进入路由器 Router2 的命令行，在特权执行模式下使用“show ip route”命令查看 Router2 的路由表，如图 4-51 所示。

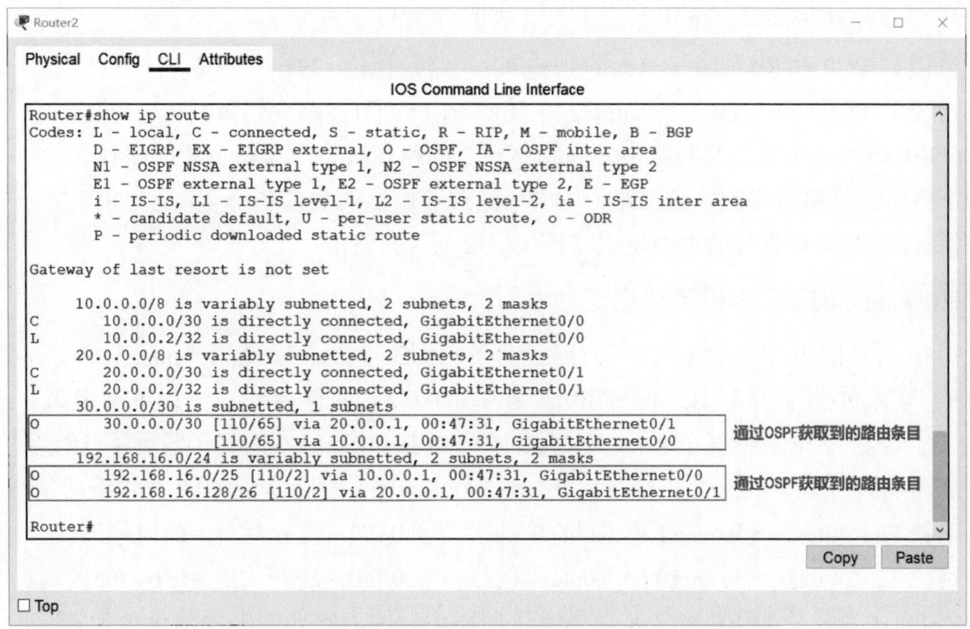

图 4-51 在路由器 Router2 的 IOS 命令行查看其路由表

在图 4-51 中，类型为“O”的路由条目，就是路由器 Router2 通过 OSPF 获取到的、分别去往非直连网络 30.0.0.0/30、192.168.16.0/25、192.168.16.128/26 的路由条目，其具体含义请参看之前对 Router0 相关路由条目的解释。需要说明的是，去往网络 30.0.0.0/30 有两条等价的 OSPF 路由。

7. 选择要监视的网络协议

本实验需要监视开放最短路径优先（OSPF）协议和网际控制报文协议（ICMP）。

8. 网络连通性测试

切换到**“实时”工作模式**，在计算机 PC0 的命令行使用“ping”命令，测试 PC0 与 PC1 之间的连通性，这样做的目的主要有以下五个：

- 测试网络拓扑是否构建成功。
- 测试 PC0、PC1 各自的 IP 地址、子网掩码以及默认网关的 IP 地址是否配置正确。
- 测试路由器 Router0、Router1、Router2 各自相关接口的 IP 地址和子网掩码是否配置正确。
- 测试路由器 Router0、Router1、Router2 各自的 OSPF 协议是否正确启用。
- 让相关 PC 与路由器之间、相关路由器之间都获取到对方相关接口的 MAC 地址，以免在后续过程中出现“通过 ARP 查找已知 IP 地址所对应的 MAC 地址”这一过程，影响用户对实验现象的观察。

9. 验证OSPF认为好的路由是“路径代价最少”的路由

切换到**“模拟”工作模式**，使用工作区工具箱中的“Add Simple PDU”（添加简单的 PDU）工具，让计算机 PC0 给 PC1 发送单播 IP 数据报，进行**单步模拟**，观察该数据报从 PC0 到 PC1 所经过的路径。

从图 4-47 所示的网络拓扑看，从 PC0 到 PC1 有以下两条路径：

路径 1：PC0 → Router0 → Router1 → PC1，路径代价 =1+64+1=66。

路径 2：PC0 → Router0 → Router2 → Router1 → PC1，路径代价 =1+1+1+1=4。

OSPF 认为路径 2 是好的路由，因为路径 2 的路径代价小于路径 1 的路径代价。尽管路径 2 中所经过路由器的数量比路径 1 中所经过路由器的数量多一个，但 OSPF 并不关心这个指标，OSPF 认为好的路由是“路径代价最少”的路由。

10. 验证OSPF的等价负载均衡

切换到**“模拟”工作模式**，在路由器 Router2 的命令行使用“ping”命令，测试 Router2 与 Router1 的接口 Se0/0/0（IP 地址为 30.0.0.2）的连通性，进行**单步模拟**，观察“ping”命令相关 IP 数据报在 Router2 与 Router1 的接口 Se0/0/0 之间传输所经过的路径。

从图 4-47 所示的网络拓扑看，从 Router2 到 Router1 的接口 Se0/0/0 有以下两条路径：

路径 1：Router2 → Router1 → Router1 的接口 Se0/0/0，路径代价 =1+64=65。

路径 2：Router2 → Router0 → Router1 的接口 Se0/0/0，路径代价 =1+64=65。

OSPF 认为路径 1 和路径 2 是两条等价的路由，因为它们的路径代价都为 65。因此，“ping”命令相关 IP 数据报会交替在这两条路径中传送，这就是所谓的等价负载均衡。

11. 观察各路由器的OSPF相关事件

对于以太网或者点对点网络，使用 OSPF 的路由器会周期性地发送问候（Hello）分组，默认发送周期为 10 秒（也可使用命令进行修改）。周期性发送 Hello 分组的目的是，发现和维护邻居路由器的可达性。

切换到**“实时模式”**，在路由器的命令行界面中输入以下 IOS 命令，可以查看 OSPF 的相关事件。

```
Router#debug ip ospf events                    // 查看 OSPF 的相关事件
```

查看路由器 Router0 的 OSPF 相关事件，如图 4-52 所示。

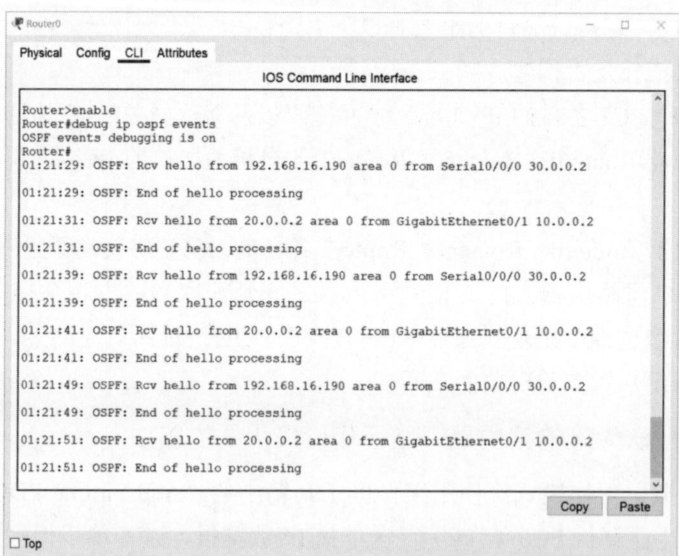

图 4-52 在路由器 Router0 的 IOS 命令行查看 OSPF 相关事件

从图 4-52 可以看出，路由器 Router0 每隔 10 秒就会分别从自己的接口 Serial0/0/0 和 GigabitEthernet0/1 收到来自其邻居路由器 Router1（IP 地址为 30.0.0.2）和 Router2（IP 地址为 10.0.0.2）的 Hello 分组。

由于查看 OSPF 相关事件的动态过程会永久持续下去，因此在不需要查看 OSPF 相关事件时，可在路由器的命令行界面中输入以下 IOS 命令，关闭查看 OSPF 相关事件的动态过程。

```
Router#no debug ip ospf events                    // 关闭查看 OSPF 相关事件的动态过程
```

请读者参照上述方法，分别查看路由器 Router1 和 Router2 的 OSPF 相关事件。

12. 关闭路由器的OSPF协议

在不需要路由器运行 OSPF 时，可在路由器的命令行界面中输入以下 IOS 命令来关闭 OSPF，这同时会删除路由表中的 OSPF 路由条目。

```
Router#configure terminal                          // 从特权执行模式进入全局配置模式
Router(config)#no router ospf 进程号 x              // 关闭进程号为 x 的 OSPF
```

4.12　实验 4-12　验证 OSPF 可以划分区域

4.12.1　实验目的

验证 OSPF 可以划分区域。

4.12.2　预备知识

1. OSPF划分区域

为了使 OSPF 协议能够用于规模很大的网络，OSPF 把一个自治系统再划分为若干个更小的范围，称为区域（area）。每个区域都有一个 32 比特的区域标识符，可以用点分十进制表示。**主干区域的标识符必须为** 0，也可表示成点分十进制形式的 0.0.0.0。主干区域用于**连通其他区域**。**其他区域的标识符不能为** 0 **且互不相同**。每个区域的规模不应太大，一般所包含的路由器不应超过 200 个。

划分区域的好处就是把利用洪泛法交换链路状态信息的范围局限于每一个区域，而不是整个自治系统，这样就减少了整个网络上的通信量。

采用分层次划分区域的方法，虽然使交换信息的种类增多了，同时也使 OSPF 协议更加复杂了，但这样做能使每一个区域内部交换路由信息的通信量大大减小，因而**使 OSPF 协议能够用于规模很大的自治系统中。**

有关 OSPF 协议的相关介绍，请参看《深入浅出计算机网络（微课视频版）》教材 4.4.4 节。

2. Packet Tracer软件中的相关操作

本实验所涉及的 Packet Tracer 软件中的相关操作，请参看 1.2 节的相关内容。

4.12.3 实验设备

表 4-43 给出了本实验所需的网络设备。

表 4-43 实验 4-12 所需的网络设备

网络设备	型 号	数 量
计算机	PC-PT	2
路由器	2911	4

4.12.4 实验拓扑

本实验的网络拓扑和网络参数如图 4-53 所示。

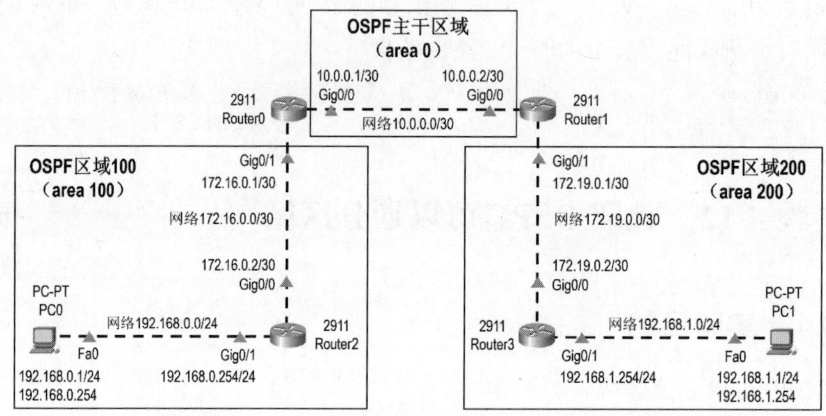

图 4-53 实验 4-12 的网络拓扑和网络参数

4.12.4 实验配置

表 4-44 给出了本实验中需要给各计算机配置的 IP 地址、子网掩码以及默认网关的 IP 地址。

表 4-44 实验 4-12 中需要给各计算机配置的 IP 地址、子网掩码以及默认网关的 IP 地址

网络设备	名 称	型 号	IP 地址	子网掩码	默认网关的 IP 地址
计算机	PC0	PC-PT	192.168.0.1	255.255.255.0（/24）	192.168.0.254
计算机	PC1	PC-PT	192.168.1.1	255.255.255.0（/24）	192.168.1.254

表 4-45 给出了本实验中需要给各路由器相关接口配置的 IP 地址和子网掩码。

表 4-45 实验 4-12 中需要给各路由器相关接口配置的 IP 地址和子网掩码

网络设备	名 称	型 号	接口	IP 地址	子网掩码
路由器	Router0	2911	Gig0/0	10.0.0.1	255.255.255.252（/30）
			Gig0/1	172.16.0.1	255.255.255.252（/30）
路由器	Router1	2911	Gig0/0	10.0.0.2	255.255.255.252（/30）
			Gig0/1	172.19.0.1	255.255.255.252（/30）
路由器	Router2	2911	Gig0/0	172.16.0.2	255.255.255.252（/30）
			Gig0/1	192.168.0.254	255.255.255.0（/24）

续表

网络设备	名　称	型　号	接口	IP 地址	子网掩码
路由器	Router3	2911	Gig0/0	172.19.0.2	255.255.255.252（/30）
			Gig0/1	192.168.1.254	255.255.255.0（/24）

表 4-46 给出了本实验中需要给各路由器配置的 OSPF 相关内容。

表 4-46　实验 4-12 中需要给各路由器配置的 OSPF 相关内容

网络设备	名　称	OSPF 进程号	需要通告的直连网络	需要通告的反子网掩码	OSPF 区域（area）标识符
路由器	Router0	1	10.0.0.0	0.0.0.3	0
			172.16.0.0	0.0.0.3	100
路由器	Router1	1	10.0.0.0	0.0.0.3	0
			172.19.0.0	0.0.0.3	200
路由器	Router2	1	172.16.0.0	0.0.0.3	100
			192.168.0.0	0.0.0.255	100
路由器	Router3	1	172.19.0.0	0.0.0.3	200
			192.168.1.0	0.0.0.255	200

4.12.5　实验步骤

本实验的流程图如图 4-54 所示。

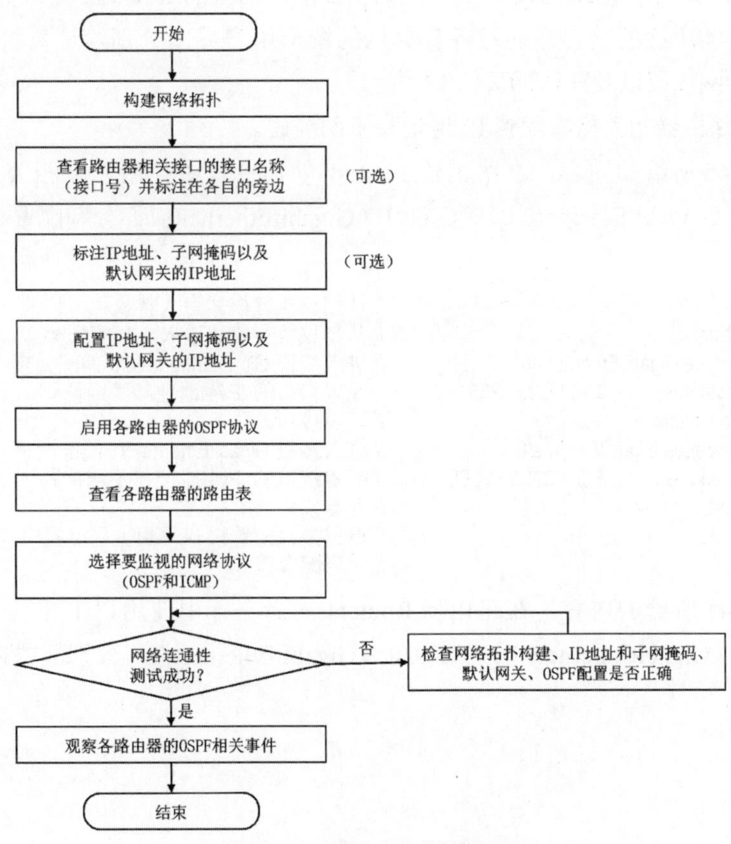

图 4-54　实验 4-12 的流程图

1. 构建网络拓扑

请按以下步骤构建图 4-53 所示的网络拓扑：

❶ 选择并拖动表 4-43 给出的本实验所需的网络设备到逻辑工作区。

❷ 选择“自动选择连接类型”，由 Packet Tracer 软件自动为待连接的网络设备选择用于连接的接口以及相应的传输介质，然后将相关网络设备互连即可。

2. 查看并标注路由器相关接口名称（接口号）

为了方便给各路由器相关接口配置 IP 地址和子网掩码，建议将各路由器相关接口的接口名称（接口号）标注在它们各自的旁边。

具体操作见实验 4-2 的相关说明。

3. 标注IP地址、子网掩码以及默认网关的IP地址

建议将表 4-44 给出的需要给各计算机配置的 IP 地址、子网掩码以及默认网关的 IP 地址标注在它们各自的旁边；将表 4-45 给出的需要给各路由器相关接口配置的 IP 地址和子网掩码标注在各接口的旁边。

上述操作的目的在于方便给各网络设备配置网络参数、方便进行网络测试以及方便观察实验现象。

4. 配置IP地址、子网掩码以及默认网关的IP地址

（1）给各计算机配置 IP 地址、子网掩码以及默认网关的 IP 地址。

请按表 4-44 所给的内容，通过各计算机的图形用户界面分别给计算机 PC0、PC1 配置 IP 地址、子网掩码以及默认网关的 IP 地址。

（2）给各路由器相关接口配置 IP 地址和子网掩码。

请按表 4-45 所给的内容，在路由器 Router0 的命令行中使用以下相关 IOS 命令，给其接口 Gig0/0（GigabitEthernet0/0）、Gig0/1（GigabitEthernet0/1）分别配置相应的 IP 地址和子网掩码。

```
Router>enable                                       // 从用户执行模式进入特权执行模式
Router#configure terminal                           // 从特权执行模式进入全局配置模式
Router(config)#interface GigabitEthernet0/0         // 进入接口 GigabitEthernet0/0 的配置模式
Router(config-if)#ip address 10.0.0.1 255.255.255.252   // 配置接口的 IPv4 地址和子网掩码
Router(config-if)#no shutdown                       // 开启接口
Router(config-if)# interface GigabitEthernet0/1     // 进入接口 GigabitEthernet0/1 的配置模式
Router(config-if)#ip address 172.16.0.1 255.255.255.252 // 配置接口的 IPv4 地址和子网掩码
Router(config-if)#no shutdown                       // 开启接口
Router(config-if)#exit                              // 退出接口配置模式回到全局配置模式
Router(config)#                                     // 全局配置模式
```

请按表 4-45 所给的内容，在路由器 Router1 的命令行中使用以下相关 IOS 命令，给其接口 Gig0/0（GigabitEthernet0/0）、Gig0/1（GigabitEthernet0/1）分别配置相应的 IP 地址和子网掩码。

```
Router>enable                                        // 从用户执行模式进入特权执行模式
Router#configure terminal                            // 从特权执行模式进入全局配置模式
Router(config)#interface GigabitEthernet0/0          // 进入接口 GigabitEthernet0/0 的配置模式
Router(config-if)#ip address 10.0.0.2 255.255.255.252    // 配置接口的 IPv4 地址和子网掩码
Router(config-if)#no shutdown                        // 开启接口
Router(config-if)# interface GigabitEthernet0/1      // 进入接口 GigabitEthernet0/1 的配置模式
Router(config-if)#ip address 172.19.0.1 255.255.255.252  // 配置接口的 IPv4 地址和子网掩码
Router(config-if)#no shutdown                        // 开启接口
Router(config-if)#exit                               // 退出接口配置模式回到全局配置模式
Router(config)#                                      // 全局配置模式
```

请按表 4-45 所给的内容，在路由器 Router2 的命令行中使用以下相关 IOS 命令，给其接口 Gig0/0（GigabitEthernet0/0）、Gig0/1（GigabitEthernet0/1）分别配置相应的 IP 地址和子网掩码。

```
Router>enable                                        // 从用户执行模式进入特权执行模式
Router#configure terminal                            // 从特权执行模式进入全局配置模式
Router(config)#interface GigabitEthernet0/0          // 进入接口 GigabitEthernet0/0 的配置模式
Router(config-if)#ip address 172.16.0.2 255.255.255.252  // 配置接口的 IPv4 地址和子网掩码
Router(config-if)#no shutdown                        // 开启接口
Router(config-if)# interface GigabitEthernet0/1      // 进入接口 GigabitEthernet0/1 的配置模式
Router(config-if)#ip address 192.168.0.254 255.255.255.0  // 配置接口的 IPv4 地址和子网掩码
Router(config-if)#no shutdown                        // 开启接口
Router(config-if)#exit                               // 退出接口配置模式回到全局配置模式
Router(config)#                                      // 全局配置模式
```

请按表 4-45 所给的内容，在路由器 Router3 的命令行中使用以下相关 IOS 命令，给其接口 Gig0/0（GigabitEthernet0/0）、Gig0/1（GigabitEthernet0/1）分别配置相应的 IP 地址和子网掩码。

```
Router>enable                                        // 从用户执行模式进入特权执行模式
Router#configure terminal                            // 从特权执行模式进入全局配置模式
Router(config)#interface GigabitEthernet0/0          // 进入接口 GigabitEthernet0/0 的配置模式
Router(config-if)#ip address 172.19.0.2 255.255.255.252  // 配置接口的 IPv4 地址和子网掩码
Router(config-if)#no shutdown                        // 开启接口
Router(config-if)# interface GigabitEthernet0/1      // 进入接口 GigabitEthernet0/1 的配置模式
Router(config-if)#ip address 192.168.1.254 255.255.255.0  // 配置接口的 IPv4 地址和子网掩码
Router(config-if)#no shutdown                        // 开启接口
Router(config-if)#exit                               // 退出接口配置模式回到全局配置模式
Router(config)#                                      // 全局配置模式
```

5. 启用各路由器的OSPF协议

（1）启用路由器 Router0 的 OSPF 协议。

请按表 4-46 所给的内容，在路由器 Router0 的命令行中使用以下相关 IOS 命令，启用 Router0 的 OSPF 协议，并通告 Router0 的直连网络。

```
Router(config)#router ospf 1                         // 配置进程号为 1 的 OSPF
Router(config-router)#network 10.0.0.0 0.0.0.3 area 0    // 通告路由器自己的直连网络
                                                     // 网络地址为 10.0.0.0
                                                     // 反子网掩码为 0.0.0.3
                                                     // OSPF 区域标识符为 0
Router(config-router)#network 172.16.0.0 0.0.0.3 area 100  // 通告路由器自己的直连网络
                                                     // 网络地址为 172.16.0.0
                                                     // 反子网掩码为 0.0.0.3
                                                     // OSPF 区域标识符为 100
Router(config-router)#end                            // 退出到特权执行模式
Router#                                              // 特权执行模式
```

（2）启用路由器 Router1 的 OSPF 协议。

请按表 4-46 所给的内容，在路由器 Router1 的命令行中使用以下相关 IOS 命令，启用 Router1 的 OSPF 协议，并通告 Router1 的直连网络。

```
Router(config)#router ospf 1                                //配置进程号为 1 的 OSPF
Router(config-router)#network 10.0.0.0 0.0.0.3 area 0       //通告路由器自己的直连网络
                                                            //网络地址为 10.0.0.0
                                                            //反子网掩码为 0.0.0.3
                                                            //OSPF 区域标识符为 0
Router(config-router)#network 172.19.0.0 0.0.0.3 area 200   //通告路由器自己的直连网络
                                                            //网络地址为 172.19.0.0
                                                            //反子网掩码为 0.0.0.3
                                                            //OSPF 区域标识符为 200
Router(config-router)#end                                   //退出到特权执行模式
Router#                                                     //特权执行模式
```

（3）启用路由器 Router2 的 OSPF 协议。

请按表 4-46 所给的内容，在路由器 Router2 的命令行中使用以下相关 IOS 命令，启用 Router2 的 OSPF 协议，并通告 Router2 的直连网络。

```
Router(config)#router ospf 1                                   //配置进程号为 1 的 OSPF
Router(config-router)#network 172.16.0.0 0.0.0.3 area 100      //通告路由器自己的直连网络
                                                               //网络地址为 172.16.0.0
                                                               //反子网掩码为 0.0.0.3
                                                               //OSPF 区域标识符为 100
Router(config-router)#network 192.168.0.0 0.0.0.255 area 100   //通告路由器自己的直连网络
                                                               //网络地址为 192.168.0.0
                                                               //反子网掩码为 0.0.0.255
                                                               //OSPF 区域标识符为 100
Router(config-router)#end                                      //退出到特权执行模式
Router#                                                        //特权执行模式
```

（4）启用路由器 Router3 的 OSPF 协议。

请按表 4-46 所给的内容，在路由器 Router3 的命令行中使用以下相关 IOS 命令，启用 Router3 的 OSPF 协议，并通告 Router3 的直连网络。

```
Router(config)#router ospf 1                                   //配置进程号为 1 的 OSPF
Router(config-router)#network 172.19.0.0 0.0.0.3 area 200      //通告路由器自己的直连网络
                                                               //网络地址为 172.19.0.0
                                                               //反子网掩码为 0.0.0.3
                                                               //OSPF 区域标识符为 200
Router(config-router)#network 192.168.1.0 0.0.0.255 area 200   //通告路由器自己的直连网络
                                                               //网络地址为 192.168.1.0
                                                               //反子网掩码为 0.0.0.255
                                                               //OSPF 区域标识符为 200
Router(config-router)#end                                      //退出到特权执行模式
Router#                                                        //特权执行模式
```

6. 查看各路由器的路由表

请参考实验 4-11 的实验步骤 6 中所介绍的方法，查看路由器 Router0、Router1、Router2、Router3 各自的路由表。如果给 Router0、Router1、Router2、Router3 各自成功配置了 OSPF，则它们各自的路由表中会出现通过 OSPF 获取到的路由条目。

7. 选择要监视的网络协议

本实验需要监视开放最短路径优先（OSPF）协议和网际控制报文协议（ICMP）。

8. 网络连通性测试

切换到**“实时”工作模式**，在计算机 PC0 的命令行使用“ping”命令，测试 PC0 与 PC1 之间的连通性，这样做的目的主要有以下四个：

- 测试网络拓扑是否构建成功。
- 测试 PC0、PC1 各自的 IP 地址、子网掩码以及默认网关的 IP 地址是否配置正确。
- 测试路由器 Router0、Router1、Router2 各自相关接口的 IP 地址和子网掩码是否配置正确。
- 测试路由器 Router0、Router1、Router2 各自的 OSPF 协议是否正确启用。

9. 观察各路由器的OSPF相关事件

请参考实验 4-11 的实验步骤 11 中所介绍的方法，观察本实验中各路由器的 OSPF 相关事件。重点关注各路由器周期性接收到的 OSPF 问候（Hello）分组来自哪个 OSPF 区域（area）。

4.13　实验 4-13　验证边界网关协议

4.13.1　实验目的

- 了解边界网关协议（Border Gateway Protocol，BGP）的特点。
- 掌握 BGP 的基本配置方法。

4.13.2　预备知识

1. 边界网关协议BGP的相关基本概念

BGP 属于**外部网关协议**（External Gateway Protocol，EGP）**这个类别**，用于**自治系统**（Autonomous System，AS）**之间**的路由选择。由于在不同自治系统内度量路由的“代价”（距离、带宽、费用等）可能不同，因此对于自治系统之间的路由选择，使用统一的“代价”作为度量来寻找最佳路由是不行的。

自治系统之间的路由选择协议应当允许使用多种路由选择策略。这些策略要素包括政治、经济、安全等，它们都是由网络管理人员对每一个路由器进行设置的。但这些策略并不是自治系统之间的路由选择协议本身。

综上所述，BGP **只能是力求寻找一条能够到达目的网络且比较好的路由**（**不能兜圈子**），而并非要寻找一条最佳路由。

2. BGP边界路由器

在配置 BGP 时，每个 AS 的管理员，要选择至少一个路由器作为该 AS 的“**BGP 发言人**”。一般来说，两个 BGP 发言人都是通过一个共享网络连接在一起的，而 BGP 发言人往往就是 BGP **边界路由器**。

不同 AS 的 BGP 发言人交换路由信息的步骤如下：

❶ 建立 TCP 连接，TCP 端口号为 179。

❷ 在所建立的 TCP 连接上交换 BGP 报文以建立 BGP 会话。

❸ 利用 BGP 会话交换路由信息，例如增加新的路由或撤销过时的路由、报告出错的情况等。

BGP 发言人交换网络可达性的信息，也就是要到达某个网络所要经过的一系列 AS。当 BGP 发言人互相交换了网络可达性的信息后，各 BGP 发言人就根据所采用的策略，从收到的路由信息中找出到达各 AS 的较好的路由，也就是构造出树形结构且不存在环路的 AS 连通图。

有关 BGP 的相关介绍，请参看《深入浅出计算机网络（微课视频版）》教材 4.4.5 节。

3. Packet Tracer软件中的相关操作

本实验所涉及的 Packet Tracer 软件中的相关操作，请参看 1.2 节的相关内容。

4.13.3 实验设备

表 4-47 给出了本实验所需的网络设备。

表 4-47 实验 4-13 所需的网络设备

网络设备	型 号	数 量
路由器	2911	3

4.13.4 实验拓扑

本实验的网络拓扑和网络参数如图 4-55 所示。

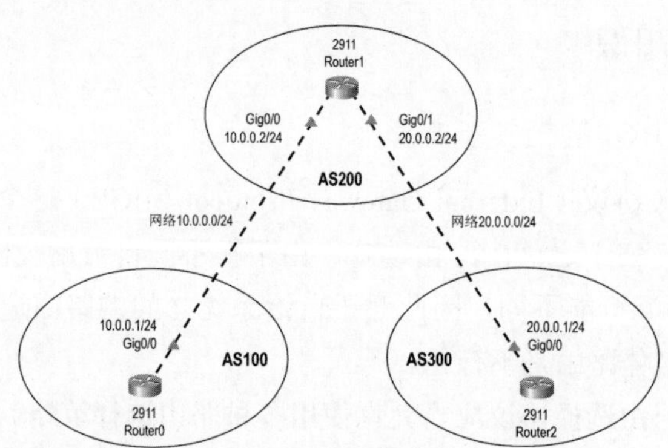

图 4-55 实验 4-13 的网络拓扑和网络参数

4.13.5 实验配置

表 4-48 给出了本实验中需要给各路由器相关接口配置的 IP 地址和子网掩码。

表 4-48 实验 4-13 中需要给各路由器相关接口配置的 IP 地址和子网掩码

网络设备	名 称	型 号	接口	IP 地址	子网掩码
路由器	Router0	2911	Gig0/0	10.0.0.1	255.255.255.0（/24）
路由器	Router1	2911	Gig0/0	10.0.0.2	255.255.255.0（/24）
			Gig0/1	20.0.0.2	255.255.255.0（/24）
路由器	Router2	2911	Gig0/0	20.0.0.1	255.255.255.0（/24）

表 4-49 给出了本实验中需要给各路由器配置的 BGP 相关内容。

表 4-49　实验 4-13 中需要给各路由器配置的 BGP 相关内容

设备名称	本路由器所在的AS 编号	邻居路由器的IP 地址	邻居路由器所在的AS 编号	需要通告的直连网络	需要通告的子网掩码
Router0	100	10.0.0.2	200	10.0.0.0	255.255.255.0
Router1	200	10.0.0.1	100	不需要	不需要
		20.0.0.1	300	不需要	不需要
Router2	300	20.0.0.2	200	20.0.0.0	255.255.255.0

4.13.6　实验步骤

本实验的流程图如图 4-56 所示。

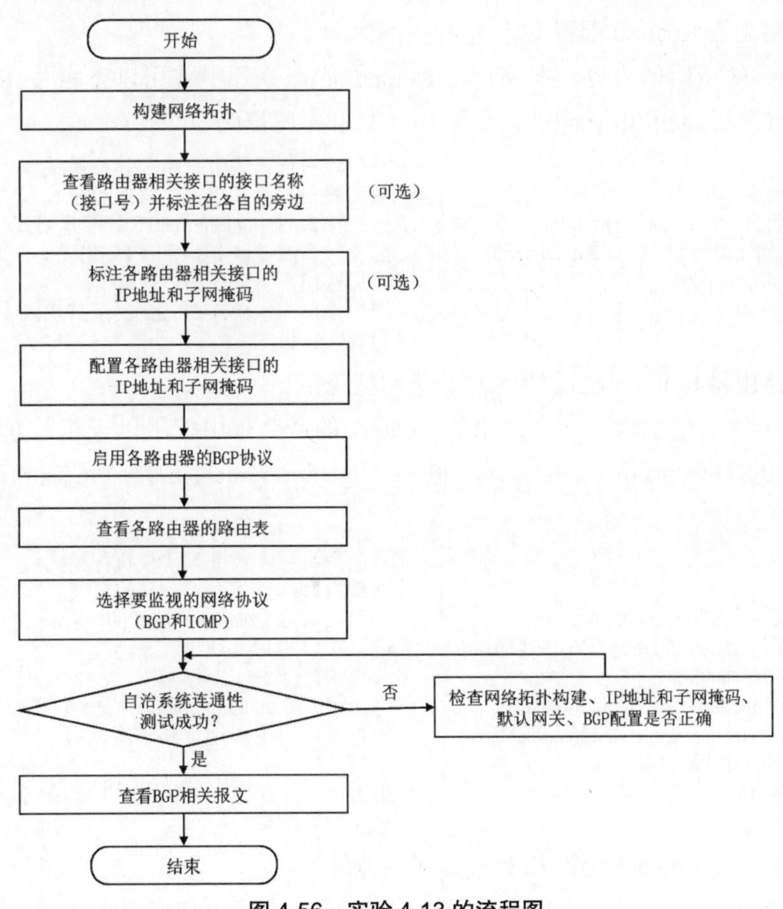

图 4-56　实验 4-13 的流程图

1. 构建网络拓扑

请按以下步骤构建图 4-55 所示的网络拓扑：

❶ 选择并拖动表 4-47 给出的本实验所需的网络设备到逻辑工作区。

❷ 选择“自动选择连接类型”，由 Packet Tracer 软件自动为待连接的网络设备选择用于连接的接口以及相应的传输介质，然后将相关网络设备互连即可。

2. 查看并标注路由器相关接口名称（接口号）

为了方便给各路由器相关接口配置 IP 地址和子网掩码，建议将各路由器相关接口的接口名称（接口号）标注在它们各自的旁边。

具体操作见实验 4-2 的相关说明。

3. 标注各路由器相关接口的IP地址和子网掩码

将表 4-48 给出的需要给各路由器相关接口配置的 IP 地址和子网掩码标注在各接口的旁边。

上述操作的目的在于方便给各网络设备配置网络参数、方便进行网络测试以及方便观察实验现象。

4. 配置各路由器相关接口的IP地址和子网掩码

（1）给路由器 Router0 配置 IP 地址和子网掩码。

请按表 4-48 所给的内容，在路由器 Router0 的命令行中使用以下相关 IOS 命令，给其接口 Gig0/0（GigabitEthernet0/0）配置 IP 地址和子网掩码。

```
Router>enable                                        //从用户执行模式进入特权执行模式
Router#configure terminal                            //从特权执行模式进入全局配置模式
Router(config)#interface GigabitEthernet0/0          //进入接口 GigabitEthernet0/0 的配置模式
Router(config-if)#ip address 10.0.0.1 255.255.255.0  //配置接口的 IPv4 地址和子网掩码
Router(config-if)#no shutdown                        //开启接口
Router(config-if)#exit                               //退出接口配置模式回到全局配置模式
Router(config)#                                      //全局配置模式
```

（2）给路由器 Router1 配置 IP 地址和子网掩码。

请按表 4-48 所给的内容，在路由器 Router1 的命令行中使用以下相关 IOS 命令，给其接口 Gig0/0（GigabitEthernet0/0）、Gig0/1（GigabitEthernet0/1）分别配置相应的 IP 地址和子网掩码。

```
Router>enable                                        //从用户执行模式进入特权执行模式
Router#configure terminal                            //从特权执行模式进入全局配置模式
Router(config)#interface GigabitEthernet0/0          //进入接口 GigabitEthernet0/0 的配置模式
Router(config-if)#ip address 10.0.0.2 255.255.255.0  //配置接口的 IPv4 地址和子网掩码
Router(config-if)#no shutdown                        //开启接口
Router(config-if)# interface GigabitEthernet0/1      //进入接口 GigabitEthernet0/1 的配置模式
Router(config-if)#ip address 20.0.0.2 255.255.255.0  //配置接口的 IPv4 地址和子网掩码
Router(config-if)#no shutdown                        //开启接口
Router(config-if)#exit                               //退出接口配置模式回到全局配置模式
Router(config)#                                      //全局配置模式
```

（3）给路由器 Router2 配置 IP 地址和子网掩码。

请按表 4-48 所给的内容，在路由器 Router2 的命令行中使用以下相关 IOS 命令，给其接口 Gig0/0（GigabitEthernet0/0）配置 IP 地址和子网掩码。

```
Router>enable                                        //从用户执行模式进入特权执行模式
Router#configure terminal                            //从特权执行模式进入全局配置模式
Router(config)#interface GigabitEthernet0/0          //进入接口 GigabitEthernet0/0 的配置模式
Router(config-if)#ip address 20.0.0.1 255.255.255.0  //配置接口的 IPv4 地址和子网掩码
Router(config-if)#no shutdown                        //开启接口
Router(config-if)#exit                               //退出接口配置模式回到全局配置模式
Router(config)#                                      //全局配置模式
```

5. 启用各路由器的边界网关协议（BGP）

（1）启用路由器 Router0 的 BGP。

请按表 4-49 所给的内容，在路由器 Router0 的命令行中使用以下相关 IOS 命令，启用 Router0 的 BGP，并通告 Router0 的直连网络。

```
Router(config)#router bgp 100                          // 启动 BGP 进程，
                                                       // 100 是路由器所在自治系统的编号
Router(config-router)#neighbor 10.0.0.2 remote-as 200  // 为路由器指定 BGP 邻居路由器
                                                       // 10.0.0.2 是邻居路由器相关接口的 IP 地址
                                                       // 200 是邻居路由器所在自治系统的编号
Router(config-router)#network 10.0.0.0 mask 255.255.255.0  // 通告路由器自己的直连网络
                                                       // 网络地址为 10.0.0.0
                                                       // 子网掩码为 255.255.255.0
Router(config-router)#end                              // 退出到特权执行模式
Router#                                                // 特权执行模式
```

（2）启用路由器 Router1 的 BGP。

请按表 4-49 所给的内容，在路由器 Router1 的命令行中使用以下相关 IOS 命令，启用 Router1 的 BGP。

```
Router(config)#router bgp 200                          // 启动 BGP 进程，
                                                       // 200 是路由器所在自治系统的编号
Router(config-router)#neighbor 10.0.0.1 remote-as 100  // 为路由器指定 BGP 邻居路由器
                                                       // 10.0.0.1 是邻居路由器相关接口的 IP 地址
                                                       // 100 是邻居路由器所在自治系统的编号
Router(config-router)#neighbor 20.0.0.1 remote-as 300  // 为路由器指定 BGP 邻居路由器
                                                       // 20.0.0.1 是邻居路由器相关接口的 IP 地址
                                                       // 300 是邻居路由器所在自治系统的编号
Router(config-router)#end                              // 退出到特权执行模式
Router#                                                // 特权执行模式
```

（3）启用路由器 Router2 的 BGP。

请按表 4-49 所给的内容，在路由器 Router2 的命令行中使用以下相关 IOS 命令，启用 Router2 的 BGP，并通告 Router2 的直连网络。

```
Router(config)#router bgp 300                          // 启动 BGP 进程，
                                                       // 300 是路由器所在自治系统的编号
Router(config-router)#neighbor 20.0.0.2 remote-as 200  // 为路由器指定 BGP 邻居路由器
                                                       // 20.0.0.2 是邻居路由器相关接口的 IP 地址
                                                       // 200 是邻居路由器所在自治系统的编号
Router(config-router)#network 20.0.0.0 mask 255.255.255.0  // 通告路由器自己的直连网络
                                                       // 网络地址为 20.0.0.0
                                                       // 子网掩码为 255.255.255.0
Router(config-router)#end                              // 退出到特权执行模式
Router#                                                // 特权执行模式
```

6. 查看各路由器的路由表

请参考实验 4-9 的实验步骤 6 中所介绍的方法，查看路由器 Router0、Router2 各自的路由表。如果给 Router0、Router2 各自成功配置了 BGP，则它们各自的路由表中会出现通过 BGP 获取到的路由条目，类型为“B”。

7. 选择要监视的网络协议

本实验需要监视边界网关协议（BGP）和网际控制报文协议（ICMP）。

8. 自治系统连通性测试

切换到“**实时**”**工作模式**，在路由器 Router0 的命令行使用“ping”命令，测试 Router0 与 Router2 之间的连通性，这样做的目的主要有以下三个：

- 测试网络拓扑是否构建成功。
- 测试路由器 Router0、Router1、Router2 各自相关接口的 IP 地址和子网掩码是否配置正确。
- 测试路由器 Router0、Router1、Router2 各自的 BGP 是否正确启用，即测试编号为 100、200、300 的各 AS 之间是否连通。

若上述操作全部正确，则在路由器 Router0 的命令行使用“ping”命令，测试 Router0 与 Router2 之间的连通性，测试结果应该为可以正常通信，如图 4-57 所示。

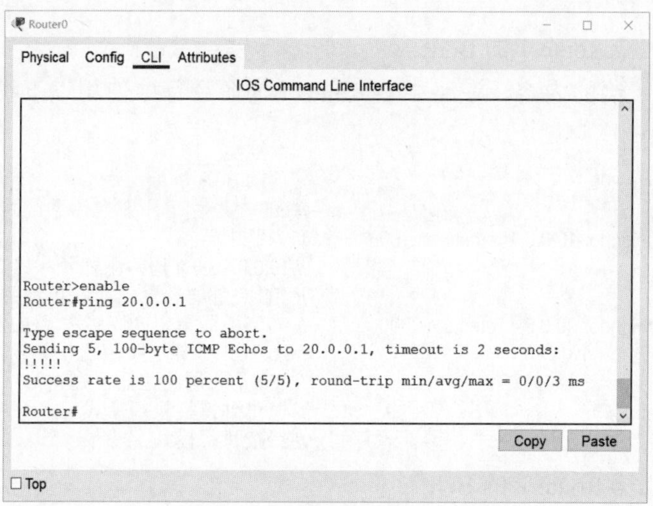

图 4-57 在路由器 Router0 的 IOS 命令行使用“ping”命令测试其与 Router2 的连通性

9. 查看BGP相关报文

切换到“**模拟**”**工作模式**，进行**单步模拟**。可以观察到 BGP 相邻路由器之间交互 BGP 相关报文，单击某个 BGP 相关报文，可以查看网络体系结构各层对该报文的处理情况。

4.14 实验 4-14 网际控制报文协议的应用

4.14.1 实验目的

- 验证利用网际控制报文协议（ICMP）实现 PING 应用的基本原理。
- 验证利用 ICMP 实现 traceroute 应用的基本原理。

4.14.2 预备知识

1. ICMP的作用

为了更有效地转发 IP 数据报以及提高 IP 数据报交付成功的机会，TCP/IP 体系结构的网际层使用了**网际控制报文协议**（Internet Control Message Protocol，ICMP）[RFC 792]。**主机或路由器使用 ICMP 来发送差错报告报文和询问报文**。

2. ICMP差错报告报文

ICMP 差错报告报文被封装在 IP 数据报中，用来向主机或路由器报告差错，共有以下 5 种：

- **终点不可达**：当路由器或主机不能交付 IP 数据报时，就向源点发送终点不可达报文。
- **源点抑制**：当路由器或主机由于拥塞而丢弃 IP 数据报时，就向源点发送源点抑制报文。
- **时间超过（超时）**：当路由器收到一个目的 IP 地址不是自己的 IP 数据报时，会将其首部中生存时间（TTL）字段的值减 1。若结果不为 0，则路由器将该数据报转发出去。若结果为 0，路由器不但要丢弃该数据报，还要向源点发送时间超过（超时）报文。
- **参数问题**：当路由器或目的主机收到 IP 数据报后，根据其首部中的检验和字段的值发现首部在传送过程中出现了误码，就丢弃该数据报，并向源点发送参数问题报文。
- **改变路由（重定向）**：路由器把改变路由报文发送给主机，让主机知道下次应将数据报发送给另外的路由器，这样可以通过更好的路由到达目的主机。

请读者注意，以下情况不应发送 ICMP 差错报告报文：

- 对 ICMP 差错报告报文不再发送 ICMP 差错报告报文。
- 对第一个分片的 IP 数据报片的所有后续数据报片都不发送 ICMP 差错报告报文。
- 对具有多播地址的 IP 数据报都不发送 ICMP 差错报告报文。
- 对具有特殊地址（例如 127.0.0.0 或 0.0.0.0）的数据报不发送 ICMP 差错报告报文。

3. ICMP询问报文

ICMP 询问报文被封装在 IP 数据报中，用来向主机或路由器询问情况，共有以下两种：

- **回送请求和回答**：由主机或路由器向一个特定的目的主机或路由器发出回送请求和回答报文。收到此报文的主机或路由器必须给源主机或路由器发送 ICMP 回送回答报文。这种询问报文用来测试目的站是否可达以及了解其有关状态。
- **时间戳请求和回答**：用来请求某个主机或路由器回答当前的日期和时间。在 ICMP 时间戳回答报文中有一个 32 比特的字段，其中写入的整数代表从 1900 年 1 月 1 日起到当前时刻一共有多少秒。时间戳请求和回答报文被用来进行时钟同步和测量时间。

4. ICMP的典型应用

（1）分组网间探测。

分组网间探测（Packet InterNet Groper，PING）用来**测试主机或路由器之间的连通性**。

PING 是 TCP/IP 体系结构的应用层直接使用网际层 ICMP 的一个例子，它并不使用运输层的 TCP 或 UDP。PING **应用所使用的** ICMP **报文类型为回送请求和回答**。

（2）跟踪路由。

跟踪路由 traceroute 应用，用于**探测** IP **数据报从源主机到达目的主机要经过哪些路由器**。在不同操作系统中，traceroute 应用的命令和实现机制有所不同：

- 在 UNIX **版本**中，具体命令为“traceroute”，其在**运输层使用** UDP **协议**，**在网际层使用的** ICMP **报文类型只有差错报告报文**。
- 在 Windows **版本**中，具体命令为“tracert”，其应用层直接使用网际层的 ICMP 协议，所使用的 ICMP **报文类型有回送请求和回答报文以及差错报告报文**（**具体类型为时间超过**）。

有关 ICMP 的相关介绍，请参看《深入浅出计算机网络（微课视频版）》教材 4.5 节。

5. Packet Tracer软件中的相关操作

本实验所涉及的 Packet Tracer 软件中的相关操作，请参看 1.2 节的相关内容。

4.14.3 实验设备

表 4-50 给出了本实验所需的网络设备。

表 4-50　实验 4-14 所需的网络设备

网络设备	型　号	数　量
计算机	PC-PT	2
路由器	2911	2

4.14.4 实验拓扑

本实验的网络拓扑和网络参数如图 4-58 所示。

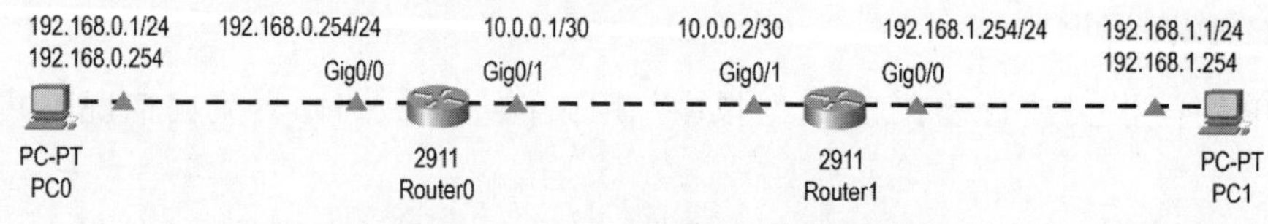

图 4-58　实验 4-14 的网络拓扑和网络参数

4.14.5 实验配置

表 4-51 给出了本实验中需要给各计算机配置的 IP 地址、子网掩码以及默认网关的 IP 地址。

表 4-51　实验 4-14 中需要给各计算机配置的 IP 地址、子网掩码以及默认网关的 IP 地址

网络设备	名　称	型　号	IP 地址	子网掩码	默认网关的 IP 地址
计算机	PC0	PC-PT	192.168.0.1	255.255.255.0（/24）	192.168.0.254
计算机	PC1	PC-PT	192.168.1.1	255.255.255.0（/24）	192.168.1.254

表 4-52 给出了本实验中需要给各路由器相关接口配置的 IP 地址和子网掩码。

表 4-52　实验 4-14 中需要各路由器相关接口配置的 IP 地址和子网掩码

网络设备	名　称	型　号	接口	IP 地址	子网掩码
路由器	Router0	2911	Gig0/0	192.168.0.254	255.255.255.0（/24）
			Gig0/1	10.0.0.1	255.255.255.252（/30）
路由器	Router1	2911	Gig0/0	192.168.1.254	255.255.255.0（/24）
			Gig0/1	10.0.0.2	255.255.255.252（/30）

表 4-53 给出了本实验中需要给路由器 Router0 添加的静态路由条目。

表 4-53　实验 4-14 中需要给路由器 Router0 添加的静态路由条目

目的网络	子网掩码	下一跳
192.168.1.0	255.255.255.0（/24）	10.0.0.2

表 4-54 给出了本实验中需要给路由器 Router1 添加的静态路由条目。

表 4-54　实验 4-14 中需要给路由器 Router1 添加的静态路由条目

目的网络	子网掩码	下一跳
192.168.0.0	255.255.255.0（/24）	10.0.0.1

4.14.6　实验步骤

本实验的流程图如图 4-59 所示。

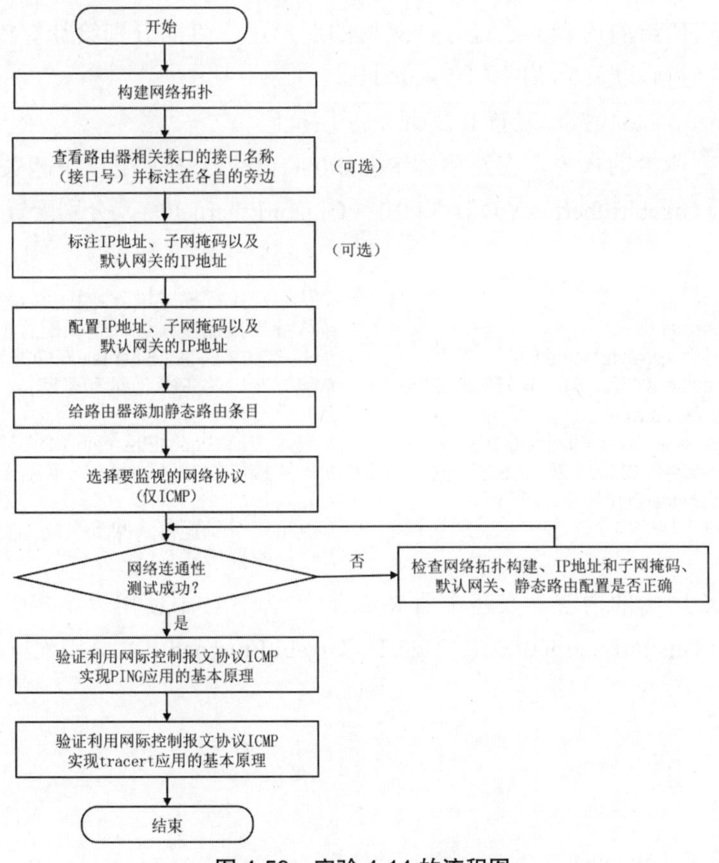

图 4-59　实验 4-14 的流程图

1. 构建网络拓扑

请按以下步骤构建图 4-58 所示的网络拓扑：

❶ 选择并拖动表 4-50 给出的本实验所需的网络设备到逻辑工作区。

❷ 选择“自动选择连接类型”，由 Packet Tracer 软件自动为待连接的网络设备选择用于连接的接口以及相应的传输介质，然后将相关网络设备互连即可。

2. 查看并标注路由器相关接口名称（接口号）

为了方便给各路由器相关接口配置 IP 地址和子网掩码，建议将各路由器相关接口的接口名称（接口号）标注在它们各自的旁边。

具体操作见实验 4-2 的相关说明。

3. 标注IP地址、子网掩码以及默认网关的IP地址

建议将表 4-51 给出的需要给各计算机配置的 IP 地址、子网掩码以及默认网关的 IP 地址标注在它们各自的旁边；将表 4-52 给出的需要给各路由器相关接口配置的 IP 地址和子网掩码标注在各接口的旁边。

上述操作的目的在于方便给各网络设备配置网络参数、方便进行网络测试以及方便观察实验现象。

4. 配置IP地址、子网掩码以及默认网关的IP地址

（1）给各计算机配置 IP 地址、子网掩码以及默认网关的 IP 地址。

请按表 4-51 所给的内容，通过各计算机的图形用户界面分别给计算机 PC0、PC1 配置 IP 地址、子网掩码以及默认网关的 IP 地址。

（2）给各路由器相关接口配置 IP 地址和子网掩码。

请按表 4-52 所给的内容，在路由器 Router0 的命令行中使用以下相关 IOS 命令，给其接口 Gig0/0（GigabitEthernet0/0）、Gig0/1（GigabitEthernet0/1）分别配置相应的 IP 地址和子网掩码。

```
Router>enable                                      // 从用户执行模式进入特权执行模式
Router#configure terminal                          // 从特权执行模式进入全局配置模式
Router(config)#interface GigabitEthernet0/0        // 进入接口 GigabitEthernet0/0 的配置模式
Router(config-if)#ip address 192.168.0.254 255.255.255.0  // 配置接口的 IPv4 地址和子网掩码
Router(config-if)#no shutdown                      // 开启接口
Router(config-if)# interface GigabitEthernet0/1    // 进入接口 GigabitEthernet0/1 的配置模式
Router(config-if)#ip address 10.0.0.1 255.255.255.252     // 配置接口的 IPv4 地址和子网掩码
Router(config-if)#no shutdown                      // 开启接口
Router(config-if)#exit                             // 退出接口配置模式回到全局配置模式
Router(config)#                                    // 全局配置模式
```

请按表 4-52 所给的内容，在路由器 Router1 的命令行中使用以下相关 IOS 命令，给其接口 Gig0/0（GigabitEthernet0/0）、Gig0/1（GigabitEthernet0/1）分别配置相应的 IP 地址和子网掩码。

```
Router>enable                                         // 从用户执行模式进入特权执行模式
Router#configure terminal                             // 从特权执行模式进入全局配置模式
Router(config)#interface GigabitEthernet0/0           // 进入接口 GigabitEthernet0/0 的配置模式
Router(config-if)#ip address 192.168.1.254 255.255.255.0  // 配置接口的 IPv4 地址和子网掩码
Router(config-if)#no shutdown                         // 开启接口
Router(config-if)# interface GigabitEthernet0/1       // 进入接口 GigabitEthernet0/1 的配置模式
Router(config-if)#ip address 10.0.0.2 255.255.255.252 // 配置接口的 IPv4 地址和子网掩码
Router(config-if)#no shutdown                         // 开启接口
Router(config-if)#exit                                // 退出接口配置模式回到全局配置模式
Router(config)#                                       // 全局配置模式
```

5. 给路由器添加静态路由条目

（1）给路由器 Router0 添加静态路由条目。

请按表 4-53 所给的内容，在路由器 Router0 的命令行中使用以下相关 IOS 命令，给其添加一条静态路由条目。

```
Router(config)#ip route 192.168.1.0 255.255.255.0 10.0.0.2   // 添加一条静态路由条目：
                                                             // 目的网络地址为 192.168.1.0
                                                             // 子网掩码为 255.255.255.0
                                                             // 下一跳地址为 10.0.0.2
```

（2）给路由器 Router1 添加静态路由条目。

请按表 4-54 所给的内容，在路由器 Router1 的命令行中使用以下相关 IOS 命令，给其添加一条静态路由条目。

```
Router(config)#ip route 192.168.0.0 255.255.255.0 10.0.0.1   // 添加一条静态路由条目：
                                                             // 目的网络地址为 192.168.0.0
                                                             // 子网掩码为 255.255.255.0
                                                             // 下一跳地址为 10.0.0.1
```

6. 选择要监视的网络协议

本实验仅监视网际控制报文协议（ICMP）即可。

7. 网络连通性测试

切换到**“实时”工作模式**，在计算机 PC0 的命令行使用“ping”命令，测试 PC0 与 PC1 之间的连通性，这样做的目的主要有以下五个：

- 测试网络拓扑是否构建成功。
- 测试 PC0、PC1 各自的 IP 地址、子网掩码以及默认网关的 IP 地址是否配置正确。
- 测试路由器 Router0、Router1 各自相关接口的 IP 地址和子网掩码是否配置正确。
- 测试路由器 Router0、Router1 各自的静态路由条目是否添加正确。
- 让 PC0 与 Router0、Router0 与 Router1、Router1 与 PC1 都获取到对方相关接口的 MAC 地址，以免在后续过程中出现“通过 ARP 查找已知 IP 地址所对应的 MAC 地址”这一过程，影响用户对实验现象的观察。

8. 验证利用ICMP实现PING应用的基本原理

切换到**“模拟”工作模式**，在计算机 PC0 的命令行使用“ping”命令，测试 PC0 与 PC1 之间的连通性，如图 4-60 所示。

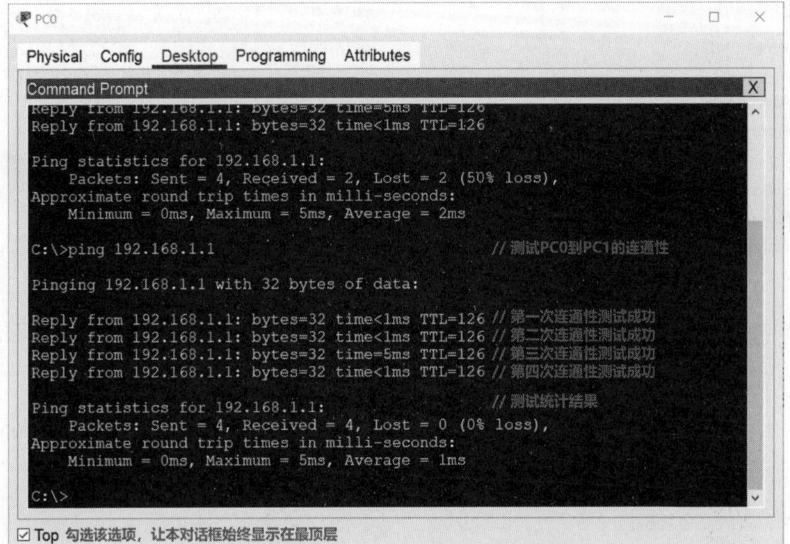

图 4-60 PC0 与 PC1 的连通性测试

进行**单步模拟**，注意观察以下现象：

- PC0 会给 PC1 发送 ICMP 回送请求报文，该报文被封装在 IP 数据报中发送；PC1 收到 ICMP 回送请求报文后，给 PC0 发送 ICMP 回送回答报文作为响应，该报文也被封装在 IP 数据报中发送。
- “ping”命令会执行上述过程**四次**，然后给出连通性测试的统计结果。

为了方便观察连通性测试的命令行交互过程，可在图 4-60 所示的命令行对话框的底部勾选“Top”选项，让该对话框始终显示在顶层。

9. 验证利用ICMP实现traceroute应用的基本原理

切换到**“模拟”工作模式**，在计算机 PC0 的命令行使用“tracert”命令，探测 PC0 与 PC1 之间要经过哪些路由器，如图 4-61 所示。

图 4-61 探测 PC0 与 PC1 之间要经过哪些路由器

进行**单步模拟**，注意观察以下现象：

❶ 计算机 PC0 给 PC1 发送 ICMP 回送请求报文，该报文被封装在 IP 数据报中发送。IP 数据报首部中生存时间（TTL）字段的值被设置为 1。IP 数据报到达路由器 Router0 后，其 TTL 字段的值被减 1，结果为 0。因此路由器 Router0 丢弃该数据报，并向发送该数据报的 PC0 发送 ICMP 差错报告报文，其类型为时间超过。这样，PC0 就知道了到达 PC1 的路径中的第一个路由器，其相关接口的 IP 地址为 192.168.0.254。该过程会执行 3 次，并测量出每次所耗费的时间。

❷ 计算机 PC0 给 PC1 发送 ICMP 回送请求报文，该报文被封装在 IP 数据报中发送。IP 数据报首部中 TTL 字段的值被设置为 2。经过路由器 Router0 转发后，该数据报的 TTL 字段的值被减少为 1。该数据报到达路由器 Router1 后，其 TTL 字段的值被减 1，结果为 0。因此 Router1 丢弃该数据报，并向发送该数据报的 PC0 发送 ICMP 差错报告报文，其类型为时间超过。这样，PC0 就知道了到达 PC1 的路径中的第二个路由器，其相关接口的 IP 地址为 10.0.0.2。该过程会执行 3 次，并测量出每次所耗费的时间。

❸ 计算机 PC0 给 PC1 发送 ICMP 回送请求报文，该报文被封装在 IP 数据报中发送。IP 数据报首部中 TTL 字段的值被设置为 3。经过路由器 Router0 和 Router1 的转发后，该数据报到达 PC1，其首部中 TTL 字段的值被 Router0 和 Router1 减小到 1。PC1 解析该数据报，发现其内部封装的是 ICMP 回送请求报文，于是就给 PC0 发送封装有 ICMP 回送回答报文的 IP 数据报。PC0 收到该数据报后，就知道已经跟踪到路径中的最后一站，也就是 PC1。该过程会执行 3 次，并测量出每次所耗费的时间。

4.15　实验 4-15　网络地址与端口号转换

4.15.1　实验目的

- 了解网络地址与端口号转换（NAPT）的作用。
- 掌握 NAPT 的原理和配置方法。

4.15.2　预备知识

1. 网络地址转换

[RFC 1918] 规定以下三个 CIDR 地址块中的地址作为内部专用地址（私有地址）：

- 10.0.0.0 ~ 10.255.255.255（CIDR 地址块 10/8）。
- 172.16.0.0 ~ 172.31.255.255（CIDR 地址块 172.16/12）。
- 192.168.0.0 ~ 192.168.255.255（CIDR 地址块 192.168/16）。

网络地址转换（Network Address Translation，NAT）于 1994 年被提出，用来**缓解 IPv4 地址空间即将耗尽的问题**。NAT 能使大量**使用内部专用地址的专用网络用户共享少量外部全球地址来访问因特网上的主机和资源**。这种方法需要在专用网络连接到因特网的路由器上安装 NAT 软件。装有 NAT 软件的路由器称为 NAT **路由器**，它至少要有一个有

效的外部全球地址 IP_G。这样，所有使用内部专用地址的主机在和外部因特网通信时都要在 NAT 路由器上将其内部专用地址转换成 IP_G。

基本的 NAT 方法有一个缺点：**如果 NAT 路由器拥有 n 个全球 IP 地址，那么专用网内最多可以同时有 n 台主机接入因特网。若专用网内的主机数量大于 n，则需要轮流使用 NAT 路由器中数量较少的全球 IP 地址**。

2. 网络地址与端口号转换

由于目前绝大多数基于 TCP/IP 协议栈的网络应用都使用运输层的传输控制协议或用户数据报协议，为了更加有效地利用 NAT 路由器中的全球 IP 地址，现在常**将 NAT 转换和运输层端口号结合使用**。这样就可以使内部专用网中使用专用地址的大量主机，共用 NAT 路由器上的 1 个全球 IP 地址，因而可以同时与因特网中的不同主机进行通信。

使用端口号的 NAT 称为**网络地址与端口号转换**（Network Address and Port Translation，NAPT），但人们仍习惯将其称为 NAT。现在很多家用路由器将家中各种智能设备（手机、平台、笔记本计算机、台式计算机、物联网设备等）接入因特网，实际上这种路由器就是一个 NAPT 路由器，但往往并不运行路由选择协议。

请读者注意，尽管 NAT 的出现在很大程度上缓解了 IPv4 地址资源紧张的局面，但 NAT 对网络应用并不完全透明，会对某些网络应用产生影响。NAT 的一个重要特点就是通信必须由专用网内部发起，因此**拥有内部专用地址的主机不能直接充当因特网中的服务器**。对于目前 P2P 这类需要外网主机主动与内网主机进行通信的网络应用，在通过 NAT 时会遇到问题，需要网络应用自身使用一些**特殊的 NAT 穿透技术**来解决。

有关 NAT 的相关介绍，请参看《深入浅出计算机网络（微课视频版）》教材 4.6.2 节。

3. Packet Tracer软件中的相关操作

本实验所涉及的 Packet Tracer 软件中的相关操作，请参看 1.2 节的相关内容。

4.15.3 实验设备

表 4-55 给出了本实验所需的网络设备。

表 4-55 实验 4-15 所需的网络设备

网络设备	型 号	数 量	备 注
计算机	PC-PT	2	无
服务器	Server-PT	1	
交换机	2960-24TT	1	
路由器	1941	2	需要安装“HWIC-2T”串行接口模块

4.15.4 实验拓扑

本实验的网络拓扑和网络参数如图 4-62 所示。

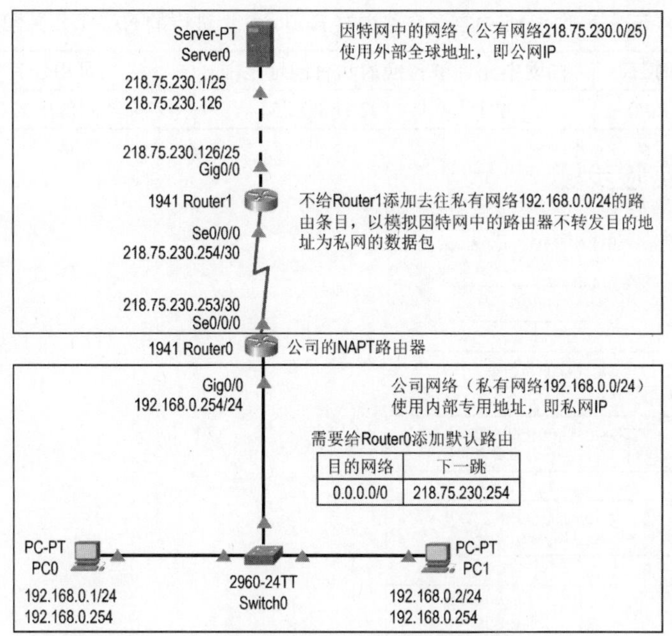

图 4-62　实验 4-15 的网络拓扑和网络参数

4.15.5　实验配置

表 4-56 给出了本实验中需要给各计算机和服务器配置的 IP 地址、子网掩码以及默认网关的 IP 地址。

表 4-56　实验 4-15 中需要给各计算机和服务器配置的 IP 地址、子网掩码以及默认网关的 IP 地址

网络设备	名　称	型　号	IP 地址	子网掩码	默认网关的 IP 地址
计算机	PC0	PC-PT	192.168.0.1	255.255.255.0（/24）	192.168.0.254
计算机	PC1	PC-PT	192.168.0.2	255.255.255.0（/24）	192.168.0.254
服务器	Server0	Server-PT	218.75.230.1	255.255.255.128（/25）	218.75.230.126

表 4-57 给出了本实验中需要给各路由器相关接口配置的 IP 地址和子网掩码。

表 4-57　实验 4-15 中需要给各路由器相关接口配置的 IP 地址和子网掩码

网络设备	名　称	型　号	接口	IP 地址	子网掩码
路由器	Router0	1941	Gig0/0	192.168.0.254	255.255.255.0（/24）
			Se0/0/0	218.75.230.253	255.255.255.252（/30）
路由器	Router1	1941	Gig0/0	218.75.230.126	255.255.255.128（/25）
			Se0/0/0	218.75.230.254	255.255.255.252（/30）

表 4-58 给出了本实验中需要给路由器 Router0 添加的默认路由条目。

表 4-58　实验 4-15 中需要给路由器 Router0 添加的默认路由条目

目的网络	子网掩码	下一跳
0.0.0.0	0.0.0.0（/0）	218.75.230.254

表 4-59 给出了本实验中需要在路由器 Router0 上进行的 NAPT 相关配置。

表 4-59　实验 4-15 中需要在路由器 Router0 上进行的 NAPT 相关配置

内部接口	外部接口	内网中允许被转换的私有地址范围	可用公有 IP 地址池
Gig0/0	Se0/0/0	192.168.0.1 ~ 192.168.0.254	仅包含 218.75.230.253/30 一个地址

4.15.6　实验步骤

本实验的流程图如图 4-63 所示。

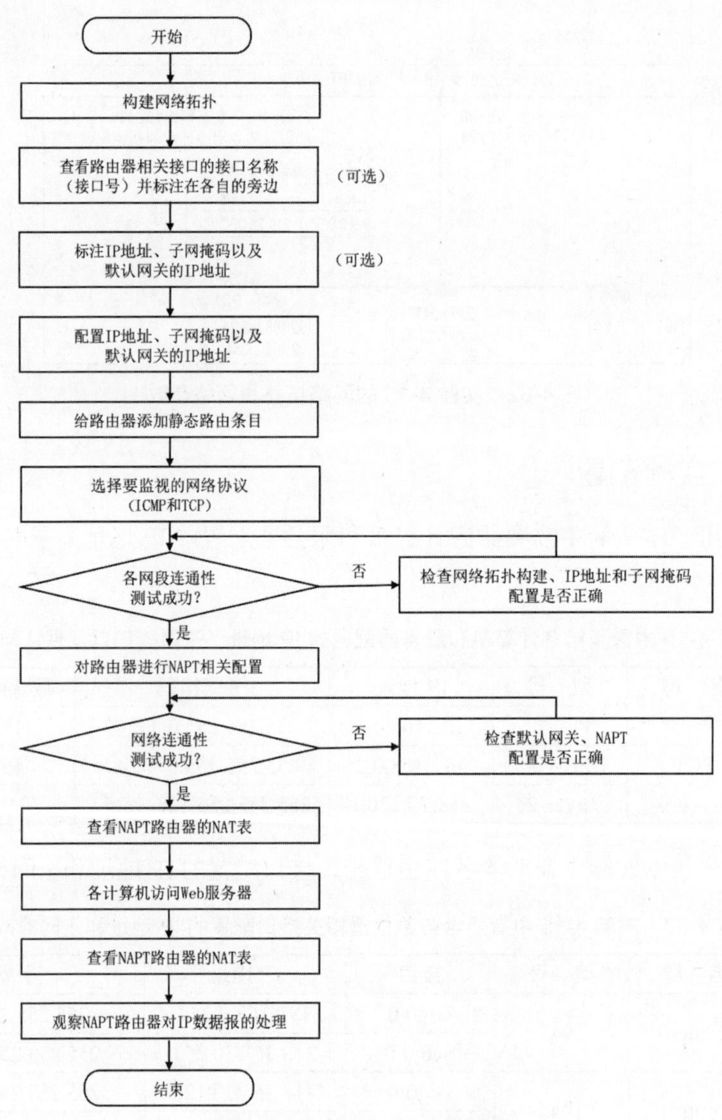

图 4-63　实验 4-15 的流程图

1. 构建网络拓扑

请按以下步骤构建图 4-62 所示的网络拓扑：

❶ 选择并拖动表 4-55 给出的本实验所需的网络设备到逻辑工作区。

❷ 给两台型号为 1941 的路由器各安装一个型号为 HWIC-2T 的串行接口模块。

❸ 选择串行线（Serial DTE）将两台路由器（Router0 和 Router1）的接口 Serial0/0/0（Se0/0/0）连接起来。

❹ 选择“自动选择连接类型”，由 Packet Tracer 软件自动为待连接的网络设备选择用于连接的接口以及相应的传输介质，然后将相关网络设备互连即可。

2. 查看并标注路由器相关接口名称（接口号）

为了方便给各路由器相关接口配置 IP 地址和子网掩码，建议将各路由器相关接口的接口名称（接口号）标注在它们各自的旁边。

具体操作见实验 4-2 的相关说明。

3. 标注IP地址、子网掩码以及默认网关的IP地址

建议将表 4-56 给出的需要给各计算机和服务器配置的 IP 地址、子网掩码以及默认网关的 IP 地址标注在它们各自的旁边；将表 4-57 给出的需要给各路由器相关接口配置的 IP 地址和子网掩码标注在各接口的旁边。

上述操作的目的在于方便给各网络设备配置网络参数、方便进行网络测试以及方便观察实验现象。

4. 配置IP地址、子网掩码以及默认网关的IP地址

（1）给各计算机和服务器配置 IP 地址、子网掩码以及默认网关的 IP 地址。

请按表 4-56 所给的内容，通过各计算机和服务器的图形用户界面分别给计算机 PC0 和 PC1、服务器 Server0 配置 IP 地址、子网掩码以及默认网关的 IP 地址。

（2）给各路由器相关接口配置 IP 地址和子网掩码。

请按表 4-57 所给的内容，在路由器 Router0 的命令行中使用以下相关 IOS 命令，给其接口 Gig0/0（GigabitEthernet0/0）、Se0/0/0（Serial0/0/0）分别配置相应的 IP 地址和子网掩码。

```
Router>enable                                              // 从用户执行模式进入特权执行模式
Router#configure terminal                                  // 从特权执行模式进入全局配置模式
Router(config)#interface GigabitEthernet0/0                // 进入接口 GigabitEthernet0/0 的配置模式
Router(config-if)#ip address 192.168.0.254 255.255.255.0   // 配置接口的 IPv4 地址和子网掩码
Router(config-if)#no shutdown                              // 开启接口
Router(config-if)# interface Serial0/0/0                   // 进入接口 Serial0/0/0 的配置模式
Router(config-if)#ip address 218.75.230.253 255.255.255.252 // 配置接口的 IPv4 地址和子网掩码
Router(config-if)#no shutdown                              // 开启接口
Router(config-if)#exit                                     // 退出接口配置模式回到全局配置模式
Router(config)#                                            // 全局配置模式
```

请按表 4-57 所给的内容，在路由器 Router1 的命令行中使用以下相关 IOS 命令，给其接口 Gig0/0（GigabitEthernet0/0）、Se0/0/0（Serial0/0/0）分别配置相应的 IP 地址和子网掩码。

```
Router>enable                                              // 从用户执行模式进入特权执行模式
Router#configure terminal                                  // 从特权执行模式进入全局配置模式
Router(config)#interface GigabitEthernet0/0                // 进入接口 GigabitEthernet0/0 的配置模式
Router(config-if)#ip address 218.75.230.126 255.255.255.128 // 配置接口的 IPv4 地址和子网掩码
Router(config-if)#no shutdown                              // 开启接口
Router(config-if)# interface Serial0/0/0                   // 进入接口 Serial0/0/0 的配置模式
Router(config-if)#ip address 218.75.230.254 255.255.255.252 // 配置接口的 IPv4 地址和子网掩码
Router(config-if)#no shutdown                              // 开启接口
Router(config-if)#exit                                     // 退出接口配置模式回到全局配置模式
Router(config)#                                            // 全局配置模式
```

5. 给路由器添加静态路由条目

请按表 4-58 所给的内容，在路由器 Router0 的命令行中使用以下相关 IOS 命令，给

其添加一条默认路由条目。

```
Router(config)#ip route 0.0.0.0 0.0.0.0 218.75.230.254        // 添加一条默认路由条目：
                                                               // 目的网络地址为 0.0.0.0
                                                               // 子网掩码为 0.0.0.0
                                                               // 下一跳地址为 218.75.230.254
```

请读者注意，为了**模拟因特网中的路由器不转发目的地址为内部专用地址（私有地址）的数据包**，特意不给路由器 Router1 添加去往私有网络 192.168.0.0/24 的路由条目。

6. 选择要监视的网络协议

本实验需要监视网际控制报文协议（ICMP）和传输控制协议（TCP）。

7. 各网段连通性测试

请切换到**“实时”工作模式**，分别进行以下测试。

❶ 在 PC0 的命令行使用“ping”命令，测试 PC0 与 Router0 之间的连通性。

❷ 在 PC1 的命令行使用“ping”命令，测试 PC1 与 Router0 之间的连通性。

❸ 在 Router0 的命令行使用“ping”命令，测试 Router0 与 Router1 之间的连通性。

❹ 在 Router1 的命令行使用“ping”命令，测试 Router1 与 Server0 之间的连通性。

这样做的目的主要有以下四个：

- 测试网络拓扑是否构建成功。
- 测试 PC0、PC1、Server0 各自的 IP 地址和子网掩码是否配置正确。
- 测试 Router0、Router1 各自相关接口的 IP 地址和子网掩码是否配置正确。
- 让 PC0 与 Router0、PC1 与 Router0、Router0 与 Router1、Router1 与 Server0 都获取到对方相关接口的 MAC 地址，以免在后续过程中出现“通过 ARP 查找已知 IP 地址所对应的 MAC 地址”这一过程，影响用户对实验现象的观察。

完成上述各网段连通性测试后，请在计算机 PC0 的命令行使用“ping”命令，测试 PC0 与服务器 Server0 之间的连通性，测试结果应为无法通信。原因如下：在本实验中特意没有给路由器 Router1 添加去往私有网络 192.168.0.0/24 的路由条目，用来**模拟因特网中的路由器不转发目的地址为内部专用地址（私有地址）的数据包**。当 Server0 收到来自 PC0 的 ICMP 回送请求报文后，会给 PC0 发送 ICMP 回送回答报文作为响应。然而，Router1 收到封装有该报文的 IP 数据报后，在路由表中查不到该数据报所去往的目的网络而将其丢弃。

8. 对路由器进行NAPT相关配置

请按表 4-59 给出的内容，对路由器 Router0 进行 NAPT 相关配置。

（1）设置 NAT 内部接口和外部接口。

在路由器 Router0 的命令行中使用以下相关 IOS 命令，设置其接口 GigabitEthernet0/0（Gig0/0）为 NAT 内部接口、Se0/0/0（Serial0/0/0）为 NAT 外部接口。

```
Router(config)#interface GigabitEthernet0/0        // 进入接口 GigabitEthernet0/0 的配置模式
Router(config-if)#ip nat inside                    // 设置为 NAT 内部接口
Router(config-if)#interface Serial0/0/0            // 进入接口 Serial0/0/0 的配置模式
Router(config-if)#ip nat outside                   // 设置为 NAT 外部接口
Router(config-if)#exit                             // 退出接口配置模式回到全局配置模式
Router(config)#                                    // 全局配置模式
```

（2）设置 NAT 可用的公有 IP 地址池。

在路由器 Router0 的命令行中使用以下相关 IOS 命令，设置 NAT 可用的公有 IP 地址池。

```
Router(config)#ip nat pool napt-pool 218.75.230.253 218.75.230.253 netmask 255.255.255.252    // 公有 IP 地址池
```

在上述命令中，“napt-pool”是地址池的名称；第一个公有 IP 地址 218.75.230.253 是地址池的起始地址，第二个公有 IP 地址 218.75.230.253 是地址池的结束地址，因此该地址池中只有一个公有 IP 地址 218.75.230.253，也就是路由器 Router0 的接口 Se0/0/0 的地址；地址掩码为 255.255.255.252。

（3）设置访问列表。

在路由器 Router0 的命令行中使用以下相关 IOS 命令，设置内部网络中允许访问因特网的访问列表。

```
Router(config)#access-list 1 permit 192.168.0.0 0.0.0.255        // 设置内网中允许访问因特网的访问列表
```

上述命令将内网中允许被转换的私有地址范围设置为 192.168.0.1 ~ 192.168.0.254。

（4）将访问列表与 NAT 地址池进行关联。

在路由器 Router0 的命令行中使用以下相关 IOS 命令，将之前设置的访问列表与 NAT 地址池进行关联。

```
Router(config)#ip nat inside source list 1 pool napt-pool overload    // 将访问列表与 NAT 地址池进行关联
Router(config)#exit                                                   // 退出全局配置模式到特权执行模式
Router#                                                               // 特权执行模式
```

在上述命令中，携带参数“overload”表示“多对一”，不携带该参数表示“多对多”。当内部网络中的上网主机多于 NAT 地址池中公有 IP 地址时（多对一），该参数不能省略。

9. 网络连通性测试

请切换到**“实时”工作模式**，分别进行以下测试：

❶ 在计算机 PC0 的命令行使用“ping”命令，测试 PC0 与服务器 Server0 之间的连通性。

❷ 在计算机 PC1 的命令行使用“ping”命令，测试 PC1 与服务器 Server0 之间的连通性。

这样做的目的主要有以下三个：

- 测试 PC0、PC1、Server0 各自的默认网关是否配置正确。
- 测试给 Router0 添加的默认路由条目是否正确。
- 测试 Router0 的 NAPT 是否配置正确。

10. 查看NAPT路由器的NAT表

在进行实验步骤 9 的网络连通性测试过程中，路由器 Router0（NAPT 路由器）会对收到的 IP 数据报进行 NAPT 转换和转发，并进行相应的记录。

在路由器 Router0 的命令行中使用以下相关 IOS 命令，查看其 NAT 表。

```
Router#show ip nat translations        // 查看 NAT 表
```

在本实验中，经过实验步骤 9 的网络连通性测试后，查看路由器 Router0 NAT 表的情况如图 4-64 所示。

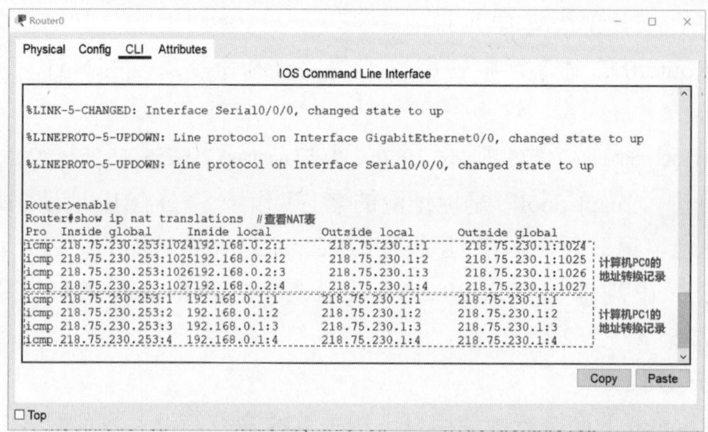

图 4-64　在路由器 Router0 的 IOS 命令行查看其 NAT 表

需要说明的是，对于 ICMP，NAPT 会将 IP 地址结合 ICMP **标识符**进行转换。ICMP 标识符只有本地意义，内部网络中的不同计算机发送 ICMP 报文时可能使用相同的标识符，当出现这种情况时，标识符必须转换成不同的标识符以便区分内部网络中不同的计算机。

请读者注意，NAPT 转换记录会在一段时间后被自动删除，因此在完成实验步骤 9 后应尽快进行实验步骤 10。

11. 各计算机访问Web服务器

请切换到 **“实时”工作模式**，分别进行以下 Web 访问：

❶ 在计算机 PC0 上使用 Web 浏览器访问服务器 Server0 提供的 Web 服务。

❷ 在计算机 PC1 上使用 Web 浏览器访问服务器 Server0 提供的 Web 服务。

上述操作的目的在于，让路由器 Router0 的 NAT 表中记录有关 TCP 的 NAPT 转换记录。

12. 查看NAPT路由器的NAT表

在进行实验步骤 11 的各计算机访问 Web 服务器的过程中，路由器 Router0（NAPT 路由器）会对收到的 IP 数据报进行 NAPT 转换和转发，并进行相应的记录。查看路由器 Router0 NAT 表的情况如图 4-65 所示。

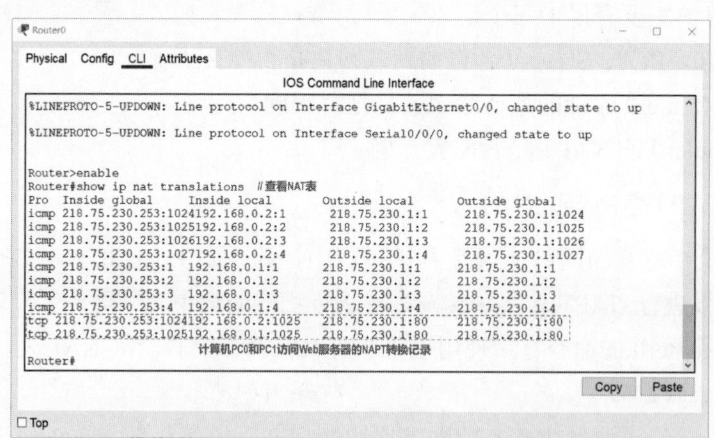

图 4-65　在路由器 Router0 的 IOS 命令行查看其 NAT 表

需要说明的是，对于 TCP 或 UDP，将 IP 地址结合端口号进行转换。TCP/UDP 端口号只有本地意义，内部网络中的不同计算机发送 TCP/UDP 报文时可能使用相同的端口号，当出现这种情况时，端口号必须转换成不同的端口号以便区分内部网络中不同的计算机。

请读者注意，NAPT 转换记录会在一段时间后被自动删除，因此在完成实验步骤 11 后应尽快进行实验步骤 12。

13. 观察NAPT路由器对IP数据报的处理

请切换到**“模拟”工作模式**，使用工作区工具箱中的“Add Simple PDU”（添加简单的 PDU）工具，让计算机 PC0 给服务器 Server0 发送 ICMP 回送请求报文。Server0 收到 ICMP 回送请求报文后，给 PC0 发送 ICMP 回送回答报文作为响应。ICMP 报文被封装在 IP 数据报中发送。

对上述过程进行**单步模拟**，观察路由器 Router0 对 IP 数据报的接收处理和转发处理，重点查看 IP 数据报进入和离开 Router0 时的源 IP 地址、目的 IP 地址。

4.16　实验 4-16　从 IPv4 向 IPv6 过渡所使用的隧道技术

4.16.1　实验目的

- 理解从 IPv4 向 IPv6 过渡所使用的隧道技术。
- 掌握在路由器上配置隧道的方法。
- 验证经过隧道可以实现两个 IPv6 网络通过 IPv4 网络进行通信。

4.16.2　预备知识

1. 从IPv4向IPv6过渡所使用的隧道技术

因特网上使用 IPv4 的路由器的数量太大，要让所有路由器都改用 IPv6 并不能一蹴而就。因此，从 IPv4 转变到 IPv6 只能采用逐步演进的办法。

隧道技术（Tunneling）是从 IPv4 向 IPv6 过渡的其中一种方法。这种方法的**核心思想**是在 IPv6 数据报要进入 IPv4 网络时，将 IPv6 数据报重新封装成为 IPv4 数据报，即整个 IPv6 数据报成为 IPv4 数据报的数据部分。然后 IPv4 数据报就在 IPv4 网络中传输。当 IPv4 数据报要离开 IPv4 网络时，再将其数据部分（即原来的 IPv6 数据报）取出并转发到 IPv6 网络。

有关从 IPv4 向 IPv6 过渡的相关介绍，请参看《深入浅出计算机网络（微课视频版）》教材 4.9.5 节。

2. Packet Tracer软件中的相关操作

本实验所涉及的 Packet Tracer 软件中的相关操作，请参看 1.2 节的相关内容。

4.16.3 实验设备

表 4-60 给出了本实验所需的网络设备。

表 4-60 实验 4-16 所需的网络设备

网络设备	型 号	数 量
计算机	PC-PT	2
路由器	1941	3

4.16.4 实验拓扑

本实验的网络拓扑和网络参数如图 4-66 所示。

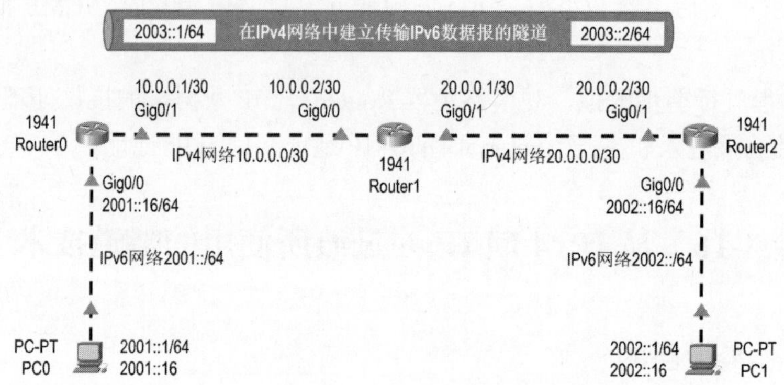

图 4-66 实验 4-16 的网络拓扑和网络参数

4.16.5 实验配置

表 4-61 给出了本实验中需要给各计算机配置的 IPv6 地址和默认网关的 IPv6 地址。

表 4-61 实验 4-16 中需要给各计算机配置的 IPv6 地址和默认网关的 IPv6 地址

网络设备	名 称	型 号	IP 地址	默认网关
计算机	PC0	PC-PT	2001::1/64	2001::16
计算机	PC1	PC-PT	2002::1/64	2002::16

表 4-62 给出了本实验中需要给各路由器相关接口配置的 IP 地址和子网掩码。

表 4-62 实验 4-16 中需要给各路由器相关接口配置的 IP 地址和子网掩码

网络设备	名 称	型 号	接口	IP 地址	子网掩码
路由器	Router0	1941	Gig0/0	2001::16/64	——
			Gig0/1	10.0.0.1	255.255.255.252（/30）
路由器	Router1	1941	Gig0/0	10.0.0.2	255.255.255.252（/30）
			Gig0/1	20.0.0.1	255.255.255.252（/30）
路由器	Router2	1941	Gig0/0	2002::16/64	255.255.255.252（/30）
			Gig0/1	20.0.0.2	——

表 4-63 给出了本实验中需要给路由器 Router0 添加的 IPv4 静态路由条目。

表 4-63　实验 4-16 中需要给路由器 Router0 添加的 IPv4 静态路由条目

目的网络	子网掩码	下一跳
20.0.0.0	255.255.255.252（/30）	10.0.0.2

表 4-64 给出了本实验中需要给路由器 Router2 添加的 IPv4 静态路由条目。

表 4-64　实验 4-16 中需要给路由器 Router2 添加的 IPv4 静态路由条目

目的网络	子网掩码	下一跳
10.0.0.0	255.255.255.252（/30）	20.0.0.1

表 4-65 给出了本实验中路由器 Router0 与 Router2 之间的隧道配置内容。

表 4-65　实验 4-16 中路由器 Router0 与 Router2 之间的隧道配置内容

路由器	隧道接口号	隧道源端的接口	隧道源端的 IPv6 地址	隧道目的端的 IPv4 地址	隧道封装模式
Router0	1	Gig0/1	2003::1/64	20.0.0.2	IPv6-over-IPv4
Router2	1	Gig0/1	2003::2/64	10.0.0.1	IPv6-over-IPv4

表 4-66 给出了本实验中需要给路由器 Router0 添加的 IPv6 静态路由条目。

表 4-66　实验 4-16 中需要给路由器 Router0 添加的 IPv6 静态路由条目

目的网络	下一跳
2002::/64	2003::2

表 4-67 给出了本实验中需要给路由器 Router0 添加的 IPv6 静态路由条目。

表 4-67　实验 4-16 中需要给路由器 Router2 添加的 IPv6 静态路由条目

目的网络	下一跳
2001::/64	2003::1

4.16.6　实验步骤

本实验的流程图如图 4-67 所示。

1. 构建网络拓扑

请按以下步骤构建图 4-66 所示的网络拓扑：

❶ 选择并拖动表 4-60 给出的本实验所需的网络设备到逻辑工作区。

❷ 选择“自动选择连接类型”，由 Packet Tracer 软件自动为待连接的网络设备选择用于连接的接口以及相应的传输介质，然后将相关网络设备互连即可。

2. 查看并标注路由器相关接口名称（接口号）

为了方便给各路由器相关接口配置 IP 地址和子网掩码，建议将各路由器相关接口的接口名称（接口号）标注在它们各自的旁边。

具体操作见实验 4-2 的相关说明。

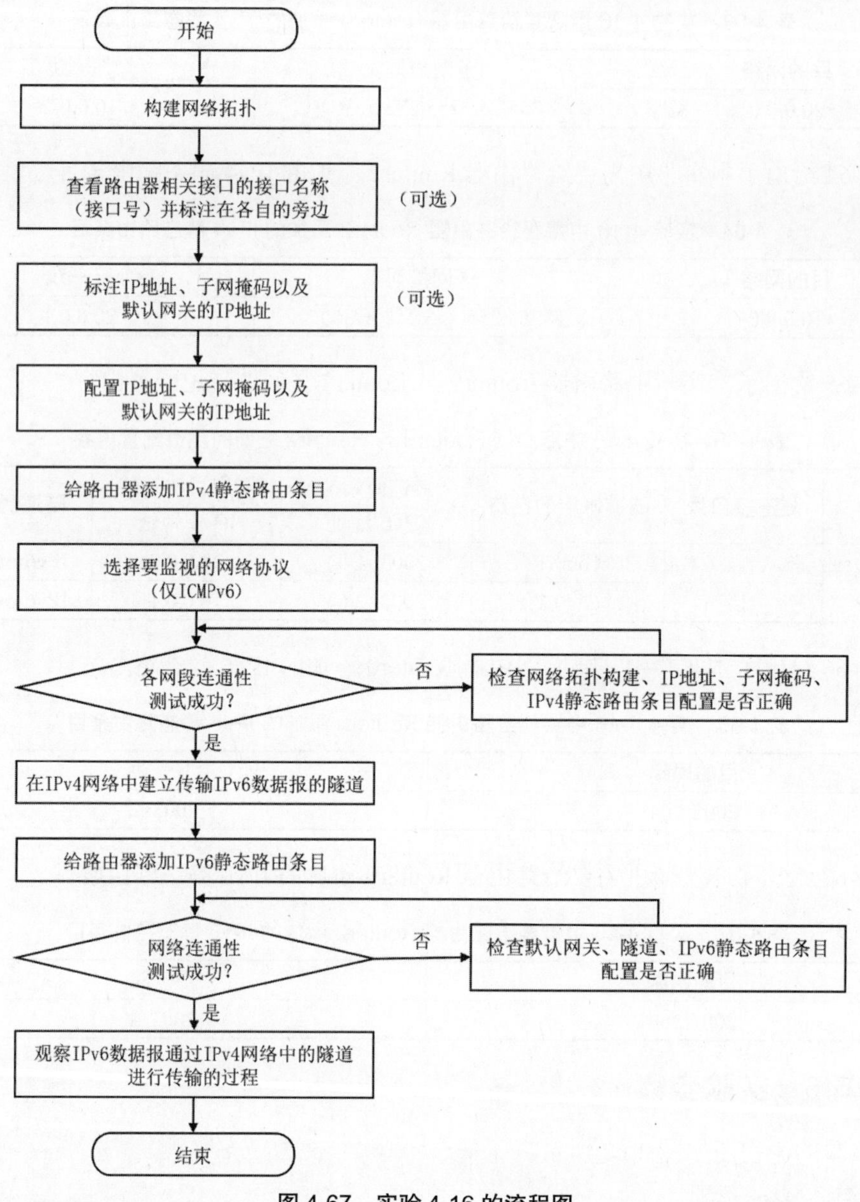

图 4-67　实验 4-16 的流程图

3. 标注IP地址、子网掩码以及默认网关的IP地址

建议将表 4-61 给出的需要给各计算机配置的 IPv6 地址和默认网关的 IPv6 地址标注在它们各自的旁边；将表 4-62 给出的需要给各路由器相关接口配置的 IP 地址和子网掩码标注在各接口的旁边。

上述操作的目的在于方便给各网络设备配置网络参数、方便进行网络测试以及方便观察实验现象。

4. 配置IP地址、子网掩码以及默认网关的IP地址

（1）给各计算机配置 IPv6 地址和默认网关的 IPv6 地址。

请按表 4-61 所给的内容，通过各计算机的图形用户界面分别给计算机 PC0、PC1 配置 IPv6 地址和默认网关的 IPv6 地址。例如图 4-68 所示的是对计算机 PC0 进行配置的情况。

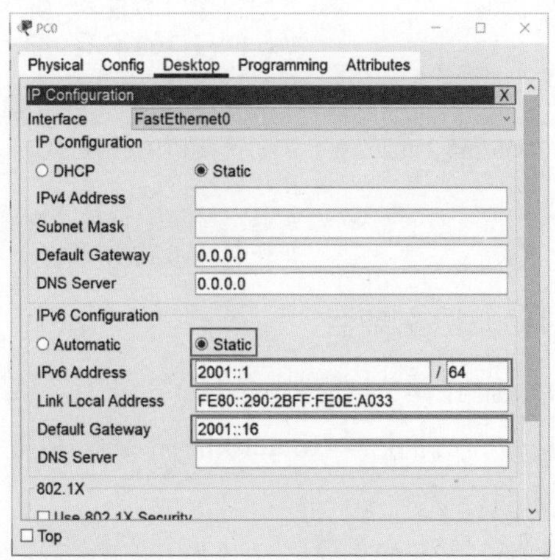

图 4-68　通过 PC0 的图形用户界面为其配置 IPv6 地址和默认网关的 IPv6 地址

（2）给各路由器相关接口配置 IP 地址和子网掩码。

请按表 4-62 所给的内容，在路由器 Router0 的命令行中使用以下相关 IOS 命令，给其接口 Gig0/0（GigabitEthernet0/0）配置 IPv6 地址、接口 Gig0/1（GigabitEthernet0/1）配置 IPv4 地址和子网掩码。

```
Router>enable                                      // 从用户执行模式进入特权执行模式
Router#configure terminal                          // 从特权执行模式进入全局配置模式
Router(config)#interface GigabitEthernet0/0        // 进入接口 GigabitEthernet0/0 的配置模式
Router(config-if)#ipv6 address 2001::16/64         // 配置接口的 IPv6 地址
Router(config-if)#ipv6 enable                      // 使能接口的 IPv6 功能
Router(config-if)#no shutdown                      // 开启接口
Router(config-if)# interface GigabitEthernet0/1    // 进入接口 GigabitEthernet0/1 的配置模式
Router(config-if)#ip address 10.0.0.1 255.255.255.252  // 配置接口的 IPv4 地址和子网掩码
Router(config-if)#no shutdown                      // 开启接口
Router(config-if)#exit                             // 退出接口配置模式回到全局配置模式
Router(config)# ipv6 unicast-routing               // 开启 IPv6 路由功能
```

请按表 4-62 所给的内容，在路由器 Router1 的命令行中使用以下相关 IOS 命令，给其接口 Gig0/0（GigabitEthernet0/0）、Gig0/1（GigabitEthernet0/1）分别配置相应的 IP 地址和子网掩码。

```
Router>enable                                      // 从用户执行模式进入特权执行模式
Router#configure terminal                          // 从特权执行模式进入全局配置模式
Router(config)#interface GigabitEthernet0/0        // 进入接口 GigabitEthernet0/0 的配置模式
Router(config-if)#ip address 10.0.0.2 255.255.255.252  // 配置接口的 IPv4 地址和子网掩码
Router(config-if)#no shutdown                      // 开启接口
Router(config-if)# interface GigabitEthernet0/1    // 进入接口 GigabitEthernet0/1 的配置模式
Router(config-if)#ip address 20.0.0.1 255.255.255.252  // 配置接口的 IPv4 地址和子网掩码
Router(config-if)#no shutdown                      // 开启接口
Router(config-if)#exit                             // 退出接口配置模式回到全局配置模式
Router(config)#                                    // 全局配置模式
```

请按表 4-62 所给的内容，在路由器 Router2 的命令行中使用以下相关 IOS 命令，给其接口 Gig0/0（GigabitEthernet0/0）配置 IPv6 地址，给接口 Gig0/1（GigabitEthernet0/1）

配置 IPv4 地址和子网掩码。

```
Router>enable                                   // 从用户执行模式进入特权执行模式
Router#configure terminal                       // 从特权执行模式进入全局配置模式
Router(config)#interface GigabitEthernet0/0     // 进入接口 GigabitEthernet0/0 的配置模式
Router(config-if)#ipv6 address 2002::16/64      // 配置接口的 IPv6 地址
Router(config-if)#ipv6 enable                   // 使能接口的 IPv6 功能
Router(config-if)#no shutdown                   // 开启接口
Router(config-if)# interface GigabitEthernet0/1 // 进入接口 GigabitEthernet0/1 的配置模式
Router(config-if)#ip address 20.0.0.2 255.255.255.252 // 配置接口的 IPv4 地址和子网掩码
Router(config-if)#no shutdown                   // 开启接口
Router(config-if)#exit                          // 退出接口配置模式回到全局配置模式
Router(config)# ipv6 unicast-routing            // 开启 IPv6 路由功能
```

5. 给路由器添加IPv4静态路由条目

（1）给路由器 Router0 添加 IPv4 静态路由条目。

请按表 4-63 所给的内容，在路由器 Router0 的命令行中使用以下相关 IOS 命令，给其添加一条 IPv4 静态路由条目。

```
Router(config)#ip route 20.0.0.0 255.255.255.252 10.0.0.2   // 添加一条 IPv4 静态路由条目：
                                                             // 目的网络地址为 20.0.0.0
                                                             // 子网掩码为 255.255.255.252
                                                             // 下一跳地址为 10.0.0.2
```

（2）给路由器 Router2 添加 IPv4 静态路由条目。

请按表 4-64 所给的内容，在路由器 Router2 的命令行中使用以下相关 IOS 命令，给其添加一条 IPv4 静态路由条目。

```
Router(config)#ip route 10.0.0.0 255.255.255.252 20.0.0.1   // 添加一条静态路由条目：
                                                             // 目的网络地址为 10.0.0.0
                                                             // 子网掩码为 255.255.255.252
                                                             // 下一跳地址为 20.0.0.1
```

6. 选择要监视的网络协议

本实验仅监视网际控制报文协议（ICMPv6）即可。

7. 各网段连通性测试

请切换到**“实时”工作模式**，分别进行以下测试。

❶ 在 PC0 的命令行使用“ping”命令，测试 PC0 与 Router0 之间的连通性。

❷ 在 Router0 的命令行使用“ping”命令，测试 Router0 与 Router2 之间的连通性。

❸ 在 Router2 的命令行使用“ping”命令，测试 Router2 与 PC1 之间的连通性。

这样做的目的主要有以下五个：

- 测试网络拓扑是否构建成功。
- 测试 PC0、PC1 各自的 IPv6 地址是否配置正确。
- 测试 Router0、Router1、Router2 各自相关接口的 IP 地址和子网掩码是否配置正确。
- 测试给 Router0 和 Router2 各自添加的 IPv4 静态路由条目是否正确。
- Router0 与 Router1、Router1 与 Router2 都获取到对方相关接口的 MAC 地址，以免在后续过程中出现“通过 ARP 查找已知 IPv4 地址所对应的 MAC 地址”这一过程，影响用户对实验现象的观察。

完成上述各网段连通性测试后，请在计算机 PC0 的命令行使用“ping”命令，测试 PC0 与 PC1 之间的连通性，测试结果应为无法通信。这是因为 PC0 与 PC1 各自都处于一个 IPv6 网络中，而这两个 IPv6 网络之间却使用的是 IPv4 网络。因此，需要在 IPv4 网络中建立传输 IPv6 数据报的隧道。

8. 在IPv4网络中建立传输IPv6数据报的隧道

（1）在路由器 Router0 上进行隧道配置。

请按表 4-65 所给的内容，在路由器 Router0 的命令行中使用以下相关 IOS 命令，进行隧道配置。

```
Router(config)#interface tunnel 1                        // 建立接口号为 1 的隧道
Router(config-if)#tunnel source GigabitEthernet0/1       // 指定隧道源端的接口为 GigabitEthernet0/1
Router(config-if)#ipv6 address 2003::1/64                // 指定隧道源端的 IPv6 地址为 2003::1/64
Router(config-if)#tunnel destination 20.0.0.2            // 指定隧道目的端的 IPv4 地址为 20.0.0.2
Router(config-if)#tunnel mode ipv6ip                     // 指定隧道封装模式为 IPv6-over-IP
Router(config-if)#exit                                   // 退出接口配置模式回到全局配置模式
Router(config)#                                          // 全局配置模式
```

（2）在路由器 Router2 上进行隧道配置。

请按表 4-65 所给的内容，在路由器 Router2 的命令行中使用以下相关 IOS 命令，进行隧道配置。

```
Router(config)#interface tunnel 1                        // 建立接口号为 1 的隧道
Router(config-if)#tunnel source GigabitEthernet0/1       // 指定隧道源端的接口为 GigabitEthernet0/1
Router(config-if)#ipv6 address 2003::2/64                // 指定隧道源端的 IPv6 地址为 2003::2/64
Router(config-if)#tunnel destination 10.0.0.1            // 指定隧道目的端的 IPv4 地址为 10.0.0.1
Router(config-if)#tunnel mode ipv6ip                     // 指定隧道封装模式为 IPv6-over-IP
Router(config-if)#exit                                   // 退出接口配置模式回到全局配置模式
Router(config)#                                          // 全局配置模式
```

9. 给路由器添加IPv6静态路由条目

（1）给路由器 Router0 添加 IPv6 静态路由条目。

请按表 4-66 所给的内容，在路由器 Router0 的命令行中使用以下相关 IOS 命令，给其添加一条 IPv6 静态路由条目。

```
Router(config)#ipv6 route 2002::/64 2003::2              // 添加一条 IPv6 静态路由条目：
                                                         // 目的网络地址为 2002::/64
                                                         // 下一跳地址为 2003::2
```

（2）给路由器 Router2 添加 IPv6 静态路由条目。

请按表 4-67 所给的内容，在路由器 Route2 的命令行中使用以下相关 IOS 命令，给其添加一条 IPv6 静态路由条目。

```
Router(config)#ipv6 route 2001::/64 2003::1              // 添加一条 IPv6 静态路由条目：
                                                         // 目的网络地址为 2001::/64
                                                         // 下一跳地址为 2003::1
```

10. 网络连通性测试

请切换到**“实时”工作模式**，在计算机 PC0 的命令行使用“ping”命令，测试 PC0 与 PC1 之间的连通性。

这样做的目的主要有以下三个：

- 测试 PC0、PC1 各自的默认网关是否配置正确。
- 测试 Router0 与 Router2 之间的隧道是否配置正确。
- 测试给 Router0 和 Router2 各自添加的 IPv6 静态路由条目是否正确。

11. 观察IPv6数据报通过IPv4网络中的隧道进行传输的过程

请切换到**“模拟”工作模式**，在计算机 PC0 的命令行使用“ping”命令，测试 PC0 与 PC1 之间的连通性，进行**单步模拟**，注意观察以下实验现象：

❶ PC0 发送封装有 ICMPv6 回送请求报文的 IPv6 数据报，该数据报的源地址为 PC0 的 IPv6 地址 2001::1/64，目的地址为 PC1 的 IPv6 地址 2002::1/64。

❷ Router0 将收到的来自 PC0 的 IPv6 数据报封装成 IPv4 数据报进行转发，该数据报的源地址为 Router0 的接口 Gig0/1 的 IPv4 地址 10.0.0.1/30，目的地址为 Router2 的接口 Gig0/1 的 IPv4 地址 20.0.0.2/30；该数据报首部中的协议字段的值为 0x29（十进制为 41），用来指明数据载荷部分封装的是 IPv6 数据报。

❸ Router1 收到 Router0 转发来的 IPv4 数据报后，对其进行转发，该数据报的源地址和目的地址保持不变。

❹ Router2 收到 Router1 转发来的 IPv4 数据报后，根据该数据报首部中协议字段的值 0x29（十进制为 41）可知数据载荷部分是 IPv6 数据报，于是根据该 IPv6 数据报的目的 IPv6 地址，将其转发给 PC1。

4.17 实验 4-17 VLAN 间单播通信的实现方法——“多臂路由”

4.17.1 实验目的

- 理解“多臂路由”的含义。
- 掌握通过“多臂路由”实现 VLAN 间单播通信的方法。

4.17.2 预备知识

1. 实现VLAN间单播通信的“多臂路由”方法

在以太网交换机上划分 VLAN，可将庞大的广播域分隔成若干个独立的广播域。同一 VLAN（广播域）中的计算机之间可以直接通信，不同 VLAN（广播域）中的计算机之间不能直接通信。换句话说，**划分 VLAN 不仅分隔了广播域，也隔断了 VLAN 之间的单播通信**。这部分内容已在本书中的实验 3-7 中进行了验证。

在实际应用中，往往**既需要划分 VLAN 来分隔广播域，也需要所分隔出的各 VLAN 之间可以进行单播通信**。对于这样的应用需求，仅使用最高功能层为数据链路层的二层交换机是无法实现的，需要借助最高功能层为网络层的路由器来实现。最简单的方法就是**将路由器的不同接口作为不同 VLAN 的网关**。

有关 VLAN 的相关介绍，请参看《深入浅出计算机网络（微课视频版）》教材 3.7 节。

2. Packet Tracer软件中的相关操作

本实验所涉及的 Packet Tracer 软件中的相关操作，请参看 1.2 节的相关内容。

4.17.3　实验设备

表 4-68 给出了本实验所需的网络设备。

表 4-68　实验 4-17 所需的网络设备

网络设备	型　号	数　量
计算机	PC-PT	6
交换机	2960-24TT	1
路由器	1941	1

4.17.4　实验拓扑

本实验的网络拓扑和网络参数如图 4-69 所示。

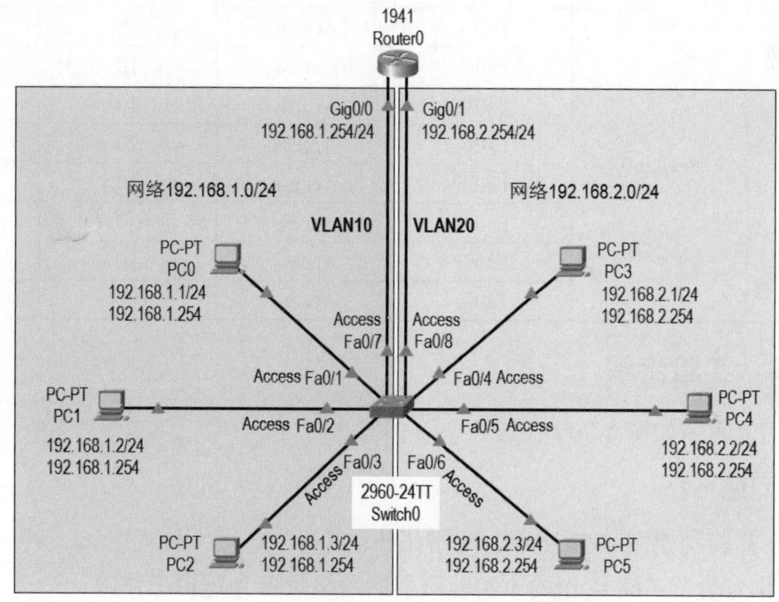

图 4-69　实验 4-17 的网络拓扑和网络参数

4.17.5　实验配置

表 4-69 给出了本实验中需要给各计算机配置的 IP 地址、子网掩码以及默认网关的 IP 地址。

表 4-69　实验 4-17 中需要给各计算机配置的 IP 地址、子网掩码以及默认网关的 IP 地址

网络设备	名　称	型　号	IP 地址	子网掩码	默认网关的 IP 地址
计算机	PC0	PC-PT	192.168.1.1	255.255.255.0（/24）	192.168.1.254
计算机	PC1	PC-PT	192.168.1.2	255.255.255.0（/24）	192.168.1.254
计算机	PC2	PC-PT	192.168.1.3	255.255.255.0（/24）	192.168.1.254

续表

网络设备	名　称	型　号	IP 地址	子网掩码	默认网关的 IP 地址
计算机	PC3	PC-PT	192.168.2.1	255.255.255.0（/24）	192.168.2.254
计算机	PC4	PC-PT	192.168.2.2	255.255.255.0（/24）	192.168.2.254
计算机	PC5	PC-PT	192.168.2.3	255.255.255.0（/24）	192.168.2.254

表 4-70 给出了本实验中需要给路由器相关接口配置的 IP 地址和子网掩码。

表 4-70　实验 4-7 中需要给路由器相关接口配置的 IP 地址和子网掩码

网络设备	名　称	型　号	接口	IP 地址	子网掩码
路由器	Router0	1941	Gig0/0	192.168.1.254	255.255.255.0（/24）
			Gig0/1	192.168.2.254	255.255.255.0（/24）

表 4-71 给出了本实验中的 VLAN 划分细节。

表 4-71　实验 4-17 中的 VLAN 划分细节

网络设备	名　称	接口名称	接口类型	VLAN 号	VLAN 名称
交换机	Switch0	Fa0/1	Access	10	VLAN10
		Fa0/2	Access	10	VLAN10
		Fa0/3	Access	10	VLAN10
		Fa0/4	Access	20	VLAN20
		Fa0/5	Access	20	VLAN20
		Fa0/6	Access	20	VLAN20
		Fa0/7	Access	10	VLAN10
		Fa0/8	Access	20	VLAN20

4.17.6　实验步骤

本实验的流程图如图 4-70 所示。

1. 构建网络拓扑

请按以下步骤构建图 4-69 所示的网络拓扑：

❶ 选择并拖动表 4-68 给出的本实验所需的网络设备到逻辑工作区。

❷ 选择“自动选择连接类型”，由 Packet Tracer 软件自动为待连接的网络设备选择用于连接的接口以及相应的传输介质，然后将相关网络设备互连即可。

2. 查看并标注交换机、路由器的相关接口名称（接口号）

为了方便进行 VLAN 划分，建议将交换机相关接口的接口名称（接口号）标注在它们各自的旁边。

为了方便给路由器相关接口配置 IP 地址和子网掩码，建议将路由器相关接口的接口名称（接口号）标注在它们各自的旁边。

具体操作见实验 4-2 的相关说明。

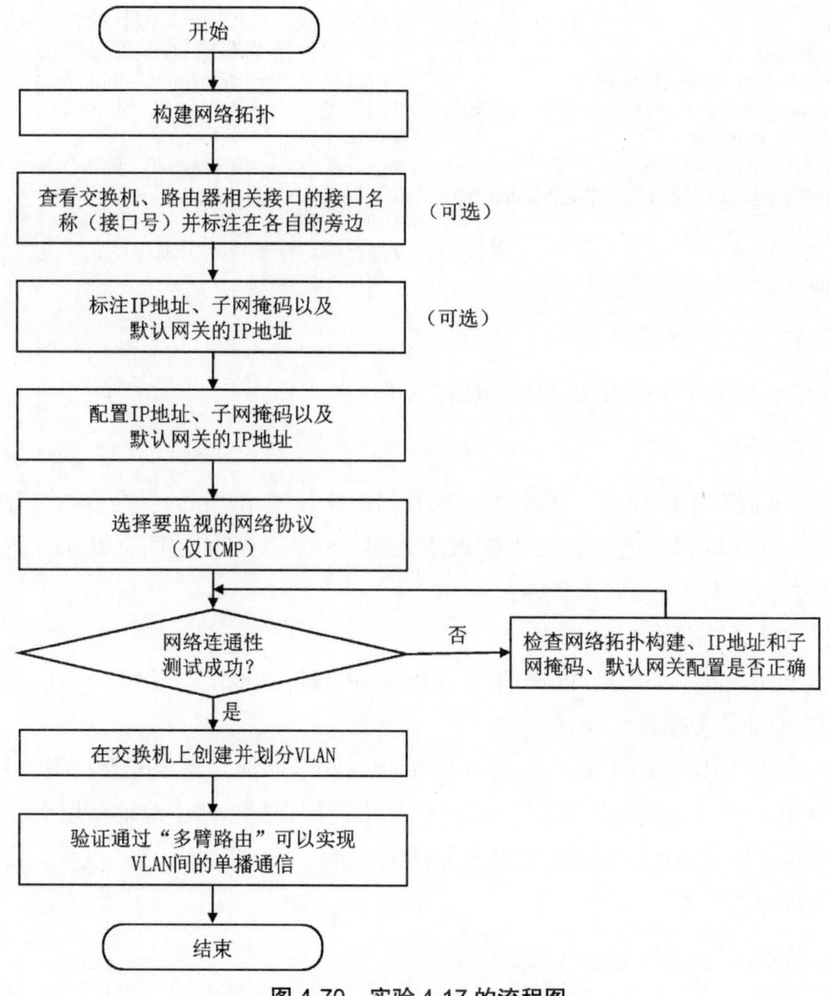

图 4-70　实验 4-17 的流程图

3. 标注IP地址、子网掩码以及默认网关的IP地址

建议将表 4-69 给出的需要给各计算机配置的 IP 地址、子网掩码以及默认网关的 IP 地址标注在它们各自的旁边；将表 4-70 给出的需要给路由器各相关接口配置的 IP 地址和子网掩码标注在各接口的旁边。

上述操作的目的在于方便给各网络设备配置网络参数、方便进行网络测试以及方便观察实验现象。

4. 配置IP地址、子网掩码以及默认网关的IP地址

（1）给各计算机配置 IP 地址、子网掩码以及默认网关的 IP 地址。

请按表 4-69 所给的内容，通过各计算机的图形用户界面分别给计算机 PC0、PC1、PC2、PC3、PC、PC5 配置 IP 地址、子网掩码以及默认网关的 IP 地址。

（2）给路由器各相关接口配置 IP 地址和子网掩码。

请按表 4-70 所给的内容，在路由器 Router0 的命令行中使用以下相关 IOS 命令，给其接口 Gig0/0（GigabitEthernet0/0）、Gig0/1（GigabitEthernet0/1）分别配置相应的 IP 地址和子网掩码。

```
Router>enable                                         // 从用户执行模式进入特权执行模式
Router#configure terminal                             // 从特权执行模式进入全局配置模式
Router(config)#interface GigabitEthernet0/0           // 进入接口 GigabitEthernet0/0 的配置模式
Router(config-if)#ip address 192.168.1.254 255.255.255.0  // 配置接口的 IPv4 地址和子网掩码
Router(config-if)#no shutdown                         // 开启接口
Router(config-if)# interface GigabitEthernet0/1       // 进入接口 GigabitEthernet0/1 的配置模式
Router(config-if)#ip address 192.168.2.254 255.255.255.0  // 配置接口的 IPv4 地址和子网掩码
Router(config-if)#no shutdown                         // 开启接口
Router(config-if)#exit                                // 退出接口配置模式回到全局配置模式
Router(config)#                                       // 全局配置模式
```

5. 选择要监视的网络协议

本实验仅监视网际控制报文协议（ICMP）即可。

6. 网络连通性测试

切换到**“实时”工作模式**，在计算机 PC0 的命令行使用“ping”命令，分别测试 PC0 与 PC1 之间、PC0 与 PC2 之间、PC0 与 PC3 之间、PC0 与 PC4 之间、PC0 与 PC5 之间的连通性，这样做的目的主要有以下四个：

- 测试网络拓扑是否构建成功。
- 测试 PC0、PC1、PC2、PC3、PC4、PC5 各自的 IP 地址、子网掩码以及默认网关的 IP 地址是否配置正确。
- 测试路由器 Router0 的各相关接口的 IP 地址和子网掩码是否配置正确。
- 让 PC0 与其他各设备之间都获取到对方相关接口的 MAC 地址，以免在后续过程中出现“通过 ARP 查找已知 IP 地址所对应的 MAC 地址”这一过程，影响用户对实验现象的观察。

7. 在交换机上创建并划分VLAN

当以太网交换机上电启动后，若以前从未对其各接口进行过 VLAN 的相关设置，则各接口的接口类型默认为 Access，并且各接口的缺省 VLAN ID 为 1，即各接口默认属于 VLAN1。对于本实验，在划分 VLAN 之前，连接在交换机 Switch0 上的计算机 PC0、PC1、PC2、PC3、PC4、PC5 以及路由器 Router0 的接口 Gig0/0 和 Gig0/1 都属于 VLAN1，它们属于同一个广播域。

请按表 4-71 给出的内容，在交换机 Switch0 的命令行中使用以下相关 IOS 命令，进行 VLAN 划分。

```
Switch >enable                                        // 从用户执行模式进入特权执行模式
Switch #configure terminal                            // 从特权执行模式进入全局配置模式
Switch(config)#vlan 10                                // 创建 VLAN 号为 10 的 VLAN 并进入其配置模式
Switch(config-vlan)#name VLAN10                       // 将 VLAN 号为 10 的 VLAN 命名为 VLAN10
Switch(config-vlan)#vlan 20                           // 创建 VLAN 号为 20 的 VLAN 并进入其配置模式
Switch(config-vlan)#name VLAN20                       // 将 VLAN 号为 20 的 VLAN 命名为 VLAN20
Switch(config-vlan)#exit                              // 退出 VLAN 配置模式回到全局配置模式
Switch(config)#interface range f0/1,f0/2,f0/3,f0/7    // 批量配置接口 f0/1、f0/2、f0/3、f0/7
Switch(config-if-range)#switchport mode access        // 配置接口类型为 Access
Switch(config-if-range)#switchport access vlan 10     // 配置接口属于 VLAN 号为 10 的 VLAN
Switch(config-if-range)#interface range f0/4,f0/5,f0/6,f0/8  // 批量配置接口 f0/4、f0/5、f0/6、f0/8
Switch(config-if-range)#switchport mode access        // 配置接口类型为 Access
Switch(config-if-range)#switchport access vlan 20     // 配置接口属于 VLAN 号为 20 的 VLAN
Switch(config-if-range)#end                           // 退出到特权执行模式
Switch#show vlan brief                                // 显示 VLAN 摘要信息
```

在交换机 Switch0 上进行上述 VLAN 划分后，Switch0 的接口 f0/1（FastEthernet0/1）、f0/2（FastEthernet0/2）、f0/3（FastEthernet0/3）、f0/7（FastEthernet0/7）被划归到 VLAN10；接口 f0/4（FastEthernet0/4）、f0/5（FastEthernet0/5）、f0/6（FastEthernet0/6）、f0/8（FastEthernet0/8）被划归到 VLAN20。相应地，连接在上述这些接口的计算机 PC0、PC1、PC2、路由器 Router0 的接口 Gig0/0 被划归到 VLAN10；计算机 PC3、PC4、PC5、路由器 Router0 的 Gig0/1 被划归到 VLAN20。

请读者注意，在交换机上划分 VLAN 后，交换机需要经过一段时间才能正常工作。为了减少用户的等待时间，可在**“实时”工作模式**下单击几次播放控制栏中的“Fast Forward Time (Alt + D)”（快速前进）按钮。对于本实验，需要等交换机 Switch0 的各相关接口的状态指示灯从橙色圆形转变为绿色正三角形。

8. 验证通过“多臂路由”可以实现VLAN间的单播通信

切换到**“模拟”工作模式**，进行**单步模拟**，分以下两种情况进行：

（1）单播 IP 数据报。使用工作区工具箱中的“Add Simple PDU”（添加简单的 PDU）工具，让 VLAN10 中的某台计算机（例如 PC0）给 VLAN20 中的某台计算机（例如 PC3）发送一个单播 IP 数据报，跟踪该数据报的传递过程，进而验证通过“多臂路由”可以实现 VLAN 间的单播通信。

（2）广播 IP 数据报。使用工作区工具箱中的“Add Complex PDU”（添加复杂的 PDU）工具，让某个 VLAN 中的某台计算机（例如 VLAN10 中的 PC0）发送一个广播 IP 数据报，跟踪该数据报的传递过程，可以观察到该数据报仅在其源主机（例如 PC0）所在的 VLAN（例如 VLAN10）中进行传送，而不会传送到其他 VLAN（例如 VLAN20）。

4.18　实验 4-18　VLAN 间单播通信的实现方法——“单臂路由”

4.18.1　实验目的

- 理解“单臂路由”的含义。
- 掌握通过“单臂路由”实现 VLAN 间单播通信的方法。

4.18.2　预备知识

1. 实现VLAN间单播通信的“单臂路由”方法

尽管通过“多臂路由”可以实现 VLAN 间的单播通信（参看实验 4-17），但是每增加一个 VLAN 就会多占用一个交换机接口和一个路由器接口，并且还会多一条传输线。因此，在实际应用中很少采用“多臂路由”来实现 VLAN 间的单播通信。

一般情况下，路由器所包含的物理接口数量较少，有时为了扩展功能，可**将某一个物理接口划分为若干个逻辑子接口**。当物理接口被开启或关闭时，其所有的逻辑子接口也随之被开启或关闭。在实际应用中，可以使用**这些逻辑子接口分别作为不同 VLAN 的网关**，这样就可以**仅使用一个物理接口为不同 VLAN 之间提供路由，实现不同 VLAN 之间的单播通信**。

有关 VLAN 的相关介绍，请参看《深入浅出计算机网络（微课视频版）》教材 3.7 节。

2. Packet Tracer软件中的相关操作

本实验所涉及的 Packet Tracer 软件中的相关操作，请参看 1.2 节的相关内容。

4.18.3 实验设备

表 4-72 给出了本实验所需的网络设备。

表 4-72 实验 4-18 所需的网络设备

网络设备	型 号	数 量
计算机	PC-PT	6
交换机	2960-24TT	1
路由器	1941	1

4.18.4 实验拓扑

本实验的网络拓扑和网络参数如图 4-71 所示。

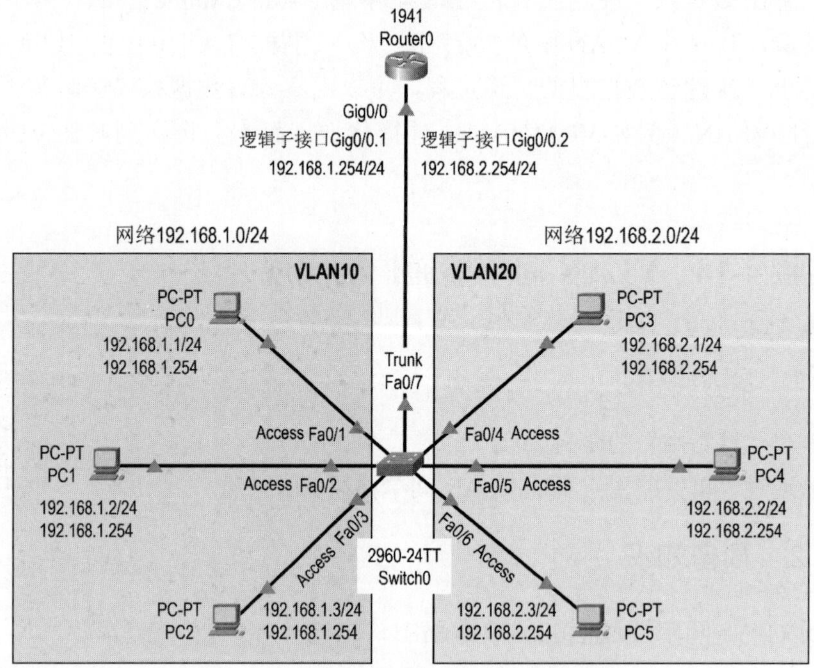

图 4-71 实验 4-18 的网络拓扑和网络参数

4.18.5 实验配置

表 4-73 给出了本实验中需要给各计算机配置的 IP 地址、子网掩码以及默认网关的 IP 地址。

表 4-73　实验 4-18 中需要给各计算机配置的 IP 地址、子网掩码以及默认网关的 IP 地址

网络设备	名　称	型　号	IP 地址	子网掩码	默认网关的 IP 地址
计算机	PC0	PC-PT	192.168.1.1	255.255.255.0（/24）	192.168.1.254
计算机	PC1	PC-PT	192.168.1.2	255.255.255.0（/24）	192.168.1.254
计算机	PC2	PC-PT	192.168.1.3	255.255.255.0（/24）	192.168.1.254
计算机	PC3	PC-PT	192.168.2.1	255.255.255.0（/24）	192.168.2.254
计算机	PC4	PC-PT	192.168.2.2	255.255.255.0（/24）	192.168.2.254
计算机	PC5	PC-PT	192.168.2.3	255.255.255.0（/24）	192.168.2.254

表 4-74 给出了本实验中需要在路由器 Router0 的物理接口 Gig0/0 上创建的逻辑子接口及其相关配置。

表 4-74　实验 4-18 中需要在路由器 Router0 的物理接口 Gig0/0 上创建的逻辑子接口及其相关配置

逻辑子接口	IP 地址	子网掩码	VLAN 配置
Gig0/0.1	192.168.1.254	255.255.255.0（/24）	接收 VLAN10 的 802.1Q 帧 转发出 VLAN10 的 802.1Q 帧
Gig0/0.2	192.168.2.254	255.255.255.0（/24）	接收 VLAN20 的 802.1Q 帧 转发出 VLAN20 的 802.1Q 帧

表 4-75 给出了本实验中的 VLAN 划分细节。

表 4-75　实验 4-18 中的 VLAN 划分细节

网络设备	名　称	接口名称	接口类型	VLAN 号	VLAN 名称
交换机	Switch0	Fa0/1	Access	10	VLAN10
		Fa0/2	Access	10	VLAN10
		Fa0/3	Access	10	VLAN10
		Fa0/4	Access	20	VLAN20
		Fa0/5	Access	20	VLAN20
		Fa0/6	Access	20	VLAN20
		Fa0/7	Trunk	默认	默认

4.18.6　实验步骤

本实验的流程图如图 4-72 所示。

1. 构建网络拓扑

请按以下步骤构建图 4-71 所示的网络拓扑：

❶ 选择并拖动表 4-72 给出的本实验所需的网络设备到逻辑工作区。

❷ 选择“自动选择连接类型”，由 Packet Tracer 软件自动为待连接的网络设备选择用于连接的接口以及相应的传输介质，然后将相关网络设备互连即可。

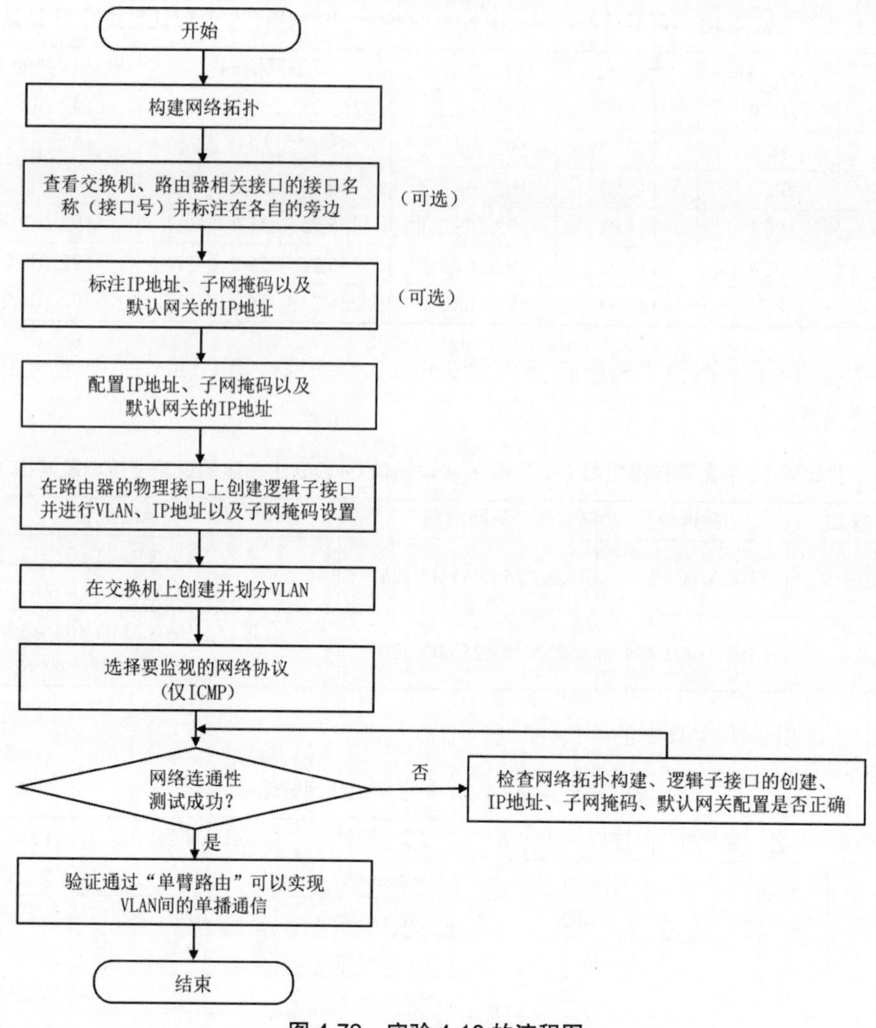

图 4-72　实验 4-18 的流程图

2. 查看并标注交换机、路由器的相关接口名称（接口号）

为了方便进行 VLAN 划分，建议将交换机相关物理接口的接口名称（接口号）标注在它们各自的旁边。

为了方便给路由器相关物理接口的各逻辑子接口配置 IP 地址和子网掩码，建议将路由器相关物理接口的接口名称（接口号）以及在其上创建的各逻辑子接口的名称（接口号）标注在物理接口的旁边。

具体操作见实验 4-2 的相关说明。

3. 标注IP地址、子网掩码以及默认网关的IP地址

建议将表 4-73 给出的需要给各计算机配置的 IP 地址、子网掩码以及默认网关的 IP 地址标注在它们各自的旁边；将表 4-74 给出的需要给路由器相关物理接口的各逻辑子接口配置的 IP 地址和子网掩码标注在物理接口的旁边。

上述操作的目的在于方便给各网络设备配置网络参数、方便进行网络测试以及方便观察实验现象。

4. 配置IP地址、子网掩码以及默认网关的IP地址

请按表4-73所给的内容，通过各计算机的图形用户界面分别给计算机PC0、PC1、PC2、PC3、PC、PC5配置IP地址、子网掩码以及默认网关的IP地址。

5. 在路由器的物理接口上创建逻辑子接口并进行VLAN、IP地址以及子网掩码配置

请按表4-74所给的内容，在路由器Router0的命令行中使用以下相关IOS命令，在其物理接口Gig0/0（GigabitEthernet0/0）上创建逻辑子接口Gig0/0.1（GigabitEthernet0/0.1）和逻辑子接口Gig0/0.2（GigabitEthernet0/0.2），并分别对这两个逻辑子接口进行VLAN、IP地址以及子网掩码配置。

```
Router>enable                                              // 从用户执行模式进入特权执行模式
Router#configure terminal                                  // 从特权执行模式进入全局配置模式
Router(config)#interface g0/0.1                            // 创建物理接口 Gig0/0 的逻辑子接口 Gig0/0.1
Router(config-subif)#encapsulation dot1q 10                // 配置逻辑子接口 Gig0/0.1 可以接收和封装
                                                           // VLAN 号为 10 的 802.1Q 帧
Router(config-subif)#ip address 192.168.1.254 255.255.255.0   // 配置逻辑子接口 Gig0/0.1 的 IP 地址和子网掩码
Router(config-subif)#interface g0/0.2                      // 创建物理接口 Gig0/0 的逻辑子接口 Gig0/0.2
Router(config-subif)#encapsulation dot1q 20                // 配置逻辑子接口 Gig0/0.2 可以接收和封装
                                                           // VLAN 号为 20 的 802.1Q 帧
Router(config-subif)#ip address 192.168.2.254 255.255.255.0   // 配置逻辑子接口 Gig0/0.2 的 IP 地址和子网掩码
Router(config-subif)#interface g0/0                        // 进入物理接口 Gig0/0 的配置模式
Router(config-if)#no shutdown                              // 开启接口
Router(config-if)#exit                                     // 退出接口配置模式回到全局配置模式
Router(config)#                                            // 全局配置模式
```

6. 在交换机上创建并划分VLAN

当以太网交换机上电启动后，若以前从未对其各接口进行过VLAN的相关设置，则各接口的接口类型默认为Access，并且各接口的缺省VLAN ID为1，即各接口默认属于VLAN1。对于本实验，在划分VLAN之前，连接在交换机Switch0上的计算机PC0、PC1、PC2、PC3、PC4、PC5以及路由器Router0的接口Gig0/0都属于VLAN1，它们属于同一个广播域。

请按表4-75给出的内容，在交换机Switch0的命令行中使用以下相关IOS命令，进行VLAN划分。

```
Switch>enable                                         // 从用户执行模式进入特权执行模式
Switch#configure terminal                             // 从特权执行模式进入全局配置模式
Switch(config)#vlan 10                                // 创建 VLAN 号为 10 的 VLAN 并进入其配置模式
Switch(config-vlan)#name VLAN10                       // 将 VLAN 号为 10 的 VLAN 命名为 VLAN10
Switch(config-vlan)#vlan 20                           // 创建 VLAN 号为 20 的 VLAN 并进入其配置模式
Switch(config-vlan)#name VLAN20                       // 将 VLAN 号为 20 的 VLAN 命名为 VLAN20
Switch(config-vlan)#exit                              // 退出 VLAN 配置模式回到全局配置模式
Switch(config)#interface range f0/1-3                 // 批量配置接口 f0/1、f0/2、f0/3
Switch(config-if-range)#switchport mode access        // 配置接口类型为 Access
Switch(config-if-range)#switchport access vlan 10     // 配置接口属于 VLAN 号为 10 的 VLAN
Switch(config-if-range)#interface range f0/4-6        // 批量配置接口 f0/4、f0/5、f0/6
Switch(config-if-range)#switchport mode access        // 配置接口类型为 Access
Switch(config-if-range)#switchport access vlan 20     // 配置接口属于 VLAN 号为 20 的 VLAN
Switch(config-if-range)#interface f0/7                // 配置接口 f0/7
Switch(config-if)#switchport mode trunk               // 配置接口类型为 Trunk
Switch(config-if)#end                                 // 退出到特权执行模式
Switch#show vlan brief                                // 显示 VLAN 摘要信息
```

在交换机 Switch0 上进行上述 VLAN 划分后，Switch0 的接口 f0/1（FastEthernet0/1）、f0/2（FastEthernet0/2）、f0/3（FastEthernet0/3）被划归到 VLAN10；接口 f0/4（FastEthernet0/4）、f0/5（FastEthernet0/5）、f0/6（FastEthernet0/6）被划归到 VLAN20。相应地，连接在上述这些接口的计算机 PC0、PC1、PC2 被划归到 VLAN10；计算机 PC3、PC4、PC5 被划归到 VLAN20。接口 f0/7（FastEthernet0/7）的类型被配置为 Trunk，其 VLAN 号保持默认即可。

请读者注意，在交换机上划分 VLAN 后，交换机需要经过一段时间才能正常工作。为了减少用户的等待时间，可在**“实时”工作模式**下单击几次播放控制栏中的“Fast Forward Time (Alt + D)”（快速前进）按钮。对于本实验，需要等交换机 Switch0 的各相关接口的状态指示灯从橙色圆形转变为绿色正三角形。

7. 选择要监视的网络协议

本实验仅监视网际控制报文协议（ICMP）即可。

8. 网络连通性测试

切换到**“实时”工作模式**，在计算机 PC0 的命令行使用“ping”命令，分别测试 PC0 与 PC1 之间、PC0 与 PC2 之间、PC0 与 PC3 之间、PC0 与 PC4 之间、PC0 与 PC5 之间的连通性，这样做的目的主要有以下六个：

- 测试网络拓扑是否构建成功。
- 测试 PC0、PC1、PC2、PC3、PC4、PC5 各自的 IP 地址、子网掩码以及默认网关的 IP 地址是否配置正确。
- 测试在路由器 Router0 的物理接口 Gig0/0 上创建两个逻辑子接口是否成功。
- 测试两个逻辑子接口的 VALN、IP 地址、子网掩码是否配置正确。
- 测试在交换机 Switch0 上创建并划分 VLAN 是否正确。
- 让 PC0 与其他各设备之间都获取到对方相关接口的 MAC 地址，以免在后续过程中出现“通过 ARP 查找已知 IP 地址所对应的 MAC 地址”这一过程，影响用户对实验现象的观察。

9. 验证通过“单臂路由”可以实现VLAN间的单播通信

切换到**“模拟”工作模式**，进行**单步模拟**，分以下两种情况进行：

（1）单播 IP 数据报。使用工作区工具箱中的“Add Simple PDU”（添加简单的 PDU）工具，让 VLAN10 中的某台计算机（例如 PC0）给 VLAN20 中的某台计算机（例如 PC3）发送一个单播 IP 数据报，跟踪该数据报的传递过程，进而验证通过“单臂路由”可以实现 VLAN 间的单播通信。

（2）广播 IP 数据报。使用工作区工具箱中的“Add Complex PDU”（添加复杂的 PDU）工具，让某个 VLAN 中的某台计算机（例如 VLAN10 中的 PC0）发送一个广播 IP 数据报，跟踪该数据报的传递过程，可以观察到该数据报仅在其源主机（例如 PC0）所在的 VLAN（例如 VLAN10）中进行传送，而不会传送到其他 VLAN（例如 VLAN20）。

4.19　实验 4-19　VLAN 间单播通信的实现方法——使用三层交换机

4.19.1　实验目的

- 认识三层交换机。
- 掌握使用三层交换机实现 VLAN 间单播通信的方法。

4.19.2　预备知识

1. 使用三层交换机实现VLAN间的单播通信

在实验 4-17 和实验 4-18 中，分别验证了使用“多臂路由”和“单臂路由”都可以实现 VLAN 间的单播通信。使用“**多臂路由**”，**随着 VLAN 数量的增多，所需交换机接口数量和路由器的局域网接口数量也随之增多，所需传输媒体数量也随之增多**，因此并不受欢迎。“**单臂路由**”在这一方面比“多臂路由”具有优势，不管 VLAN 数量增大到多少，**都只需要交换机上的一个接口与路由器上的一个局域网接口连接即可**。“多臂路由”和“单臂路由”都是使用路由器实现 VLAN 间的通信，**随着 VLAN 间通信量的不断增加，很可能导致路由器成为整个网络的瓶颈**。

三层交换机比普通的二层交换机多出了路由功能，而路由功能属于网络体系结构中的第三层，也就是网络层。因此，带有路由功能的交换机常称为三层交换机。在一台三层交换机内部，分别具有交换模块和路由模块，它们都使用专用集成芯片技术处理交换和路由。因此与传统的路由器相比，可以实现高速路由。另外，路由模块与交换模块采用内部汇聚连接，可以具有相当大的带宽。三层交换技术的出现，解决了企业网划分子网之后，各子网之间必须依赖路由器进行通信的问题，多用于企业内部网络。

在实际组网中，一个 VLAN 对应一个三层网络，三层交换机采用**交换虚拟接口**（Switch Virtual Interface）的方式实现 VLAN 之间的互连。SVI 是指三层交换机中的虚拟接口，**每个 SVI 对应一个 VLAN**，并且需要为其**配置 IP 地址和子网掩码**，可将 SVI 看作 **VLAN 所在网络的网关**。

综上所述，**使用三层交换机实现 VLAN 间的单播通信，是一种比较好的选择**。

有关 VLAN 的相关介绍，请参看《深入浅出计算机网络（微课视频版）》教材 3.7 节。

2. Packet Tracer软件中的相关操作

本实验所涉及的 Packet Tracer 软件中的相关操作，请参看 1.2 节的相关内容。

4.19.3　实验设备

表 4-72 给出了本实验所需的网络设备。

表 4-76　实验 4-19 所需的网络设备

网络设备	型　号	数　量
计算机	PC-PT	6
三层交换机	3560-24PS	1

4.19.4 实验拓扑

本实验的网络拓扑和网络参数如图 4-73 所示。

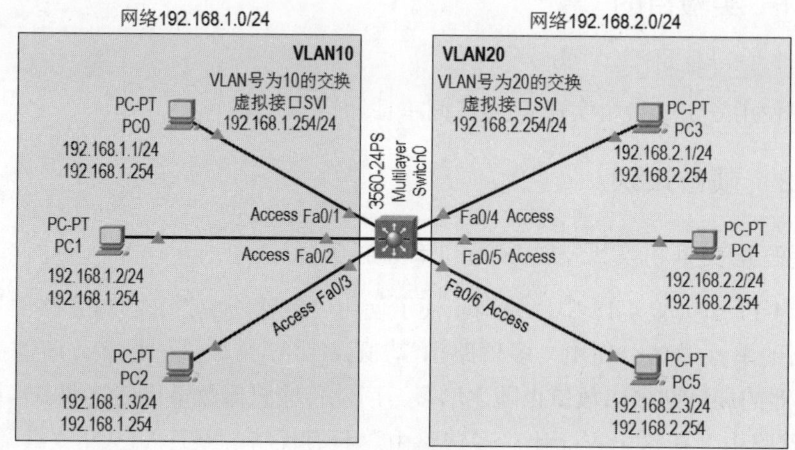

图 4-73　实验 4-19 的网络拓扑和网络参数

4.19.5 实验配置

表 4-77 给出了本实验中需要给各计算机配置的 IP 地址、子网掩码以及默认网关的 IP 地址。

表 4-77　实验 4-19 中需要给各计算机配置的 IP 地址、子网掩码以及默认网关的 IP 地址

网络设备	名　称	型　号	IP 地址	子网掩码	默认网关的 IP 地址
计算机	PC0	PC-PT	192.168.1.1	255.255.255.0（/24）	192.168.1.254
计算机	PC1	PC-PT	192.168.1.2	255.255.255.0（/24）	192.168.1.254
计算机	PC2	PC-PT	192.168.1.3	255.255.255.0（/24）	192.168.1.254
计算机	PC3	PC-PT	192.168.2.1	255.255.255.0（/24）	192.168.2.254
计算机	PC4	PC-PT	192.168.2.2	255.255.255.0（/24）	192.168.2.254
计算机	PC5	PC-PT	192.168.2.3	255.255.255.0（/24）	192.168.2.254

表 4-78 给出了本实验中的 VLAN 划分细节。

表 4-78　实验 4-19 中的 VLAN 划分细节

网络设备	名　称	接口名称	接口类型	VLAN 号	VLAN 名称
交换机	Switch0	Fa0/1	Access	10	VLAN10
		Fa0/2	Access	10	VLAN10
		Fa0/3	Access	10	VLAN10
		Fa0/4	Access	20	VLAN20
		Fa0/5	Access	20	VLAN20
		Fa0/6	Access	20	VLAN20

表 4-79 给出了本实验中需要在三层交换机 Switch0 上创建的交换虚拟接口（SVI）及其相关配置。

表 4-79　实验 4-19 中需要在三层交换机 Switch0 上创建的交换虚拟接口及其相关配置

交换虚拟接口	IP 地址	子网掩码
VLAN 号为 10 的虚拟接口	192.168.1.254	255.255.255.0（/24）
VLAN 号为 20 的虚拟接口	192.168.2.254	255.255.255.0（/24）

4.19.5　实验步骤

本实验的流程图如图 4-74 所示。

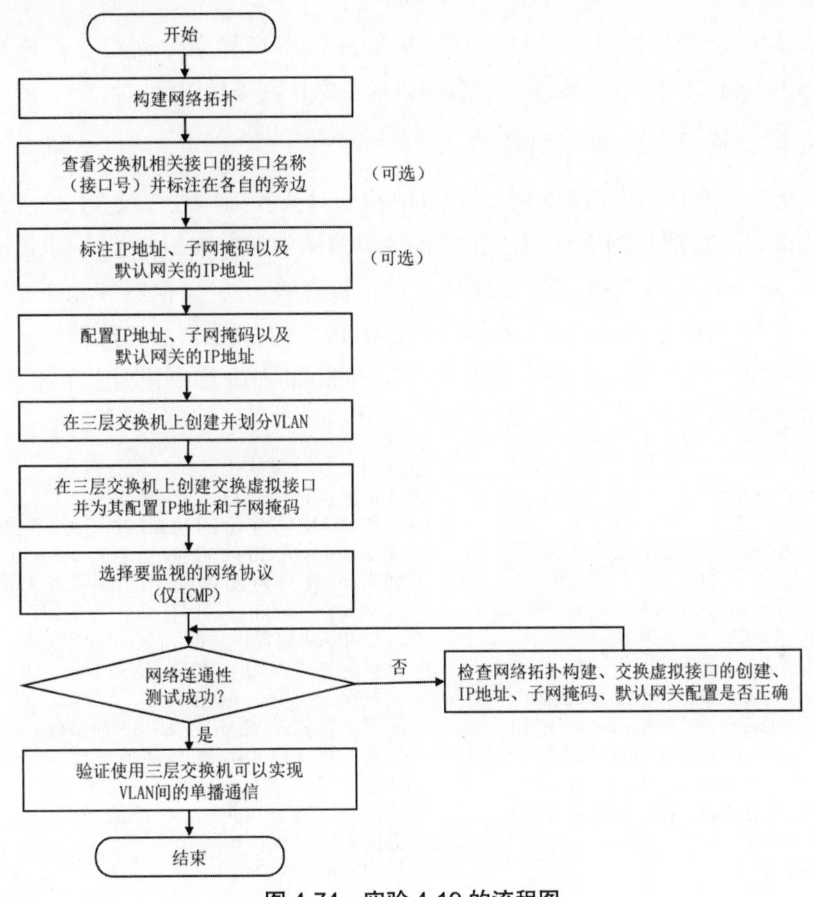

图 4-74　实验 4-19 的流程图

1. 构建网络拓扑

请按以下步骤构建图 4-73 所示的网络拓扑：

❶ 选择并拖动表 4-76 给出的本实验所需的网络设备到逻辑工作区。

❷ 选择“自动选择连接类型”，由 Packet Tracer 软件自动为待连接的网络设备选择用于连接的接口以及相应的传输介质，然后将相关网络设备互连即可。

2. 查看并标注交换机接口名称（接口号）

为了方便进行 VLAN 划分，建议将交换机各相关接口的接口名称（接口号）标注在它们各自的旁边。

具体操作见实验 4-2 的相关说明。

3. 标注IP地址、子网掩码以及默认网关的IP地址

建议将表 4-77 给出的需要给各计算机配置的 IP 地址、子网掩码以及默认网关的 IP 地址标注在它们各自的旁边；将表 4-79 给出的需要在三层交换机上创建的两个交换虚拟接口及其各自的 IP 地址和子网掩码也标注在适当的位置。

上述操作的目的在于方便给各网络设备配置网络参数、方便进行网络测试以及方便观察实验现象。

4. 配置IP地址、子网掩码以及默认网关的IP地址

请按表 4-77 所给的内容，通过各计算机的图形用户界面分别给计算机 PC0、PC1、PC2、PC3、PC、PC5 配置 IP 地址、子网掩码以及默认网关的 IP 地址。

5. 在三层交换机上创建并划分VLAN

当以太网三层交换机上电启动后，若以前从未对其各接口进行过 VLAN 的相关设置，则各接口的接口类型默认为 Access，并且各接口的缺省 VLAN ID 为 1，即各接口默认属于 VLAN1。对于本实验，在划分 VLAN 之前，连接在三层交换机 Switch0 上的计算机 PC0、PC1、PC2、PC3、PC4、PC5 都属于 VLAN1，它们属于同一个广播域。

请按表 4-78 给出的内容，在三层交换机 Switch0 的命令行中使用以下相关 IOS 命令，进行 VLAN 划分。

```
Switch>enable                                        //从用户执行模式进入特权执行模式
Switch#configure terminal                            //从特权执行模式进入全局配置模式
Switch(config)#vlan 10                               //创建 VLAN 号为 10 的 VLAN 并进入其配置模式
Switch(config-vlan)#name VLAN10                      //将 VLAN 号为 10 的 VLAN 命名为 VLAN10
Switch(config-vlan)#vlan 20                          //创建 VLAN 号为 20 的 VLAN 并进入其配置模式
Switch(config-vlan)#name VLAN20                      //将 VLAN 号为 20 的 VLAN 命名为 VLAN20
Switch(config-vlan)#exit                             //退出 VLAN 配置模式回到全局配置模式
Switch(config)#interface range f0/1-3                //批量配置接口 f0/1、f0/2、f0/3
Switch(config-if-range)#switchport mode access       //配置接口类型为 Access
Switch(config-if-range)#switchport access vlan 10    //配置接口属于 VLAN 号为 10 的 VLAN
Switch(config-if-range)#interface range f0/4-6       //批量配置接口 f0/4、f0/5、f0/6
Switch(config-if-range)#switchport mode access       //配置接口类型为 Access
Switch(config-if-range)#switchport access vlan 20    //配置接口属于 VLAN 号为 20 的 VLAN
Switch(config-if)#end                                //退出到特权执行模式
Switch#show vlan brief                               //显示 VLAN 摘要信息
```

在三层交换机 Switch0 上进行上述 VLAN 划分后，Switch0 的接口 f0/1（FastEthernet0/1）、f0/2（FastEthernet0/2）、f0/3（FastEthernet0/3）被划归到 VLAN10；接口 f0/4（FastEthernet0/4）、f0/5（FastEthernet0/5）、f0/6（FastEthernet0/6）被划归到 VLAN20。相应地，连接在上述这些接口的计算机 PC0、PC1、PC2 被划归到 VLAN10；计算机 PC3、PC4、PC5 被划归到 VLAN20。

请读者注意，在交换机上划分 VLAN 后，交换机需要经过一段时间才能正常工作。为了减少用户的等待时间，可在**“实时”工作模式**下单击几次播放控制栏中的“Fast Forward Time (Alt + D)”（快速前进）按钮。对于本实验，需要等交换机 Switch0 的各相关接口的状态指示灯从橙色圆形转变为绿色正三角形。

6. 在三层交换机上创建交换虚拟接口并进行相应配置

请按表 4-79 给出的内容，在三层交换机 Switch0 的命令行中使用以下相关 IOS 命令，创建两个交换虚拟接口并进行相应配置。

```
Switch#configure terminal                              // 从特权执行模式进入全局配置模式
Switch(config)#interface vlan 10                       // 创建 VLAN 号为 10 的交换虚拟接口
Switch(config-if)#ip address 192.168.1.254 255.255.255.0  // 给该交换虚拟接口配置 IP 地址和子网掩码
Switch(config-if)#no shutdown                          // 开启该交换虚拟接口
Switch(config-if)#interface vlan 20                    // 创建 VLAN 号为 20 的交换虚拟接口
Switch(config-if)#ip address 192.168.2.254 255.255.255.0  // 给该交换虚拟接口配置 IP 地址和子网掩码
Switch(config-if)#no shutdown                          // 开启该交换虚拟接口
Switch(config-if)#exit                                 // 退出到全局配置模式
Switch(config)#ip routing                              // 开启三层交换机的路由功能
```

7. 选择要监视的网络协议

本实验仅监视网际控制报文协议（ICMP）即可。

8. 网络连通性测试

切换到**“实时”工作模式**，在计算机 PC0 的命令行使用“ping”命令，分别测试 PC0 与 PC1 之间、PC0 与 PC2 之间、PC0 与 PC3 之间、PC0 与 PC4 之间、PC0 与 PC5 之间的连通性，这样做的目的主要有以下五个：

- 测试网络拓扑是否构建成功。
- 测试 PC0、PC1、PC2、PC3、PC4、PC5 各自的 IP 地址、子网掩码以及默认网关的 IP 地址是否配置正确。
- 测试在三层交换机 Switch0 上创建并划分 VLAN 是否正确。
- 测试在三层交换机 Switch0 上创建两个虚拟交换接口并进行相应 IP 地址和子网掩码的配置是否正确。
- 让 PC0 与其他各设备之间都获取到对方相关接口的 MAC 地址，以免在后续过程中出现“通过 ARP 查找已知 IP 地址所对应的 MAC 地址”这一过程，影响用户对实验现象的观察。

9. 验证使用三层交换机可以实现VLAN间的单播通信

切换到**“模拟”工作模式**，进行**单步模拟**，分以下两种情况进行：

（1）单播 IP 数据报。使用工作区工具箱中的“Add Simple PDU”（添加简单的 PDU）工具，让 VLAN10 中的某台计算机（例如 PC0）给 VLAN20 中的某台计算机（例如 PC3）发送一个单播 IP 数据报，跟踪该数据报的传递过程，进而验证使用三层交换机可以实现 VLAN 间的单播通信。

（2）广播 IP 数据报。使用工作区工具箱中的“Add Complex PDU”（添加复杂的 PDU）工具，让某个 VLAN 中的某台计算机（例如 VLAN10 中的 PC0）发送一个广播 IP 数据报，跟踪该数据报的传递过程，可以观察到该数据报仅在其源主机（例如 PC0）所在的 VLAN（例如 VLAN10）中进行传送，而不会传送到其他 VLAN（例如 VLAN20）。

本章知识点思维导图请扫码获取：

第 5 章　运输层相关实验

5.1　实验 5-1　TCP 的运输连接管理

5.1.1　实验目的

- 验证 TCP 通过“三报文握手”建立 TCP 连接。
- 验证 TCP 通过“四报文挥手”释放 TCP 连接。

5.1.2　预备知识

1. TCP的运输连接管理

TCP 是面向连接的协议，它基于运输连接来传送 TCP 报文段。TCP 运输连接的建立和释放，是每一次面向连接的通信中必不可少的过程。

如图 5-1 所示，TCP 运输连接包含以下三个阶段：

❶ **建立 TCP 连接**：通过“三报文握手”来建立 TCP 连接。

❷ **数据传送**：基于已建立的 TCP 连接进行可靠的数据传输。

❸ **释放 TCP 连接**：在数据传输结束后，还要通过“四报文挥手”来释放 TCP 连接。

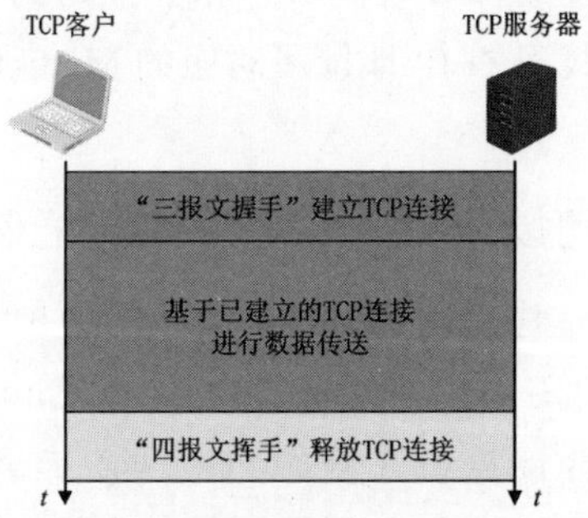

图 5-1　TCP 运输连接的三个阶段

2. “三报文握手”建立TCP连接

TCP 的连接建立要解决三个问题：

- 使 TCP 双方能够确知对方的存在。
- 使 TCP 双方能够协商一些参数（如最大报文段长度、最大窗口大小、时间戳选项等）。
- 使 TCP 双方能够对运输实体资源（如缓存大小、各状态变量、连接表中的项目等）进行分配和初始化。

TCP 通过“三报文握手”建立 TCP 连接的过程如图 5-2 所示。

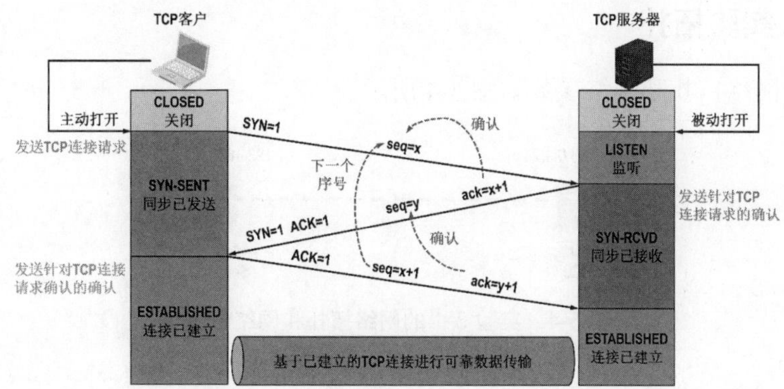

图 5-2　“三报文握手”建立 TCP 连接

3. “四报文挥手”释放TCP连接

在基于 TCP 连接的可靠数据传输结束后，TCP 双方应该释放先前建立的 TCP 连接，以归还它们各自所占用的主机资源。TCP 通过“四报文挥手”释放 TCP 连接的过程如图 5-3 所示。

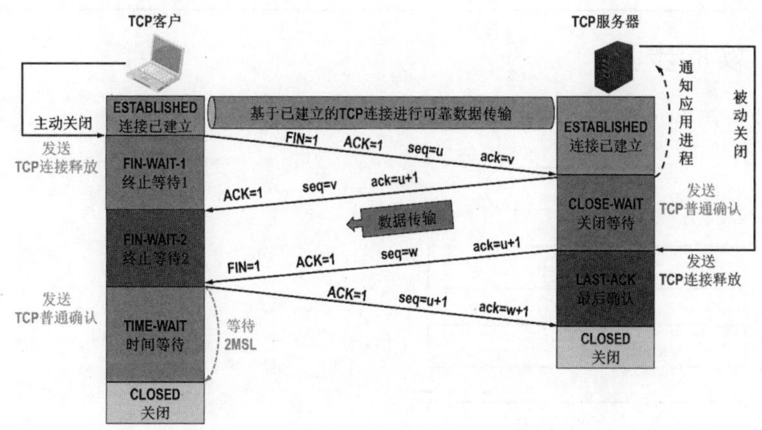

图 5-3　“四报文挥手”释放 TCP 连接

有关 TCP 运输连接管理的相关介绍，请参看《深入浅出计算机网络（微课视频版）》教材 5.3.2 节。

4. Packet Tracer软件中的相关操作

本实验所涉及的 Packet Tracer 软件中的相关操作，请参看 1.2 节的相关内容。

5.1.3　实验设备

表 5-1 给出了本实验所需的网络设备。

表 5-1　实验 5-1 所需的网络设备

网络设备	型　号	数　量
计算机	PC-PT	1
服务器	Server-PT	1

5.1.4 实验拓扑

本实验的网络拓扑和网络参数如图 5-4 所示。

图 5-4 实验 5-1 的网络拓扑和网络参数

5.1.5 实验配置

表 5-2 给出了本实验中需要给计算机和服务器各自配置的 IP 地址和子网掩码。

表 5-2 实验 5-1 中需要给计算机和服务器各自配置的 IP 地址和子网掩码

网络设备	名 称	型 号	IP 地址	子网掩码
计算机	PC0	PC-PT	192.168.0.1	255.255.255.0（/24）
服务器	Server0	Server-PT	192.168.0.2	255.255.255.0（/24）

5.1.6 实验步骤

本实验的流程图如图 5-5 所示。

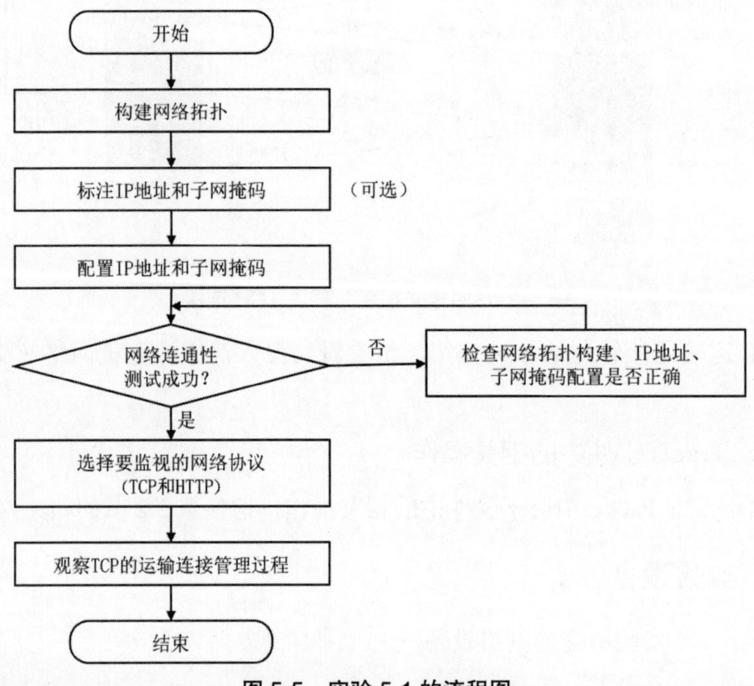

图 5-5 实验 5-1 的流程图

1. 构建网络拓扑

请按以下步骤构建图 5-4 所示的网络拓扑：

❶ 选择并拖动表 5-1 给出的本实验所需的网络设备到逻辑工作区。

❷ 选择“自动选择连接类型”，由 Packet Tracer 软件自动为待连接的网络设备选择用于连接的接口以及相应的传输介质，然后将相关网络设备互连即可。

2. 标注IP地址和子网掩码

建议将表 5-2 给出的需要给计算机和服务器各自配置的 IP 地址和子网掩码标注在它们各自的旁边。

上述操作的目的在于方便给各网络设备配置网络参数、方便进行网络测试以及方便观察实验现象。

3. 配置IP地址和子网掩码

请按表 5-2 所给的内容，通过计算机和服务器各自的图形用户界面分别给计算机 PC0 和服务器 Server0 配置 IP 地址和子网掩码。

4. 网络连通性测试

切换到**“实时”工作模式**，在计算机 PC0 的命令行使用“ping”命令，测试 PC0 与服务器 Server0 之间的连通性，这样做的目的主要有以下三个：

- 测试网络拓扑是否构建成功。
- 测试 PC0、Server0 各自的 IP 地址和子网掩码是否配置正确。
- 让 PC0 与 Server0 之间都获取到对方相关接口的 MAC 地址，以免在后续过程中出现“通过 ARP 查找已知 IP 地址所对应的 MAC 地址”这一过程，影响用户对实验现象的观察。

5. 选择要监视的网络协议

本实验需要监视传输控制协议（TCP）和超文本传送协议（HTTP）。

6. 观察TCP的运输连接管理过程

切换到**“模拟”工作模式**，进行**单步模拟**，在计算机 PC0 中使用浏览器访问服务器 Server0 提供的 Web 服务，具体包含以下三个过程：

❶ PC0 中的 TCP 客户进程与 Server0 中的 TCP 服务器进程通过“三报文握手”建立 TCP 连接。

❷ PC0 中的 HTTP 客户进程与 Server0 中的 HTTP 服务器进程（Web 服务器进程）通过已建立的 TCP 连接传送 HTTP 相关报文。

❸ PC0 中的 TCP 客户进程与 Server0 中的 TCP 服务器进程通过“四报文挥手”释放 TCP 连接。

在上述单步仿真过程中，重点观察以下内容：

- “三报文握手”过程中的三个 TCP 报文段，包括它们各自首部中的同步（SYN）标志位、确认（ACK）标志位、序号（seq）字段、确认号（ack）字段的值。
- “三报文握手”过程中 TCP 客户的状态转换过程，即关闭（CLOSED）→同步已发送（SYN-SENT）→连接已建立（ESTABLISHED）；TCP 服务器的状态转换过程，即关闭（CLOSED）→监听（LISTEN）→同步已接收（SYN-RCVD）→连接已建立（ESTABLISHED）。

- “四报文挥手”过程中的四个 TCP 报文段，包括它们各自首部中的终止（FIN）标志位和确认（ACK）标志位、序号（seq）字段、确认号（ack）字段的值。
- “四报文挥手”过程中TCP客户的状态转换过程，即连接已建立（ESTABLISHED）→终止等待 1（FIN-WAIT-1）→终止等待 2（FIN-WAIT-2）→时间等待（TIME-WAIT）→关闭（CLOSED）；TCP 服务器的状态转换过程，即连接已建立（ESTABLISHED）→关闭等待（CLOSE-WAIT）→最后确认（LAST-ACK）→关闭（CLOSED）。

请读者注意，在本实验中，当 Server0 中的 TCP 服务器进程收到 PC0 中的 TCP 客户进程发来的 TCP 连接释放报文段后，会进入关闭等待（CLOSE-WAIT）状态，由于 TCP 服务器进程此时也没有数据要发给 TCP 客户进程了，于是 TCP 服务器进程进入最后确认（LAST-ACK）状态，并给 TCP 客户进程发送 TCP 连接释放报文段。因此，“四报文挥手”变成了“三报文挥手”。

5.2 实验 5-2 熟悉用户数据报协议

5.2.1 实验目的

- 理解用户数据报协议（UDP）是无连接的。
- 理解运输层端口号的作用。

5.2.2 预备知识

1. UDP

TCP/IP 体系结构的运输层为其应用层提供了两个不同的运输层协议：TCP 和 UDP。这两个协议的使用频率仅次于网际层的 IP 协议。其中，TCP 向应用层提供的是面向连接（已在实验 5-1 中进行了验证）的可靠的数据传输服务，而 UDP 向应用层提供的是无连接的不可靠的数据传输服务。

所谓“**无连接**”，是指 UDP **的通信双方在传送数据之前不需要建立连接，可以随时发送数据**。由于 UDP 仅提供不可靠的数据传输服务，因此 UDP 非常简单。

TCP/IP 应用层中的很多协议都会使用运输层 UDP 提供的无连接、不可靠的数据传送服务。例如路由信息协议（RIP），它使用运输层的 UDP，端口号为 520。

有关 UDP 和 TCP 的对比，请参看《深入浅出计算机网络（微课视频版）》教材 5.2 节。

2. Packet Tracer软件中的相关操作

本实验所涉及的 Packet Tracer 软件中的相关操作，请参看 1.2 节的相关内容。

5.2.3 实验内容

本书中的实验 4-9 是有关 RIP 的实验，读者在成功完成该实验的基础上，可以进一步观察 RIP 在运输层使用 UDP 的情况。

切换到**"模拟"工作模式**，进行**单步模拟**，可以观察到 RIP 相邻路由器之间周期性地发送 RIP 更新报文，该报文在运输层被封装成 UDP 用户数据报，其源端口和目的端口都为 520，如图 5-6 所示。

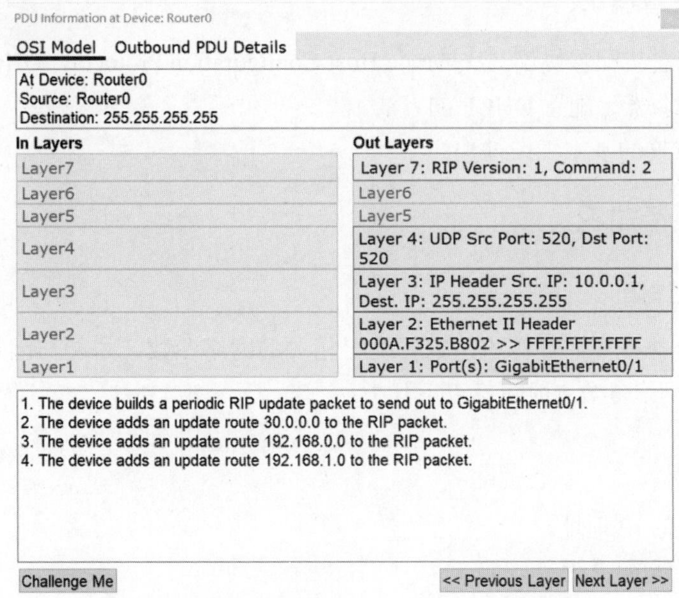

图 5-6　RIP 更新报文被封装在 UDP 用户数据报中

当 RIP 路由器收到 RIP 更新报文后会相应更新自己的路由表。当计算机收到 RIP 更新报文后，会将其丢弃，这是因为计算机中没有运行 RIP，因此也没有监听 520 端口的相应进程。

本章知识点思维导图请扫码获取：

第 6 章　应用层相关实验

6.1　实验 6-1　熟悉动态主机配置协议

6.1.1　实验目的

- 了解动态主机配置协议（Dynamic Host Configuration Protocol，DHCP）的作用。
- 掌握在服务器上配置 DHCP 的方法。
- 观察 DHCP 的基本工作过程。

6.1.2　预备知识

1. DHCP的作用

使用 TCP/IP 协议栈的计算机，需要配置相关的网络参数，才能与因特网上的计算机进行通信，这些网络参数一般包括以下几类：

- IP 地址。
- 子网掩码。
- 默认网关的 IP 地址。
- 域名服务器的 IP 地址。

在计算机的操作系统中，一般会为用户提供配置上述网络参数的图形用户界面或命令行工具，以方便用户将这些网络参数配置在一个特定的配置文件中，计算机每次启动时读取该配置文件，进行网络参数配置。

然而，由用户配置网络参数可能会存在以下不便：

- 对于经常改变使用地点的笔记本电脑（家中、办公室或实验室），由用户配置网络参数既不方便，又容易出错。
- 对于网络管理员，要给网络中大量计算机手工配置网络参数也是一项费时费力且容易出错的工作。

如果给网络中添加一台 DHCP 服务器，在该服务器中设置好可为网络中其他各计算机配置的网络参数。网络中各计算机开机后自动启动 DHCP 程序，向 DHCP 服务器请求自己的网络配置参数。这样，**网络中的各计算机就可以从 DHCP 服务器自动获取自己的网络配置参数，而不用人工配置**。

2. DHCP报文的封装

DHCP 是 TCP/IP 体系结构应用层中的协议，它使用运输层的 UDP 所提供的服务。DHCP 服务器使用的 UDP 端口号为 67，DHCP 客户使用的 UDP 端口号为 68。DHCP 报文逐层封装的过程如图 6-1 所示。

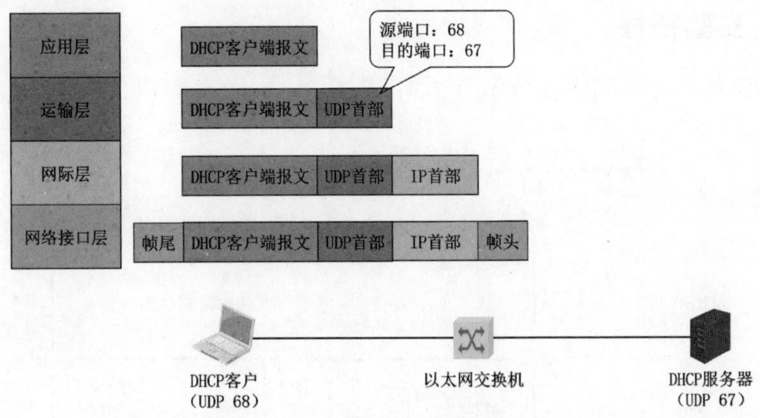

图 6-1　DHCP 报文的逐层封装

3. DHCP的基本工作过程

DHCP 的基本工作过程如图 6-2 所示。

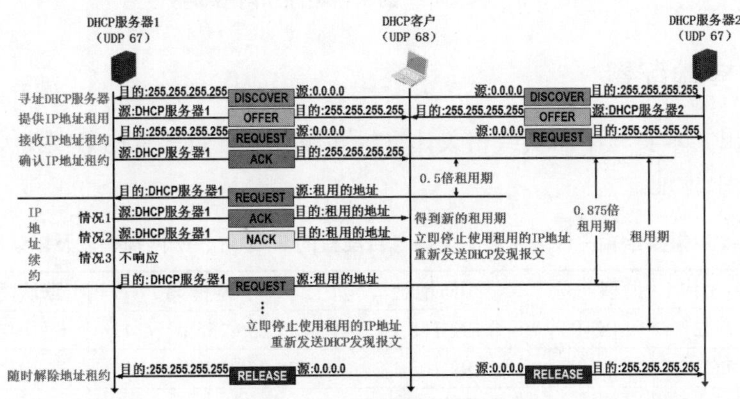

图 6-2　DHCP 的基本工作过程

有关 DHCP 的相关介绍，请参看《深入浅出计算机网络（微课视频版）》教材 6.3 节。

4. Packet Tracer软件中的相关操作

本实验所涉及的 Packet Tracer 软件中的相关操作，请参看 1.2 节的相关内容。

6.1.3　实验设备

表 6-1 给出了本实验所需的网络设备。

表 6-1　实验 6-1 所需的网络设备

网络设备	型　号	数　量
计算机	PC-PT	4
服务器	Server-PT	1
交换机	2960-24TT	2
路由器	1941	1

6.1.4 实验拓扑

本实验的网络拓扑和网络参数如图 6-3 所示。

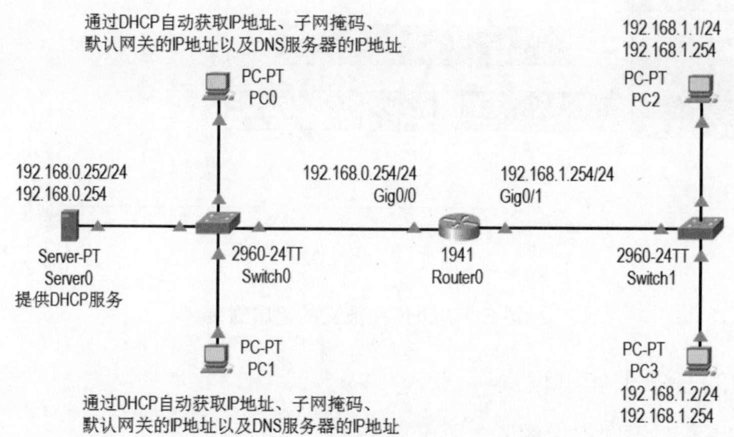

图 6-3 实验 6-1 的网络拓扑和网络参数

6.1.5 实验配置

表 6-2 给出了本实验中需要给相关计算机和服务器各自配置的 IP 地址、子网掩码以及默认网关的 IP 地址。

表 6-2 实验 6-1 中需要给相关计算机和服务器各自配置的 IP 地址、子网掩码以及默认网关的 IP 地址

网络设备	名 称	型 号	IP 地址	子网掩码	默认网关的 IP 地址
计算机	PC2	PC-PT	192.168.1.1	255.255.255.0（/24）	192.168.1.254
计算机	PC3	PC-PT	192.168.1.2	255.255.255.0（/24）	192.168.1.254
服务器	Server0	Server-PT	192.168.0.252	255.255.255.0（/24）	192.168.0.254

表 6-3 给出了本实验中需要给路由器各相关接口配置的 IP 地址和子网掩码。

表 6-3 实验 6-1 中需要给路由器各相关接口配置的 IP 地址和子网掩码

网络设备	名 称	型 号	接口	IP 地址	子网掩码
路由器	Router0	1941	Gig0/0	192.168.0.254	255.255.255.0（/24）
			Gig0/1	192.168.1.254	255.255.255.0（/24）

表 6-4 给出了本实验中需要给服务器 Server0 配置的 DHCP 服务。

表 6-4 实验 6-1 中需要给服务器 Server0 配置的 DHCP 服务

地址池名称	默认网关	DNS 服务器	起始 IP 地址	子网掩码	最大用户数量
ServerPool	192.168.0.254	192.168.0.253	192.168.0.1	255.255.255.0	250

6.1.6 实验步骤

本实验的流程图如图 6-4 所示。

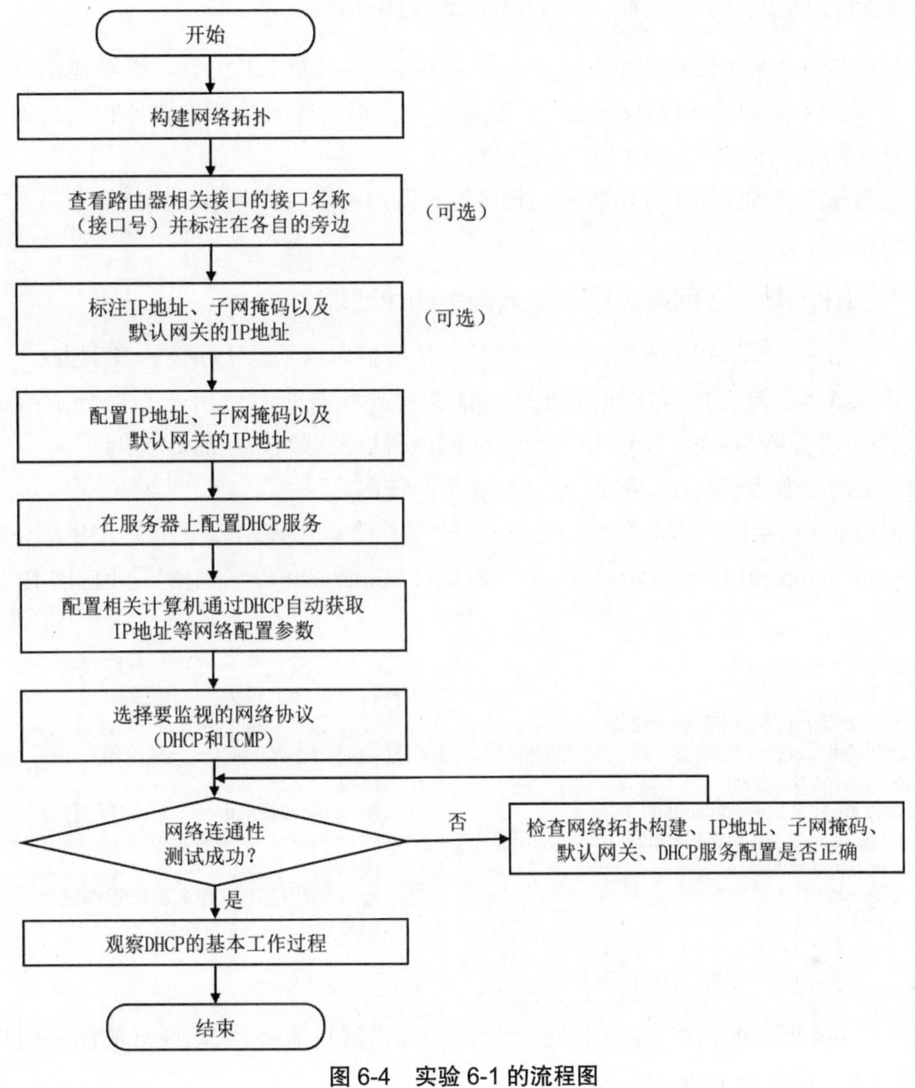

图 6-4　实验 6-1 的流程图

1. 构建网络拓扑

请按以下步骤构建图 6-3 所示的网络拓扑：

❶ 选择并拖动表 6-1 给出的本实验所需的网络设备到逻辑工作区。

❷ 选择“自动选择连接类型”，由 Packet Tracer 软件自动为待连接的网络设备选择用于连接的接口以及相应的传输介质，然后将相关网络设备互连即可。

2. 查看并标注路由器相关接口名称（接口号）

为了方便给路由器各相关接口配置 IP 地址和子网掩码，建议将路由器各相关接口的接口名称（接口号）标注在它们各自的旁边。

具体操作见实验 4-2 的相关说明。

3. 标注IP地址、子网掩码以及默认网关的IP地址

建议将表 6-2 给出的需要给相关计算机和服务器配置的 IP 地址、子网掩码以及默认网关的 IP 地址标注在它们各自的旁边；将表 6-3 给出的需要给路由器各相关接口配置的 IP 地址和子网掩码标注在各接口的旁边。

上述操作的目的在于方便给各网络设备配置网络参数、方便进行网络测试以及方便观察实验现象。

4. 配置IP地址、子网掩码以及默认网关的IP地址

（1）给相关计算机和服务器配置 IP 地址、子网掩码以及默认网关的 IP 地址。

请按表 6-2 所给的内容，通过相关计算机和服务器的图形用户界面分别给计算机 PC2、PC3、服务器 Server0 配置 IP 地址、子网掩码以及默认网关的 IP 地址。

（2）给路由器各相关接口配置 IP 地址和子网掩码。

请按表 6-3 所给的内容，在路由器 Router0 的命令行中使用以下相关 IOS 命令，给其接口 Gig0/0（GigabitEthernet0/0）、Gig0/1（GigabitEthernet0/1）分别配置相应的 IP 地址和子网掩码。

```
Router>enable                                         // 从用户执行模式进入特权执行模式
Router#configure terminal                             // 从特权执行模式进入全局配置模式
Router(config)#interface GigabitEthernet0/0           // 进入接口 GigabitEthernet0/0 的配置模式
Router(config-if)#ip address 192.168.0.254 255.255.255.0   // 配置接口的 IPv4 地址和子网掩码
Router(config-if)#no shutdown                         // 开启接口
Router(config-if)# interface GigabitEthernet0/1       // 进入接口 GigabitEthernet0/1 的配置模式
Router(config-if)#ip address 192.168.1.254 255.255.255.0   // 配置接口的 IPv4 地址和子网掩码
Router(config-if)#no shutdown                         // 开启接口
Router(config-if)#exit                                // 退出接口配置模式回到全局配置模式
Router(config)#                                       // 全局配置模式
```

5. 在服务器上配置DHCP服务

请按表 6-4 所给的内容，按图 6-5 所示的步骤，通过服务器 Server0 的图形用户界面配置 Server0 所提供的 DHCP 服务。

❶ 在 Server0 的图形用户界面选择“Services”（服务）选项卡。

❷ 在“Services”（服务）选项卡左侧列表中选择“DHCP”服务。

❸ 在右侧 DHCP 配置框中有一个名称为“serverPool”的 DHCP 配置，保持该名称不变。

❹ 设置地址池中的起始地址为“192.168.0.1”。

❺ 设置子网掩码为“255.255.255.0”。

❻ 设置最大用户数量为“250”。

❼ 设置默认网关的 IP 地址为“192.168.0.254”。

❽ 设置 DNS 服务器的 IP 地址为“192.168.0.253”。

❾ 单击“Save”（保存）按钮。

❿ 勾选“On”（开启）选项以开启 DHCP 服务。

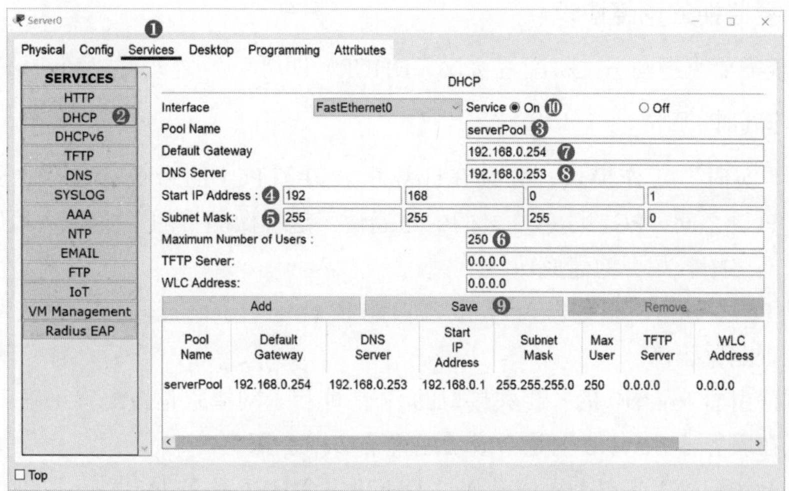

图 6-5　在服务器 Server0 上配置 DHCP 服务

6. 配置相关计算机通过DHCP自动获取IP地址等网络配置参数

请按图 6-6 所示的步骤，分别通过计算机 PC0 和 PC1 的图形用户界面配置 PC0 和 PC1 通过 DHCP 自动获取各自的 IP 地址等网络配置参数。

❶ 在计算机的图形用户界面选择“Desktop”（桌面）选项卡。

❷ 选中“DHCP”选项，使计算机通过 DHCP 从 DHCP 服务器自动获取 IP 地址等网络配置参数。

❸ 计算机是否成功获取到网络配置参数，会有相应的提示信息。

❹ 这些是计算机获取到的网络配置参数，请检查它们是否符合服务器上 DHCP 服务的配置。

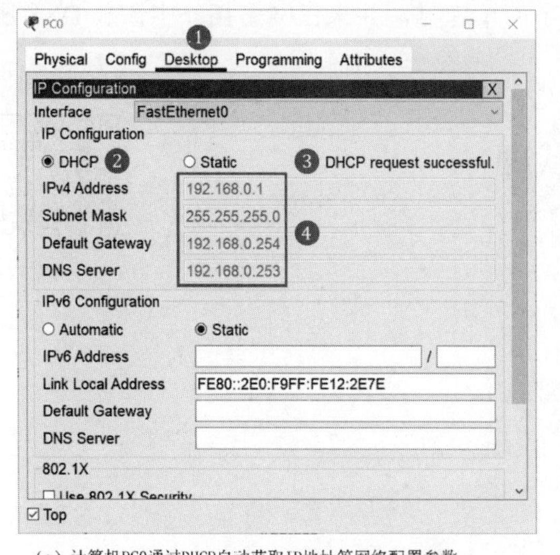

（a）计算机PC0通过DHCP自动获取IP地址等网络配置参数

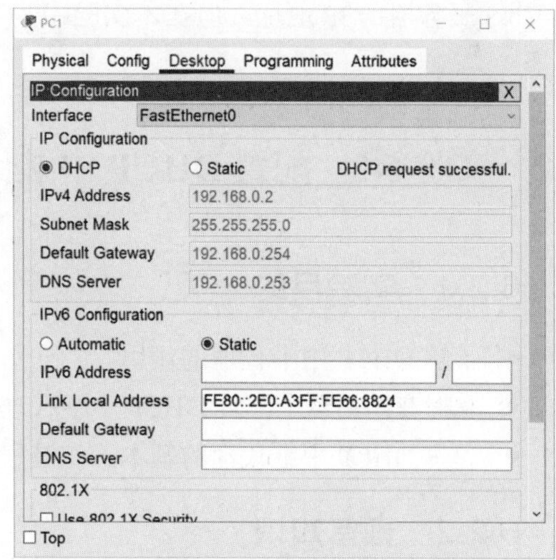

（b）计算机PC1通过DHCP自动获取IP地址等网络配置参数

图 6-6　配置相关计算机通过 DHCP 自动获取 IP 地址等网络配置参数

7. 选择要监视的网络协议

本实验仅需要监视动态主机配置协议（DHCP）即可。

8. 网络连通性测试

切换到**“实时”工作模式**，分别在计算机 PC0 和 PC1 的命令行使用“ping”命令，测试 PC0 与 PC2 之间、PC1 与 PC3 之间的连通性，这样做的目的主要有以下五个：

- 测试网络拓扑是否构建成功。
- 测试 PC2、PC3、服务器 Server0 各自的 IP 地址、子网掩码以及默认网关的 IP 地址是否配置正确。
- 测试路由器 Router0 的各相关接口的 IP 地址和子网掩码是否配置正确。
- 测试在服务器 Server0 上是否成功配置了 DHCP 服务。
- 测试 PC0、PC1 各自是否成功通过 DHCP 从 DHCP 服务器自动获取到了 IP 地址等网络配置参数。

9. 观察DHCP的基本工作过程

切换到**“模拟”工作模式**，进行**单步模拟**，使计算机 PC0 重新通过 DHCP 获取 IP 地址等网络配置参数，这将触发计算机 PC0 与 DHCP 服务器 Server0 之间的 DHCP 基本工作过程。重点观察以下内容：

- PC0 与 Server0 之间都传送哪些 DHCP 报文。
- DHCP 报文在运输层使用什么协议封装，源端口号和目的端口号分别是什么。
- DHCP 报文在运输层封装成运输层 PDU 后，在网际层封装成 IP 数据报时，数据报首部中的源 IP 地址和目的 IP 地址分别是什么。

需要说明的是，尽管各计算机通过 DHCP 获取到的 IP 地址等网络配置参数中包含有 DNS 服务器的 IP 地址，但在本实验中为了简单起见，并未在网络拓扑中添加 DNS 服务器。

6.2 实验 6-2 配置 DHCP 中继代理

6.2.1 实验目的

- 了解 DHCP 中继代理的作用。
- 掌握在路由器上配置 DHCP 中继代理的方法。
- 观察 DHCP 中继代理的基本工作过程。

6.2.2 预备知识

1. DHCP中继代理

请读者思考一下，图 6-3 中的计算机 PC2 和 PC3 是否可以通过 DHCP 从 DHCP 服务器 Server0 自动获取各自的 IP 地址等网络配置参数呢？答案是否定的。原因很简单：PC2

和 PC3 要发送的 DHCP **发现报文**，会被**封装在目的地址为** 255.255.255.255 **的广播 IP 数据报**中发送，而**路由器** Router0 **不能转发广播 IP 数据报**，因此 Server0 不会收到 PC2 和 PC3 发送的 DHCP 发现报文。

为了解决上述问题，需要**给路由器** Router0 **配置** DHCP **服务器的** IP **地址并使之成为** DHCP **中继代理**。当成为 DHCP 中继代理的路由器 Router0 收到广播的、封装有 DHCP 发现报文的 IP 数据报后，会将其单播转发给 DHCP 服务器 Server0。DHCP 客户和 DHCP 服务器通过 DHCP 中继代理的后续交互过程就不赘述了。

使用 DHCP 中继代理的主要原因是用户并不愿意在每一个网络上都设置一个 DHCP 服务器，因为这样会使 DHCP 服务器的数量太多。

有关 DHCP 的相关介绍，请参看《深入浅出计算机网络（微课视频版）》教材 6.3 节。

2. Packet Tracer软件中的相关操作

本实验所涉及的 Packet Tracer 软件中的相关操作，请参看 1.2 节的相关内容。

6.2.3　实验设备

表 6-5 给出了本实验所需的网络设备。

表 6-5　实验 6-2 所需的网络设备

网络设备	型　号	数　量
计算机	PC-PT	4
服务器	Server-PT	1
交换机	2960-24TT	2
路由器	1941	1

6.2.4　实验拓扑

本实验的网络拓扑和网络参数如图 6-7 所示。

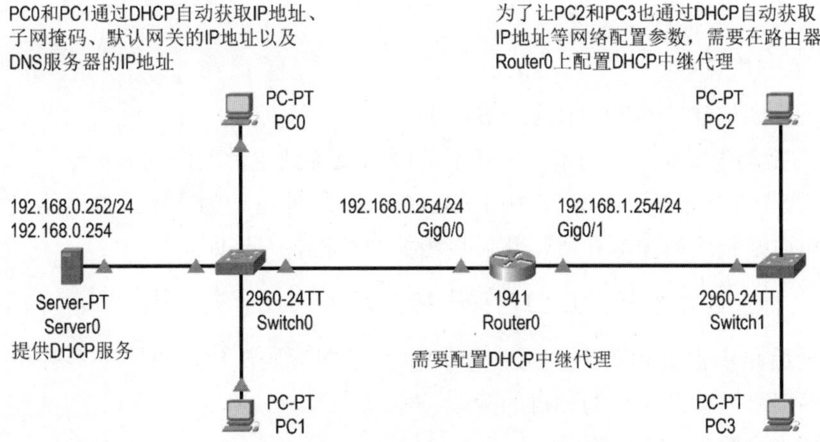

图 6-7　实验 6-2 的网络拓扑和网络参数

6.2.5 实验配置

表 6-6 给出了本实验中需要给服务器配置的 IP 地址、子网掩码以及默认网关的 IP 地址。

表 6-6 实验 6-2 中需要给服务器配置的 IP 地址、子网掩码以及默认网关的 IP 地址

网络设备	名 称	型 号	IP 地址	子网掩码	默认网关的 IP 地址
服务器	Server0	Server-PT	192.168.0.252	255.255.255.0（/24）	192.168.0.254

表 6-7 给出了本实验中需要给路由器各相关接口配置的 IP 地址和子网掩码。

表 6-7 实验 6-2 中需要给路由器各相关接口配置的 IP 地址和子网掩码

网络设备	名 称	型 号	接口	IP 地址	子网掩码
路由器	Router0	1941	Gig0/0	192.168.0.254	255.255.255.0（/24）
			Gig0/1	192.168.1.254	255.255.255.0（/24）

表 6-8 给出了本实验中需要给服务器 Server0 配置的 DHCP 服务。

表 6-8 实验 6-2 中需要给服务器 Server0 配置的 DHCP 服务

地址池名称	默认网关	DNS 服务器	起始 IP 地址	子网掩码	最大用户数量
serverPool	192.168.0.254	192.168.0.253	192.168.0.1	255.255.255.0	250
Outside serverPool	192.168.1.254	192.168.0.253	192.168.1.1	255.255.255.0	250

表 6-9 给出了本实验中需要在路由器 Router0 上配置的 DHCP 中继代理。

表 6-9 实验 6-2 中需要在路由器 Router0 上配置的 DHCP 中继代理

网络设备	名 称	型 号	接口	DHCP 服务器的 IP 地址
路由器	Router0	1941	Gig0/1	192.168.0.252

6.2.6 实验步骤

本实验的流程图如图 6-8 所示。

1. 构建网络拓扑

请按以下步骤构建图 6-7 所示的网络拓扑：

❶ 选择并拖动表 6-5 给出的本实验所需的网络设备到逻辑工作区。

❷ 选择“自动选择连接类型”，由 Packet Tracer 软件自动为待连接的网络设备选择用于连接的接口以及相应的传输介质，然后将相关网络设备互连即可。

2. 查看并标注路由器相关接口名称（接口号）

为了方便给路由器各相关接口配置 IP 地址和子网掩码，建议将路由器各相关接口的接口名称（接口号）标注在它们各自的旁边。

具体操作见实验 4-2 的相关说明。

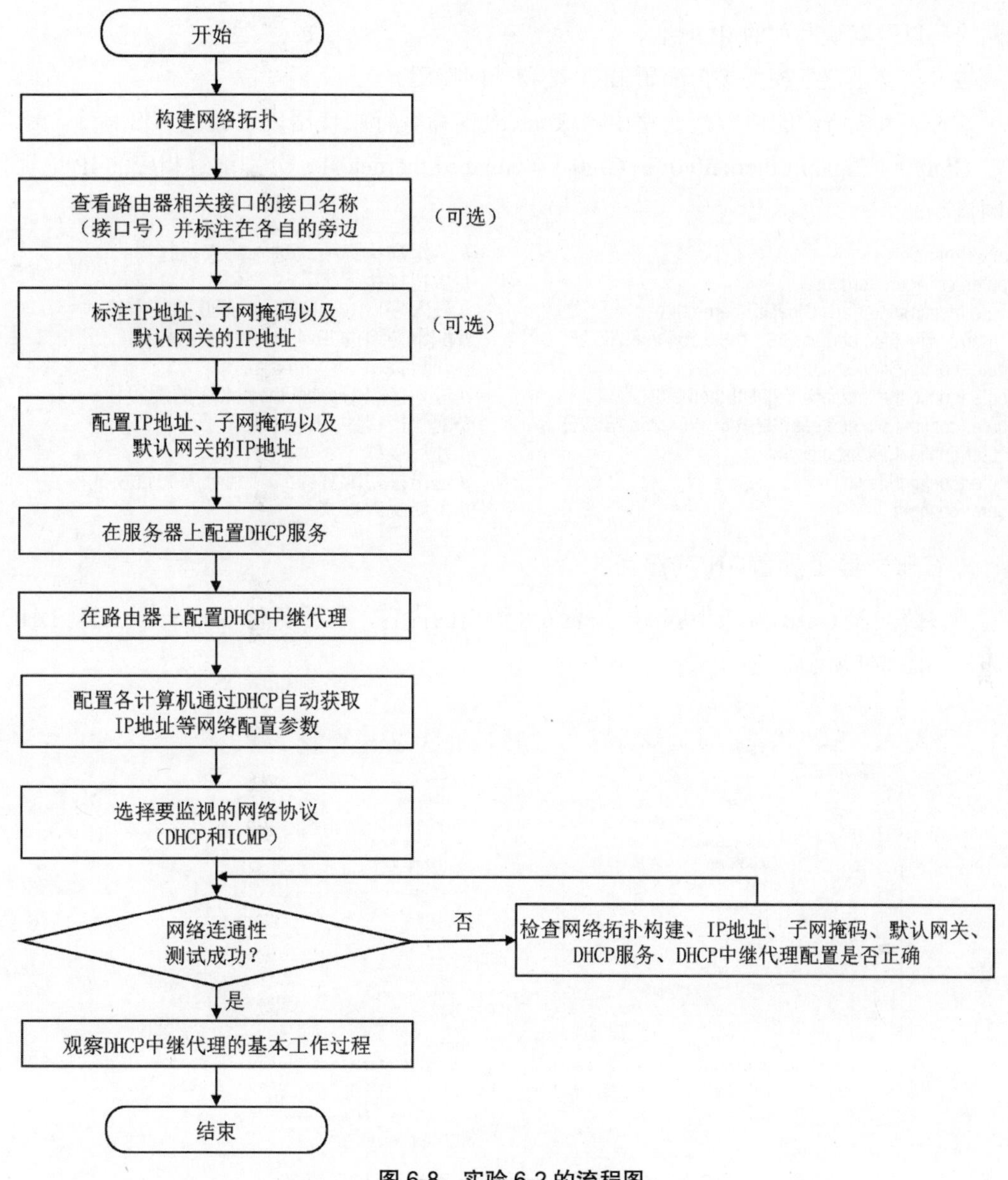

图 6-8 实验 6-2 的流程图

3. 标注IP地址、子网掩码以及默认网关的IP地址

建议将表 6-6 给出的需要给服务器配置的 IP 地址、子网掩码以及默认网关的 IP 地址标注在其旁边；将表 6-7 给出的需要给路由器各相关接口配置的 IP 地址和子网掩码标注在各接口的旁边。

上述操作的目的在于方便给各网络设备配置网络参数、方便进行网络测试以及方便观察实验现象。

4. 配置IP地址、子网掩码以及默认网关的IP地址

（1）给服务器配置 IP 地址、子网掩码以及默认网关的 IP 地址。

请按表 6-6 所给的内容，通过服务器的图形用户界面给服务器 Server0 配置 IP 地址、

子网掩码以及默认网关的 IP 地址。

（2）给路由器各相关接口配置 IP 地址和子网掩码。

请按表 6-7 所给的内容，在路由器 Router0 的命令行中使用以下相关 IOS 命令，给其接口 Gig0/0（GigabitEthernet0/0）、Gig0/1（GigabitEthernet0/1）分别配置相应的 IP 地址和子网掩码。

```
Router>enable                                      // 从用户执行模式进入特权执行模式
Router#configure terminal                          // 从特权执行模式进入全局配置模式
Router(config)#interface GigabitEthernet0/0        // 进入接口 GigabitEthernet0/0 的配置模式
Router(config-if)#ip address 192.168.0.254 255.255.255.0   // 配置接口的 IPv4 地址和子网掩码
Router(config-if)#no shutdown                      // 开启接口
Router(config-if)# interface GigabitEthernet0/1    // 进入接口 GigabitEthernet0/1 的配置模式
Router(config-if)#ip address 192.168.1.254 255.255.255.0   // 配置接口的 IPv4 地址和子网掩码
Router(config-if)#no shutdown                      // 开启接口
Router(config-if)#exit                             // 退出接口配置模式回到全局配置模式
Router(config)#                                    // 全局配置模式
```

5. 在服务器上配置DHCP服务

请参照实验 6-1 的实验步骤 5，按表 6-8 给出的内容，在服务器 Server0 上配置 DHCP 服务，如图 6-9 所示。

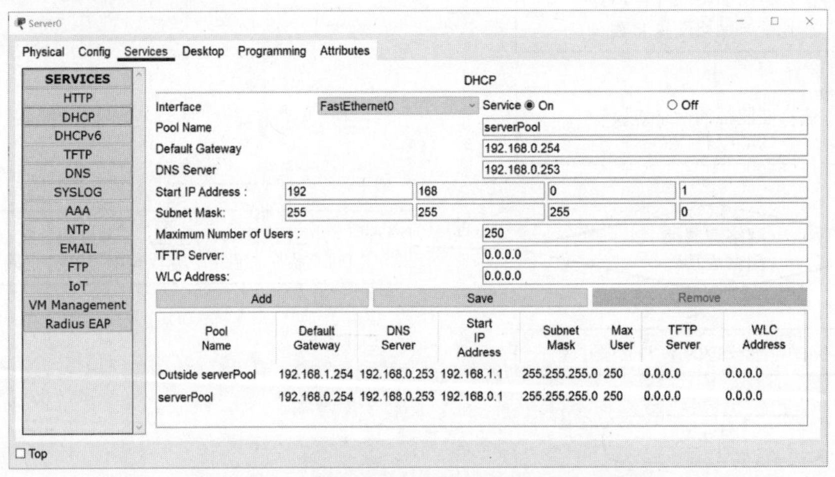

图 6-9　在服务器 Server0 上配置 DHCP 服务

在图 6-9 中，给服务器 Server0 的 DHCP 服务配置了以下两个地址池：

- **地址池** 1：名称为 serverPool，起始 IP 地址为 192.168.0.1，子网掩码为 255.255.255.0，默认网关的 IP 地址为 192.168.0.254，DNS 服务器的 IP 地址为 192.168.0.253，最大用户数量为 250。
- **地址池** 2：名称为 Outside serverPool，起始 IP 地址为 192.168.1.1，子网掩码为 255.255.255.0，默认网关的 IP 地址为 192.168.1.254，DNS 服务器的 IP 地址为 192.168.0.253，最大用户数量为 250。

其中，serverPool 地址池用于给服务器 Server0 所在网络 192.168.0.0/24（即计算机 PC0 和 PC1 所在网络）中的各计算机分配 IP 地址；Outside serverPool 地址池用于给另一个网络 192.168.1.0/24（即计算机 PC2 和 PC3 所在网络）中的各计算机分配 IP 地址。

6. 在路由器上配置DHCP中继代理

请按表 6-9 所给的内容，在路由器 Router0 的命令行中使用以下相关 IOS 命令，在其上配置 DHCP 中继代理。

```
Router(config)#interface GigabitEthernet0/1              // 进入接口 GigabitEthernet0/1 的配置模式
Router(config-if)#ip helper-address 192.168.0.252        // 配置 DHCP 中继代理，指明 DHCP 服务器的 IP 地址
```

DHCP 中继代理可以用来转发跨网的 DHCP 请求和响应，因此可以避免在每个物理网络中都配备一个 DHCP 服务器。当 DHCP 中继代理收到 DHCP 客户广播发送的 DHCP 发现报文（DHCP DISCOVER）后，就单播转发给 DHCP 服务器并等待响应。当 DHCP 中继代理收到 DHCP 服务器发回的 DHCP 提供报文（DHCP OFFER）后，将其转发给 DHCP 客户。

在本实验中，与 DHCP 服务器 Server0 不在同一网络中的计算机 PC2 和 PC3，可以通过路由器 Router0 上配置的 DHCP 中继代理，从 DHCP 服务器 Server0 自动获取 IP 地址等网络配置参数。

7. 配置各计算机通过DHCP自动获取IP地址等网络配置参数

请参照实验 6-1 的实验步骤 6，分别通过计算机 PC0、PC1、PC2、PC3 的图形用户界面，配置 PC0、PC1、PC2、PC3 通过 DHCP 自动获取各自的 IP 地址等网络配置参数，如图 6-10 所示。

（a）计算机PC0通过DHCP自动获取IP地址等网络配置参数　（b）计算机PC1通过DHCP自动获取IP地址等网络配置参数

（c）计算机PC2通过DHCP自动获取IP地址等网络配置参数　（d）计算机PC3通过DHCP自动获取IP地址等网络配置参数

图 6-10　配置各计算机通过 DHCP 自动获取 IP 地址等网络配置参数

建议读者将各计算机通过 DHCP 获取到的 IP 地址等网络配置参数，标注在各计算机的旁边，以方便进行网络测试和实验现象的观察。

8. 选择要监视的网络协议

本实验仅需要监视动态主机配置协议（DHCP）即可。

9. 网络连通性测试

切换到**“实时”工作模式**，分别在计算机 PC0 和 PC1 的命令行使用“ping”命令，测试 PC0 与 PC2 之间、PC1 与 PC3 之间的连通性，这样做的目的主要有以下六个：

- 测试网络拓扑是否构建成功。
- 测试服务器 Server0 的 IP 地址、子网掩码以及默认网关的 IP 地址是否配置正确。
- 测试路由器 Router0 的各相关接口的 IP 地址和子网掩码是否配置正确。
- 测试在服务器 Server0 上是否成功配置了 DHCP 服务。
- 测试在路由器 Router0 上是否成功配置了 DHCP 中继代理。
- 测试 PC0、PC1、PC2、PC3 各自是否成功通过 DHCP 从 DHCP 服务器自动获取到了 IP 地址等网络配置参数。

10. 观察DHCP中继代理的基本工作过程

切换到**“模拟”工作模式**，进行**单步模拟**，使计算机 PC2 重新通过 DHCP 获取 IP 地址等网络配置参数，这将触发计算机 PC2 与 DHCP 服务器 Server0 之间的 DHCP 基本工作过程。重点观察配置在路由器 Router0 上的 DHCP 中继代理在上述过程中所起到的作用，即 DHCP 中继代理对 DHCP 相关广播报文的处理。

需要说明的是，尽管各计算机通过 DHCP 获取到的 IP 地址等网络配置参数中包含有 DNS 服务器的 IP 地址，但在本实验中为了简单起见，并未在网络拓扑中添加 DNS 服务器。

6.3 实验 6-3 熟悉域名系统的递归查询方法

6.3.1 实验目的

- 了解域名系统（Domain Name System，DNS）的作用。
- 理解 DNS 的工作原理。
- 观察 DNS 递归查询过程。
- 观察 DNS 缓存的作用。

6.3.2 预备知识

1. DNS的作用

因特网是通过 IP 地址进行寻址的。然而，IP 地址不容易记忆。因此，**对于大多数因特网应用，往往使用域名来访问目的主机，而不是直接使用 IP 地址来访问**。例如，湖南科技大学官方网站的 IP 地址为 218.75.230.30，域名为 www.hnust.edu.cn，在主机中的浏览器的地址栏中不管输入的是湖南科技大学官方网站的 IP 地址还是域名，都可以访问该网站。显然，人们更愿意使用的是域名，因为它具有意义，比 IP 地址更容易记忆。

2. 因特网的域名结构

因特网采用**层次树状结构的域名结构**。域名的结构由若干个分量组成，各分量之间用点“.”隔开，分别代表不同级别的域名，如图 6-11 所示。每一级的域名都由英文字母和数字组成，不超过 63 个字符，也不区分大小写字母。级别最低的域名写在最左边，而级别最高的顶级域名写在最右边，完整的域名不超过 255 个字符。

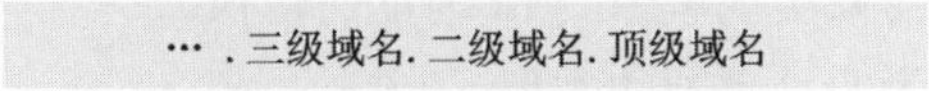

… . 三级域名. 二级域名. 顶级域名

图 6-11　因特网域名的构成

域名系统既不规定一个域名需要包含多少个下级域名，也不规定每一级的域名代表什么意思。各级域名由其上一级的域名管理机构管理，而最高的顶级域名由因特网名称与数字地址分配机构（ICANN）进行管理。图 6-12 给出了湖南科技大学网络信息中心的域名，其中 cn 是顶级域名，表示中国；edu 是在其下注册的二级域名，表示教育机构；hnust 是在 edu 下注册的三级域名，表示湖南科技大学；nic 是由该校自行管理的四级域名，表示网络信息中心。

nic . hnust . edu . cn

四级域名　三级域名　二级域名　顶级域名

图 6-12　因特网域名举例

因特网的域名实际上是**一棵倒着生长的树**，例如图 6-13 所示。

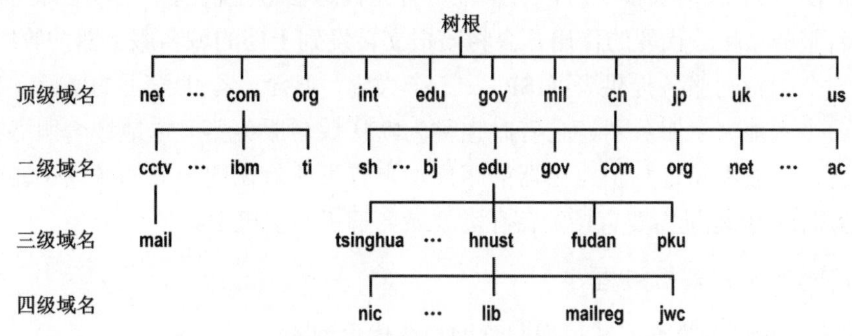

图 6-13　因特网域名空间举例

在**最上面的是根**，但**没有对应的域名**。根下面一级的节点是**顶级域名**。

顶级域名可往下划分出**二级域名**。例如，表示公司企业的顶级域名 com 下面划分有 cctv、ibm、ti 等二级域名，分别表示中央电视台、IBM 公司、TI 公司；表示中国的顶级域名 cn 下面划分有 sh、bj、edu、gov 等多个二级域名，分别表示上海、北京、教育机构、政府部门等。

二级域名可往下划分出**三级域名**。例如，表示中央电视台的二级域名 cctv 下划分的三级域名 mail 表示邮件系统；表示我国教育机构的二级域名 edu 下划分的三级域名 tsinghua 表示清华大学，hnust 表示湖南科技大学，fudan 表示复旦大学，pku 表示北京大学。

三级域名可往下划分出**四级域名**。例如，表示湖南科技大学的三级域名 hnust 下划分的四级域名 nic 表示网络信息中心，lib 表示图书馆，mailreg 表示邮件系统，jwc 表示教务处。

上述这种按等级管理的命名方法便于维护域名的唯一性，并且也容易设计出一种高效的域名查询机制。请读者注意，**域名只是一个逻辑概念，并不代表计算机所在的物理地点**。

3. 因特网上的域名服务器

域名和 IP 地址的对应关系必须保存在**域名服务器**中（也称为 DNS **服务器**），供所有其他应用查询。很显然，不能将所有信息都储存在一台域名服务器中。域名系统 DNS 使用分布在各地的域名服务器来实现域名到 IP 地址的转换。

域名服务器可以划分为四种不同的类型：

- **根域名服务器**：这是最高层次的域名服务器。每个根域名服务器都知道所有的顶级域名服务器的域名和 IP 地址。因特网上共有 13 个不同 IP 地址的根域名服务器。**根域名服务器通常并不直接对域名进行解析，而是返回该域名所属顶级域名的顶级域名服务器的 IP 地址**。
- **顶级域名服务器**：这些域名服务器**负责管理在其下注册的所有二级域名**。当收到 DNS 查询请求时就给出相应的回答。这可能是最终的查询结果，也可能是下一级权限域名服务器的 IP 地址。
- **权限域名服务器**：这些域名服务器负责**管理某个区的域名**。**每一个主机的域名都必须在某个权限域名服务器处注册登记**。因此权限域名服务器知道其管辖的域名与 IP 地址的映射关系。另外，权限域名服务器还知道其下级域名服务器的地址。
- **本地域名服务器**：本地域名服务器**不属于上述的域名服务器的等级结构**。当一个主机发出 DNS 请求报文时，这个报文首先被送往该主机的本地域名服务器。**本地域名服务器起着代理的作用，会将该报文转发到上述的域名服务器的等级结构中**。每一个因特网服务提供者（ISP），一个大学，甚至一个大学里的学院，都可以拥有一个本地域名服务器，它有时也称为默认域名服务器。本地域名服务器离用户较近，一般不超过几个路由器的距离，也有可能就在同一个局域网中。**本地域名服务器的 IP 地址需要直接配置在需要域名解析的主机中**。

4. 因特网的域名解析过程

因特网有两种域名查询方式：**递归查询**和**迭代查询**。

DNS 递归查询的过程如图 6-14 所示。

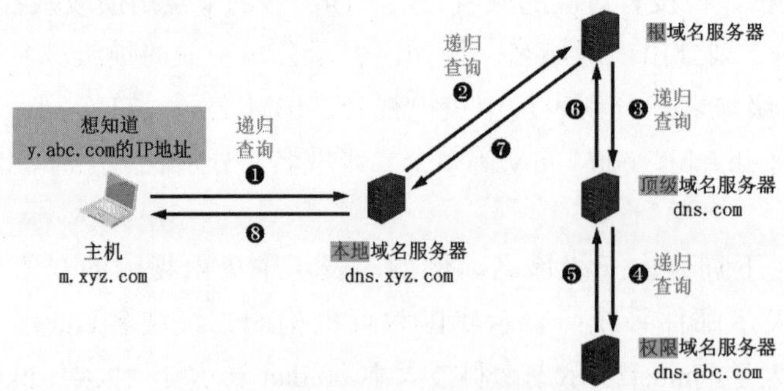

图 6-14　DNS 递归查询的过程

由于**递归查询对于被查询的域名服务器负担太大**，通常采用以下模式：从请求主机到本地域名服务器的查询采用递归查询方式，而其余的查询采用迭代查询方式，如图 6-15 所示。

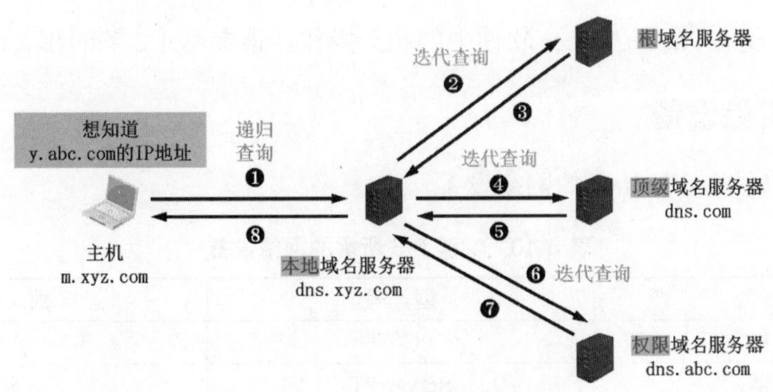

图 6-15　DNS 迭代查询的过程

5. 域名系统高速缓存

为了**提高域名系统的查询效率**，并**减轻根域名服务器的负荷**以及**减少因特网上的 DNS 查询报文的数量**，在域名服务器中广泛使用了**高速缓存**。高速缓存用来**存放最近查询过的域名以及从何处获得域名映射信息的记录**。

DNS 高速缓存的作用如图 6-16 所示。

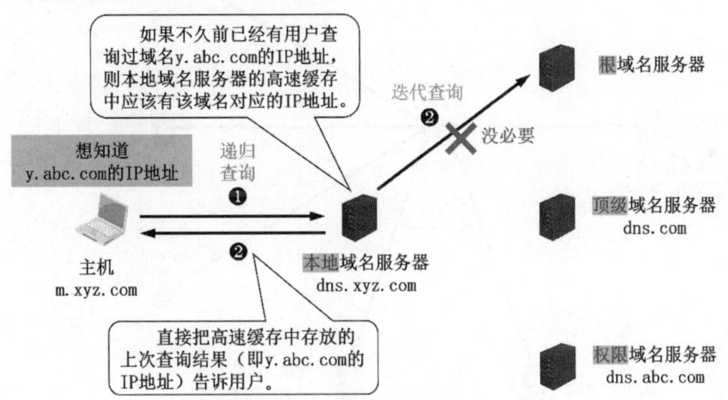

图 6-16　DNS 高速缓存的作用

请读者注意，由于**域名到 IP 地址的映射关系并不是永久不变**的，为保持高速缓存中的内容正确，域名服务器**应为每项内容设置计时器，并删除超过合理时间的项**（例如每个项目只存放两天）。

不但在本地域名服务器中需要高速缓存，在用户主机中也很需要。许多用户主机在启动时会从本地域名服务器下载域名和 IP 地址的全部数据库，维护存放自己最近使用的域名的高速缓存，并且只在从缓存中找不到域名时才向域名服务器查询。同理，主机也需要保持高速缓存中内容的正确性。

6. DNS使用的运输层协议

DNS 既可以基于运输层的 UDP，也可以基于运输层的 TCP，常用的是基于 UDP，默认的端口号为 53。

有关 DNS 的相关介绍，请参看《深入浅出计算机网络（微课视频版）》教材 6.4 节。

7. Packet Tracer软件中的相关操作

本实验所涉及的 Packet Tracer 软件中的相关操作，请参看 1.2 节的相关内容。

6.3.3 实验设备

表 6-10 给出了本实验所需的网络设备。

表 6-10 实验 6-3 所需的网络设备

网络设备	型 号	数 量
计算机	PC-PT	1
服务器	Server-PT	5
交换机	2960-24TT	1

6.3.4 实验拓扑

本实验的网络拓扑和网络参数如图 6-17 所示。

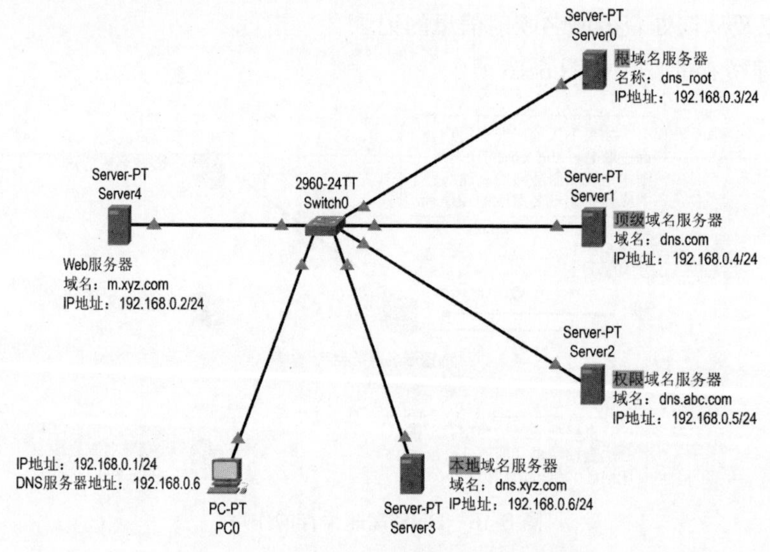

图 6-17 实验 6-3 的网络拓扑和网络参数

6.3.5 实验配置

表 6-11 给出了本实验中需要给计算机配置的 IP 地址、子网掩码以及 DNS 服务器的 IP 地址。

表 6-11 实验 6-3 中需要给计算机配置的 IP 地址、子网掩码以及 DNS 服务器的 IP 地址

网络设备	名 称	型 号	IP 地址	子网掩码	DNS 服务器的 IP 地址
计算机	PC0	PC-PT	192.168.0.1	255.255.255.0（/24）	192.168.0.6

表 6-12 给出了本实验中各服务器所提供的服务、域名以及需要给它们各自配置的 IP 地址和子网掩码。

表 6-12　实验 6-3 中各服务器所提供的服务、域名以及需要给它们各自配置的 IP 地址和子网掩码

网络设备	名　称	型　号	提供服务	域名或名称	IP 地址	子网掩码
服务器	Server0	Server-PT	根域名服务器	dns_root	192.168.0.3	255.255.255.0（/24）
服务器	Server1	Server-PT	顶级域名服务器	dns.com	192.168.0.4	255.255.255.0（/24）
服务器	Server2	Server-PT	权限域名服务器	dns.abc.com	192.168.0.5	255.255.255.0（/24）
服务器	Server3	Server-PT	本地域名服务器	dns.xyz.com	192.168.0.6	255.255.255.0（/24）
服务器	Server4	Server-PT	Web 服务器	m.xyz.com	192.168.0.2	255.255.255.0（/24）

表 6-13 给出了本实验中需要给各域名服务器配置的 DNS 服务。

表 6-13　实验 6-3 中需要给各域名服务器配置的 DNS 服务

设备名称	提供服务	DNS 记录编号 No.	DNS 记录名称 Name	DNS 记录类型 Type	DNS 记录细节 Detail
Server3	本地域名服务器	0	.	NS	dns_root
		1	dns_root	A Record	192.168.0.3
Server0	根域名服务器	0	com	NS	dns.com
		1	dns.com	A Record	192.168.0.4
Server1	顶级域名服务器	0	xyz.com	NS	dns.abc.com
		1	dns.abc.com	A Record	192.168.0.5
Server2	权限域名服务器	0	m.xyz.com	A Record	192.168.0.2

6.3.6　实验步骤

本实验的流程图如图 6-18 所示。

1. 构建网络拓扑

请按以下步骤构建图 6-17 所示的网络拓扑：

❶ 选择并拖动表 6-10 给出的本实验所需的网络设备到逻辑工作区。

❷ 选择“自动选择连接类型”，由 Packet Tracer 软件自动为待连接的网络设备选择用于连接的接口以及相应的传输介质，然后将相关网络设备互连即可。

2. 在相关设备旁标注IP地址等相关信息

建议将表 6-11 给出的需要给计算机配置的 IP 地址、子网掩码以及 DNS 服务器的 IP 地址标注在其旁边；将表 6-12 给出的各服务器所提供的服务、域名以及需要给它们各自配置的 IP 地址和子网掩码标注在它们各自的旁边。

上述操作的目的在于方便给各网络设备配置网络参数、方便进行网络测试以及方便观察实验现象。

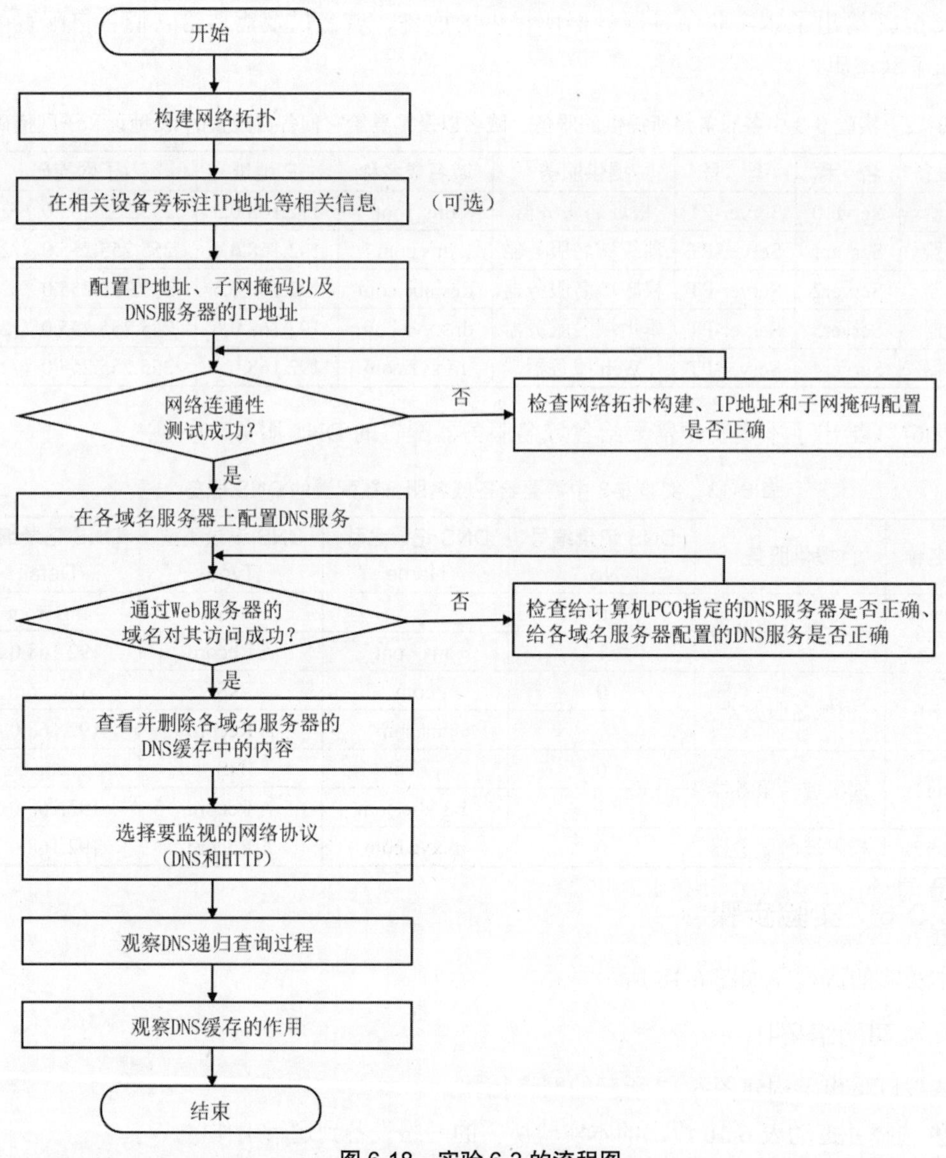

图 6-18　实验 6-3 的流程图

3. 配置IP地址、子网掩码以及DNS服务器的IP地址

（1）给计算机配置 IP 地址、子网掩码以及 DNS 服务器的 IP 地址。请按表 6-11 所给的内容，通过计算机的图形用户界面给计算机 PC0 配置 IP 地址、子网掩码以及 DNS 服务器的 IP 地址。

（2）给各服务器配置 IP 地址和子网掩码。请按表 6-12 所给的内容，通过服务器的图形用户界面分别给服务器 Server0、Server1、Server2、Server3、Server4 配置 IP 地址和子网掩码。

4. 网络连通性测试

切换到“**实时**”**工作模式**，在计算机 PC0 的命令行使用“ping”命令，测试 PC0 与 Server0 之间、PC0 与 Server1 之间、PC0 与 Server2 之间、PC0 与 Server3 之间、PC0 与

Server4 之间的连通性，这样做的目的主要有以下四个：

- 测试网络拓扑是否构建成功。
- 测试计算机 PC0，服务器 Server0、Server1、Server2、Server3、Server4 各自的 IP 地址和子网掩码是否配置正确。
- 让 PC0 与各服务器之间都获取到对方的 MAC 地址，以免在后续过程中出现“通过 ARP 查找已知 IP 地址所对应的 MAC 地址”这一过程，影响用户对实验现象的观察。
- 使交换机完成自学习，即记录下 PC0、Server0、Server1、Server2、Server3、Server4 各自的 MAC 地址与交换机自身各接口的对应关系。

5. 在各域名服务器上配置DNS服务

（1）在本地域名服务器上配置 DNS 服务。

请按表 6-13 所给的相关内容，按图 6-19 所示的步骤，通过本地域名服务器 Server3 的图形用户界面配置 Server3 所提供的 DNS 服务。

❶ 在 Server3 的图形用户界面选择“Services”（服务）选项卡。

❷ 在“Services”（服务）选项卡左侧列表中选择“DNS”服务。

❸ 在右侧 DNS 配置框中输入“Resource Records”（资源记录）的“Name”（名称）、“Type”（类型）以及“Address”（地址）。

❹ 单击“Add”按钮添加在步骤❸中所录入的 DNS 资源记录。

❺ 可以看到在步骤❸中输入的 DNS 资源记录出现在 DNS 资源记录列表框中。

❻ 勾选选项“On”以开启 DNS 服务。

❼ 单击“DNS Cache”按钮可以查看 DNS 缓存的内容。

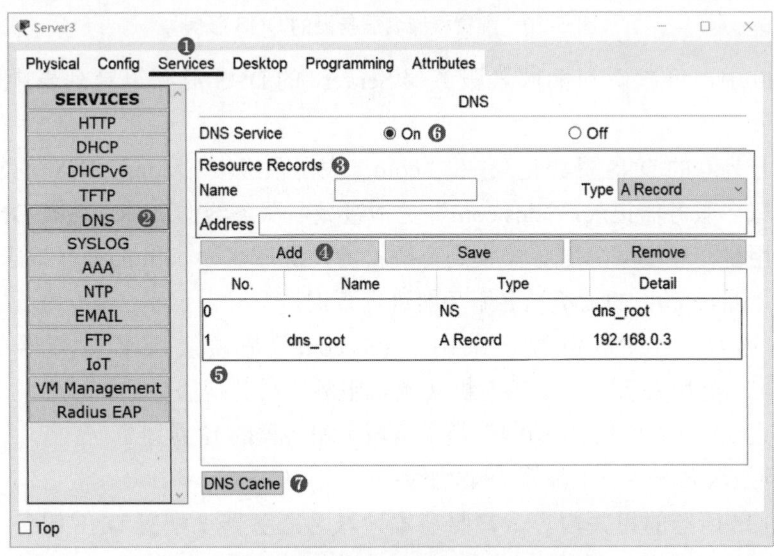

图 6-19　配置本地域名服务器的 DNS 服务

在图 6-19 中，可以看到本地域名服务器 Server3 的 DNS 资源记录列表中添加了两条 DNS 资源记录：

- 在编号为 0 的 DNS 资源记录中，“.”表示完整域名，“NS”类型表示这是一条名称（或域名）服务器记录，“dns_root”是根域名服务器的名称。这条 DNS 资源记录的作用是，让本地域名服务器收到任何待解析的域名请求时，都会向名称为“dns_root”的根域名服务器进行查询。
- 在编号为 1 的 DNS 资源记录中，“dns_root”是根域名服务器的名称，“A Record”类型表示这是一条主机（域名服务器或其他服务器）域名与其 IP 地址映射关系的记录，“192.168.0.3”是根域名服务器的 IP 地址。

（2）在根域名服务器上配置 DNS 服务。

请按表 6-13 所给的相关内容，参照在本地域名服务器上配置 DNS 服务的步骤，通过根域名服务器 Server0 的图形用户界面配置 Server0 所提供的 DNS 服务，如图 6-20 所示。

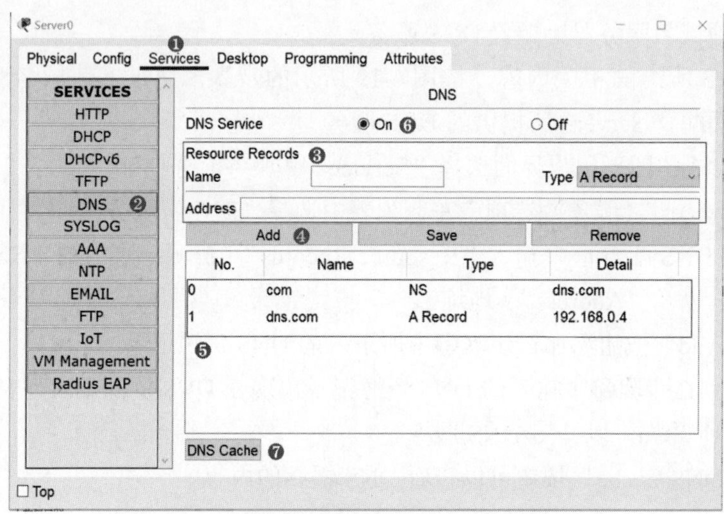

图 6-20 配置根域名服务器的 DNS 服务

在图 6-20 中，可以看到根域名服务器 Server0 的 DNS 资源记录列表中添加了两条 DNS 资源记录：

- 在编号为 0 的 DNS 资源记录中，“com”表示顶级域名 com，“NS”类型表示这是一条域名服务器记录，“dns.com”是顶级域名服务器的名称。这条 DNS 资源记录的作用是，让根域名服务器收到待解析的顶级域名为 com 的域名请求时，会向域名为“dns.com”的顶级域名服务器进行查询。
- 在编号为 1 的 DNS 资源记录中，“dns.com”是顶级域名服务器的域名，“A Record”类型表示这是一条主机（域名服务器或其他服务器）域名与其 IP 地址映射关系的记录，“192.168.0.4”是顶级域名服务器的 IP 地址。

（3）在顶级域名服务器上配置 DNS 服务。

请按表 6-13 所给的相关内容，参照在本地域名服务器上配置 DNS 服务的步骤，通过顶级域名服务器 Server1 的图形用户界面配置 Server1 所提供的 DNS 服务，如图 6-21 所示。

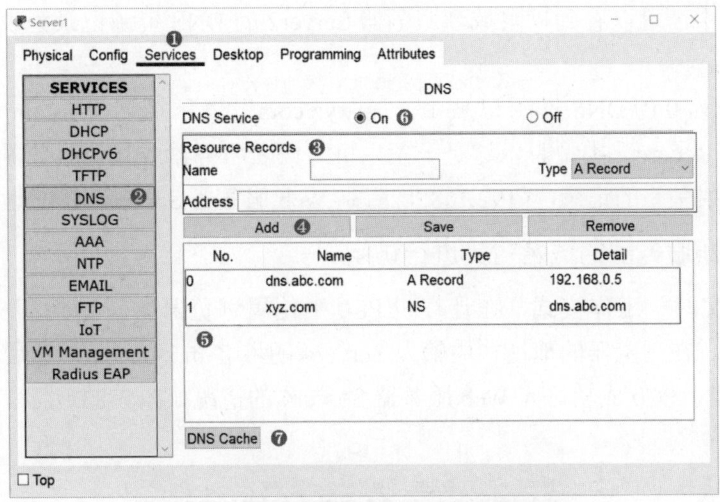

图 6-21　配置顶级域名服务器的 DNS 服务

在图 6-21 中，可以看到顶级域名服务器 Server1 的 DNS 资源记录列表中添加了两条 DNS 资源记录：

- 在编号为 1 的 DNS 资源记录中，“xyz.com”表示顶级域名 com 下的二级域名 xyz，“NS”类型表示这是一条域名服务器记录，“dns.abc.com”是权限域名服务器的名称。这条 DNS 资源记录的作用是，让顶级域名服务器收到待解析的域名 xyz.com 的域名请求时，会向域名为“dns.abc.com”的权限域名服务器进行查询。
- 在编号为 0 的 DNS 资源记录中，“dns.abc.com”是权限域名服务器的域名，“A Record”类型表示这是一条主机（域名服务器或其他服务器）域名与其 IP 地址映射关系的记录，“192.168.0.5”是权限域名服务器的 IP 地址。

（4）在权限域名服务器上配置 DNS 服务。

请按表 6-13 所给的相关内容，参照在本地域名服务器上配置 DNS 服务的步骤，通过权限域名服务器 Server2 的图形用户界面配置 Server2 所提供的 DNS 服务，如图 6-22 所示。

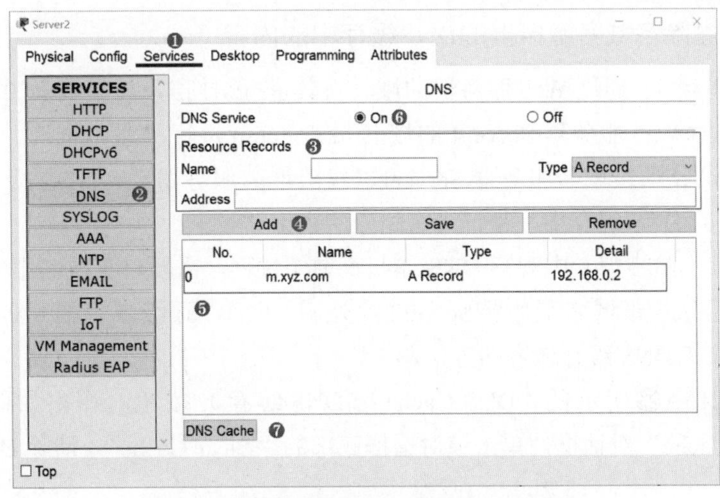

图 6-22　配置权限域名服务器的 DNS 服务

在图 6-22 中，可以看到权限域名服务器 Server2 的 DNS 资源记录列表中添加了一条 DNS 资源记录：

- 在编号为 0 的 DNS 资源记录中，“m.xyz.com”表示域名 xyz.com 下的三级域名 m，“A Record”类型表示这是一条主机（域名服务器或其他服务器）域名与其 IP 地址映射关系的记录，“192.168.0.2”是 Web 服务器 Server4 的 IP 地址。

6. 通过Web服务器的域名对其进行访问

切换到**“实时”工作模式**，在计算机 PC0 中使用浏览器访问 Web 服务器 Server4 提供的 Web 服务。在浏览器的地址栏中输入 Server4 的域名 m.xyz.com，然后单击“Go”按钮或按下回车键。PC0 成功访问 Web 服务器 Server4 的情况如图 6-23 所示。

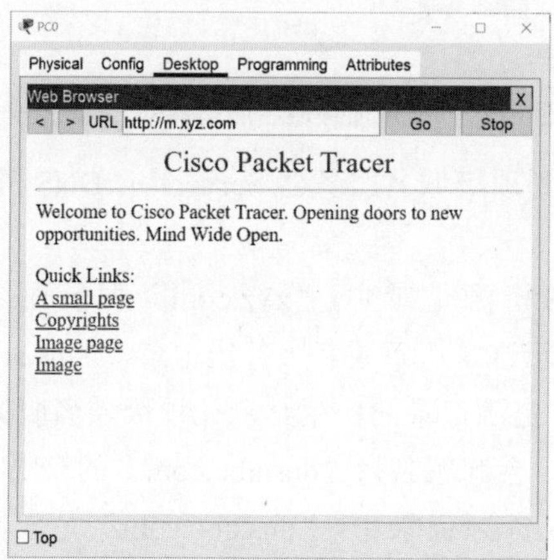

图 6-23　计算机 PC0 成功访问 Web 服务器 Server4

如果 PC0 访问 Web 服务器 Server4 失败，请检查以下配置是否正确：

- 给计算机 PC0 指定的 DNS 服务器（即本地域名服务器 Server3，IP 地址为 192.168.0.6）是否正确。
- 给域名服务器 Server0、Server1、Server2、Server3 各自配置的 DNS 服务是否正确，是否开启了各域名服务器的 DNS 服务。

7. 查看并删除各域名服务器的DNS缓存中的内容

经过实验步骤 6（通过 Web 服务器的域名对其进行访问），计算机 PC0 通过本地域名服务器 Server3 对 Web 服务器 Server4 的域名 m.xyz.com 进行了递归查询。因此，在根域名服务器 Server0、顶级域名服务器 Server1、权限域名服务器 Server2 以及本地域名服务器 Server3 各自的 DNS 缓存中，都记录有相应的查询结果。

为了在后续实验步骤 9 中观察 DNS 递归查询的过程，需要将各域名服务器的 DNS 缓存中的内容删除（权限域名服务器 Server2 除外）。下面以顶级域名服务器 Server1 为例，介绍查看并删除其 DNS 缓存内容的方法。

单击图 6-21 中❼所示的“DNS Cache”（DNS 缓存）按钮，弹出如图 6-24 所示的“Server1 DNS Cache”对话框，单击该对话框底部的“Clear Cache”（清除 DNS 缓存内容）按钮即可。

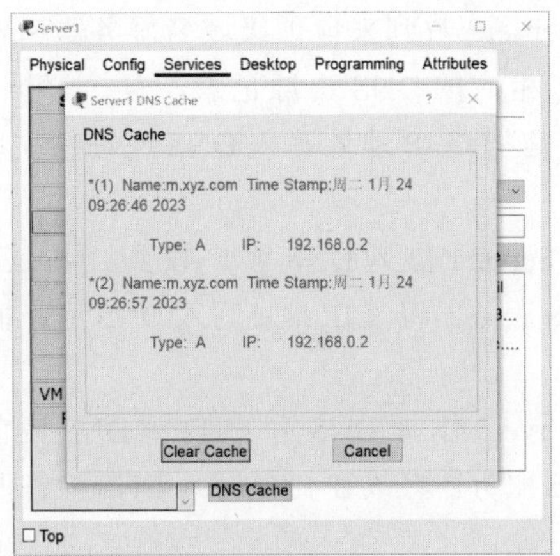

图 6-24　查看并清除顶级域名服务器 Server1 的 DNS 缓存内容

请按上述方法，分别清除根域名服务器 Server0、顶级域名服务器 Server1 以及本地域名服务器 Server3 各自的 DNS 缓存内容。

8. 选择要监视的网络协议

本实验仅需要监视域名系统（DNS）即可。

9. 观察DNS递归查询过程

切换到**“模拟”工作模式**，在计算机 PC0 中使用浏览器访问 Web 服务器 Server4 提供的 Web 服务。在浏览器的地址栏中输入 Server4 的域名 m.xyz.com，然后单击“Go”按钮或按下回车键，进行单步模拟，可以观察到如图 6-25 所示的 DNS 递归查询过程。

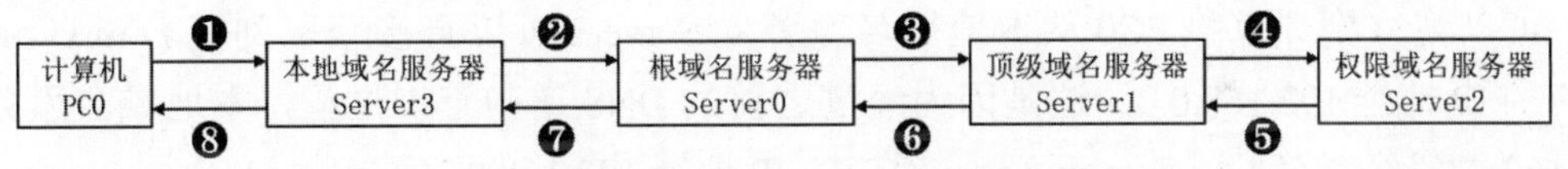

图 6-25　DNS 递归查询过程

❶ 计算机 PC0 向本地域名服务器 Server3 发送一个 DNS 查询请求，请求解析 Web 服务器 Server4 的域名 m.xyz.com。

❷ 本地域名服务器 Server3 收到来自计算机 PC0 的 DNS 查询请求后，在本地区域文件中未找到相应的 DNS 资源记录，于是本地域名服务器 Server3 作为 DNS 客户向根域名服务器 Server0 发送 DNS 请求，请求解析域名 m.xyz.com。

❸ 根域名服务器 Server0 收到来自本地域名服务器 Server3 的 DNS 查询请求后，在本地区域文件中未能直接解析出域名 m.xyz.com，但找到能解析“com”的顶级域名服务器 Server1，于是根域名服务器 Server0 也作为 DNS 客户向顶级域名服务器 Server1 发送 DNS 查询请求，请求解析域名 m.xyz.com。

❹ 顶级域名服务器 Server1 收到来自根域名服务器 Server0 的 DNS 查询请求后，在本地区域文件中未能直接解析出域名 m.xyz.com，但找到能解析顶级域名 com 下的二级域名“xyz”的权限域名服务器 Server2，于是顶级域名服务器 Server1 也作为 DNS 客户向权限域名服务器 Server2 发送 DNS 查询请求，请求解析域名 m.xyz.com。

❺ 权限域名服务器 Server2 收到来自顶级域名服务器 Server1 的 DNS 查询请求后，在本地区域文件中找到了相应的 DNS 资源记录，直接解析出域名 m.xyz.com 对应的 IP 地址为 192.168.0.2，于是将该 IP 地址写入 DNS 应答报文中发送给顶级域名服务器 Server1。

❻ 顶级域名服务器 Server1 作为 DNS 客户收到 DNS 应答报文后，取出 IP 地址 192.168.0.2，同时作为 DNS 服务器将该 IP 地址写入 DNS 应答报文并发送给根域名服务器 Server0。

❼ 根域名服务器 Server0 作为 DNS 客户收到 DNS 应答报文后，取出 IP 地址 192.168.0.2，同时作为 DNS 服务器将该 IP 地址写入 DNS 应答报文并发送给本地域名服务器 Server3。

❽ 本地域名服务器 Server3 作为 DNS 客户收到 DNS 应答报文后，取出 IP 地址 192.168.0.2，同时作为 DNS 服务器将该 IP 地址写入 DNS 应答报文并发送给计算机 PC0。

计算机 PC0 收到本地域名服务器 Server3 发来的 DNS 应答报文后，取出 IP 地址 192.168.0.2，并通过 HTTP 对其进行访问，之后 PC0 中的浏览器中会显示相应的 Web 页面。

10. 观察DNS缓存的作用

切换到**“模拟”工作模式**，再次在计算机 PC0 中使用浏览器访问 Web 服务器 Server4 提供的 Web 服务。在浏览器的地址栏中输入 Server4 的域名 m.xyz.com，然后单击“Go”按钮或按下回车键，进行**单步模拟**。

可以观察到计算机 PC0 从本地域名服务器 Server3 可以直接获取到域名 m.xyz.com 对应的 IP 地址 192.168.0.2，这是因为经过之前的 DNS 递归查询过程，本地域名服务器 Server3 中已经缓存了域名 m.xyz.com 对应的 IP 地址 192.168.0.2。

6.4 实验 6-4 熟悉文件传送协议

6.4.1 实验目的

- 了解文件传送协议（File Transfer Protocol，FTP）的作用。
- 掌握 FTP 服务器的配置方法。
- 掌握 FTP 客户端常用命令的使用方法。
- 观察 FTP 的基本工作过程。

6.4.2 预备知识

1. FTP的作用

将某台计算机中的文件通过网络传送到可能相距很远的另一台计算机中，是一项基本的网络应用，即文件传送。

FTP 是因特网上使用最广泛的文件传送协议。FTP 提供交互式的访问，允许客户指明文件类型与格式（如指明是否使用 ASCII），并允许文件具有存取权限（如访问文件的用户必须经过授权，并输入有效的口令）。FTP **屏蔽了各计算机系统的细节**，因而**适用于在异构网络中任意计算机之间传送文件**。

FTP 的常见用途是在计算机之间传输文件，尤其是用于批量传输文件。FTP 的另一个用途是让网站设计者将构成网站内容的大量文件批量上传到他们的 Web 服务器。

2. FTP客户和FTP服务器

FTP 采用客户 / 服务器方式，**因特网上的 FTP 客户计算机可将各种类型的文件上传到 FTP 服务器计算机，FTP 客户计算机也可以从 FTP 服务器计算机下载文件**。

可以在 FTP 客户计算机中使用**浏览器软件**，通过 FTP 服务器的 IP 地址访问 FTP 服务器，也可以在 FTP 客户计算机中使用**操作系统自带的命令行工具**，通过 FTP 服务器的 IP 地址访问 FTP 服务器。

命令行方式需要用户记住 FTP 相关命令，这对普通用户并不友好。因此，大多数用户在 FTP 客户计算机上使用**第三方的 FTP 客户工具软件**，通过友好的用户界面完成 FTP 服务器的登录以及文件的上传和下载。

3. FTP的两种工作模式

FTP 有两种工作模式：**主动模式**和**被动模式**。

在 FTP 主动模式下，FTP 客户与 FTP 服务器之间的交互过程如图 6-26 所示。

在 FTP 被动模式下，FTP 客户与 FTP 服务器之间的交互过程如图 6-27 所示。

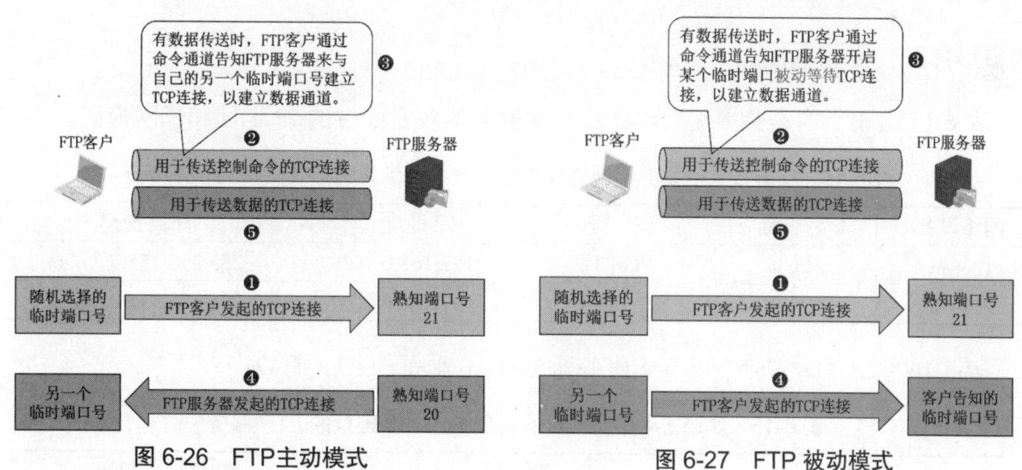

图 6-26　FTP主动模式　　图 6-27　FTP 被动模式

对于 FTP 主动模式，在建立数据通道时，FTP 服务器主动连接 FTP 客户；而对于 FTP 被动模式，在建立数据通道时，FTP 服务器被动等待 FTP 客户的连接。

对于 FTP 客户与服务器之间命令通道的建立，被动模式与主动模式并没有什么不同。

请读者注意，**控制连接在整个会话期间一直保持打开，用于传送 FTP 相关的控制命令，而数据连接用于文件传送，在每次文件传送时才建立，传送结束就关闭。**

有关 FTP 的相关介绍，请参看《深入浅出计算机网络（微课视频版）》教材 6.5 节。

4. Packet Tracer软件中的相关操作

本实验所涉及的 Packet Tracer 软件中的相关操作，请参看 1.2 节的相关内容。

6.4.3 实验设备

表 6-14 给出了本实验所需的网络设备。

表 6-14 实验 6-4 所需的网络设备

网络设备	型　号	数　量
计算机	PC-PT	1
服务器	Server-PT	1

6.4.4 实验拓扑

本实验的网络拓扑和网络参数如图 6-28 所示。

图 6-28 实验 6-4 的网络拓扑和网络参数

6.4.5 实验配置

表 6-15 给出了本实验中需要给计算机和服务器各自配置的 IP 地址和子网掩码。

表 6-15 实验 6-4 中需要给计算机和服务器各自配置的 IP 地址和子网掩码

网络设备	名　称	型　号	IP 地址	子网掩码
计算机	PC0	PC-PT	192.168.0.1	255.255.255.0（/24）
服务器	Server0	Server-PT	192.168.0.2	255.255.255.0（/24）

表 6-16 给出了本实验中需要给服务器 Server0 配置的 FTP 服务。

表 6-16 实验 6-4 中需要给服务器 Server0 配置的 FTP 服务

用户名	密　码	文件操作权限
beginner	123456	读、写、删除、重命名、列表

6.4.6 实验步骤

本实验的流程图如图 6-29 所示。

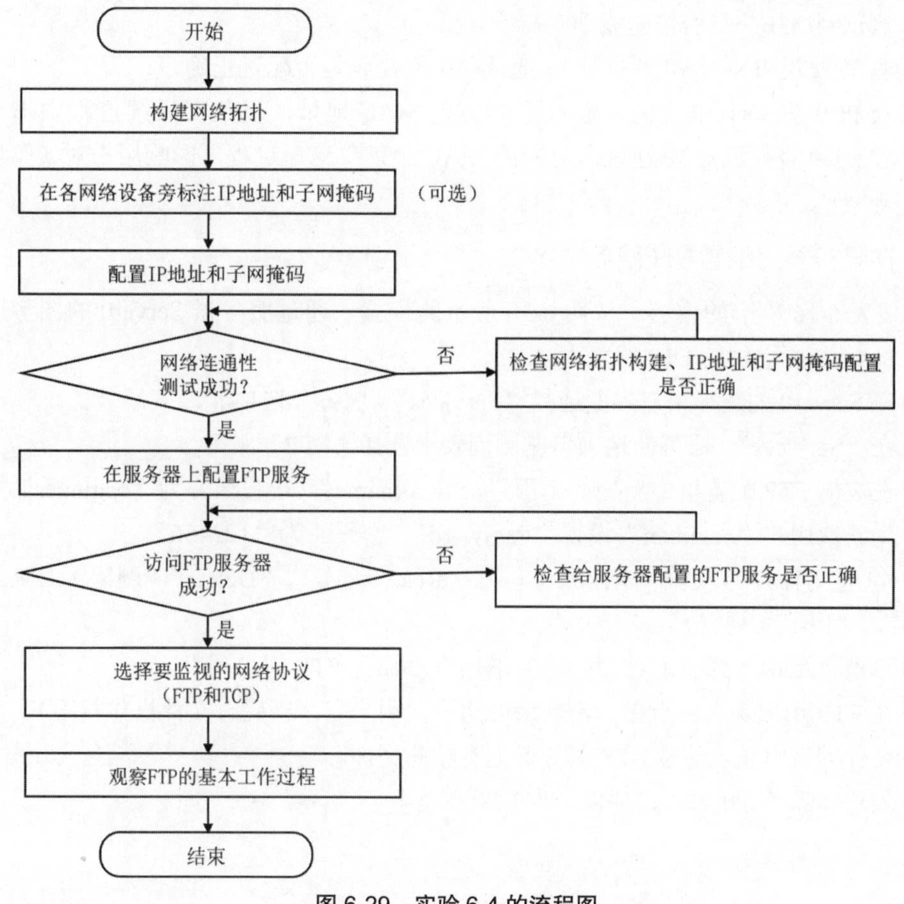

图 6-29　实验 6-4 的流程图

1. 构建网络拓扑

请按以下步骤构建图 6-28 所示的网络拓扑：

❶ 选择并拖动表 6-14 给出的本实验所需的网络设备到逻辑工作区。

❷ 选择“自动选择连接类型”，由 Packet Tracer 软件自动为待连接的网络设备选择用于连接的接口以及相应的传输介质，然后将相关网络设备互连即可。

2. 标注IP地址和子网掩码

建议将表 6-15 给出的需要给计算机和服务器各自配置的 IP 地址和子网掩码标注在它们各自的旁边，这样做的目的在于方便给各网络设备配置网络参数、方便进行网络测试以及方便观察实验现象。

3. 配置IP地址和子网掩码

请按表 6-15 所给的内容，通过计算机和服务器各自的图形用户界面分别给计算机 PC0 和服务器 Server0 配置 IP 地址和子网掩码。

4. 网络连通性测试

切换到**“实时”工作模式**，在计算机 PC0 的命令行使用“ping”命令，测试 PC0 与服务器 Server0 之间的连通性，这样做的目的主要有以下三个：

- 测试网络拓扑是否构建成功。
- 测试 PC0 和 Server0 各自的 IP 地址和子网掩码是否配置正确。
- 让 PC0 与 Server0 之间都获取到对方的 MAC 地址，以免在后续过程中出现“通过 ARP 查找已知 IP 地址所对应的 MAC 地址”这一过程，影响用户对实验现象的观察。

5. 在服务器上配置FTP服务

请按表 6-16 所给的内容，按图 6-30 所示的步骤，通过服务器 Server0 的图形用户界面配置 Server0 所提供的 FTP 服务。

❶ 在 Server0 的图形用户界面选择“Services”（服务）选项卡。

❷ 在“Services”（服务）选项卡左侧列表中选择“FTP”服务。

❸ 在右侧 FTP 配置框中新增一个用户，“Username”（用户名）为“beginner”。

❹ 为新增用户“beginner”设置“Password”（密码）为“123456”。

❺ 勾选文件操作权限“Write”（写）、“Read”（读）、“Delete”（删除）、“Rename”（重命名）、“List”（列表）。

❻ 单击“Add”（添加）按钮，将新增用户添加到 FTP 用户列表。

❼ 在 FTP 用户列表中会显示出新增的用户（用户名、密码、文件操作权限）。

❽ 文件列表中显示的是 FTP 服务器上有哪些文件。

❾ 勾选“On”（开启）选项以开启 FTP 服务。

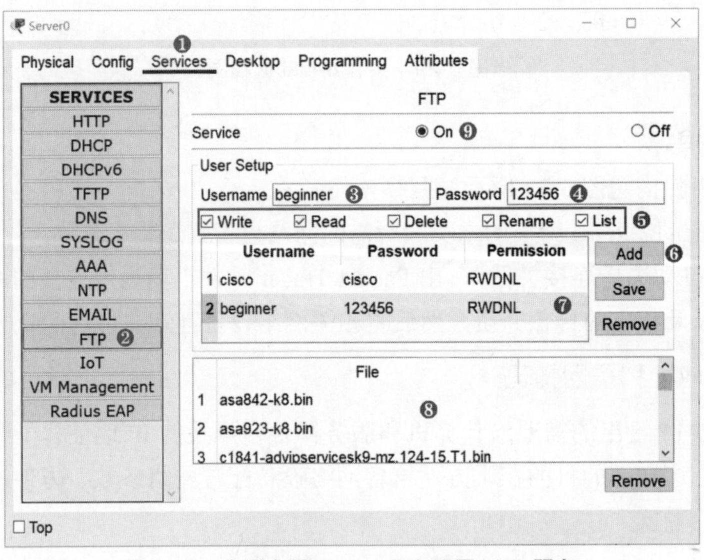

图 6-30　在服务器 Server0 上配置 FTP 服务

6. 访问FTP服务器

切换到**“实时”工作模式**，在计算机 PC0 的命令行进行以下 FTP 相关操作。

（1）登录 FTP 服务器。

按图 6-31 所示的步骤，使用“ftp”命令登录 FTP 服务器。

❶ 使用“ftp 192.168.0.2”登录 FTP 服务器，其中“ftp”是命令，“192.168.0.2”是参

数（即 FTP 服务器的 IP 地址），命令和参数之间用空格分隔。

❷ 输入用户名“beginner”。

❸ 输入密码“123456”。输入密码时，并不会显示出密码。

❹ 成功登录 FTP 服务器后，命令提示符变为“ftp>”，表示计算机 PC0 已经可以与 FTP 服务器进行交互操作了。

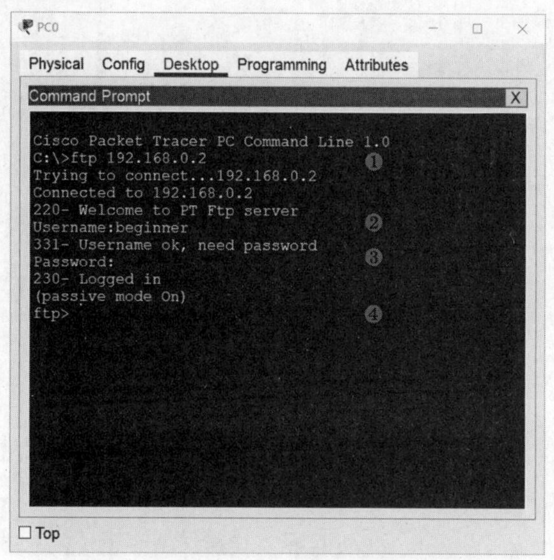

图 6-31　使用“ftp”命令登录 FTP 服务器

（2）查看 FTP 服务器所支持的命令。

使用“help”命令可以列出 FTP 服务器支持的所有命令，如图 6-32 所示。

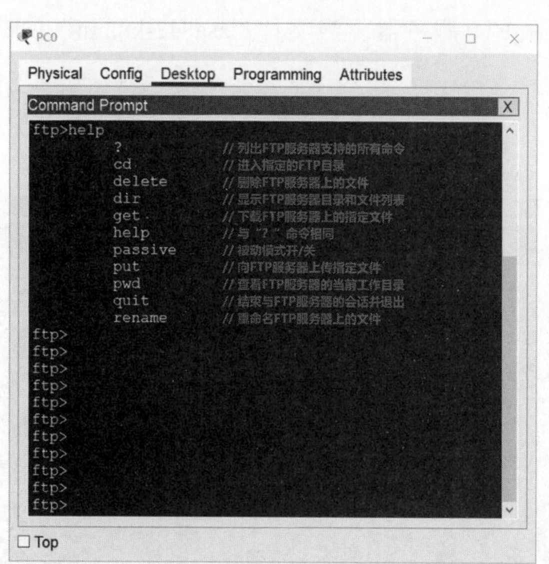

图 6-32　使用“help”命令列出 FTP 服务器支持的所有命令

（3）显示 FTP 服务器目录和文件列表。

使用“dir”命令可以显示 FTP 服务器目录和文件列表，如图 6-33 所示。

图 6-33　使用“dir”命令显示 FTP 服务器目录和文件列表

（4）从 FTP 服务器下载指定文件。

使用“get”命令从 FTP 服务器下载文件“asa842-k8.bin”，下载过程耗时大约 31s，如图 6-34 所示。

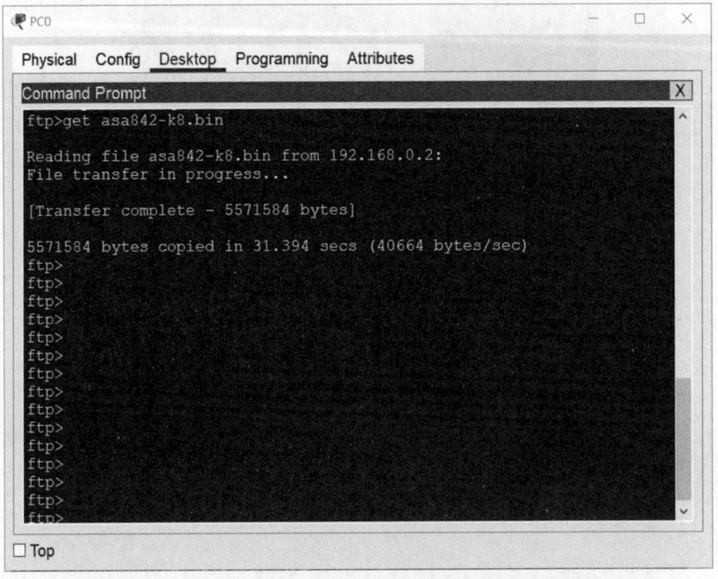

图 6-34　使用“get”命令从 FTP 服务器下载指定文件

（5）结束与 FTP 服务器的会话并退出。

使用“quit”命令结束与 FTP 服务器的会话并退出，命令提示符变为“C:\>”，如图 6-35 所示。

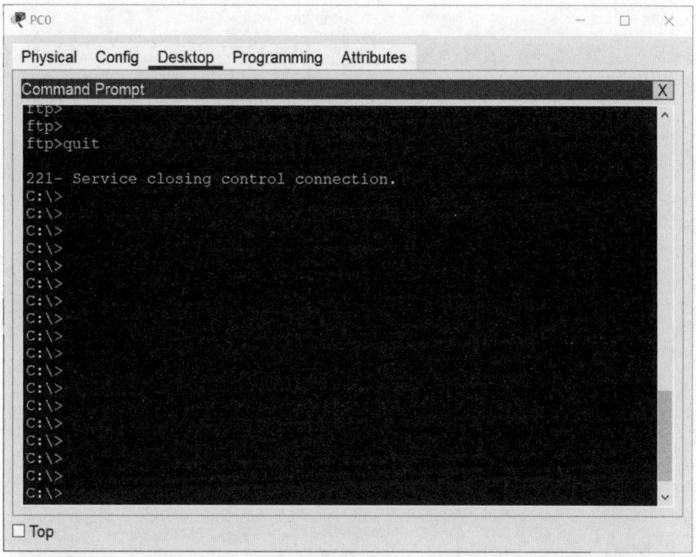

```
PC0
Physical  Config  Desktop  Programming  Attributes
Command Prompt
ftp>
ftp>
ftp>quit

221- Service closing control connection.
C:\>
C:\>
C:\>
C:\>
C:\>
C:\>
C:\>
C:\>
C:\>
C:\>
C:\>
C:\>
C:\>
C:\>
C:\>
C:\>
C:\>
C:\>
Top
```

图 6-35　使用“quit”命令结束与 FTP 服务器的会话并退出

在计算机 PC0 的命令提示符“C:\>”后输入“dir”命令，列出 PC0 当前路径下的文件，如图 6-36 所示。可以看到之前从 FTP 服务器下载的文件“asa842-k8.bin”，而文件“sampleFile.txt”是 PC0 中原有的文件，长度仅为 26 字节。

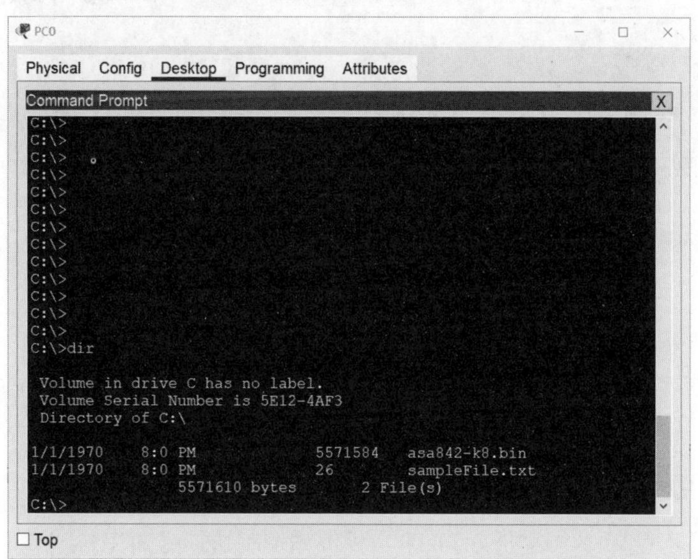

图 6-36　使用“dir”命令列出计算机 PC0 当前路径下的文件

（6）再次登录 FTP 服务器并上传指定文件。

再次登录 FTP 服务器，使用“put”命令将计算机 PC0 的“C:\>”路径下的文件“sampleFile.txt”上传到 FTP 服务器，如图 6-37 所示。上传文件结束后，可使用“dir”命令显示 FTP 服务器目录和文件列表，可以看到文件列表中会包含刚刚上传的“sampleFile.txt”文件。

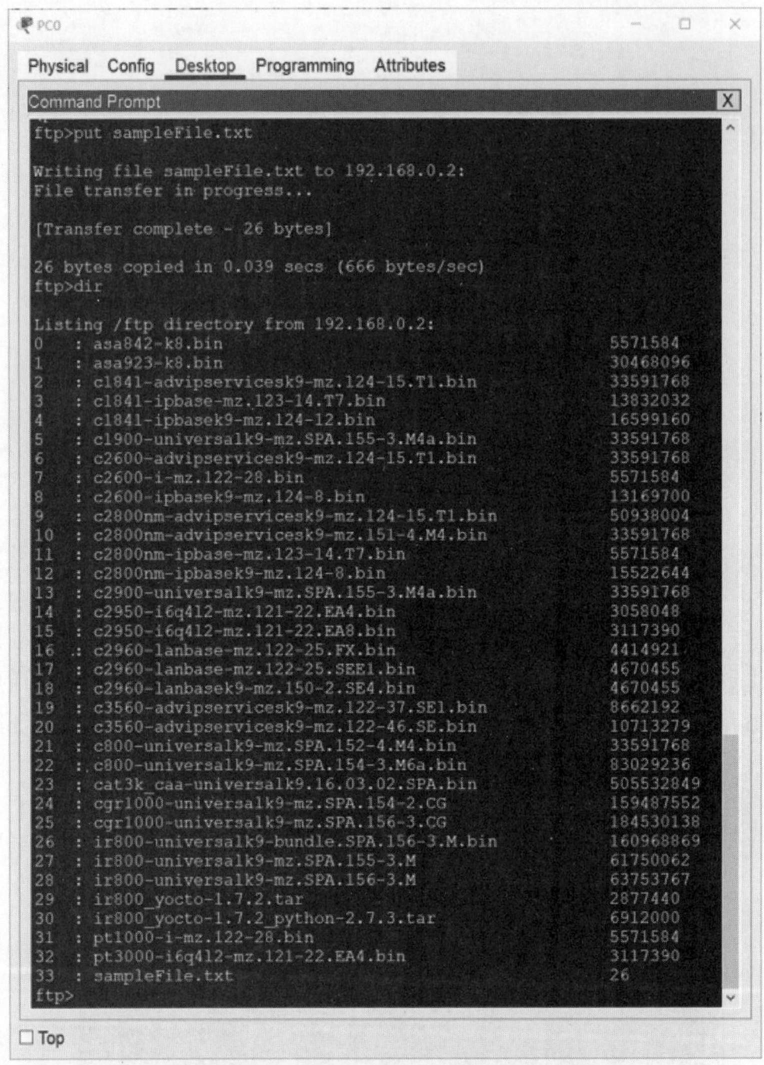

图 6-37　使用“put”命令向 FTP 服务器上传指定文件

（7）再次结束与 FTP 服务器的会话并退出。

使用“quit”命令结束与 FTP 服务器的会话并退出，回到计算机 PC0 的命令提示符“C:\>”。

7. 选择要监视的网络协议

本实验需要监视文件传送协议（FTP）和传输控制协议（TCP）。

8. 观察FTP的基本工作过程

切换到“**模拟**”**工作模式**，进行**单步模拟**，通过计算机 PC0 与 FTP 服务器 Server0 的交互过程（PC0 登录 FTP 服务器，PC0 从 FTP 服务器下载文件，PC0 向 FTP 服务器上传文件，PC0 结束与 FTP 服务器的会话并退出），观察 FTP 的基本工作过程。重点观察以下内容：

❶ PC0 登录 FTP 服务器之前，通过“三报文握手”与 FTP 服务器**建立 TCP 控制连接**的过程。

❷ PC0 基于之前与 FTP 服务器已建立好的 TCP 控制连接，使用用户名和密码**登录 FTP 服务器的过程**。

❸ PC0 使用 FTP 命令“get”从 FTP 服务器下载文件的过程。具体包括：

- **基于 TCP 控制连接交互 FTP 相关命令**报文和响应报文（以确定使用 FTP 被动模式、文件传输类型、要下载的文件名称等）的过程。
- 通过“三报文握手”与 FTP 服务器建立 TCP **数据连接**的过程。
- **基于已建立的 TCP 数据连接传送文件**的过程。
- 文件传送结束后**通过“四报文挥手”释放** TCP **数据连接**的过程。

❹ PC0 使用 FTP 命令“put”**向 FTP 服务器上传文件的过程**。具体包括：

- 基于 TCP 控制连接交互 FTP 相关命令报文和响应报文的过程。
- 通过“三报文握手”与 FTP 服务器再次建立 TCP 数据连接的过程。
- 基于已建立的 TCP 数据连接传送文件的过程。
- 文件传送结束后通过“四报文挥手”释放 TCP 数据连接的过程。

❺ PC0 使用 FTP 命令“quit”结束与 FTP 服务器的会话并退出的过程。具体包括：

- 基于 TCP 控制连接交换 FTP 相关命令报文和响应报文的过程。
- 通过“四报文挥手”释放 TCP 控制连接的过程。

6.5　实验 6-5　熟悉电子邮件相关协议

6.5.1　实验目的

- 了解电子邮件系统的组成。
- 理解电子邮件的发送和接收过程。
- 观察简单邮件发送协议（SMTP）的基本工作过程。
- 观察邮局协议（POP3）的基本工作过程。

6.5.2　预备知识

1. 电子邮件的作用

电子邮件（E-mail）是**因特网上最早流行的一种应用**，并且仍然是目前因特网上最重要、最实用的应用之一。

电子邮件使用方便，传递迅速而且费用低廉。它不仅可以**传送文字信息，而且还可附上声音和图像**。由于电子邮件的广泛使用，现在许多国家已经正式取消了电报业务。在我国，**电信局的电报业务也因电子邮件的普及而濒临消失**。

2. 电子邮件系统的组成

电子邮件系统采用**客户 / 服务器**方式，其三个主要构件是：

- 用户代理。
- 邮件服务器（发送方邮件服务器，接收方邮件服务器）。
- 电子邮件所需的协议（SMTP、POP3 等）。

图 6-38 给出了常见的电子邮件系统的组成。

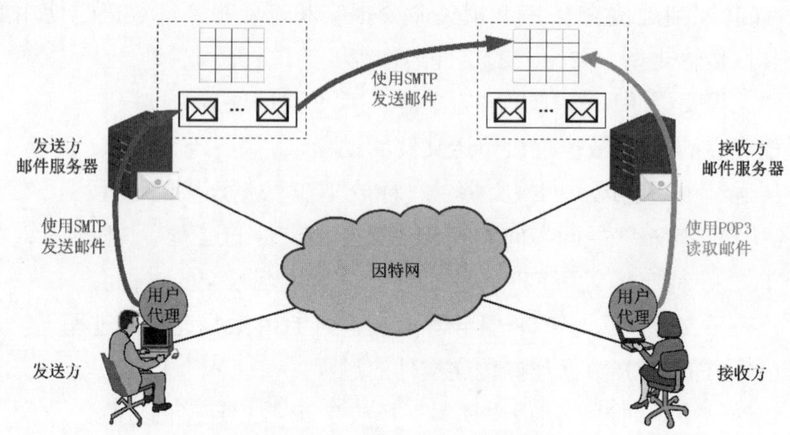

图 6-38　电子邮件系统的组成

3. 电子邮件的发送和接收过程

电子邮件的发送和接收过程如图 6-39 所示。

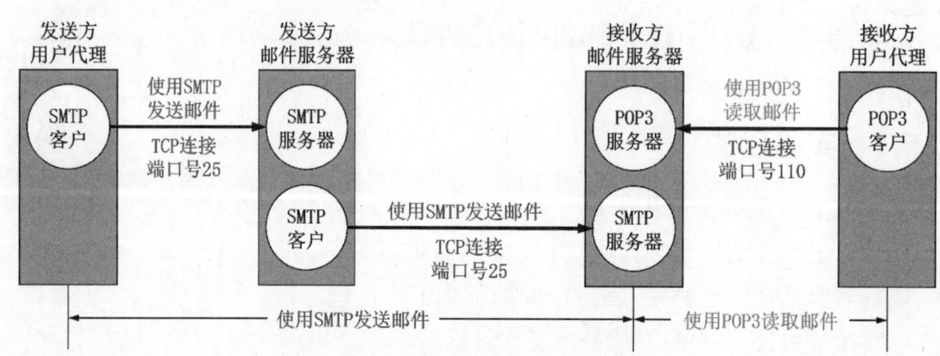

图 6-39　电子邮件的发送和接收过程

4. 简单邮件传送协议的基本工作过程

简单邮件传送协议（Simple Mail Transfer Protocol，SMTP），使用**基于 TCP 连接的客户 / 服务器**方式通信，负责**发送邮件的 SMTP 进程是 SMTP 客户**，而负责**接收邮件的 SMTP 进程是 SMTP 服务器**。**SMTP 服务器使用 TCP 熟知端口号 25**。SMTP 客户给 SMTP 服务器发送命令（14 条），SMTP 服务器收到命令后给 SMTP 客户发送应答（共 21 种）。

发送方邮件服务器使用 SMTP 给接收方邮件服务器发送待转发的邮件的基本过程如图 6-40 所示。

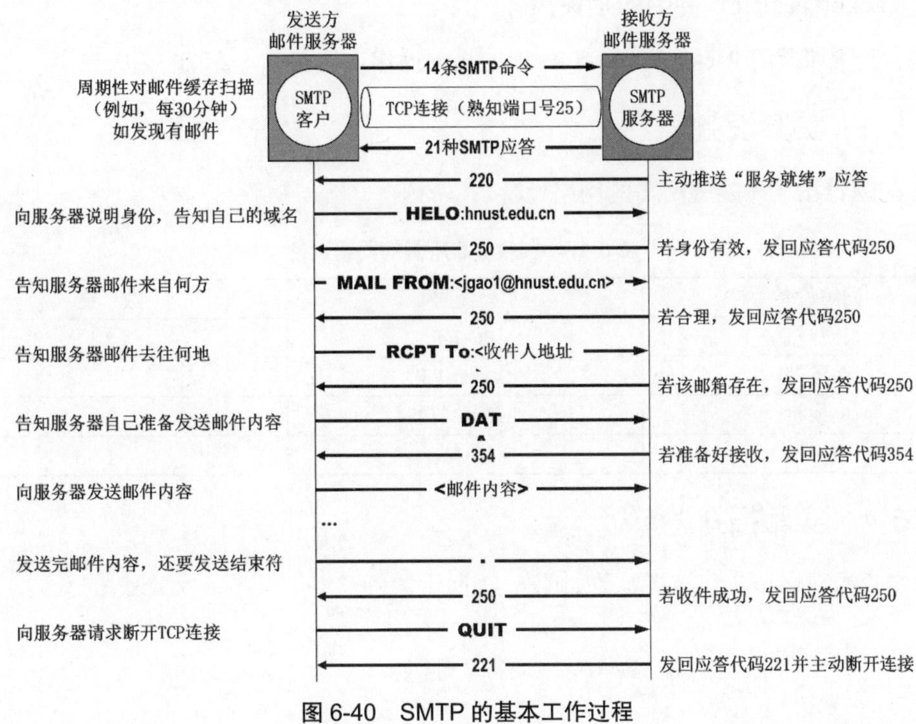

图 6-40　SMTP 的基本工作过程

5. 邮局协议简介

邮局协议（Post Office Protocol，POP）是非常简单、功能有限的**邮件读取协议**，POP3 是其第三个版本，是因特网正式标准。

使用 POP3 的用户，**只能以下载并删除方式**或**下载并保留方式**从邮件服务器下载邮件到用户计算机。**不允许用户在邮件服务器上管理自己的邮件**（例如创建文件夹、对邮件进行分类管理等）。

POP3 采用基于 TCP 连接的客户 / 服务器方式。POP3 服务器使用**熟知端口号** 110。

6. 电子邮件的信息格式

电子邮件的信息格式在 [RFC 5322] 文档中单独定义。

一个电子邮件包含**信封**和**内容**两部分，而内容又由**首部**和**主体**两部分构成。电子邮件内容的**首部和主体的信息都需要用户来填写**。首部中包含有一些关键字，后面加上冒号“：”，例如：

- 关键字“From”后面填入发件人的电子邮件地址，一般由邮件系统自动填入。
- 关键字“To”后面填入一个或多个收件人的电子邮件地址。
- 关键字“Cc”后面填入一个或多个收件人以外的抄送人的电子邮件地址，抄送人收到邮件后，可看可不看邮件，可回可不回邮件。
- 关键字“Subject”后面填入邮件的主题，它反映了邮件的主要内容。

很显然，最重要的关键字是“To”和“Subject”，它们往往是必填选项。用户填写好首部后，邮件系统将自动把信封所需的信息提取出来并写在信封上。因此用户不需要填写。

有关电子邮件的相关介绍，请参看《深入浅出计算机网络（微课视频版）》教材 6.6 节。

7. Packet Tracer软件中的相关操作

本实验所涉及的 Packet Tracer 软件中的相关操作，请参看 1.2 节的相关内容。

6.5.3 实验设备

表 6-17 给出了本实验所需的网络设备。

表 6-17 实验 6-5 所需的网络设备

网络设备	型 号	数 量
计算机	PC-PT	2
服务器	Server-PT	4
交换机	2960-24TT	2
路由器	1941	1

6.5.4 实验拓扑

本实验的网络拓扑和网络参数如图 6-41 所示。

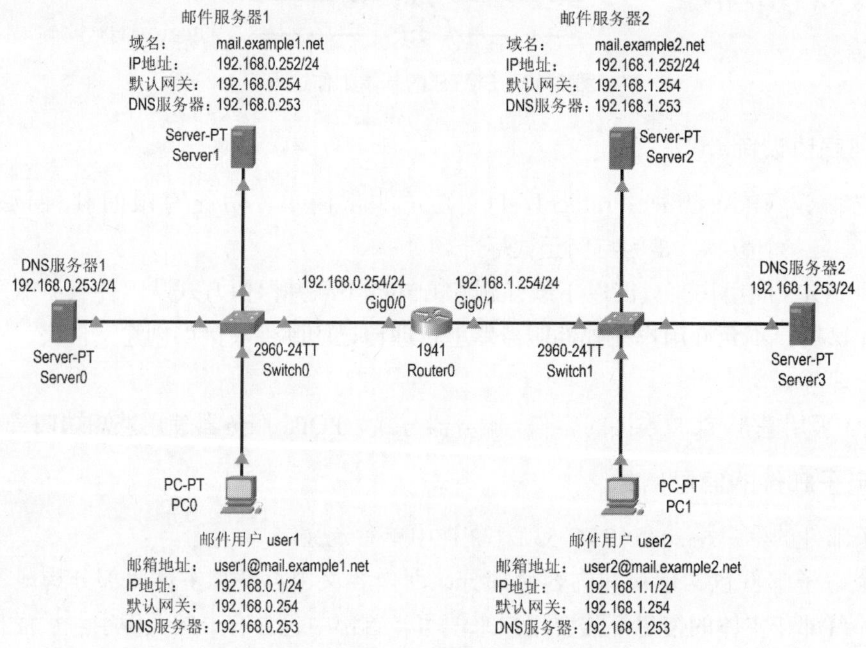

图 6-41 实验 6-5 的网络拓扑和网络参数

6.5.5 实验配置

表 6-18 给出了本实验中需要给各计算机配置的 IP 地址、子网掩码、默认网关以及 DNS 服务器的 IP 地址。

表 6-18 实验 6-5 中需要给各计算机配置的 IP 地址、子网掩码、默认网关以及 DNS 服务器的 IP 地址

网络设备	名称	型号	IP 地址	子网掩码	默认网关	DNS 服务器的 IP 地址
计算机	PC0	PC-PT	192.168.0.1	255.255.255.0（/24）	192.168.0.254	192.168.0.253
计算机	PC1	PC-PT	192.168.1.1	255.255.255.0（/24）	192.168.1.254	192.168.1.253

表 6-19 给出了本实验中需要给各邮件服务器配置的 IP 地址、子网掩码、默认网关以及 DNS 服务器的 IP 地址。

表 6-19 实验 6-5 中需要给各邮件服务器配置的 IP 地址、子网掩码、默认网关以及 DNS 服务器的 IP 地址

网络设备	名称	型号	服务	IP 地址	子网掩码	默认网关	DNS 服务器的 IP 地址
服务器	Server1	Server-PT	邮件服务器	192.168.0.252	255.255.255.0（/24）	192.168.0.254	192.168.0.253
服务器	Server2	Server-PT	邮件服务器	192.168.1.252	255.255.255.0（/24）	192.168.1.254	192.168.1.253

表 6-20 给出了本实验中需要给各 DNS 服务器配置的 IP 地址和子网掩码。

表 6-20 实验 6-5 中需要各 DNS 服务器配置的 IP 地址和子网掩码

网络设备	名称	型号	服务	IP 地址	子网掩码
服务器	Server0	Server-PT	域名解析	192.168.0.253	255.255.255.0（/24）
服务器	Server3	Server-PT	域名解析	192.168.1.253	255.255.255.0（/24）

表 6-21 给出了本实验中需要给路由器各相关接口配置的 IP 地址和子网掩码。

表 6-21 实验 6-5 中需要给路由器各相关接口配置的 IP 地址和子网掩码

网络设备	名 称	型 号	接口	IP 地址	子网掩码
路由器	Router0	1941	Gig0/0	192.168.0.254	255.255.255.0（/24）
			Gig0/1	192.168.1.254	255.255.255.0（/24）

表 6-22 给出了本实验中需要给各 DNS 服务器配置的 DNS 服务。

表 6-22 实验 6-5 中需要给各 DNS 服务器配置的 DNS 服务

设备名称	服务器名称	DNS 资源记录类型	域名	IP 地址
Server0	DNS 服务器 1	A Record	mail.example1.net	192.168.0.252
		A Record	mail.example2.net	192.168.1.252
		A Record	pop.mail.example1.net	192.168.0.252
		A Record	smtp.mail.example1.net	192.168.0.252
Server3	DNS 服务器 2	A Record	mail.example1.net	192.168.0.252
		A Record	mail.example2.net	192.168.1.252
		A Record	pop.mail.example2.net	192.168.1.252
		A Record	smtp.mail.example2.net	192.168.1.252

表 6-23 给出了本实验中需要给各邮件服务器配置的邮件服务。

表 6-23 实验 6-5 中需要给各邮件服务器配置的邮件服务

设备名称	服务器名称	域名	用户	密码	SMTP 服务	POP3 服务
Server1	邮件服务器 1	mail.example1.net	user1	user1	开启	开启
Server2	邮件服务器 2	mail.example2.net	user2	user2	开启	开启

表 6-24 给出了本实验中需要给各计算机中电子邮件应用程序配置的相关信息。

表 6-24　实验 6-5 中需要给各计算机中电子邮件应用程序配置的相关信息

设备名称	用户信息		服务器信息		登录信息	
	名称	邮件地址	传入邮件服务器	传出邮件服务器	用户名	密码
PC0	user1	user1@mail.example1.net	pop.mail.example1.net	smtp.mail.example1.net	user1	user1
PC1	user2	user2@mail.example2.net	pop.mail.example2.net	smtp.mail.example2.net	user2	user2

6.5.6　实验步骤

本实验的流程图如图 6-42 所示。

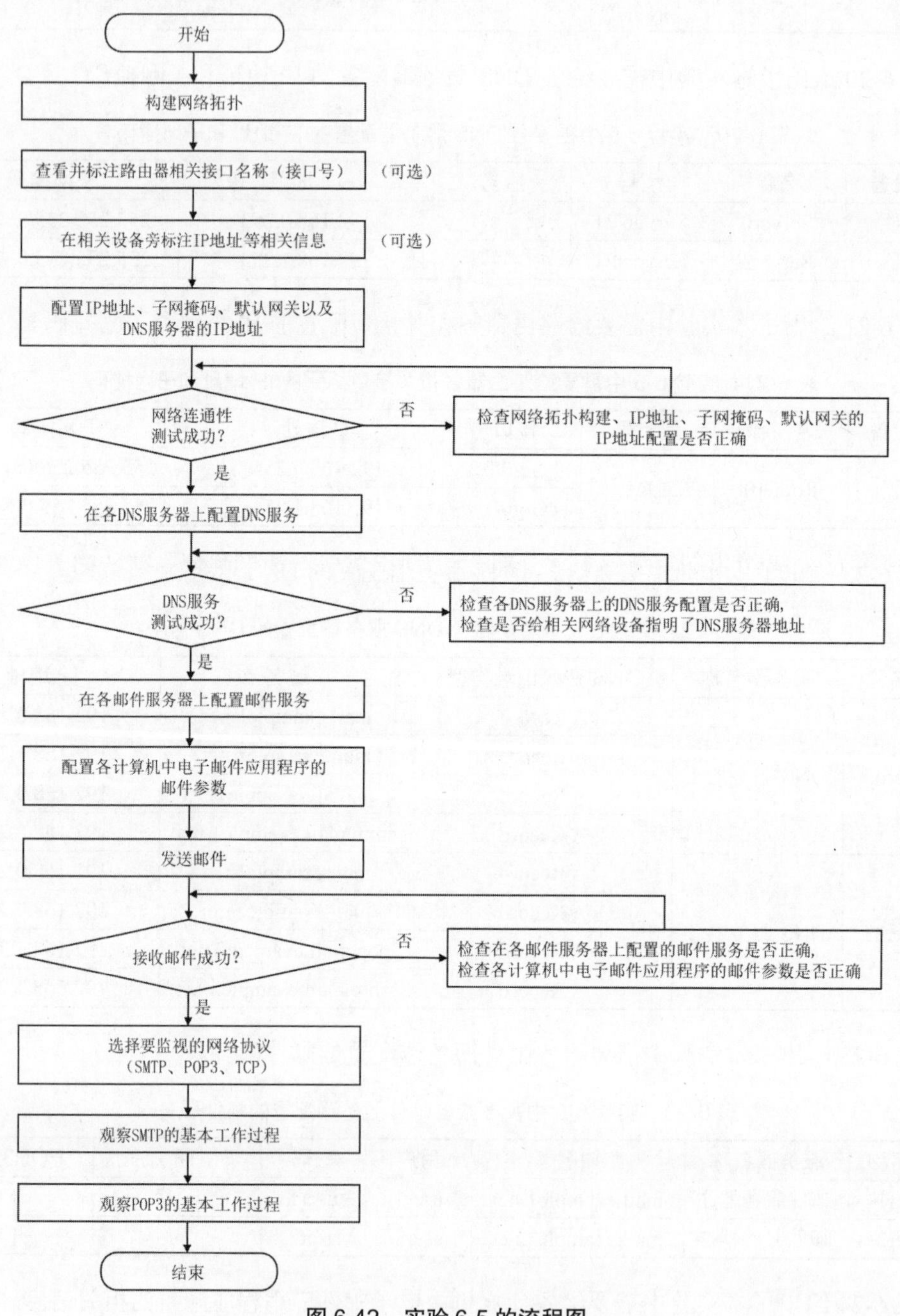

图 6-42　实验 6-5 的流程图

1. 构建网络拓扑

请按以下步骤构建图 6-41 所示的网络拓扑：

❶ 选择并拖动表 6-17 给出的本实验所需的网络设备到逻辑工作区。

❷ 选择“自动选择连接类型”，由 Packet Tracer 软件自动为待连接的网络设备选择用于连接的接口以及相应的传输介质，然后将相关网络设备互连即可。

由于本实验的内容较多，因此有必要对图 6-41 所示的内容进行以下说明：

- 用户 user1 是邮件服务器 1（Server1，域名为 mail.example1.net）的注册用户，user1 的邮箱地址为 user1@mail.example1.net，user1 使用计算机 PC0 中的电子邮件应用程序通过邮件服务器 1 收发邮件。
- 用户 user2 是邮件服务器 2（Server2，域名为 mail.example2.net）的注册用户，user2 的邮箱地址为 user2@mail.example2.net，user2 使用计算机 PC1 中的电子邮件应用程序通过邮件服务器 2 收发邮件。
- DNS 服务器 1（Server0）和 DNS 服务器 2（Server3）负责各邮件服务器相关域名的解析。

2. 查看并标注路由器相关接口名称（接口号）

为了方便给路由器各相关接口配置 IP 地址和子网掩码，建议将路由器各相关接口的接口名称（接口号）标注在它们各自的旁边。

具体操作见实验 4-2 的相关说明。

3. 在相关设备旁标注IP地址等相关信息

建议将表 6-18 给出的需要给各计算机配置的 IP 地址、子网掩码、默认网关以及 DNS 服务器的 IP 地址标注在它们各自的旁边；将表 6-19 给出的各邮件服务器所提供的服务、域名以及需要给它们各自配置的 IP 地址、子网掩码、默认网关以及 DNS 服务器的 IP 地址标注在它们各自的旁边。将表 6-20 给出的需要给各 DNS 服务器配置的 IP 地址和子网掩码标注在它们各自的旁边。将表 6-21 给出的需要给路由器各相关接口配置的 IP 地址和子网掩码标注在它们各自的旁边。

上述操作的目的在于方便给各网络设备配置网络参数、方便进行网络测试以及方便观察实验现象。

4. 配置IP地址、子网掩码、默认网关以及DNS服务器的IP地址

（1）给各计算机配置 IP 地址、子网掩码、默认网关以及 DNS 服务器的 IP 地址。

请按表 6-18 所给的内容，通过相关计算机的图形用户界面分别给计算机 PC0、PC1 配置 IP 地址、子网掩码、默认网关以及 DNS 服务器的 IP 地址。

（2）给各邮件服务器配置 IP 地址、子网掩码、默认网关以及 DNS 服务器的 IP 地址。

请按表 6-19 所给的内容，通过相关邮件服务器的图形用户界面分别给邮件服务器 Server1、Server2 配置 IP 地址、子网掩码、默认网关以及 DNS 服务器的 IP 地址。

（3）给各 DNS 服务器配置 IP 地址和子网掩码。

请按表 6-20 所给的内容，通过相关 DNS 服务器的图形用户界面分别给 DNS 服务器

Server0、Server3 配置 IP 地址和子网掩码。

（4）给路由器各相关接口配置 IP 地址和子网掩码。

请按表 6-21 所给的内容，在路由器 Router0 的命令行使用以下相关 IOS 命令，给其接口 Gig0/0（GigabitEthernet0/0）、Gig0/1（GigabitEthernet0/1）分别配置相应的 IP 地址和子网掩码。

```
Router>enable                                        //从用户执行模式进入特权执行模式
Router#configure terminal                            //从特权执行模式进入全局配置模式
Router(config)#interface GigabitEthernet0/0          //进入接口 GigabitEthernet0/0 的配置模式
Router(config-if)#ip address 192.168.0.254 255.255.255.0  //配置接口的 IPv4 地址和子网掩码
Router(config-if)#no shutdown                        //开启接口
Router(config-if)# interface GigabitEthernet0/1      //进入接口 GigabitEthernet0/1 的配置模式
Router(config-if)#ip address 192.168.1.254 255.255.255.0  //配置接口的 IPv4 地址和子网掩码
Router(config-if)#no shutdown                        //开启接口
Router(config-if)#exit                               //退出接口配置模式回到全局配置模式
Router(config)#                                      //全局配置模式
```

5. 网络连通性测试

切换到 **“实时”工作模式**，分别进行以下网络连通性测试。

（1）在计算机 PC0 的命令行使用“ping”命令，进行以下测试。

- 测试 PC0 与 Server0（DNS 服务器 1）之间的连通性。
- 测试 PC0 与 Server1（邮件服务器 1）之间的连通性。
- 测试 PC0 与 Server2（邮件服务器 2）之间的连通性。
- 测试 PC0 与 PC1 之间的连通性。

（2）在计算机 PC1 的命令行使用“ping”命令，进行以下测试：

- 测试 PC1 与 Server3（DNS 服务器 2）之间的连通性。
- 测试 PC1 与 Server1（邮件服务器 1）之间的连通性。

上述测试的目的主要有以下五个：

- 测试网络拓扑是否构建成功。
- 测试计算机 PC0、PC1 各自的 IP 地址、子网掩码、默认网关的 IP 地址是否配置正确。
- 测试邮件服务器 Server1、Server2 各自的 IP 地址、子网掩码、默认网关的 IP 地址是否配置正确。
- 测试 DNS 服务器 Server0、Server2 各自的 IP 地址和子网掩码是否配置正确。
- 测试路由器 Router0 各相关接口的 IP 地址和子网掩码是否配置正确。

6. 在各DNS服务器上配置DNS服务

（1）在 Server0（DNS 服务器 1）上配置 DNS 服务。

请按表 6-22 所给的相关内容，参考实验 6-3 的实验步骤 5，通过 Server0（DNS 服务器 1）的图形用户界面配置 Server0 所提供的 DNS 服务，如图 6-43 所示。

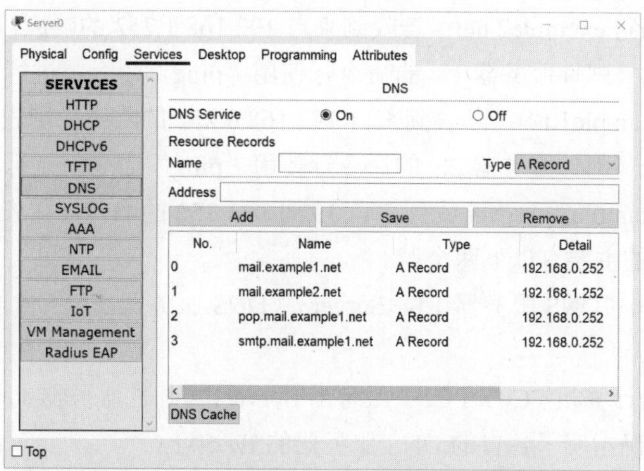

图 6-43　配置服务器 Server0 的 DNS 服务

（2）在 Server3（DNS 服务器 2）上配置 DNS 服务。

请按表 6-22 所给的相关内容，参考实验 6-3 的实验步骤 5，通过 Server3（DNS 服务器 2）的图形用户界面配置 Server3 所提供的 DNS 服务，如图 6-44 所示。

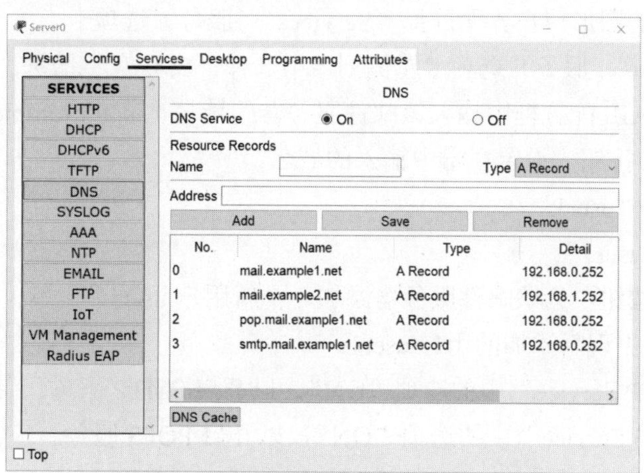

图 6-44　配置服务器 Server3 的 DNS 服务

7. DNS服务测试

切换到“**实时**”工作模式，分别进行以下 DNS 服务测试。

（1）在计算机 PC0 的命令行使用“ping”命令，分别进行以下测试：

- ping mail.example1.net；若收到来自 192.168.0.252 的响应，则表示测试成功。
- ping mail.example2.net；若收到来自 192.168.1.252 的响应，则表示测试成功。
- ping pop.mail.example1.net；若收到来自 192.168.0.252 的响应，则表示测试成功。
- ping smtp.mail.example1.net；若收到来自 192.168.0.252 的响应，则表示测试成功。

（2）在计算机 PC1 的命令行使用“ping”命令，分别进行以下测试：

- ping mail.example1.net；若收到来自 192.168.0.252 的响应，则表示测试成功。
- ping mail.example2.net；若收到来自 192.168.1.252 的响应，则表示测试成功。
- ping pop.mail.example2.net；若收到来自 192.168.1.252 的响应，则表示测试成功。

- ping smtp.mail.example2.net；若收到来自 192.168.1.252 的响应，则表示测试成功。

（3）在 Server1（邮件服务器 1）的命令行使用“ping”命令，进行以下测试：

- ping mail.example1.net；若收到来自 192.168.0.252 的响应，则表示测试成功。

（4）在 Server2（邮件服务器 2）的命令行使用“ping”命令，进行以下测试：

- ping mail.example2.net；若收到来自 192.168.1.252 的响应，则表示测试成功。

上述测试的目的主要有以下两个：

- 测试 Server0（DNS 服务器 1）、Server3（DNS 服务器 2）各自的 DNS 服务是否配置正确。
- 测试是否给计算机 PC0、PC1、服务器 Server1（邮件服务器 1）、Server2（邮件服务器 2）正确指明了各自的 DNS 服务器的 IP 地址。

8. 在各邮件服务器上配置邮件服务

（1）在服务器 Server1（邮件服务器 1）上配置邮件服务。

请按表 6-23 所给的相关内容，按图 6-45 所示的步骤，通过 Server1（邮件服务器 1）的图形用户界面配置 Server1 所提供的邮件服务。

❶ 在 Server1 的图形用户界面选择“Services”（服务）选项卡。
❷ 在“Services”（服务）选项卡左侧列表中选择“EMAIL”服务。
❸ 在右侧 EMAIL 配置框中输入该邮件服务器的域名“mail.example1.net”。
❹ 单击“Set”按钮，设置在❸中输入的域名。
❺ 输入用户名“user1”。
❻ 输入密码“user1”。
❼ 单击“+”按钮，为该邮件服务器添加一个新用户 user1。
❽ 用户列表中出现新添加的用户 user1。
❾ 勾选“SMTP Service”中的选项“ON”，以开启 SMTP 服务。
❿ 勾选“POP3 Service”中的选项“ON”，以开启 POP3 服务。

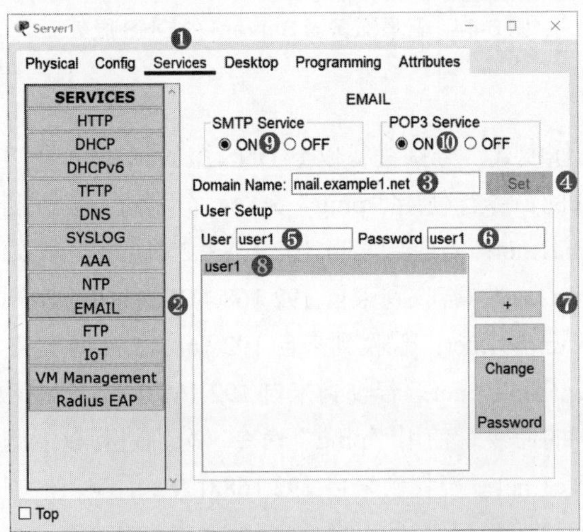

图 6-45 配置服务器 Server1 的邮件服务

（2）在服务器 Server2（邮件服务器 2）上配置邮件服务。

请按表 6-23 所给的相关内容，按图 6-46 所示的步骤，通过 Server2（邮件服务器 2）的图形用户界面配置 Server2 所提供的邮件服务。

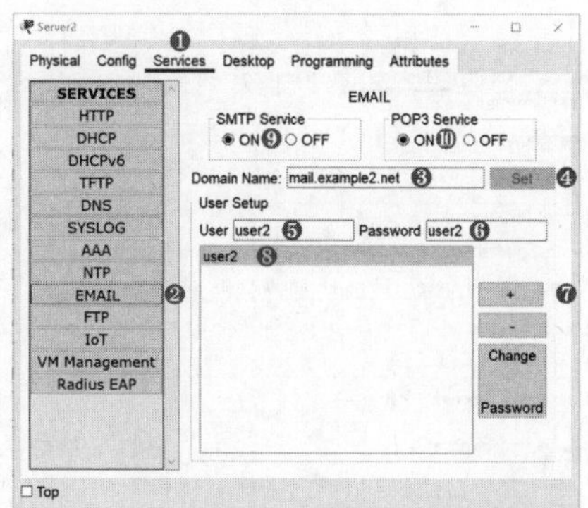

图 6-46　配置服务器 Server2 的邮件服务

9. 配置各计算机中电子邮件应用程序的邮件参数

（1）配置计算机 PC0 中电子邮件应用程序的邮件参数。

请按表 6-24 所给的相关内容，按图 6-47 所示的步骤，通过 PC0 中电子邮件应用程序的图形用户界面，为其配置邮件参数。

❶ 在 PC0 的图形用户界面选择“Desktop”（桌面）选项卡，在该选项卡中选择电子邮件应用程序“Email”。单击“Configure Mail”按钮，进入“Configure Mail”对话框。

❷ 输入用户姓名“user1”。

❸ 输入用户的邮箱地址“user1@mail.example1.net”。

❹ 输入传入邮件服务器的域名“pop.mail.example1.net”。

❺ 输入传出邮件服务器的域名“smtp.mail.example1.net”。

❻ 输入登录用户名“user1”。

❼ 输入登录密码“user1”。

❽ 单击“Save”按钮，保存上述输入的邮件参数。

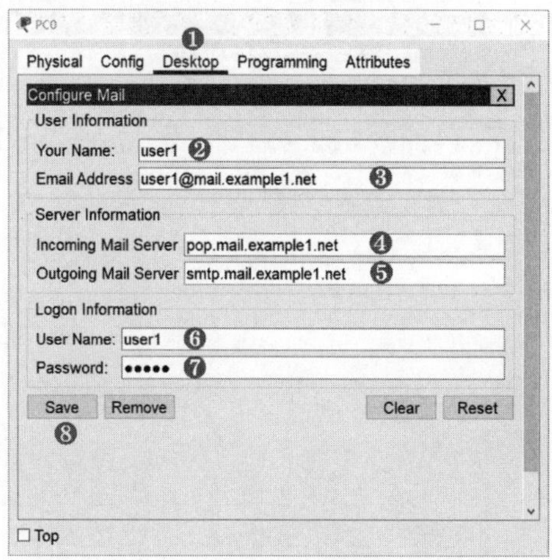

图 6-47　配置计算机 PC0 的电子邮件应用程序的邮件参数

（2）配置计算机 PC1 中电子邮件应用程序的邮件参数。

请按表 6-24 所给的相关内容，按图 6-48 所示的步骤，通过 PC1 中电子邮件应用程序的图形用户界面，为其配置邮件参数。

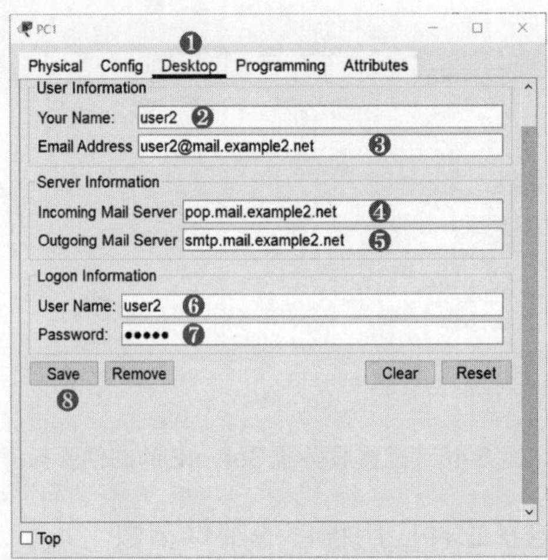

图 6-48　配置计算机 PC1 的电子邮件应用程序的邮件参数

10. 发送邮件

切换到**“实时”工作模式**，请按图 6-49 所示的步骤，用户 user1 在计算机 PC0 中使用电子邮件应用程序给用户 user2 发送一封电子邮件。

❶ 在 PC0 的图形用户界面选择“Desktop”（桌面）选项卡，在该选项卡中选择电子邮件应用程序“Email”。单击“Compose Mail”按钮，进入“Compose Mail”对话框。

❷ 输入收件人的邮箱地址“user2@mail.example2.net”。

❸ 输入邮件主题。

❹ 输入邮件内容。

❺ 单击“Send”按钮，将所撰写的邮件发送出去。

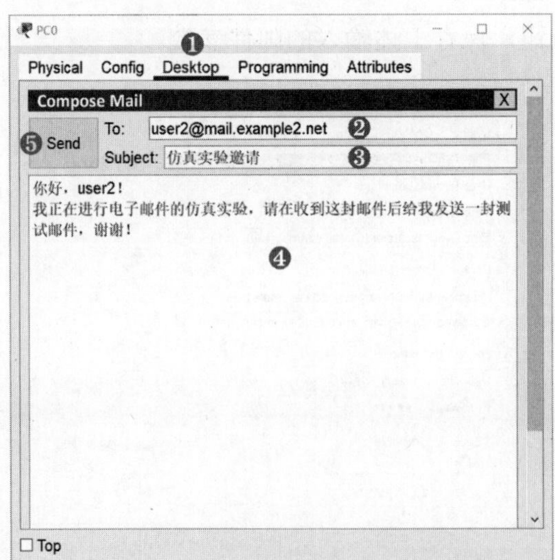

图 6-49　用户 user1 在计算机 PC0 中使用电子邮件应用程序给 user2 发送一封电子邮件

11. 接收邮件

切换到**“实时”工作模式**，请按图 6-50 所示的步骤，用户 user2 在计算机 PC1 中使用电子邮件应用程序接收用户 user1 发来的电子邮件。

❶ 在 PC1 的图形用户界面选择“Desktop”（桌面）选项卡，在该选项卡中选择电子邮件应用程序“Email”。单击“Receive”按钮，进入“MAIL BROWSER”对话框。

❷ 单击“Receive”按钮，接收邮件。

❸ 在邮件列表中出现一封新的邮件，单击该邮件。

❹ 显示邮件的内容。

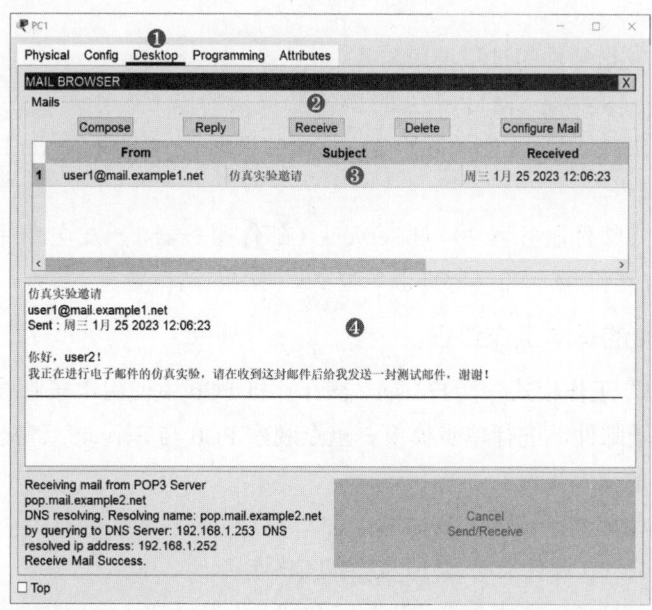

图 6-50　用户 user2 在计算机 PC1 中使用电子邮件应用程序接收 user1 发来的电子邮件

12. 选择要监视的网络协议

本实验需要监视用于发送邮件的简单邮件传送协议（SMTP）、用于接收邮件的邮局协议（POP3）、运输层的传输控制协议（TCP）。

13. 观察SMTP的基本工作过程

切换到**“模拟”工作模式**，用户 user2 在计算机 PC1 中使用电子邮件应用程序给用户 user1 发送一封电子邮件，进行单步模拟。重点观察 PC1 与 Server2（邮件服务器 2）之间、Server2（邮件服务器 2）与 Server1（邮件服务器 1）之间的 SMTP 相关报文的交互过程。

使用 SMTP 发送邮件的过程大致如下：

❶ PC1 与 Server2（邮件服务器 2）通过“三报文握手”建立 TCP 连接。

❷ PC1 发送邮件到 Server2（邮件服务器 2）。此时 PC1 中的电子邮件应用程序就是发送方用户代理，该用户代理作为 SMTP 客户，向 Server2（邮件服务器 2）发送一个 SMTP 请求报文。

❸ Server2（邮件服务器 2）作为 SMTP 服务器向 PC1 发回一个 SMTP 响应报文。

❹ PC1 收到 SMTP 响应报文后通过“四报文挥手”释放与 Server2（邮件服务器 2）

之间的 TCP 连接。

❺ Server2（邮件服务器 2）与 Server1（邮件服务器 1）建立 TCP 连接。

❻ Server2（邮件服务器 2）发送邮件给 Server1（邮件服务器 1）。此时 Server2（邮件服务器 2）作为 SMTP 客户，向 Server1（邮件服务器 1）发送一个 SMTP 请求报文。

❼ Server1（邮件服务器 1）作为 SMTP 服务器向 Server2（邮件服务器 2）发回一个 SMTP 响应报文。

❽ Server2（邮件服务器 2）收到 SMTP 响应报文后释放与 Server1（邮件服务器 1）之间的 TCP 连接。

至此，SMTP 发送邮件的过程结束。

请注意观察并分析封装 SMTP 报文的 TCP 报文段的以下内容：

- 当 PC1 向 Server2（邮件服务器 2）发送邮件时，PC1 和 Server2（邮件服务器 2）使用的端口号。
- 当 Server2（邮件服务器 2）向 Server1（邮件服务器 1）发送邮件时，Server1（邮件服务器 1）和 Server2（邮件服务器 2）使用的端口号。

14. 观察POP3的基本工作过程

切换到**"模拟"工作模式**，用户 user1 在计算机 PC0 中使用电子邮件应用程序接收用户 user2 发来的电子邮件，进行单步模拟。重点观察 PC0 与 Server1（邮件服务器 1）之间的 POP3 相关报文的交互过程。

使用 POP3 接收邮件的过程大致如下：

❶ PC0 与 Server1（邮件服务器 1）建立 TCP 连接。

❷ PC0 向 Server1（邮件服务器 1）发送 POP3 请求报文（希望读取邮件），此时 PC0 中的电子邮件应用程序就是接收方用户代理，该用户代理作为 POP3 客户，而 Server1（邮件服务器 1）则作为 POP3 服务器。

❸ Server1（邮件服务器 1）收到请求后，将缓存的邮件封装到 POP3 响应报文中发送给 PC0。

❹ PC0 收到 POP3 响应报文后释放与 Server1（邮件服务器 1）之间的 TCP 连接。

至此，POP3 接收邮件的过程结束。

注意观察并分析封装 POP3 报文的 TCP 报文段的以下内容：

- 当 PC0 作为 POP3 客户向 Server1（邮件服务器 1）读取邮件时，PC0 和 Server1（邮件服务器 1）使用的端口号。

6.6 实验 6-6 熟悉万维网文档的作用和超文本传输协议

6.6.1 实验目的

- 了解万维网文档的种类和作用。

- 了解统一资源定位符（URL）。
- 尝试编写万维网文档。
- 观察超文本传输协议（HTTP）的基本工作过程。

6.6.2　预备知识

1. 万维网概述

万维网（World Wide Web，WWW）**并非某种特殊的计算机网络**，它是一个大规模的、联机式的信息储藏所，**是运行在因特网上的一个分布式应用**。万维网利用网页之间的超链接，将不同网站的网页链接成一张逻辑上的信息网。

用户通过**浏览器**访问万维网。浏览器最重要的部分是**渲染引擎**，也就是**浏览器内核**，它负责对网页内容进行解析和显示。不同的浏览器内核对网页内容的解析也有不同，因此同一网页在不同内核的浏览器中的显示效果可能不同。网页编写者需要在不同内核的浏览器中测试网页显示效果。

2. 统一资源定位符

为了方便地访问世界范围的文档，万维网使用**统一资源定位符**（Uniform Resource Locator，URL）来指明因特网上任何种类"资源"的位置。

URL 的一般格式由四部分组成：**协议**、**主机**、**端口**和**路径**。

例如"http://www.hnust.edu.cn:80/index.htm"，其中"http"是超文本传输协议，"www.hnust.edu.cn"是主机，"80"是端口，"/"是路径，"index.htm"是万维网文档。

3. 万维网文档

万维网文档一般分为以下三种：

- HTML（HyperText Markup Language）是**超文本标记语言**的英文缩写词，它使用多种"标签"来**描述网页的结构和内容**。
- CSS（Cascading Style Sheets）是**层叠样式表**的英文缩写词，它从审美的角度来**描述网页的样式**。
- JavaScript 是一种**脚本语言**（和 Java 没有任何关系），用来**控制网页的行为**。

上述三类**万维网文档**，**由浏览器内核负责解析和渲染**。

4. 超文本传输协议

超文本传输协议（Hyper Text Transfer Protocol，HTTP）定义了以下功能的实现方法：

- 浏览器（即万维网客户进程）向万维网服务器请求万维网文档。
- 万维网服务器把万维网文档传送给浏览器。

上述 HTTP 操作过程如图 6-51 所示。

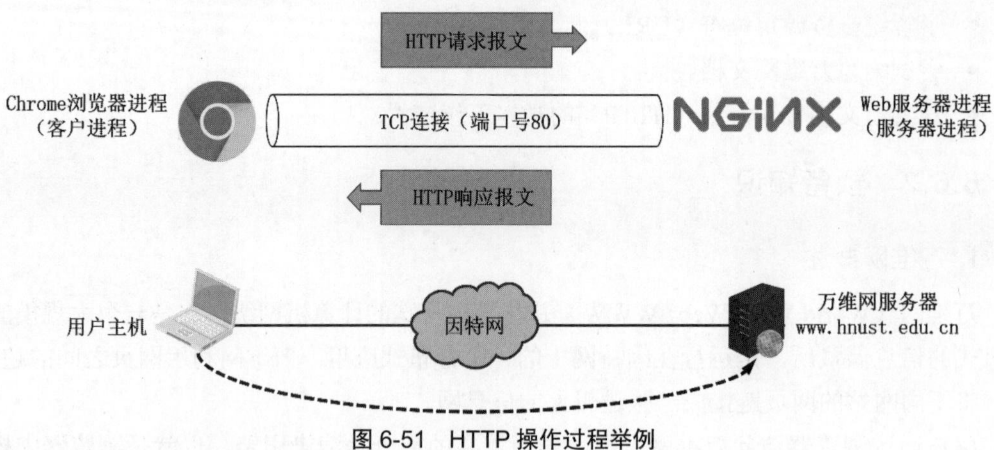

图 6-51 HTTP 操作过程举例

（1）HTTP 非持续连接方式。

HTTP/1.0 采用非持续连接方式。在该方式下，**每次浏览器进程要请求一个文件都要与服务器建立 TCP 连接，当收到响应后就立即关闭连接**。

（2）HTTP 持续连接方式。

HTTP/1.1 支持持续连接方式。在该方式下，**万维网服务器在发送响应后仍然保持 TCP 连接，使同一个万维网客户和自己可以继续在这条 TCP 连接上传送后续的 HTTP 请求报文和响应报文**。

为了进一步提高效率，HTTP/1.1 的持续连接还可以使用**流水线方式工作，即万维网客户在收到 HTTP 的响应报文之前就能够连续发送多个 HTTP 请求报文**。

5. HTTP的报文格式

HTTP 的报文格式如图 6-52 所示。

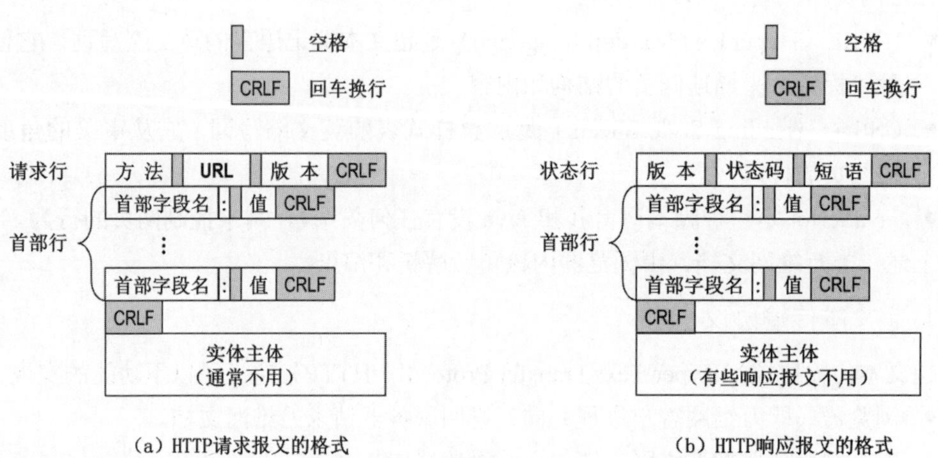

图 6-52 HTTP的报文格式

有关万维网的相关介绍，请参看《深入浅出计算机网络（微课视频版）》教材 6.7 节。

6. Packet Tracer软件中的相关操作

本实验所涉及的 Packet Tracer 软件中的相关操作，请参看 1.2 节的相关内容。

6.6.3 实验设备

表 6-25 给出了本实验所需的网络设备。

表 6-25 实验 6-6 所需的网络设备

网络设备	型 号	数 量
计算机	PC-PT	1
服务器	Server-PT	1

6.6.4 实验拓扑

本实验的网络拓扑和网络参数如图 6-53 所示。

图 6-53 实验 6-6 的网络拓扑和网络参数

6.6.5 实验配置

表 6-26 给出了本实验中需要给计算机和服务器各自配置的 IP 地址和子网掩码。

表 6-26 实验 6-6 中需要给计算机和服务器各自配置的 IP 地址和子网掩码

网络设备	名 称	型 号	IP 地址	子网掩码
计算机	PC0	PC-PT	192.168.0.1	255.255.255.0（/24）
服务器	Server0	Server-PT	192.168.0.2	255.255.255.0（/24）

表 6-27 给出了本实验中需要给服务器 Server0 编写并导入的万维网文档。

表 6-27 实验 6-6 中需要给服务器 Server0 编写并导入的万维网文档

文档名称	文档类型	编码格式
my_index.html	HTML	UTF-8
my_styles.css	CSS	UTF-8
my_js.js	JavaScript	UTF-8

6.6.6 实验步骤

本实验的流程图如图 6-54 所示。

1. 构建网络拓扑

请按以下步骤构建图 6-53 所示的网络拓扑：

❶ 选择并拖动表 6-25 给出的本实验所需的网络设备到逻辑工作区。

❷ 选择“自动选择连接类型”，由 Packet Tracer 软件自动为待连接的网络设备选择用于连接的接口以及相应的传输介质，然后将相关网络设备互连即可。

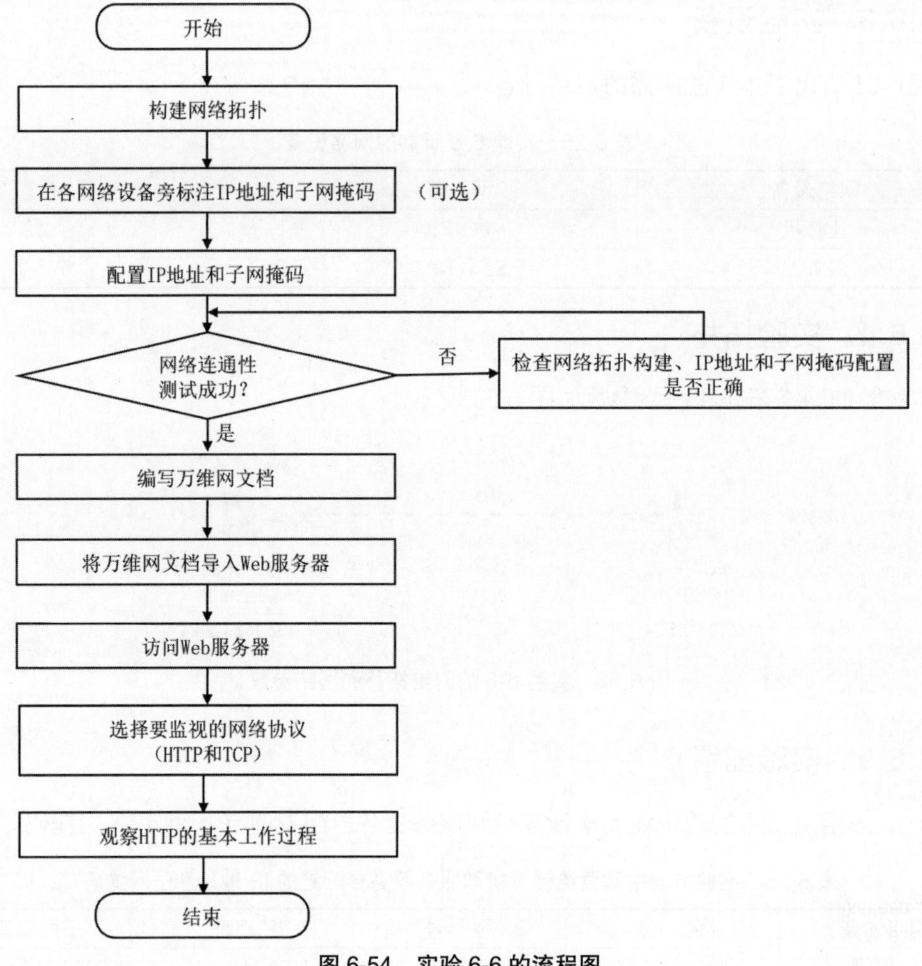

图 6-54　实验 6-6 的流程图

2. 标注IP地址和子网掩码

建议将表 6-26 给出的需要给计算机和服务器各自配置的 IP 地址和子网掩码标注在它们各自的旁边，这样做的目的在于方便给各网络设备配置网络参数、方便进行网络测试以及方便观察实验现象。

3. 配置IP地址和子网掩码

请按表 6-26 所给的内容，通过计算机和服务器各自的图形用户界面分别给计算机 PC0 和服务器 Server0 配置 IP 地址和子网掩码。

4. 网络连通性测试

切换到**“实时”工作模式**，在计算机 PC0 的命令行使用“ping”命令，测试 PC0 与服务器 Server0 之间的连通性，这样做的目的主要有以下三个：

- 测试网络拓扑是否构建成功。
- 测试 PC0 和 Server0 各自的 IP 地址和子网掩码是否配置正确。

- 让 PC0 与 Server0 之间都获取到对方的 MAC 地址，以免在后续过程中出现“通过 ARP 查找已知 IP 地址所对应的 MAC 地址”这一过程，影响用户对实验现象的观察。

5. 编写万维网文档

请读者使用自己熟悉的代码编辑软件分别编写 HTML 文档、CSS 文档以及 JavaScript 文档。请注意，保存这些文档时选择编码格式为 UTF-8。

（1）HTML 文档。

编写文件名为“my_index.html”的 HTML 文档，内容如下。

```
<!DOCTYPE html>
<html>
  <head>
    <meta charset="UTF-8">
    <title> 最简单的网页 </title>
    <link rel="stylesheet" type="text/css" href="my_styles.css" />
    <script type="text/javascript" src="my_js.js" ></script>
  </head>
  <body>
    <p class="pink" id="myId">Hello world</p>
    <button type="button" onclick="myFunction()"> 点个赞吧 </button>
  </body>
</html>
```

（2）CSS 文档。

编写文件名为“my_styles.css”的 CSS 文档，内容如下。

```
.pink {
  color: deeppink;
  font-size: 36px;
}
```

（3）JavaScript 文档。

编写文件名为“my_js.js”的 JavaScript 文档，内容如下。

```
function myFunction() {
  document.getElementById("myId").innerHTML=" 谢谢你的赞 ";
}
```

6. 将万维网文档导入Web服务器

请按图 6-55 所示的步骤，将在实验步骤 5 中编写好的 my_index.html、my_styles.css 以及 my_js.js 这三个万维网文档导入到 Packet Tracer 软件中的 Web 服务器。

❶ 在 Server0 的图形用户界面选择“Services”（服务）选项卡。

❷ 在“Services”（服务）选项卡左侧列表中选择“HTTP”服务。

❸ 依次单击“Import”（导入）按钮，将在实验步骤 5 中编写好的 my_index.html、my_styles.css 以及 my_js.js 这三个万维网文档，依次导入 Web 服务器。

❹ 文件列表中显示出新导入的三个万维网文档。

❺ 勾选“On”（开启）选项以开启 HTTP 服务。

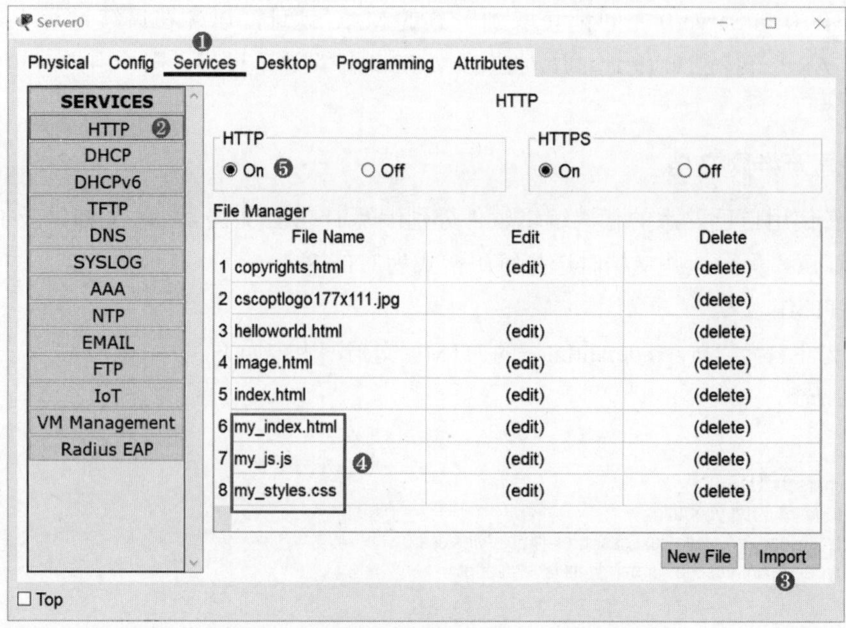

图 6-55 导入万维网文档到 Web 服务器中

7. 访问Web服务器

切换到**"实时"工作模式**，在计算机 PC0 中使用浏览器访问服务器 Server0 提供的 Web 服务。在浏览器的地址栏中输入 URL 地址"http://192.168.0.2/my_index.html"，然后单击"Go"按钮或按下回车键。PC0 成功访问 Web 服务器 Server0 的情况如图 6-56 所示。

图 6-56 在计算机 PC0 中使用浏览器访问服务器 Server0 提供的 Web 服务

在所示的 Web 页中，单击"点个赞吧"按钮，Web 页的内容会发生改变，如图 6-57 所示。

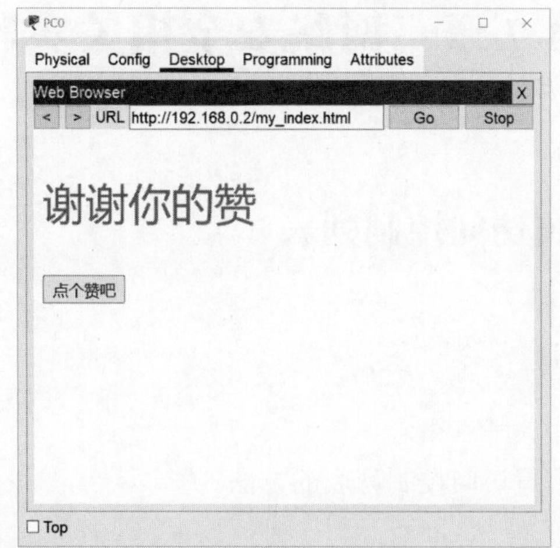

图 6-57　单击“点个赞吧”按钮后的 Web 页效果

8. 选择要监视的网络协议

本实验需要监视超文本传送协议（HTTP）和传输控制协议（TCP）。

9. 观察HTTP的基本工作过程

切换到**“模拟”工作模式**，重新在计算机 PC0 中使用浏览器访问服务器 Server0 提供的 Web 服务，进行**单步模拟**，重点观察以下内容：

❶ PC0 与 Web 服务器之间建立 TCP 连接和释放 TCP 连接的过程。

❷ PC0 与 Web 服务器之间基于 TCP 连接传输了哪些 HTTP 报文。

❸ 封装 HTTP 报文的 TCP 报文段首部中的源端口字段和目的端口字段各自的取值。

本章知识点思维导图请扫码获取：

第 7 章　网络安全相关实验

7.1　实验 7-1　配置访问控制列表

7.1.1　实验目的

- 理解访问控制的相关基本概念。
- 掌握在路由器上配置访问控制列表的方法。

7.1.2　预备知识

1. 访问控制的基本概念

访问控制（Access Control，AC）可被看作信息系统的**第二道安全防线，对进入系统的合法用户进行访问权限控制**。

对合法用户访问权限的授予一般遵循**最小特权原则**。所谓“最小特权”，就是指能够满足用户完成工作所需的权限，用户不会被赋予超出其实际需求的权限。最小特权原则**可以有效防范合法用户滥用权限所带来的安全风险**。

访问控制包含以下基本要素：

- **主体**：是指访问活动的发起者，可以是某个用户，也可以是代表用户执行操作的进程、服务和设备等。
- **客体**：是指访问活动中被访问的对象。凡是可以被操作的信息、文件、设备、服务等资源都可以认为是客体。
- **访问**：是指对客体（被访问的对象）的各种操作类型。例如创建、读取、修改、删除、执行、发送、接收等操作。不同的系统有不同的访问类型。
- **访问策略**：是访问控制的核心，访问控制根据访问策略限制主体对客体的访问。访问策略可用三元组（S、O、P）来描述，其中 S 表示主体，O 表示客体，P 表示许可。许可 P 明确了允许主体 S 对客体 O 所进行的访问类型。

有关访问控制的相关介绍，请参看《深入浅出计算机网络（微课视频版）》教材 7.6 节。

2. 访问控制列表的作用

访问控制列表（Access Control List，ACL）是应用在路由器接口上的访问控制规则列表。这些规则告诉路由器哪些数据包可以接收、哪些数据包需要拒绝。**路由器读取数据包的网络层首部和运输层首部中的一些字段（例如源 IP 地址、目的 IP 地址、源端口、目的端口）的值，根据预先定义在 ACL 中的规则对数据包进行过滤，从而达到访问控制的目的。**

综上所述，ACL 是一组规则的集合，应用在路由器的接口上。对于路由器，有两个方向：

- **出**（out）：已经过路由器的处理，正准备离开路由器接口的数据包。
- **入**（in）：已到达路由器接口的数据包，将被路由器处理。

如果对路由器的接口应用了 ACL，路由器将对数据包应用该 ACL 中的规则**自上而下进行顺序检查**：

❶ 如果匹配第一条规则，则不再往下检查，路由器将决定**允许**（permit）该数据包通过或**拒绝**（deny）该数据包通过。

❷ 如果不匹配第一条规则，则依次往下检查，直到有任何一条规则匹配，路由器才决定允许该数据包通过或拒绝该数据包通过。

❸ 如果没有任何一条规则匹配，则路由器会按**默认的规则**（deny any）丢弃该数据包。

需要说明的是，最初仅路由器支持 ACL，近些年来 ACL 的应用已经扩展到了三层交换机。

3. ACL的类型

ACL 一般分为以下三种类型：

- **标准** ACL：根据数据包的源 IP 地址，允许或拒绝数据包。标准 ACL 的访问控制列表号为 1~99。
- **扩展** ACL：根据数据包的协议、源 IP 地址、目的 IP 地址、端口号，允许或拒绝数据包。扩展 ACL 的访问控制列表号为 100~199。
- **命令** ACL：允许在标准 ACL 和扩展 ACL 中使用名称代替列表号。

4. 标准ACL的配置

（1）创建标准 ACL。

命令格式如下：

```
access-list [access-list-number] {permit | deny} [source source-wildcard]
```

其中：

- access-list-number：控制列表号，对于标准 ACL，取值为 1~99。
- permit | deny：如果匹配条件，则允许 / 拒绝。
- source：数据包的源 IP 地址，可以是主机地址，也可以是网络地址。
- source-wildcard：通配符掩码，也是子网掩码的反掩码。例如子网掩码 255.255.255.0 的反掩码为 0.0.0.255。

（2）隐含的拒绝（deny）规则。

每个 ACL 的最后都默认包含有一条隐含的拒绝（deny any）规则（deny 0.0.0.0 255.255.255.255），拒绝所有流量。这就是在 ACL 中找不到任何匹配规则时默认采用的规则，即丢弃数据包。

（3）关键字 host 和 any。

- host 用来表示主机，例如 192.168.0.1 0.0.0.0 可用 host 192.168.0.1 表示。
- any 表示任何地址，例如 0.0.0.0 255.255.255.255 可用 any 表示。

（4）删除已建立的标准 ACL。

命令格式如下：

```
no access-list [access-list-number]
```

不能删除标准 ACL 中的单条规则，只能删除整个标准 ACL。这意味着如果要改变某个标准 ACL 中的一条或几条规则，只能删除该 ACL，然后重新创建。

（5）将标准 ACL 应用于路由器的接口。

命令格式如下：

```
ip access-group [access-list-number] {in | out}
```

路由器接口的每个方向（in 或 out）只能应用一个 ACL，因此每个接口最多只能应用两个 ACL。

（6）取消路由器接口上应用的 ACL。

命令格式如下：

```
no ip access-group [access-list-number] {in | out}
```

下面给出一个标准 ACL 配置实例：

```
Router>enable                                          // 从用户执行模式进入特权执行模式
Router#configure terminal                              // 从特权执行模式进入全局配置模式
Router(config)#access-list 1 deny host 192.168.0.1     // 创建标准 ACL，编号为 1，第一条规则为
                                                       // 拒绝来自地址 192.168.0.1 的数据包
Router(config)#access-list 1 permit any                // 第二条规则为允许来自任何 IP 地址的数据包
Router(config)#interface GigabitEthernet0/0            // 进入接口 GigabitEthernet0/0 的配置模式
Router(config-if)#ip access-group 1 in                 // 应用标准 ACL 1，方向为“入”
Router(config-if)#end                                  // 退出到特权执行模式
Router#show access-lists                               // 显示所有的 ACL
Standard IP access list 1                              // 标准 ACL 1
  10 deny host 192.168.0.1                             // 第一条规则
  20 permit any                                        // 第二条规则
```

5. 扩展ACL的配置

（1）创建扩展 ACL。

命令格式如下：

```
access-list access-list-number {permit | deny} protocol {source source-wildcard destination destination-wildcard} [operator operan]
```

其中：

- access-list-number：控制列表号，对于扩展 ACL，取值为 100~199。
- permit | deny：如果匹配条件，则允许 / 拒绝。
- protocol：协议，例如 ICMP、TCP、UDP 等。
- source：数据包的源 IP 地址，可以是主机地址，也可以是网络地址。
- source-wildcard：源 IP 地址通配符掩码，也是子网掩码的反掩码。例如子网掩码

255.255.0.0 的反掩码为 0.0.255.255。

- destination：数据包的目的 IP 地址，可以是主机地址，也可以是网络地址。
- destination -wildcard：目的 IP 地址通配符掩码，也是子网掩码的反掩码。例如子网掩码 255.0.0.0 的反掩码为 0.255.255.255。
- operator operan：lt（小于）、gt（大于）、eq（等于）、neq（不等于）一个端口号。

（2）有关扩展 ACL 的其他操作。

除了创建扩展 ACL 操作，有关扩展 ACL 的其他操作与标准 ACL 相同。

下面给出一个扩展 ACL 配置实例：

```
Router>enable                                                    // 从用户执行模式进入特权执行模式
Router#configure terminal                                        // 从特权执行模式进入全局配置模式
Router(config)#access-list 100 permit tcp host 192.168.0.1 host  // 创建扩展 ACL，编号为 100，第一条规则为
192.168.2.1 eq www                                               // 允许源 IP 地址为 192.168.0.1、目的 IP 地址为
                                                                 // 192.168.2.1、使用 TCP 协议、端口号为
                                                                 // WWW（80）的数据包
Router(config)#access-list 100 deny ip host 192.168.1.1 host     // 第二条规则为拒绝源 IP 地址为 192.168.1.1、
192.168.3.1                                                      // 目的 IP 地址为 192.168.3.1 的数据包
Router(config)#access-list 100 deny icmp host 192.168.6.1        // 第三条规则为拒绝源 IP 地址为 192.168.6.1、
192.168.2.0 0.0.0.255                                            // 目的 IP 地址为网络 192.168.2.0/24、
                                                                 // 使用 ICMP 协议的数据包
Router(config)#interface GigabitEthernet0/1                      // 进入接口 GigabitEthernet0/1 的配置模式
Router(config-if)#ip access-group 100 in                         // 应用扩展 ACL 100，方向为“入”
Router(config-if)#end                                            // 退出到特权执行模式
Router#show access-lists                                         // 显示所有的 ACL
Extended IP access list 100                                      // 扩展 ACL 100
  10 permit tcp host 192.168.0.1 host 192.168.2.1 eq www         // 第一条规则
  20 deny ip host 192.168.1.1 host 192.168.3.1                   // 第二条规则
  30 deny icmp host 192.168.6.1 192.168.2.0 0.0.0.255            // 第三条规则
```

6. 命名ACL的配置

对于标准 ACL 和扩展 ACL，都不能修改或删除已创建 ACL 中的一条或几条规则，只能将 ACL 整体删除后重新创建，而命名 ACL 可以解决该问题。

（1）创建命名 ACL。**命令格式**如下：

```
ip access-list {standard | extended} access-list-name
[sequence-number] {standard | extended} [source source-wildcard]
[sequence-number] {standard | extended} protocol {source source-wildcard destination destination-wildcard} [operator
operan]
```

其中：

- access-list-name：用户自定义的 ACL 名称，由字母和数字构成的字符串。
- sequence-number：表示规则序号，默认自上而下依次为 10、20、30……

（2）将命名 ACL 应用于路由器的接口。**命令格式**如下：

```
ip access-group [access-list-name] {in/out}
```

（3）取消路由器接口上应用的 ACL。**命令格式**如下：

```
no ip access-group [access-list-number] {in | out}
```

下面给出一个命名 ACL 配置实例：

```
Router>enable                                        // 从用户执行模式进入特权执行模式
Router#configure terminal                            // 从特权执行模式进入全局配置模式
Router(config)#ip access-list standard myACL1        // 创建命名 ACL，类型为标准，名称为 myACL1
Router(config-std-nacl)#permit host 192.168.1.1      // 依次添加规则（采用默认规则序号 10、20……）
Router(config-std-nacl)#permit host 192.168.1.2
Router(config-std-nacl)#permit host 192.168.1.3
Router(config-std-nacl)#permit host 192.168.1.4
Router(config-std-nacl)#deny 192.168.1.0 0.0.0.255
Router(config-std-nacl)#permit any
Router(config)#interface GigabitEthernet0/0/0        // 进入接口 GigabitEthernet0/0/0 的配置模式
Router(config-if)#ip access-group myACL1 out         // 应用名称为 myACL1 的命名 ACL，方向为“出”
Router(config-if)#end                                // 退出到特权执行模式
Router#show access-lists                             // 显示所有的 ACL
Standard IP access list myACL1                       // 名称为 myACL1 的标准 ACL
   10 permit host 192.168.1.1                        // 序号为 10 的规则
   20 permit host 192.168.1.2                        // 序号为 10 的规则，以此类推……
   30 permit host 192.168.1.3
   40 permit host 192.168.1.4
   50 deny 192.168.1.0 0.0.0.255
   60 permit any

Router#configure terminal                            // 从特权执行模式进入全局配置模式
Router(config)#ip access-list standard myACL1        // 修改名称为 myACL1 的命令 ACL
Router(config-std-nacl)#no permit host 192.168.1.2   // 取消规则
Router(config-std-nacl)#no permit host 192.168.1.4   // 取消规则
Router(config-std-nacl)#20 permit host 192.168.1.9   // 添加规则，规则序号为 20
Router(config-std-nacl)#end                          // 退出到特权执行模式
Router#show access-lists                             // 显示所有的 ACL
Standard IP access list myACL1                       // 名称为 myACL1 的标准 ACL
   10 permit host 192.168.1.1                        // 序号为 10 的规则
   20 permit host 192.168.1.9                        // 序号为 20 的规则，以此类推……
   30 permit host 192.168.1.3
   50 deny 192.168.1.0 0.0.0.255
   60 permit any
```

7. Packet Tracer软件中的相关操作

本实验所涉及的 Packet Tracer 软件中的相关操作，请参看 1.2 节的相关内容。

7.1.3 实验设备

表 7-1 给出了本实验所需的网络设备。

表 7-1 实验 7-1 所需的网络设备

网络设备	型 号	数 量
计算机	PC-PT	3
服务器	Server-PT	1
交换机	2960-24TT	2
路由器	1941	2

7.1.4 实验拓扑

本实验的网络拓扑和网络参数如图 7-1 所示。

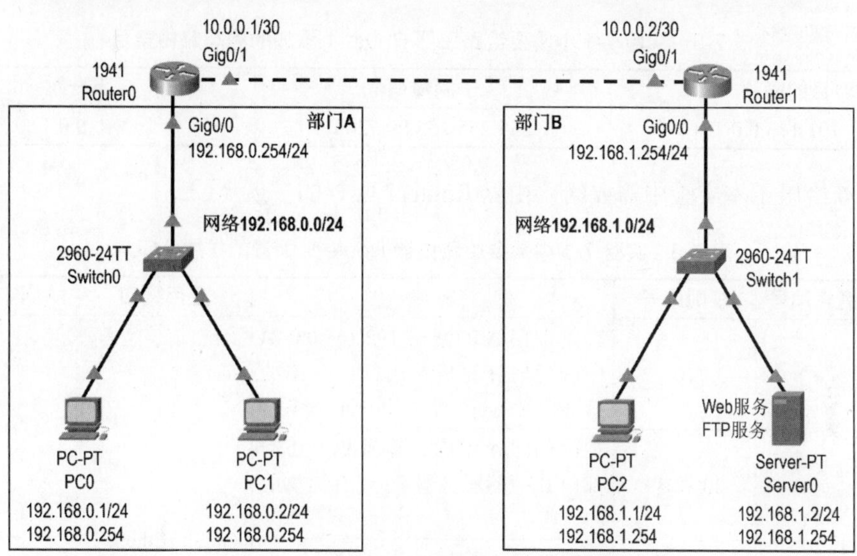

图 7-1　实验 7-1 的网络拓扑和网络参数

7.1.5　实验配置

表 7-2 给出了本实验中需要给相关计算机和服务器各自配置的 IP 地址、子网掩码以及默认网关的 IP 地址。

表 7-2　实验 7-1 中需要给相关计算机和服务器各自配置的 IP 地址、子网掩码以及默认网关的 IP 地址

网络设备	名　称	型　号	IP 地址	子网掩码	默认网关的 IP 地址
计算机	PC0	PC-PT	192.168.0.1	255.255.255.0（/24）	192.168.0.254
计算机	PC1	PC-PT	192.168.0.2	255.255.255.0（/24）	192.168.0.254
计算机	PC3	PC-PT	192.168.1.1	255.255.255.0（/24）	192.168.1.254
服务器	Server0	Server-PT	192.168.1.2	255.255.255.0（/24）	192.168.1.254

表 7-3 给出了本实验中需要给各路由器相关接口配置的 IP 地址和子网掩码。

表 7-3　实验 7-1 中需要给各路由器相关接口配置的 IP 地址和子网掩码

网络设备	名　称	型　号	接口	IP 地址	子网掩码
路由器	Router0	1941	Gig0/0	192.168.0.254	255.255.255.0（/24）
			Gig0/1	10.0.0.1	255.255.255.252（/30）
路由器	Router1	1941	Gig0/0	192.168.1.254	255.255.255.0（/24）
			Gig0/1	10.0.0.2	255.255.255.252（/30）

表 7-4 给出了本实验中需要给路由器 Router0 添加的静态路由条目。

表 7-4　实验 7-1 中需要给路由器 Router0 添加的静态路由条目

目的网络	子网掩码	下一跳
192.168.1.0	255.255.255.0（/24）	10.0.0.2

表 7-5 给出了本实验中需要给路由器 Router1 添加的静态路由条目。

表 7-5　实验 7-1 中需要给路由器 Router1 添加的静态路由条目

目的网络	子网掩码	下一跳
192.168.0.0	255.255.255.0（/24）	10.0.0.1

表 7-6 给出了本实验中需要给路由器 Router1 配置的扩展 ACL。

表 7-6　实验 7-1 中需要给路由器 Router1 配置的扩展 ACL

访问控制列表编号	规则序号	规 则	应用接口	接口方向
100	10	拒绝部门 A 的网络 192.168.0.0/24 中的任何计算机访问部门 B 中的服务器 Server0 提供的 Web 服务	GigabitEther0/1	in（入）
	20 和 30	拒绝部门 A 中的计算机 PC0 访问部门 B 中的服务器 Server0 提供的 FTP 服务		
	40	拒绝部门 A 中的计算机 PC1 与部门 B 中的计算机 PC2 通信		
	50	拒绝部门 A 的网络 192.168.0.0/24 中的任何计算机 PING 路由器 Router1		
	60	允许 Router1 通过任何流量		

7.1.6　实验步骤

本实验的流程图如图 7-2 所示。

1. 构建网络拓扑

请按以下步骤构建图 7-1 所示的网络拓扑：

❶ 选择并拖动表 7-1 给出的本实验所需的网络设备到逻辑工作区。

❷ 选择“自动选择连接类型”，由 Packet Tracer 软件自动为待连接的网络设备选择用于连接的接口以及相应的传输介质，然后将相关网络设备互连即可。

2. 查看并标注路由器相关接口名称（接口号）

为了方便给各路由器相关接口配置 IP 地址和子网掩码，建议将各路由器相关接口的接口名称（接口号）标注在它们各自的旁边。

具体操作见实验 4-2 的相关说明。

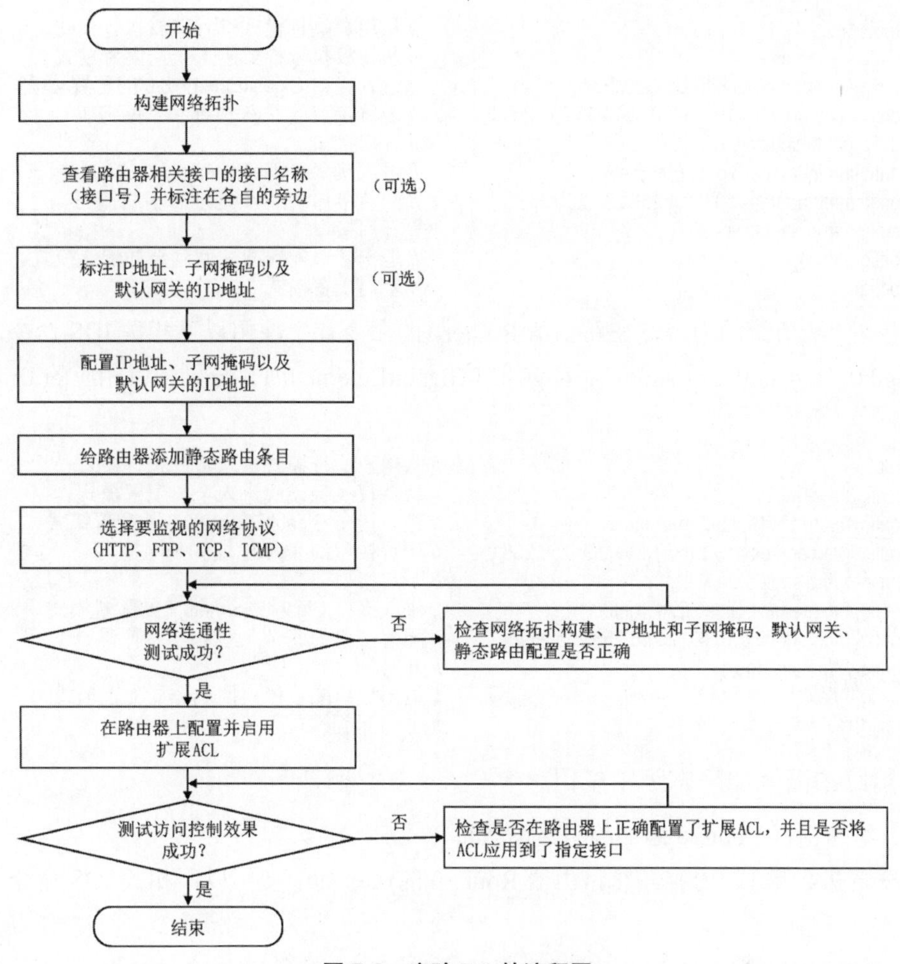

图 7-2　实验 7-1 的流程图

3. 标注IP地址、子网掩码以及默认网关的IP地址

建议将表 7-2 给出的需要给各计算机和服务器配置的 IP 地址、子网掩码以及默认网关的 IP 地址标注在它们各自的旁边；将表 7-3 给出的需要给各路由器相关接口配置的 IP 地址和子网掩码标注在各接口的旁边。

上述操作的目的在于方便给各网络设备配置网络参数、方便进行网络测试以及方便观察实验现象。

4. 配置IP地址、子网掩码以及默认网关的IP地址

（1）给各计算机和服务器配置 IP 地址、子网掩码以及默认网关的 IP 地址。

请按表 7-2 所给的内容，通过各计算机和服务器的图形用户界面分别给计算机 PC0、PC1、PC2、服务器 Server0 配置 IP 地址、子网掩码以及默认网关的 IP 地址。

（2）给各路由器相关接口配置 IP 地址和子网掩码。

请按表 7-3 所给的内容，在路由器 Router0 的命令行中使用以下相关 IOS 命令，给其接口 Gig0/0（GigabitEthernet0/0）、Gig0/1（GigabitEthernet0/1）分别配置相应的 IP 地址和子网掩码。

```
Router>enable                                         //从用户执行模式进入特权执行模式
Router#configure terminal                             //从特权执行模式进入全局配置模式
Router(config)#interface GigabitEthernet0/0           //进入接口 GigabitEthernet0/0 的配置模式
Router(config-if)#ip address 192.168.0.254 255.255.255.0   //配置接口的 IPv4 地址和子网掩码
Router(config-if)#no shutdown                         //开启接口
Router(config-if)# interface GigabitEthernet0/1       //进入接口 GigabitEthernet0/1 的配置模式
Router(config-if)#ip address 10.0.0.1 255.255.255.252     //配置接口的 IPv4 地址和子网掩码
Router(config-if)#no shutdown                         //开启接口
Router(config-if)#exit                                //退出接口配置模式回到全局配置模式
Router(config)#                                       //全局配置模式
```

请按表 7-3 所给的内容，在路由器 Router1 的命令行中使用以下相关 IOS 命令，给其接口 Gig0/0（GigabitEthernet0/0）、Gig0/1（GigabitEthernet0/1）分别配置相应的 IP 地址和子网掩码。

```
Router>enable                                         //从用户执行模式进入特权执行模式
Router#configure terminal                             //从特权执行模式进入全局配置模式
Router(config)#interface GigabitEthernet0/0           //进入接口 GigabitEthernet0/0 的配置模式
Router(config-if)#ip address 192.168.1.254 255.255.255.0   //配置接口的 IPv4 地址和子网掩码
Router(config-if)#no shutdown                         //开启接口
Router(config-if)# interface GigabitEthernet0/1       //进入接口 GigabitEthernet0/1 的配置模式
Router(config-if)#ip address 10.0.0.2 255.255.255.252     //配置接口的 IPv4 地址和子网掩码
Router(config-if)#no shutdown                         //开启接口
Router(config-if)#exit                                //退出接口配置模式回到全局配置模式
Router(config)#                                       //全局配置模式
```

5. 给路由器添加静态路由条目

（1）给路由器 Router0 添加静态路由条目。

请按表 7-4 所给的内容，在路由器 Router0 的命令行中使用以下相关 IOS 命令，给其添加一条静态路由条目。

```
Router(config)#ip route 192.168.1.0 255.255.255.0 10.0.0.2    //添加一条静态路由条目：
                                                              //目的网络地址为 192.168.1.0
                                                              //子网掩码为 255.255.255.0
                                                              //下一跳地址为 10.0.0.2
```

（2）给路由器 Router1 添加静态路由条目。

请按表 7-5 所给的内容，在路由器 Router1 的命令行中使用以下相关 IOS 命令，给其添加一条静态路由条目。

```
Router(config)#ip route 192.168.0.0 255.255.255.0 10.0.0.1    //添加一条静态路由条目：
                                                              //目的网络地址为 192.168.0.0
                                                              //子网掩码为 255.255.255.0
                                                              //下一跳地址为 10.0.0.1
```

6. 选择要监视的网络协议

本实验需要监视超文本传送协议（HTTP）、文件传输协议（FTP）、传输控制协议（TCP）以及网际控制报文协议（ICMP）。

7. 网络连通性测试

如果本实验之前各实验步骤都已正确完成，则至此各网络设备之间可以正常通信。

为了与后续实验步骤中给路由器 Router1 配置并启用扩展 ACL 后的实验效果进行对

比，可针对表 7-6 所给出的需要给路由器 Router1 配置的扩展 ACL 中的各条规则，进行相应测试，可观察到的现象是所有测试都不受这些规则的限制，因为目前还未在 Router1 上配置并启用包含这些规则的扩展 ACL。

若上述某些测试未成功，请切换到**“模拟”工作模式**，进行**单步模拟**，找出导致测试失败的原因。

8. 在路由器上配置并启用扩展ACL

请按表 7-6 所给的内容，在路由器 Router1 的命令行中使用以下相关 IOS 命令，在其上配置扩展 ACL，然后将 ACL 应用到指定接口。

```
Router(config)#access-list 100 deny tcp 192.168.0.0 0.0.0.255 host  // 创建扩展 ACL，编号为 100
192.168.1.2 eq 80                                                   // 第一条规则（默认序号为 10）
Router(config)#access-list 100 deny tcp host 192.168.0.1 host       // 第二条规则（默认序号为 20）
192.168.1.2 eq 20
Router(config)#access-list 100 deny tcp host 192.168.0.1 host       // 第三条规则（默认序号为 30）
192.168.1.2 eq 21
Router(config)#access-list 100 deny ip host 192.168.0.2 host        // 第四条规则（默认序号为 40）
192.168.1.1
Router(config)#access-list 100 deny icmp 192.168.0.0 0.0.0.255 host // 第五条规则（默认序号为 50）
10.0.0.2
Router(config)#access-list 100 permit ip any any                    // 第六条规则（默认序号为 60）
Router(config)#interface GigabitEthernet0/1                         // 进入接口 GigabitEthernet0/1 的配置模式
Router(config-if)#ip access-group 100 in                            // 应用扩展 ACL 100，方向为“入”
Router(config-if)#end                                               // 退出到特权执行模式
Router#show access-lists                                            // 显示所有的 ACL
```

9. 测试访问控制效果

请按表 7-6 所给的内容，进行相应访问控制测试，若未实现所需的访问控制效果，请检查是否在 Router1 上正确配置了扩展 ACL，并且是否将 ACL 应用到了指定接口。

7.2 实验 7-2 配置基于 IPSec 的虚拟专用网 VPN

7.2.1 实验目的

- 掌握在路由器上配置 IPSec 并实现虚拟专用网 VPN 的方法。
- 观察普通 IP 数据报经 IPSec 处理后成为 IP 安全数据报并在 VPN 中传送的过程。

7.2.2 预备知识

1. IPSec协议栈简介

IPSec 是“IPSecurity”（IP 安全）的缩写，它是**为因特网的网际层提供安全服务的协议族**。

IPSec 包含两种不同的工作方式：**运输方式**和**隧道方式**，图 7-3 给出了不同工作方式下 IP 安全数据报的封装方法。

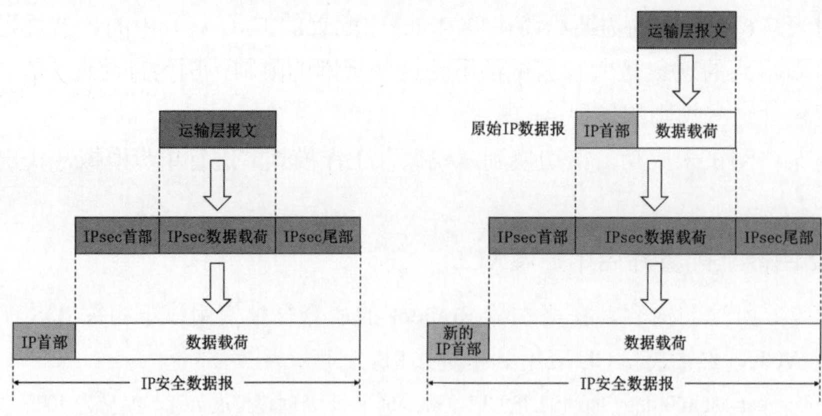

图 7-3　不同工作方式下 IP 安全数据报的封装方式

2. 在路由器之间建立安全关联

在使用隧道方式传送 IP 安全数据报之前，应当首先为通信双方建立一条**网际层的逻辑连接（即安全隧道）**，称为**安全关联**（Security Association，SA）。这样，传统因特网无连接的网际层就变成了具有逻辑连接的一个层。

图 7-4 给出了 SA 的示意图，路由器 R1 和 R2 分别是公司总部和分公司的防火墙中的路由器，它们各自负责为其所在部门收发 IP 数据报。因此公司总部与分公司之间的 SA 可以建立在 R1 和 R2 之间。从逻辑上看，IP 安全数据报在 SA 中的传送，就好像通过一条安全的隧道。

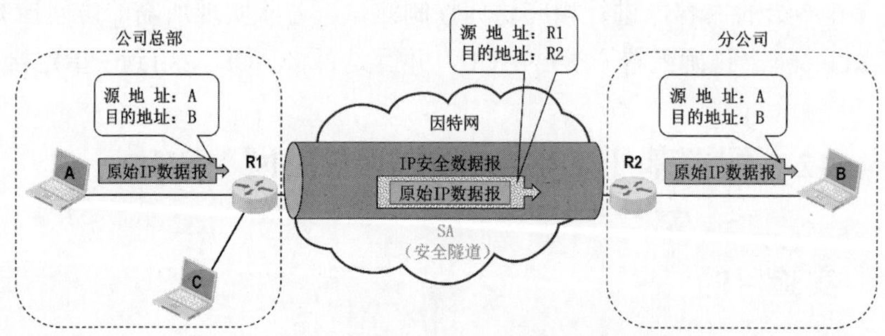

图 7-4　路由器之间建立安全关联 SA

3. IP安全数据报的格式

在 IPSec 协议族中有两个主要的协议：**鉴别首部**（Authentication Header，AH）协议和**封装安全有效载荷**（Encapsulation Security Payload，ESP）协议。AH 协议提供源点鉴别和数据完整性服务，但不能提供保密性服务。而 ESP 协议比 AH 协议复杂得多，它提供源点鉴别、数据完整性和保密性服务。由于 AH 协议的功能都已包含在 ESP 协议中，因此使用 ESP 协议就无须使用 AH 协议。

使用 ESP 或 AH 协议的 IP 数据报称为 IP 安全数据报（或 IPSec 数据报），它可以在两台主机之间、两台路由器之间或一台主机和一台路由器之间的 SA **中传送**。IP 安全数据报的格式如图 7-5 所示。

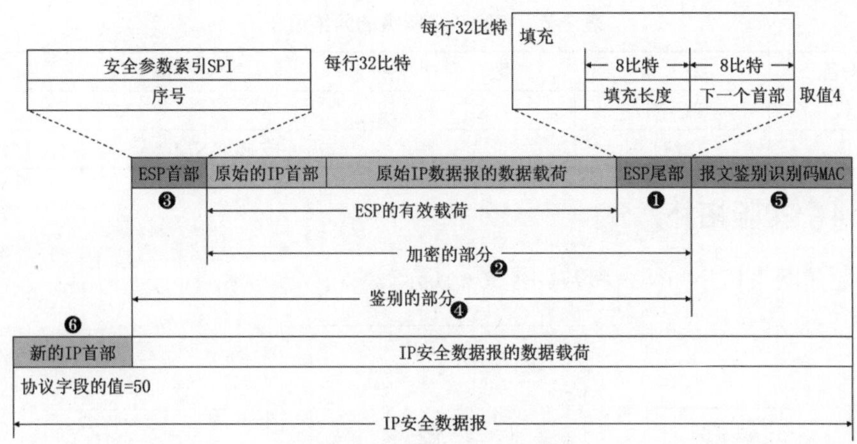

图 7-5　IP 安全数据报的格式

4. 安全关联数据库

安全关联数据库（Security Association Database，SAD）是 IPSec 的一个重要构件。发送 IP 安全数据报的实体（路由器或主机）使用 SAD **来存储可能要用到的很多条** SA。当主机要发送 IP 安全数据报时，会在 SAD 中查找相应的 SA，以便**获取对该 IP 安全数据报实施安全保护的必要信息**。同理，当主机接收 IP 安全数据报时，也要在 SAD 中查找相应的 SA，以便获取检查该 IP 安全数据报的安全性的必要信息。

5. 因特网密钥交换协议

如果一个使用 IPSec 的虚拟专用网（VPN）中仅有几个路由器和主机，则用人工配置的方法就可以建立起所需的 SAD。但如果该 VPN 有大量的路由器和主机，则人工配置的方法几乎是不可能的。因此，对于大型的、地理位置分散的系统，为了创建 SAD，需要使用**自动生成的机制**，而**因特网密钥交换**（Internet Key Exchange，IKE）协议就提供了这样的机制。也就是说，IKE **的作用就是为 IP 安全数据报创建** SA。

IKE 是一个非常复杂的协议，其最新版本为 IKEv2，以下三个协议是 IKEv2 的基础：

- **密钥生成协议** Oakley。
- **安全密钥交换机制**（Secure Key Exchange Mechanism，SKEME）：用于密钥交换的协议。它利用公钥加密来实现密钥交换协议中的实体鉴别。
- **因特网安全关联和密钥管理协议**（Internet Secure Association and Key Management Protocol，ISAKMP）：用于实现 IKE 中定义的密钥交换，使 IKE 的交换能够以标准化、格式化的报文创建 SA。

有关 IPsec 的相关介绍，请参看《深入浅出计算机网络（微课视频版）》教材 7.7 节。

6. Packet Tracer软件中的相关操作

本实验所涉及的 Packet Tracer 软件中的相关操作，请参看 1.2 节的相关内容。

7.2.3　实验设备

表 7-7 给出了本实验所需的网络设备。

表 7-7　实验 7-2 所需的网络设备

网络设备	型　号	数　量	备　注
计算机	PC-PT	2	
路由器	2811	3	需要安装“NM-4A/S”串行接口模块

7.2.4　实验拓扑

本实验的网络拓扑和网络参数如图 7-6 所示。

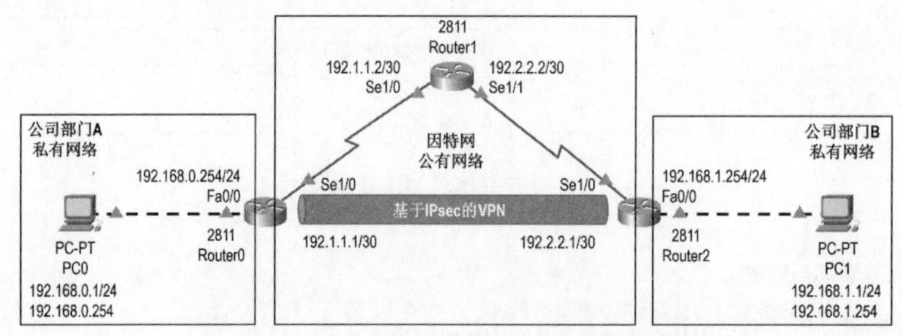

图 7-6　实验 7-2 的网络拓扑和网络参数

图 7-6 所表示的是，某个大型公司的部门 A 与部门 B 处于不同的城市。部门 A 的私有网络地址为 192.168.0.0/24，部门 B 的私有网络地址为 192.168.1.0/24。部门 A 中的各计算机与部门 B 中的各计算机希望通过因特网进行通信。在本实验中，不采用网络地址转换（NAT）技术，而是在部门 A 的路由器 Router0 与部门 B 的路由器 Router2 之间，基于 IPsec 在因特网上建立 VPN。部门 A 中的各计算机与部门 B 中的各计算机通过 VPN 进行安全通信。

7.2.5　实验配置

表 7-8 给出了本实验中需要给各计算机配置的 IP 地址、子网掩码以及默认网关的 IP 地址。

表 7-8　实验 7-2 中需要给各计算机配置的 IP 地址、子网掩码以及默认网关的 IP 地址

网络设备	名　称	型　号	IP 地址	子网掩码	默认网关的 IP 地址
计算机	PC0	PC-PT	192.168.0.1	255.255.255.0（/24）	192.168.0.254
计算机	PC1	PC-PT	192.168.1.1	255.255.255.0（/24）	192.168.1.254

表 7-9 给出了本实验中需要给各路由器相关接口配置的 IP 地址和子网掩码。

表 7-9　实验 7-2 中需要给各路由器相关接口配置的 IP 地址和子网掩码

网络设备	名　称	型　号	接口	IP 地址	子网掩码
路由器	Router0	2811	Fa0/0	192.168.0.254	255.255.255.0（/24）
			Se1/0	192.1.1.1	255.255.255.252（/30）
路由器	Router1	2811	Se1/0	192.1.1.2	255.255.255.252（/30）
			Se1/1	192.2.2.2	255.255.255.252（/30）
路由器	Router2	2811	Fa0/0	192.168.1.254	255.255.255.0（/24）
			Se1/0	192.2.2.1	255.255.255.252（/30）

表 7-10 给出了本实验中需要给路由器 Router0 添加的默认路由条目。

表 7-10　实验 7-2 中需要给路由器 Router0 添加的默认路由条目

目的网络	子网掩码	下一跳
0.0.0.0	0.0.0.0（/0）	192.1.1.2

图 7-6 给出了本实验中需要给路由器 Router2 添加的默认路由条目。

表 7-11　实验 7-2 中需要给路由器 Router2 添加的默认路由条目

目的网络	子网掩码	下一跳
0.0.0.0	0.0.0.0（/0）	192.2.2.2

7.2.6　实验步骤

本实验的流程图如图 7-7 所示。

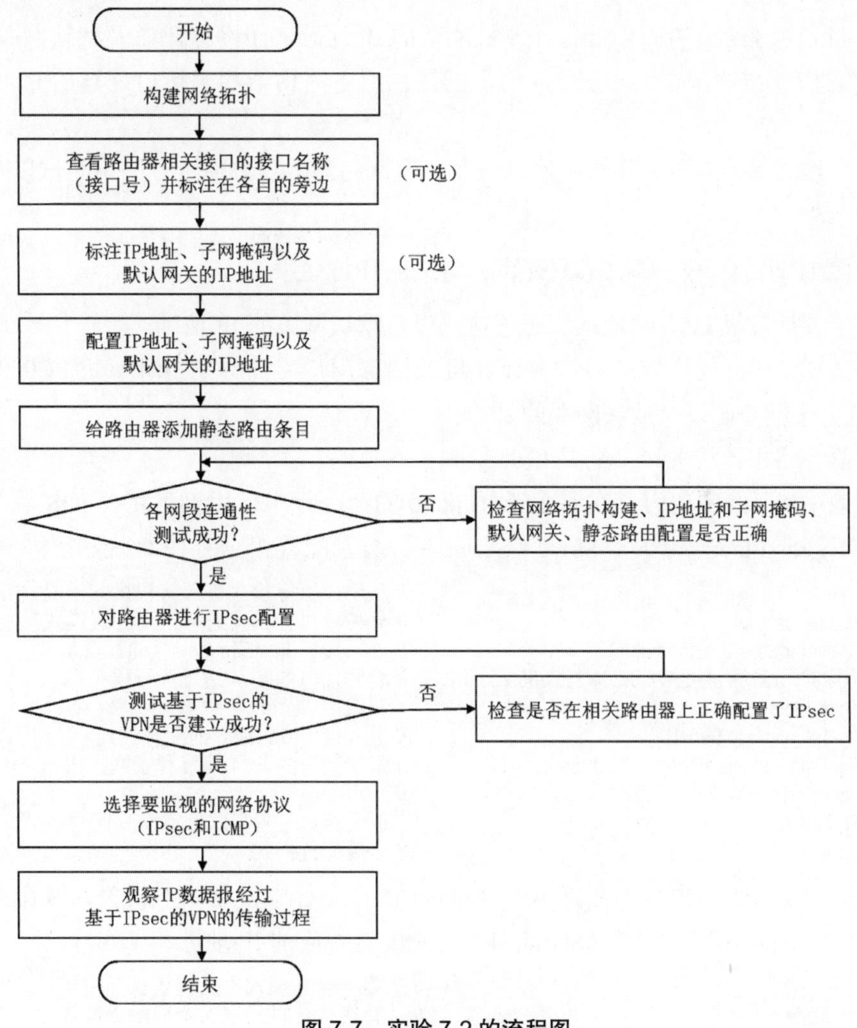

图 7-7　实验 7-2 的流程图

1. 构建网络拓扑

请按以下步骤构建图 7-6 所示的网络拓扑：

❶ 选择并拖动表 7-7 给出的本实验所需的网络设备到逻辑工作区。

❷ 给三台型号为 2811 的路由器各安装一个型号为“NM-4A/S”的串行接口模块。

❸ 选择串行线（Serial DTE）将三台路由器（Router0、Router1、Router2）通过各自的串行接口（例如 Serial1/0）连接起来。

❹ 选择“自动选择连接类型”，由 Packet Tracer 软件自动为待连接的网络设备选择用于连接的接口以及相应的传输介质，然后将相关网络设备互连即可。

2. 查看并标注路由器相关接口名称（接口号）

为了方便给各路由器相关接口配置 IP 地址和子网掩码，建议将各路由器相关接口的接口名称（接口号）标注在它们各自的旁边。

具体操作见实验 4-2 的相关说明。

3. 标注IP地址、子网掩码以及默认网关的IP地址

建议将表 7-8 给出的需要给各计算机配置的 IP 地址、子网掩码以及默认网关的 IP 地址标注在它们各自的旁边；将表 7-9 给出的需要给各路由器相关接口配置的 IP 地址和子网掩码标注在各接口的旁边。

上述操作的目的在于方便给各网络设备配置网络参数、方便进行网络测试以及方便观察实验现象。

4. 配置IP地址、子网掩码以及默认网关的IP地址

（1）给各计算机配置 IP 地址、子网掩码以及默认网关的 IP 地址。

请按表 7-8 所给的内容，通过各计算机的图形用户界面分别给计算机 PC0 和 PC1 配置 IP 地址、子网掩码以及默认网关的 IP 地址。

（2）给各路由器相关接口配置 IP 地址和子网掩码。

请按表 7-9 所给的内容，在路由器 Router0 的命令行中使用以下相关 IOS 命令，给其接口 Fa0/0（FastEthernet0/0）、Se1/0（Serial1/0）分别配置相应的 IP 地址和子网掩码。

```
Router>enable                                      // 从用户执行模式进入特权执行模式
Router#configure terminal                          // 从特权执行模式进入全局配置模式
Router(config)#interface FastEthernet0/0           // 进入接口 FastEthernet0/0 的配置模式
Router(config-if)#ip address 192.168.0.254 255.255.255.0   // 配置接口的 IPv4 地址和子网掩码
Router(config-if)#no shutdown                      // 开启接口
Router(config-if)# interface Serial1/0             // 进入接口 Serial1/0 的配置模式
Router(config-if)#ip address 192.1.1.1 255.255.255.252     // 配置接口的 IPv4 地址和子网掩码
Router(config-if)#no shutdown                      // 开启接口
Router(config-if)#exit                             // 退出接口配置模式回到全局配置模式
Router(config)#                                    // 全局配置模式
```

请按表 7-9 所给的内容，在路由器 Router1 的命令行中使用以下相关 IOS 命令，给其接口 Se1/0（Serial1/0）、Se1/1（Serial1/1）分别配置相应的 IP 地址和子网掩码。

```
Router>enable                                      // 从用户执行模式进入特权执行模式
Router#configure terminal                          // 从特权执行模式进入全局配置模式
Router(config)#interface Serial1/0                 // 进入接口 Serial1/0 的配置模式
Router(config-if)#ip address 192.1.1.2 255.255.255.252     // 配置接口的 IPv4 地址和子网掩码
Router(config-if)#no shutdown                      // 开启接口
Router(config-if)# interface Serial1/1             // 进入接口 Serial1/1 的配置模式
Router(config-if)#ip address 192.2.2.2 255.255.255.252     // 配置接口的 IPv4 地址和子网掩码
Router(config-if)#no shutdown                      // 开启接口
```

```
Router(config-if)#exit                                //退出接口配置模式回到全局配置模式
Router(config)#                                       //全局配置模式
```

请按表 7-9 所给的内容，在路由器 Router2 的命令行中使用以下相关 IOS 命令，给其接口 Fa0/0（FastEthernet0/0）、Se1/0（Serial1/0）分别配置相应的 IP 地址和子网掩码。

```
Router>enable                                         //从用户执行模式进入特权执行模式
Router#configure terminal                             //从特权执行模式进入全局配置模式
Router(config)#interface FastEthernet0/0              //进入接口 FastEthernet0/0 的配置模式
Router(config-if)#ip address 192.168.1.254 255.255.255.0  //配置接口的 IPv4 地址和子网掩码
Router(config-if)#no shutdown                         //开启接口
Router(config-if)# interface Serial1/0                //进入接口 Serial1/0 的配置模式
Router(config-if)#ip address 192.2.2.1 255.255.255.252    //配置接口的 IPv4 地址和子网掩码
Router(config-if)#no shutdown                         //开启接口
Router(config-if)#exit                                //退出接口配置模式回到全局配置模式
Router(config)#                                       //全局配置模式
```

5. 给路由器添加静态路由条目

请按表 7-10 所给的内容，在路由器 Router0 的命令行中使用以下相关 IOS 命令，给其添加一条默认路由条目。

```
Router(config)#ip route 0.0.0.0 0.0.0.0 192.1.1.2     //添加一条默认路由条目：
                                                      //目的网络地址为 0.0.0.0
                                                      //子网掩码为 0.0.0.0
                                                      //下一跳地址为 192.1.1.2
```

请按表 7-10 所给的内容，在路由器 Router2 的命令行中使用以下相关 IOS 命令，给其添加一条默认路由条目。

```
Router(config)#ip route 0.0.0.0 0.0.0.0 192.2.2.2     //添加一条默认路由条目：
                                                      //目的网络地址为 0.0.0.0
                                                      //子网掩码为 0.0.0.0
                                                      //下一跳地址为 192.2.2.2
```

6. 各网段连通性测试

请切换到**“实时”工作模式**，分别进行以下测试。

❶ 在 PC0 的命令行使用“ping”命令，测试 PC0 与 Router0 的接口 Se1/0（IP 地址为 192.1.1.1/30）之间的连通性。

❷ 在 PC1 的命令行使用“ping”命令，测试 PC10 与 Router2 的接口 Se1/0（IP 地址为 192.2.2.1/30）之间的连通性。

❸ 在 Router0 的命令行使用“ping”命令，测试 Router0 与 Router1 之间的连通性。

❹ 在 Router1 的命令行使用“ping”命令，测试 Router1 与 Router2 之间的连通性。

这样做的目的主要有以下四个：

- 测试网络拓扑是否构建成功。
- 测试 PC0、PC1 各自的 IP 地址、子网掩码以及默认网关的 IP 地址是否配置正确。
- 测试 Router0、Router1、Router2 各自相关接口的 IP 地址和子网掩码是否配置正确。
- 让 PC0 与 Router0、PC1 与 Router2、Router0 与 Router1、Router1 与 Router2 都获取到对方相关接口的 MAC 地址，以免在后续过程中出现“通过 ARP 查找已知 IP 地

址所对应的 MAC 地址”这一过程，影响用户对实验现象的观察。

完成上述各网段连通性测试后，请在 PC0 的命令行使用“ping”命令，测试 PC0 与 PC1 之间的连通性，测试结果应为无法通信。这是因为在路由器 Router1 中并没有配置到达部门 A 与部门 B 的私有网络的路由条目，这与实际应用情况是一致的。在实际应用中，因特网中的路由器一般都由运营商配置，这些路由器对目的地址为私有地址的 IP 数据报一律不转发。换句话说，目的地址为私有地址的 IP 数据报不能经过因特网的传输。

7. 对路由器进行IPSec相关配置

在路由器 Router0 的命令行中使用以下相关 IOS 命令，对其进行 IPSec 相关配置。

```
Router(config)#crypto isakmp enable                                   // 使能 ISAKMP
Router(config)#crypto isakmp policy 1                                 // 创建 ISAKMP 策略
Router(config-isakmp)#encryption 3des                                 // 设置 ISAKMP 采用的加密方式为 3DES
Router(config-isakmp)#hash md5                                        // 设置 ISAKMP 采用的散列算法为 MD5
Router(config-isakmp)#authentication pre-share                        // 设置 ISAKMP 采用的认证方式为预共享密钥
Router(config-isakmp)#exit                                            // 退出到全局配置模式
Router(config)#crypto isakmp key 123456 address 192.2.2.1             // 设置 ISAKMP 交换的密钥和对方的 IP 地址
Router(config)#crypto ipsec transform-set myts ah-md5-hmac            // 创建 IPSec 转换集，myts 是转换集的名称（可
esp-3des                                                              // 自行定义），对方转换集的名称可以不同，但
                                                                      // 其他参数要一致。本命令中创建的 myts 转换
                                                                      // 集为 AH-HMAC-MD5 转换和使用 3DES 的 ESP
                                                                      // 转换。
Router(config)#access-list 101 permit ip 192.168.0.0 0.0.0.255        // 创建扩展 ACL，编号为 101，
192.168.1.0 0.0.0.255                                                 // 允许私有网络 192.168.0.0 到私有网络
                                                                      // 192.168.1.0 的流量。0.0.0.255 是相应的通配符掩
                                                                      // 码，可将其看作子网掩码的反掩码。
Router(config)#crypto map mymap 10 ipsec-isakmp                       // 创建加密映射表并进行配置，mymap 是加密映
                                                                      // 射表的名称（可自行设置），10 为优先级（取
Router(config-crypto-map)#set peer 192.2.2.1                          // 值范围 1~65535），如果有多个表，数字越小的
Router(config-crypto-map)#set transform-set myts                      // 越优先工作。
Router(config-crypto-map)#match address 101                           // 指定对方路由器的 IP 地址
                                                                      // 指定所使用的 IPSec 转换集为之前创建的 myts
                                                                      // 指定加密通信的 ACL 为之前创建的
                                                                      // 编号为 101 的扩展 ACL
Router(config-crypto-map)#interface Serial1/0                         // 进入接口 Serial1/0 的配置模式
Router(config-if)#crypto map mymap                                    // 将加密映射表应用到该接口
```

在路由器 Router2 的命令行中使用以下相关 IOS 命令，对其进行 IPSec 相关配置。

```
Router(config)#crypto isakmp enable                            // 使能 ISAKMP
Router(config)#crypto isakmp policy 1                          // 创建 ISAKMP 策略
Router(config-isakmp)#encryption 3des                          // 设置 ISAKMP 采用的加密方式为 3DES
Router(config-isakmp)#hash md5                                 // 设置 ISAKMP 采用的散列算法为 MD5
Router(config-isakmp)#authentication pre-share                 // 设置 ISAKMP 采用的认证方式为预共享密钥
Router(config-isakmp)#exit                                     // 退出到全局配置模式
Router(config)#crypto isakmp key 123456 address                // 设置 ISAKMP 交换的密钥和对方的 IP 地址
192.1.1.1                                                      // 创建 IPSec 转换集，myts 是转换集的名称（可自行
Router(config)#crypto ipsec transform-set myts ah-md5-         // 定义），对方转换集的名称可以不同，但其他参数要一
hmac esp-3des                                                  // 致。本命令中创建的 myts 转换集为 AH-HMAC-MD5 转换
                                                               // 和使用 3DES 的 ESP
                                                               // 转换。
Router(config)#access-list 101 permit ip 192.168.1.0           // 创建扩展 ACL，编号为 101，
0.0.0.255 192.168.0.0 0.0.0.255                                // 允许私有网络 192.168.1.0 到私有网络
                                                               // 192.168.0.0 的流量。0.0.0.255 是相应的通配符掩
```

```
                                                    //码，可将其看作子网掩码的反掩码。
Router(config)#crypto map mymap 10 ipsec-isakmp     //创建加密映射表并进行配置，mymap 是加密映
                                                    //射表的名称（可自行设置），10 为优先级（取
                                                    //值范围 1~65535），如果有多个表，数字越小的
                                                    //越优先工作。
Router(config-crypto-map)#set peer 192.1.1.1        //指定对方路由器的 IP 地址
Router(config-crypto-map)#set transform-set myts    //指定所使用的 IPSec 转换集为之前创建的 myts
Router(config-crypto-map)#match address 101         //指定加密通信的 ACL 为之前创建的
                                                    //编号为 101 的扩展 ACL
Router(config-crypto-map)#interface Serial1/0       //进入接口 Serial1/0 的配置模式
Router(config-if)#crypto map mymap                  //将加密映射表应用到该接口
```

8. 测试基于IPSec的VPN是否建立成功

请切换到**“实时”工作模式**，在计算机 PC0 的命令行使用“ping”命令，测试 PC0 与 PC1 的连通性。如果之前的各项配置工作都正确完成，则 PC0 与 PC1 可以正常通信，这也表明路由器 Router0 与 Router2 之间基于 IPSec 的 VPN 建立成功。

9. 选择要监视的网络协议

本实验需要监视 IPSec 协议族和网际控制报文协议（ICMP）。

10. 观察IP数据报经过基于IPSec的VPN的传输过程

切换到**“模拟”工作模式**，进行**单步模拟**。使用工作区工具箱中的“Add Simple PDU”（添加简单的 PDU）工具✉，让计算机 PC0 给 PC1 发送单播 IP 数据报，重点观察以下内容：

❶ 该单播 IP 数据报在 PC0 所在私有网络中传输时的源 IP 地址和目的 IP 地址分别是什么。

❷ 路由器 Router0 收到该单播 IP 数据报后对其进行 IPSec 处理，使之成为 IP 安全数据报。IP 安全数据报的源 IP 地址和目的 IP 地址分别是什么。

❸ 路由器 Router2 收到来自路由器 Router0 的 IP 安全数据报后对其进行 IPSec 处理，提取出普通 IP 数据报。该数据报在计算机 PC1 所在私有网络中传输时的源 IP 地址和目的 IP 地址分别是什么。

本章知识点思维导图请扫码获取：

第 8 章　综合实验

实验 8-1　构建采用三层网络架构的小型园区网

实验目的

- 了解小型园区网采用的三层网络架构。
- 将之前各章中的重点实验进行融合。
- 掌握构建园区网络常用的技术手段。

预备知识

1. 园区网络概述

典型的园区网络一般采用**接入层**、**汇聚层**、**核心层**的三层网络架构。

- **接入层**：是网络中**直接面向用户**连接或访问的部分。接入层设备一般采用二层交换机，具有高端口密度和低成本的特性。
- **汇聚层**：用于**连接接入层和核心层**，一般采用三层交换机，是**接入层交换机的汇聚点**。汇聚层处理来自接入层设备的所有通信量，需要更高的交换速率和处理性能。
- **核心层**：是**网络的主干**部分，负责提供可靠的骨干传输结构和高速转发能力，因此需要更高的可靠性和处理性能。

在本实验中，假设有一个信息中心和四个部门 A、B、C、D。信息中心是园区网络的核心层，由此连接因特网。信息中心包含有一台三层交换机、一台二层交换机以及两台服务器。两台服务器通过二层交换机连接到三层交换机上。四个部门 A、B、C、D 各配有一台二层交换机，构成园区网络的接入层。汇聚层包含两台三层交换机：部门 A 和 B 各自的二层交换机通过汇聚层中的一台三层交换机连接到信息中心的三层交换机；部门 C 和 D 各自的二层交换机通过汇聚层中的另一台三层交换机连接到信息中心的三层交换机。

需要说明的是，限于篇幅和仿真软件等因素，本实验中的园区网络在部门数量、链路带宽等方面均进行了简化，仅用于逻辑验证。

2. Packet Tracer软件中的相关操作

本实验所涉及的 Packet Tracer 软件中的相关操作，请参看 1.2 节的相关内容。

实验设备

表 8-1 给出了本实验所需的网络设备。

表 8-1　实验 8-1 所需的网络设备

网络设备	型　号	数　量	备　注
计算机	PC-PT	8	
服务器	Server-PT	3	
二层交换机	2960-24TT	5	
三层交换机	3560-24PS	3	
路由器	1941	2	需要安装“HWIC-2T”串行接口模块

实验拓扑

本实验的网络拓扑和网络参数如图 8-1 所示。

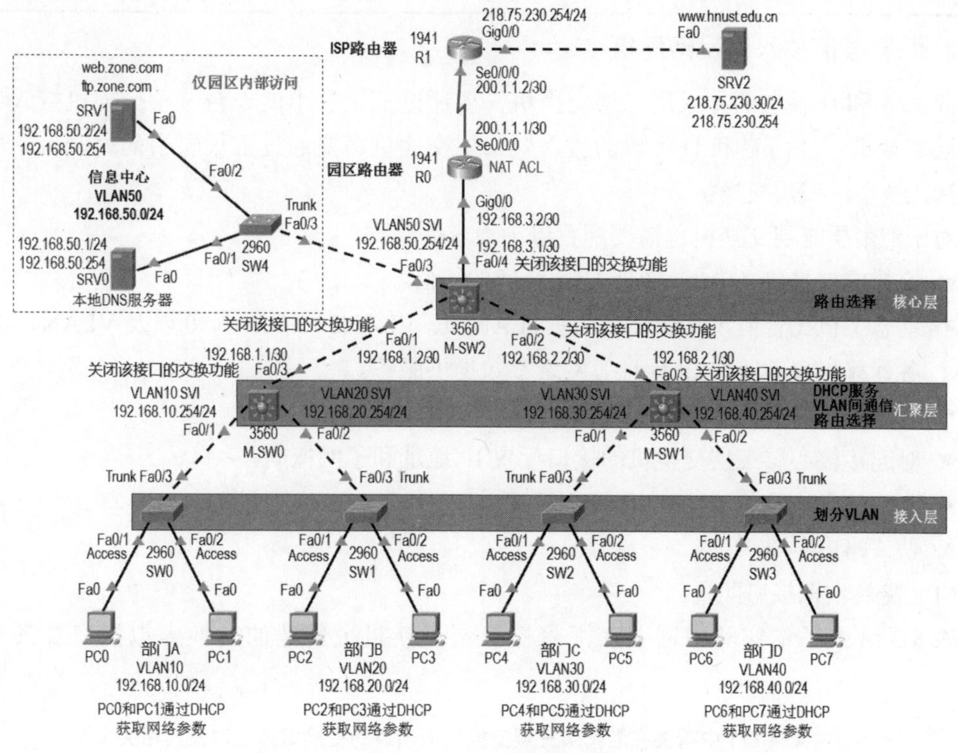

图 8-1　实验 8-1 的网络拓扑和网络参数

实验配置

1. 接入层相关网络设备配置

部门 A、B、C、D 各自配有一个接入层二层交换机，需要基于各交换机端口进行 VLAN 划分，实现广播域的分隔，具体配置如表 8-2 所示。

表 8-2　实验 8-1 中对接入层各二层交换机的 VLAN 划分

设备名称	设备型号	所属部门	接口名称	接口类型	VLAN 号	VLAN 名称
Switch0 (SW0)	2960-24TT (2960)	部门 A	Fa0/1	Access	10	VLAN10
			Fa0/2	Access	10	VLAN10
			Fa0/3	Trunk	保持默认	保持默认

续表

设备名称	设备型号	所属部门	接口名称	接口类型	VLAN 号	VLAN 名称
Switch1 (SW1)	2960-24TT (2960)	部门 B	Fa0/1	Access	20	VLAN20
			Fa0/2	Access	20	VLAN20
			Fa0/3	Trunk	保持默认	保持默认
Switch2 (SW2)	2960-24TT (2960)	部门 C	Fa0/1	Access	30	VLAN30
			Fa0/2	Access	30	VLAN30
			Fa0/3	Trunk	保持默认	保持默认
Switch3 (SW3)	2960-24TT (2960)	部门 D	Fa0/1	Access	40	VLAN40
			Fa0/2	Access	40	VLAN40
			Fa0/3	Trunk	保持默认	保持默认

2. 汇聚层相关网络设备配置

部门 A 和 B 各自的接入层二层交换机需要通过汇聚层中的一台三层交换机接入核心层三层交换机；部门 C 和 D 各自的接入层二层交换机需要通过汇聚层中的另一台三层交换机接入核心层三层交换机。

对于汇聚层三层交换机，需要配置以下内容：

- 交换虚拟接口（SVI）实现 VLAN 间的通信。
- 动态主机配置协议（DHCP）为 VLAN10、VLAN20、VLAN30 以及 VLAN40 中的各计算机自动获取 IP 地址等网络参数提供服务。
- 使能三层交换机的路由功能。
- 对连接核心层三层交换机的接口配置 IP 地址和子网掩码。
- 路由信息协议（RIP）实现路由选择。
- 默认路由。

（1）交换虚拟接口配置。

表 8-3 给出了本实验中需要在汇聚层三层交换机上创建的交换虚拟接口及其相关配置。

表 8-3　实验 8-1 中需要在汇聚层三层交换机上创建的交换虚拟接口及其相关配置

设备名称	设备型号	交换虚拟接口	IP 地址	子网掩码
Multilayer Switch0 （M-SW0）	3560-24PS （3560）	VLAN 号为 10 的虚拟接口	192.168.10.254	255.255.255.0（/24）
		VLAN 号为 20 的虚拟接口	192.168.20.254	255.255.255.0（/24）
Multilayer Switch1 （M-SW1）	3560-24PS （3560）	VLAN 号为 30 的虚拟接口	192.168.30.254	255.255.255.0（/24）
		VLAN 号为 40 的虚拟接口	192.168.40.254	255.255.255.0（/24）

（2）DHCP 配置。

表 8-4 给出了本实验中需要在汇聚层三层交换机上配置的 DHCP 服务。

表 8-4 实验 8-1 中需要在汇聚层三层交换机上配置的 DHCP 服务

设备名称	地址池名称	网络地址	默认网关	DNS 服务器	排除地址
M-SW0	VLAN10	192.168.10.0/24	192.168.10.254	192.168.50.1	192.168.10.254
	VLAN20	192.168.20.0/24	192.168.20.254	192.168.50.1	192.168.20.254
M-SW1	VLAN30	192.168.30.0/24	192.168.30.254	192.168.50.1	192.168.30.254
	VLAN40	192.168.40.0/24	192.168.40.254	192.168.50.1	192.168.40.254

（3）使能三层交换机的路由功能。

与二层交换机相比，三层交换机还具有路由功能，但路由功能默认是关闭的，因此需要使能路由功能。

（4）给特定接口配置 IP 地址和子网掩码。

表 8-5 给出了本实验中汇聚层三层交换机用于连接核心层三层交换机的接口所需配置的 IP 地址和子网掩码。

表 8-5 实验 8-1 中需要给汇聚层三层交换机特定接口配置的 IP 地址和子网掩码

设备名称	接口名称	IP 地址	子网掩码	注意
M-SW0	Fa0/3	192.168.1.1	255.255.255.252（/30）	需要关闭接口的交换功能
M-SW1	Fa0/3	192.168.2.1	255.255.255.252（/30）	

（5）路由信息协议配置。

表 8-6 给出了本实验中需要在汇聚层三层交换机上启用的路由信息协议和需要通告的直连网络。

表 8-6 实验 8-1 中需要在汇聚层三层交换机上启用的路由信息协议和需要通告的直连网络

设备名称	需要启用的路由信息协议	需要通告的直连网络	自动汇总
M-SW0	RIPv2	192.168.10.0	否
		192.168.20.0	
		192.168.1.0	
M-SW1	RIPv2	192.168.30.0	否
		192.168.40.0	
		192.168.2.0	

（6）默认路由配置。

表 8-7 给出了本实验中需要给汇聚层三层交换机添加的默认路由条目。

表 8-7 实验 8-1 中需要给汇聚层三层交换机添加的默认路由条目

设备名称	目的网络	子网掩码	下一跳
M-SW0	0.0.0.0	0.0.0.0（/0）	192.168.1.2
M-SW1	0.0.0.0	0.0.0.0（/0）	192.168.2.2

3. 核心层相关网络设备配置

核心层包含有一台三层交换机、一台二层交换机以及两台服务器。两台服务器通过二层交换机连接到三层交换机上，其中一台服务器提供 DNS 服务，另一台服务器提供 Web 服务和 FTP 服务。

（1）核心层三层交换机配置。

对于核心层三层交换机，需要配置以下内容：

- 交换虚拟接口实现 VLAN 间的通信。
- 对连接汇聚层三层交换机的接口以及园区路由器的接口配置 IP 地址和子网掩码。
- 使能三层交换机的路由功能。
- 路由信息协议实现路由选择。
- 默认路由。

表 8-8 给出了本实验中需要在核心层三层交换机上创建的交换虚拟接口及其相关配置。

表 8-8　实验 8-1 中需要在核心层三层交换机上创建的交换虚拟接口及其相关配置

设备名称	设备型号	交换虚拟接口	IP 地址	子网掩码
Multilayer Switch2（M-SW2）	3560-24PS（3560）	VLAN 号为 50 的虚拟接口	192.168.50.254	255.255.255.0（/24）

表 8-9 给出了本实验中核心层三层交换机用于连接汇聚层三层交换机的接口，以及园区路由器的接口所需配置的 IP 地址和子网掩码。

表 8-9　实验 8-1 中需要给核心层三层交换机特定接口配置的 IP 地址和子网掩码

设备名称	接口名称	IP 地址	子网掩码	注意
M-SW2	Fa0/1	192.168.1.2	255.255.255.252（/30）	需要关闭接口的交换功能
	Fa0/2	192.168.2.2	255.255.255.252（/30）	
	Fa0/4	192.168.3.1	255.255.255.252（/30）	

与二层交换机相比，三层交换机还具有路由功能，但路由功能默认是关闭的，因此需要使能路由功能。

表 8-10 给出了本实验中需要在核心层三层交换机上启用的路由信息协议和需要通告的直连网络。

表 8-10　实验 8-1 中需要在核心层三层交换机上启用的路由信息协议和需要通告的直连网络

设备名称	需要启用的路由信息协议	需要通告的直连网络	自动汇总
M-SW2	RIPv2	192.168.1.0	否
		192.168.2.0	
		192.168.3.0	
		192.168.50.0	

表 8-11 给出了本实验中需要给核心层三层交换机添加的默认路由条目。

表 8-11　实验 8-1 中需要给核心层三层交换机添加的默认路由条目

设备名称	目的网络	子网掩码	下一跳
M-SW2	0.0.0.0	0.0.0.0（/0）	192.168.3.2

（2）核心层二层交换机配置。

对于核心层中的二层交换机，只需要创建和划分 VLAN 即可，具体配置如表 8-12 所示。

表 8-12　实验 8-1 中对核心层中的二层交换机的 VLAN 划分

<table>
<tr><th>设备名称</th><th>设备型号</th><th>所属部门</th><th>接口名称</th><th>接口类型</th><th>VLAN 号</th><th>VLAN 名称</th></tr>
<tr><td rowspan="3">Switch4
(SW4)</td><td rowspan="3">2960-24TT
(2960)</td><td rowspan="3">信息中心</td><td>Fa0/1</td><td>Access</td><td>50</td><td>VLAN50</td></tr>
<tr><td>Fa0/2</td><td>Access</td><td>50</td><td>VLAN50</td></tr>
<tr><td>Fa0/3</td><td>Trunk</td><td>保持默认</td><td>保持默认</td></tr>
</table>

（3）核心层中服务器配置。

表 8-13 给出了本实验核心层中两台服务器各自提供的服务和需要配置的 IP 地址、子网掩码以及默认网关的 IP 地址。

表 8-13　实验 8-1 中核心层各服务器提供的服务和需要配置的 IP 地址、子网掩码以及默认网关的 IP 地址

<table>
<tr><th>设备名称</th><th>设备型号</th><th>所属部门</th><th>提供服务</th><th>IP 地址</th><th>子网掩码</th><th>默认网关的 IP 地址</th></tr>
<tr><td>Server0
(SRV0)</td><td>Server-PT</td><td rowspan="2">信息中心</td><td>DNS</td><td>192.168.50.1</td><td>255.255.255.0(/24)</td><td>192.168.50.254</td></tr>
<tr><td>Server1
(SRV1)</td><td>Server-PT</td><td>Web
FTP</td><td>192.168.50.2</td><td>255.255.255.0(/24)</td><td>192.168.50.254</td></tr>
</table>

表 8-14 给出了本实验中需要给核心层域名服务器配置的 DNS 服务。

表 8-14　实验 8-1 中需要给核心层域名服务器配置的 DNS 服务

<table>
<tr><th>设备名称</th><th>提供服务</th><th>DNS 记录名称
（Name）</th><th>DNS 记录类型
（Type）</th><th>DNS 记录细节
（Detail）</th></tr>
<tr><td rowspan="3">Server0
(SRV0)</td><td rowspan="3">DNS</td><td>ftp.zone.com</td><td>A Record</td><td>192.168.50.2</td></tr>
<tr><td>web.zone.com</td><td>A Record</td><td>192.168.50.2</td></tr>
<tr><td>www.hnust.edu.cn</td><td>A Record</td><td>218.75.230.30</td></tr>
</table>

4. 园区路由器配置

核心层三层交换机通过园区路由器连接 ISP 路由器，进而接入因特网。在园区路由器上应用网络地址转换（NAT）技术和访问控制列表（ACL）技术，实现内网对外网的访问。

对于园区路由器，需要配置以下内容：

- 相关接口的 IP 地址和子网掩码。
- 路由信息协议实现路由选择。
- 默认路由。
- NAT 和 ACL 配置。

（1）相关接口的 IP 地址和子网掩码配置。

表 8-15 给出了本实验中需要给园区路由器相关接口配置的 IP 地址和子网掩码。

表 8-15　实验 8-1 中需要给园区路由器相关接口配置的 IP 地址和子网掩码

<table>
<tr><th>设备名称</th><th>设备型号</th><th>接口名称</th><th>IP 地址</th><th>子网掩码</th></tr>
<tr><td rowspan="2">Router0（R0）</td><td rowspan="2">1941</td><td>Gig0/0</td><td>192.168.3.2</td><td>255.255.255.252（/30）</td></tr>
<tr><td>Se0/0/0</td><td>200.1.1.1</td><td>255.255.255.252（/30）</td></tr>
</table>

（2）路由信息协议配置。

表 8-16 给出了本实验中需要在园区路由器上启用的路由信息协议和需要通告的直连网络。

表 8-16　实验 8-1 中需要在园区路由器上启用的路由信息协议和需要通告的直连网络

设备名称	需要启用的路由信息协议	需要通告的直连网络	自动汇总
R0	RIPv2	192.168.3.0	否
		200.1.1.0	

（3）默认路由配置。

表 8-17 给出了本实验中需要给园区路由器添加的默认路由条目。

表 8-17　实验 8-1 中需要给园区路由器添加的默认路由条目

设备名称	目的网络	子网掩码	下一跳
R0	0.0.0.0	0.0.0.0（/0）	200.1.1.2

（4）NAT 和 ACL 配置。

表 8-18 给出了本实验中需要在园区路由器上进行的 NAT 和 ACL 相关配置。

表 8-18　实验 8-1 中需要在园区路由器上进行的 NAT 和 ACL 相关配置

设备名称	内部接口	外部接口	内网中允许被转换的私有地址范围	可用公有 IP 地址池
R0	Gig0/0	Se0/0/0	192.168.10.0/24 192.168.20.0/24 192.168.30.0/24 192.168.40.0/24	仅包含 200.1.1.1/30 一个地址

5. ISP路由器配置

对于因特网服务提供商（ISP）路由器，仅配置其相关接口的 IP 地址和子网掩码即可，具体如表 8-19 所示。

表 8-19　实验 8-1 中需要给 ISP 路由器相关接口配置的 IP 地址和子网掩码

设备名称	设备型号	接口名称	IP 地址	子网掩码
Router1 （R1）	1941	Gig0/0	218.75.230.254	255.255.255.0（/24）
		Se0/0/0	200.1.1.2	255.255.255.252（/30）

6. 因特网中某Web服务器配置

表 8-20 给出了本实验中需要给因特网中某 Web 服务器配置的 IP 地址、子网掩码以及默认网关的 IP 地址。

表 8-20　实验 8-1 中需要给因特网中某 Web 服务器配置的 IP 地址、子网掩码以及默认网关的 IP 地址

设备名称	设备型号	IP 地址	子网掩码	默认网关的 IP 地址
Server2(SRV2)	Server-PT	218.75.230.30	255.255.255.0（/24）	218.75.230.254

7. 各部门计算机配置

部门 A、B、C、D 中的各计算机需要配置的网络参数如下：

- IP 地址。
- 子网掩码。
- 默认网关的 IP 地址。
- DNS 服务器的 IP 地址。

为了简单起见，各部门中的计算机通过 DHCP 从汇聚层相应三层交换机自动获取上述网络参数。

实验步骤

本实验的流程图如图 8-2 所示。

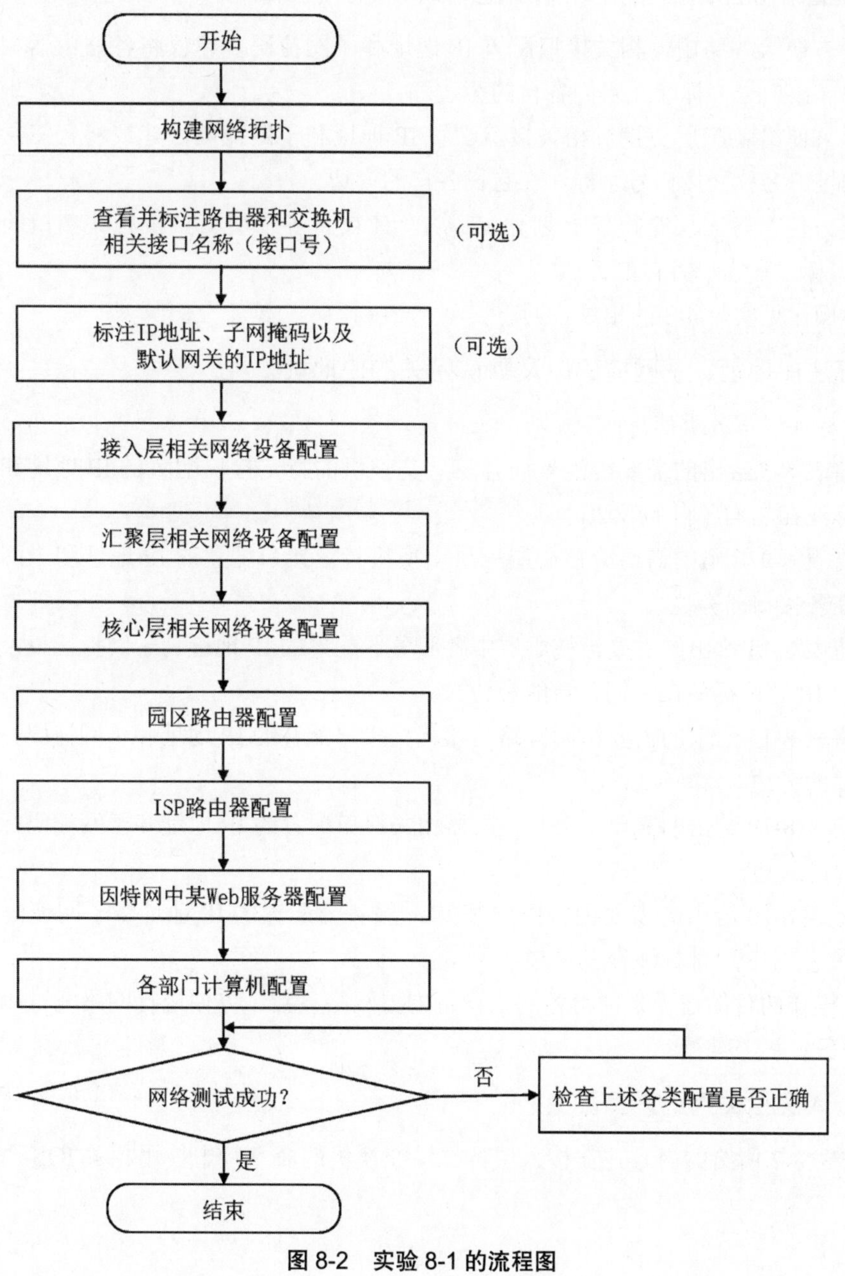

图 8-2　实验 8-1 的流程图

1. 构建网络拓扑

请按以下步骤构建图 8-1 所示的网络拓扑：

❶ 选择并拖动表 8-1 给出的本实验所需的网络设备到逻辑工作区。

❷ 给两台型号为 1941 的路由器各安装一个型号为“HWIC-2T”的串行接口模块。

❸ 选择串行线（Serial DTE）将两台路由器（R0、Router1）通过各自的串行接口（例如 Serial0/0/0）连接起来。

❹ 选择“自动选择连接类型”，由 Packet Tracer 软件自动为待连接的网络设备选择用于连接的接口以及相应的传输介质，然后将相关网络设备互连即可。

2. 查看并标注路由器和交换机相关接口名称（接口号）

为了方便给各路由器相关接口配置 IP 地址和子网掩码，建议将各路由器相关接口的接口名称（接口号）标注在它们各自的旁边。

为了方便给各三层交换机相关接口配置 IP 地址和子网掩码，建议将各三层交换机相关接口的接口名称（接口号）标注在它们各自的旁边。

为了方便在各二层交换机上划分 VLAN，建议将各二层交换机相关接口的接口名称（接口号）标注在它们各自的旁边。

具体操作见实验 4-2 的相关说明。

3. 标注IP地址、子网掩码以及默认网关的IP地址

建议标注以下各类信息：

- 将表 8-5 给出的需要给汇聚层各三层交换机的特定接口配置的 IP 地址和子网掩码标注在它们各自的旁边。
- 将表 8-9 给出的需要给核心层三层交换机特定接口配置的 IP 地址和子网掩码标注在各接口的旁边。
- 将表 8-13 给出的需要给核心层中各服务器配置的 IP 地址、子网掩码以及默认网关的 IP 地址标注在它们各自的旁边。
- 将表 8-15 给出的需要给园区路由器相关接口配置的 IP 地址和子网掩码标注在各接口的旁边。
- 将表 8-19 给出的需要给 ISP 路由器相关接口配置的 IP 地址和子网掩码标注在各接口的旁边。
- 将表 8-20 给出的需要因特网中某 Web 服务器配置的 IP 地址、子网掩码以及默认网关的 IP 地址标注在其旁边。

上述操作的目的在于方便给各网络设备配置网络参数、方便进行网络测试以及方便观察实验现象。

4. 接入层相关网络设备配置

请按表 8-2 所给的内容，在接入层各二层交换机的命令行中使用相关 IOS 命令进行相应配置。

（1）接入层二层交换机 SW0 的配置如下：

```
Switch>enable                                            // 从用户执行模式进入特权执行模式
Switch#configure terminal                                // 从特权执行模式进入全局配置模式
Switch(config)#vlan 10                                   // 创建 VLAN 号为 10 的 VLAN
Switch(config-vlan)#name VLAN10                          // 将 VLAN 号为 10 的 VLAN 命名为 VLAN10
Switch(config-vlan)#interface range FastEthernet0/1-2    // 批量配置接口 FastEthernet0/1 和 FastEthern0/2
Switch(config-if-range)#switchport access vlan 10        // 将接口划归到 VLAN 号为 10 的 VLAN
Switch(config-if-range)#interface FastEthernet0/3        // 进入接口 FastEthernet0/3 的配置模式
Switch(config-if)#switchport mode trunk                  // 设置接口类型为 trunk
Switch(config-if)#end                                    // 退出接口配置模式回到特权执行模式
Switch#show vlan brief                                   // 显示 VLAN 摘要信息
```

（2）接入层二层交换机 SW1 的配置如下：

```
Switch>enable                                            // 从用户执行模式进入特权执行模式
Switch#configure terminal                                // 从特权执行模式进入全局配置模式
Switch(config)#vlan 20                                   // 创建 VLAN 号为 20 的 VLAN
Switch(config-vlan)#name VLAN20                          // 将 VLAN 号为 20 的 VLAN 命名为 VLAN10
Switch(config-vlan)#interface range FastEthernet0/1-2    // 批量配置接口 FastEthernet0/1 和 FastEthern0/2
Switch(config-if-range)#switchport access vlan 20        // 将接口划归到 VLAN 号为 20 的 VLAN
Switch(config-if-range)#interface FastEthernet0/3        // 进入接口 FastEthernet0/3 的配置模式
Switch(config-if)#switchport mode trunk                  // 设置接口类型为 trunk
Switch(config-if)#end                                    // 退出接口配置模式回到特权执行模式
Switch#show vlan brief                                   // 显示 VLAN 摘要信息
```

（3）接入层二层交换机 SW2 的配置如下：

```
Switch>enable                                            // 从用户执行模式进入特权执行模式
Switch#configure terminal                                // 从特权执行模式进入全局配置模式
Switch(config)#vlan 30                                   // 创建 VLAN 号为 30 的 VLAN
Switch(config-vlan)#name VLAN30                          // 将 VLAN 号为 30 的 VLAN 命名为 VLAN10
Switch(config-vlan)#interface range FastEthernet0/1-2    // 批量配置接口 FastEthernet0/1 和 FastEthern0/2
Switch(config-if-range)#switchport access vlan 30        // 将接口划归到 VLAN 号为 30 的 VLAN
Switch(config-if-range)#interface FastEthernet0/3        // 进入接口 FastEthernet0/3 的配置模式
Switch(config-if)#switchport mode trunk                  // 设置接口类型为 trunk
Switch(config-if)#end                                    // 退出接口配置模式回到特权执行模式
Switch#show vlan brief                                   // 显示 VLAN 摘要信息
```

（4）接入层二层交换机 SW3 的配置如下：

```
Switch>enable                                            // 从用户执行模式进入特权执行模式
Switch#configure terminal                                // 从特权执行模式进入全局配置模式
Switch(config)#vlan 40                                   // 创建 VLAN 号为 40 的 VLAN
Switch(config-vlan)#name VLAN40                          // 将 VLAN 号为 40 的 VLAN 命名为 VLAN10
Switch(config-vlan)#interface range FastEthernet0/1-2    // 批量配置接口 FastEthernet0/1 和 FastEthern0/2
Switch(config-if-range)#switchport access vlan 40        // 将接口划归到 VLAN 号为 40 的 VLAN
Switch(config-if-range)#interface FastEthernet0/3        // 进入接口 FastEthernet0/3 的配置模式
Switch(config-if)#switchport mode trunk                  // 设置接口类型为 trunk
Switch(config-if)#end                                    // 退出接口配置模式回到特权执行模式
Switch#show vlan brief                                   // 显示 VLAN 摘要信息
```

5. 汇聚层相关网络设备配置

请按表 8-3、表 8-4、表 8-5、表 8-6 及表 8-7 所给的内容，在汇聚层各三层交换机的命令行中使用相关 IOS 命令进行相应配置。

（1）汇聚层三层交换机 M-SW0 的配置如下：

```
Switch>enable                                              //从用户执行模式进入特权执行模式
Switch#configure terminal                                  //从特权执行模式进入全局配置模式
Switch(config)#vlan 10                                     //创建 VLAN 号为 10 的 VLAN
Switch(config-vlan)#name VLAN10                            //将 VLAN 号为 10 的 VLAN 命名为 VLAN10
Switch(config-vlan)#vlan 20                                //创建 VLAN 号为 20 的 VLAN
Switch(config-vlan)#name VLAN20                            //将 VLAN 号为 20 的 VLAN 命名为 VLAN20
Switch(config-vlan)#interface vlan 10                      //创建 VLAN 号为 10 的交换虚拟接口
Switch(config-if)#ip address 192.168.10.254 255.255.255.0  //给该交换虚拟接口配置 IP 地址和子网掩码
Switch(config-if)#interface vlan 20                        //创建 VLAN 号为 20 的交换虚拟接口
Switch(config-if)#ip address 192.168.20.254 255.255.255.0  //给该交换虚拟接口配置 IP 地址和子网掩码
Switch(config-if)#exit                                     //退出接口配置模式回到特权执行模式
Switch(config)#ip dhcp excluded-address 192.168.10.254     //从 DHCP 地址池中排除地址 192.168.10.254
Switch(config)#ip dhcp excluded-address 192.168.20.254     //从 DHCP 地址池中排除地址 192.168.20.254
Switch(config)#ip dhcp pool VLAN10                         //创建名称为 VLAN10 的 DHCP 地址池，其中：
Switch(dhcp-config)#network 192.168.10.0 255.255.255.0     //网络地址为 192.168.10.0/24
Switch(dhcp-config)#default-router 192.168.10.254          //默认网关（路由器）的地址为 192.168.10.254
Switch(dhcp-config)#dns-server 192.168.50.1                //DNS 服务器的地址为 192.168.50.1
Switch(dhcp-config)#exit                                   //退出 DHCP 配置模式回到全局配置模式
Switch(config)#ip dhcp pool VLAN20                         //创建名称为 VLAN20 的 DHCP 地址池，其中：
Switch(dhcp-config)#network 192.168.20.0 255.255.255.0     //网络地址为 192.168.20.0/24
Switch(dhcp-config)#default-router 192.168.20.254          //默认网关（路由器）的地址为 192.168.20.254
Switch(dhcp-config)#dns-server 192.168.50.1                //DNS 服务器的地址为 192.168.50.1
Switch(dhcp-config)#exit                                   //退出 DHCP 配置模式回到全局配置模式
Switch(config)#ip routing                                  //使能三层交换机的路由功能
Switch(config)#interface FastEthernet0/3                   //进入接口 FastEthernet0/3 的配置模式
Switch(config-if)#no switchport                            //关闭该接口的交换功能
Switch(config-if)#ip address 192.168.1.1 255.255.255.252   //配置该接口的 IP 地址和子网掩码
Switch(config-if)#exit                                     //退出接口配置模式回到全局配置模式
Switch(config)#router rip                                  //启用并配置路由信息协议 RIP
Switch(config-router)#version 2                            //设置 RIP 版本为 RIPv2
Switch(config-router)#network 192.168.10.0                 //通告三层交换机自己的直连网络地址 192.168.10.0
Switch(config-router)#network 192.168.20.0                 //通告三层交换机自己的直连网络地址 192.168.20.0
Switch(config-router)#network 192.168.1.0                  //通告三层交换机自己的直连网络地址 192.168.1.0
Switch(config-router)#no auto-summary                      //关闭自动汇总
Switch(config-router)#exit                                 //退出 RIP 配置模式回到全局配置模式
Switch(config)#ip route 0.0.0.0 0.0.0.0 192.168.1.2        //添加默认路由条目，下一跳为 192.168.1.2
```

（2）汇聚层三层交换机 M-SW1 的配置如下：

```
Switch>enable                                              //从用户执行模式进入特权执行模式
Switch#configure terminal                                  //从特权执行模式进入全局配置模式
Switch(config)#vlan 30                                     //创建 VLAN 号为 30 的 VLAN
Switch(config-vlan)#name VLAN30                            //将 VLAN 号为 30 的 VLAN 命名为 VLAN30
Switch(config-vlan)#vlan 40                                //创建 VLAN 号为 40 的 VLAN
Switch(config-vlan)#name VLAN40                            //将 VLAN 号为 40 的 VLAN 命名为 VLAN40
Switch(config-vlan)#interface vlan 30                      //创建 VLAN 号为 30 的交换虚拟接口
Switch(config-if)#ip address 192.168.30.254 255.255.255.0  //给该交换虚拟接口配置 IP 地址和子网掩码
Switch(config-if)#interface vlan 40                        //创建 VLAN 号为 40 的交换虚拟接口
Switch(config-if)#ip address 192.168.40.254 255.255.255.0  //给该交换虚拟接口配置 IP 地址和子网掩码
Switch(config-if)#exit                                     //退出接口配置模式回到特权执行模式
Switch(config)#ip dhcp excluded-address 192.168.30.254     //从 DHCP 地址池中排除地址 192.168.30.254
Switch(config)#ip dhcp excluded-address 192.168.40.254     //从 DHCP 地址池中排除地址 192.168.40.254
Switch(config)#ip dhcp pool VLAN30                         //创建名称为 VLAN30 的 DHCP 地址池，其中：
Switch(dhcp-config)#network 192.168.30.0 255.255.255.0     //网络地址为 192.168.30.0/24
Switch(dhcp-config)#default-router 192.168.30.254          //默认网关（路由器）的地址为 192.168.30.254
Switch(dhcp-config)#dns-server 192.168.50.1                //DNS 服务器的地址为 192.168.50.1
Switch(dhcp-config)#exit                                   //退出 DHCP 配置模式回到全局配置模式
```

```
Switch(config)#ip dhcp pool VLAN40                    //创建名称为 VLAN40 的 DHCP 地址池，其中：
Switch(dhcp-config)#network 192.168.40.0 255.255.255.0    //网络地址为 192.168.40.0/24
Switch(dhcp-config)#default-router 192.168.40.254     //默认网关（路由器）的地址为 192.168.40.254
Switch(dhcp-config)#dns-server 192.168.50.1           //DNS 服务器的地址为 192.168.50.1
Switch(dhcp-config)#exit                              //退出 DHCP 配置模式回到全局配置模式
Switch(config)#ip routing                             //使能三层交换机的路由功能
Switch(config)#interface FastEthernet0/3              //进入接口 FastEthernet0/3 的配置模式
Switch(config-if)#no switchport                       //关闭该接口的交换功能
Switch(config-if)#ip address 192.168.2.1 255.255.255.252  //配置该接口的 IP 地址和子网掩码
Switch(config-if)#exit                                //退出接口配置模式回到全局配置模式
Switch(config)#router rip                             //启用并配置路由信息协议 RIP
Switch(config-router)#version 2                       //设置 RIP 版本为 RIPv2
Switch(config-router)#network 192.168.30.0            //通告三层交换机自己的直连网络地址 192.168.30.0
Switch(config-router)#network 192.168.40.0            //通告三层交换机自己的直连网络地址 192.168.40.0
Switch(config-router)#network 192.168.2.0             //通告三层交换机自己的直连网络地址 192.168.2.0
Switch(config-router)#no auto-summary                 //关闭自动汇总
Switch(config-router)#exit                            //退出 RIP 配置模式回到全局配置模式
Switch(config)#ip route 0.0.0.0 0.0.0.0 192.168.2.2   //添加默认路由条目，下一跳为 192.168.2.2
```

6. 核心层相关网络设备配置

（1）核心层三层交换机配置。

请按表 8-8、表 8-9、表 8-10 及表 8-11 所给的内容，在核心层三层交换机 M-SW2 的命令行中使用相关 IOS 命令进行相应配置。

```
Switch>enable                                         //从用户执行模式进入特权执行模式
Switch#configure terminal                             //从特权执行模式进入全局配置模式
Switch(config)#vlan 50                                //创建 VLAN 号为 50 的 VLAN
Switch(config-vlan)#name VLAN50                       //将 VLAN 号为 50 的 VLAN 命名为 VLAN50
Switch(config-vlan)#interface vlan 50                 //创建 VLAN 号为 50 的交换虚拟接口
Switch(config-if)#ip address 192.168.50.254 255.255.255.0  //给该交换虚拟接口配置 IP 地址和子网掩码
Switch(config-if)#interface FastEthernet0/1           //进入接口 FastEthernet0/1 的配置模式
Switch(config-if)#no switchport                       //关闭该接口的交换功能
Switch(config-if)#ip address 192.168.1.2 255.255.255.252  //配置该接口的 IP 地址和子网掩码
Switch(config-if)#interface FastEthernet0/2           //进入接口 FastEthernet0/2 的配置模式
Switch(config-if)#no switchport                       //关闭该接口的交换功能
Switch(config-if)#ip address 192.168.2.2 255.255.255.252  //配置该接口的 IP 地址和子网掩码
Switch(config-if)#interface FastEthernet0/4           //进入接口 FastEthernet0/4 的配置模式
Switch(config-if)#no switchport                       //关闭该接口的交换功能
Switch(config-if)#ip address 192.168.3.1 255.255.255.252  //配置该接口的 IP 地址和子网掩码
Switch(config-if)#exit                                //退出接口配置模式回到全局配置模式
Switch(config)#ip routing                             //使能三层交换机的路由功能
Switch(config)#router rip                             //启用并配置路由信息协议 RIP
Switch(config-router)#version 2                       //设置 RIP 版本为 RIPv2
Switch(config-router)#network 192.168.1.0             //通告三层交换机自己的直连网络地址 192.168.1.0
Switch(config-router)#network 192.168.2.0             //通告三层交换机自己的直连网络地址 192.168.2.0
Switch(config-router)#network 192.168.3.0             //通告三层交换机自己的直连网络地址 192.168.3.0
Switch(config-router)#network 192.168.50.0            //通告三层交换机自己的直连网络地址 192.168.50.0
Switch(config-router)#no auto-summary                 //关闭自动汇总
Switch(config-router)#exit                            //退出 RIP 配置模式回到全局配置模式
Switch(config)#ip route 0.0.0.0 0.0.0.0 192.168.3.2   //添加默认路由条目，下一跳为 192.168.3.2
```

（2）核心层二层交换机 SW4 的配置。

请按表 8-12 所给的内容，在核心层二层交换机 SW4 的命令行中使用相关 IOS 命令进行相应配置。

```
Switch>enable                                        // 从用户执行模式进入特权执行模式
Switch#configure terminal                            // 从特权执行模式进入全局配置模式
Switch(config)#vlan 50                               // 创建 VLAN 号为 50 的 VLAN
Switch(config-vlan)#name VLAN50                      // 将 VLAN 号为 50 的 VLAN 命名为 VLAN50
Switch(config-vlan)#interface range Fa0/1-2          // 批量配置接口 FastEthernet0/1 和 FastEthern0/2
Switch(config-if-range)#switchport access vlan 50    // 将接口划归到 VLAN 号为 50 的 VLAN
Switch(config-if-range)#interface Fa0/3              // 进入接口 FastEthernet0/3 的配置模式
Switch(config-if)#switchport mode trunk              // 设置接口类型为 trunk
Switch(config-if)#end                                // 退出接口配置模式回到特权执行模式
Switch#show vlan brief                               // 显示 VLAN 摘要信息
```

（3）核心层各服务器的 IP 地址、子网掩码以及默认网关的 IP 地址配置。

请按表 8-13 所给的内容，通过核心层各服务器（SRV0、SRV1）的图形用户界面分别给服务器 SRV0 和 SRV1 配置 IP 地址、子网掩码以及默认网关的 IP 地址。

（4）核心层域名服务器的 DNS 服务配置。

请按表 8-14 所给的相关内容，通过核心层域名服务器 SRV0 的图形用户界面配置 SRV0 所提供的 DNS 服务，如图 8-3 所示。

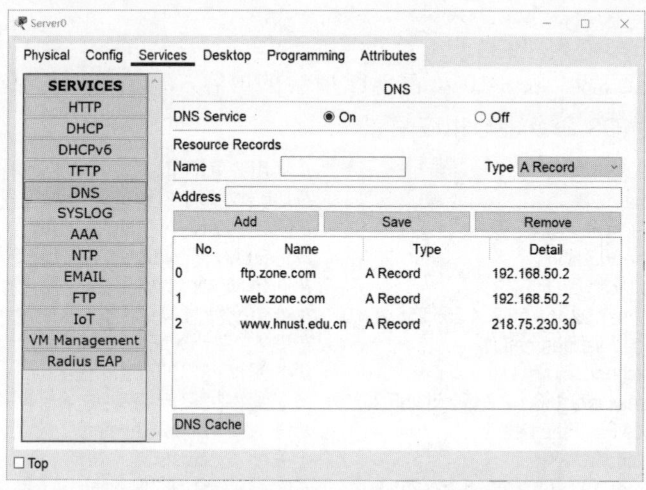

图 8-3 域名服务器 SRV0 的 DNS 服务配置

7. 园区路由器配置

请按表 8-15、表 8-16、表 8-17 及表 8-18 所给的内容，在园区路由器 R0 的命令行中使用相关 IOS 命令进行相应配置。

```
Router>enable                                        / 从用户执行模式进入特权执行模式
Router#configure terminal                            // 从特权执行模式进入全局配置模式
Router(config)#interface GigabitEthernet0/0          // 进入接口 GigabitEthernet0/0 的配置模式
Router(config-if)#ip address 192.168.3.2 255.255.255.252  // 配置该接口的 IP 地址和子网掩码
Router(config-if)#no shutdown                        // 开启接口
Router(config-if)#interface Serial0/0/0              // 进入接口 Serial0/0/0 的配置模式
Router(config-if)#ip address 200.1.1.1 255.255.255.252    // 配置该接口的 IP 地址和子网掩码
Router(config-if)#no shutdown                        // 开启接口
Router(config-if)#exit                               // 退出接口配置模式回到全局配置模式
Router(config)#router rip                            // 启用并配置路由信息协议 RIP
Router(config-router)#version 2                      // 设置 RIP 版本为 RIPv2
Router(config-router)#network 192.168.3.0            // 通告路由器自己的直连网络地址 192.168.3.0
Router(config-router)#network 200.1.1.0              // 通告路由器自己的直连网络地址 200.1.1.0
Router(config-router)#no auto-summary                // 关闭自动汇总
```

```
Router(config-router)#exit                                              // 退出 RIP 配置模式回到全局配置模式
Router(config)#ip route 0.0.0.0 0.0.0.0 200.1.1.2                       // 添加默认路由条目，下一跳为 200.1.1.2
Router(config)#interface GigabitEthernet0/0                             // 进入接口 GigabitEthernet0/0 的配置模式
Router(config-if)#ip nat inside                                         /// 设置为 NAT 内部接口
Router(config-if)#interface Serial0/0/0                                 // 进入接口 Serial0/0/0 的配置模式
Router(config-if)#ip nat outside                                        // 设置为 NAT 外部接口
Router(config-if)#exit                                                  // 退出接口配置模式回到全局配置模式
Router(config)#ip nat pool napt-pool 200.1.1.1 200.1.1.1 netmask        // 公有 IP 地址池
255.255.255.252
Router(config)#access-list 1 permit 192.168.10.0 0.0.0.255              // 设置内网中允许访问因特网的访问列表
Router(config)#access-list 1 permit 192.168.20.0 0.0.0.255              // 将访问列表与 NAT 地址池进行关联
Router(config)#access-list 1 permit 192.168.30.0 0.0.0.255              // 退出全局配置模式回到特权执行模式
Router(config)#access-list 1 permit 192.168.40.0 0.0.0.255
Router(config)#ip nat inside source list 1 pool napt-pool overload
Router(config)#exit                                                     // 特权执行模式
Router#
```

8. ISP路由器配置

请按表 8-19 所给的内容，在 ISP 路由器 R1 的命令行中使用相关 IOS 命令进行相应配置。

```
Router>enable                                              // 从用户执行模式进入特权执行模式
Router#configure terminal                                  // 从特权执行模式进入全局配置模式
Router(config)#interface GigabitEthernet0/0                // 进入接口 GigabitEthernet0/0 的配置模式
Router(config-if)#ip address 218.75.230.254 255.255.255.0  // 配置该接口的 IP 地址和子网掩码
Router(config-if)#no shutdown                              // 开启接口
Router(config-if)#interface Serial0/0/0                    // 进入接口 Serial0/0/0 的配置模式
Router(config-if)#ip address 200.1.1.2 255.255.255.252     // 配置该接口的 IP 地址和子网掩码
Router(config-if)#no shutdown                              // 开启接口
Router(config-if)#exit                                     // 退出接口配置模式回到全局配置模式
Router(config)#                                            // 全局配置模式
```

9. 因特网中某Web服务器配置

请按表 8-20 所给的内容，通过因特网中某 Web 服务器（SRV2）的图形用户界面为其配置 IP 地址、子网掩码以及默认网关的 IP 地址。

10. 各部门计算机配置

部门 A、B、C、D 中的各计算机通过 DHCP 自动获取 IP 地址等网络参数，例如图 8-4 所示的是计算机 PC0 在图形用户界面中通过 DHCP 自动获取 IP 地址等网络参数的情况。

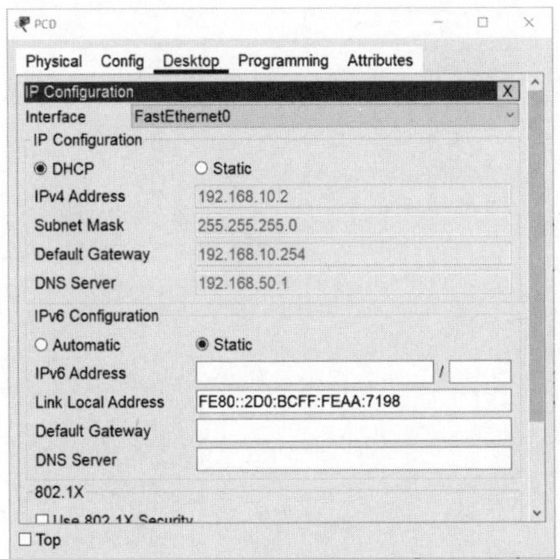

图 8-4 计算机 PC0 通过 DHCP 自动获取 IP 地址等网络参数

11. 网络测试

为检测上述各类配置是否正确，进行以下网络测试：

- 使用“ping”命令，测试各部门计算机之间的连通性。
- 使用“ping”命令，测试各部门的某计算机与核心层服务器（SRV0 和 SRV1）、因特网中某 Web 服务器（SRV2）之间的连通性。
- 在各部门的某计算机中使用浏览器分别访问核心层服务器 SRV1（域名为 web.zone.com）、因特网中某 Web 服务器 SRV2（域名为 www.hnust.edu.cn）提供的 Web 服务。
- 使用“ftp”命令，测试各部门的某计算机登录核心层服务器 SRV1（域名为 ftp.zone.com）提供的 FTP 服务。

本章知识点思维导图请扫码获取：